化验员岗位实务

马惠莉　主编

化学工业出版社

·北京·

本书围绕《化学检验工国家职业标准》对化验员岗位的要求，基于化验室化验岗位的实际工作过程，以任务驱动为引领，将全书内容分为三部分共十五章，包含化验室管理实务、化验室分析操作实务以及化学分析基础理论。内容编排新颖，具有较强的实用性和理论性。

本书可作为生产企业与质检部门在职分析技术人员岗位技能水平以及理论基础的职业培训与考核用书，同时也可作为大专院校分析检测专业学生的参考用书。

图书在版编目（CIP）数据

化验员岗位实务/马惠莉主编. —北京：化学工业出版社，2015.3（2022.9 重印）
ISBN 978-7-122-22741-6

Ⅰ. ①化… Ⅱ. ①马… Ⅲ. ①化验员-基本知识 Ⅳ. ①TQ016

中国版本图书馆 CIP 数据核字（2015）第 007141 号

责任编辑：李晓红　　文字编辑：向　东
责任校对：陶燕华　　装帧设计：关　飞

出版发行：化学工业出版社（北京市东城区青年湖南街 13 号　邮政编码 100011）
印　　装：北京七彩京通数码快印有限公司
710mm×1000mm　1/16　印张 18¾　字数 438 千字　2022 年 9 月北京第 1 版第 2 次印刷

购书咨询：010-64518888　　售后服务：010-64518899
网　　址：http://www.cip.com.cn
凡购买本书，如有缺损质量问题，本社销售中心负责调换。

定　　价：78.00 元　

前言

随着我国经济建设的快速发展，产品质量的监督检验以及环境质量的监测和控制等分析检测工作受到越来越广泛的关注。提高分析岗位技术人员的分析技术水平、理论水平成为企业非常重要的一项质量管理内容。因此，适时推出一部具有较强实用性和理论性的岗位知识学习资料，对于提高企业管理效率和进一步培养技能型应用人才有着十分重要的现实意义。

本书正是为满足上述需要编写而成的。本书在内容上以《化学检验工国家职业标准》为依据，在编写形式上则是基于化验室分析岗位的实际工作过程与基本任务，按照化验员技术等级标准的要求进行。着力为基层化验员提供较为全面的化验岗位基础知识与基础操作，以达到进一步提高化验员专业技术水平和理论水平的目的。

本书内容主要由三部分组成，即化验室管理实务、化验室分析操作实务以及化学分析基础理论,共分十五章。其中，第 1～4 章由黄晓轶编写；第 5、10～13 章由马惠莉编写；第 6～9 章由张晓华编写；第 14、15 章由曹吉祥编写。全书由马惠莉整理统稿。

本书由晋卫军（北京师范大学化学学院，教授、博士生导师）、马振珠（中国建筑材料检验认证中心，教授级高级工程师）审稿。二位教授在百忙之中不吝时间和精力，为本书的顺利完成提出了许多宝贵的意见和建议，编者在此表示诚挚的谢意与敬意。

本书的责任编辑在策划本书立项以及制订编写大纲等方面，付出了大量心血，并对书稿的最后成型提出了许多宝贵且中肯的修改完善意见，编者在此致以真诚的谢意。

本书在编写过程中，还得到太原钢铁集团公司技术中心曹吉祥高级工程师、山西大学环境科学研究所郭玉晶教授、山西省产品质量监督检验研究院董丽萍技师、山西职业技术学院图书馆赵振龙馆长以及山西职业技术学院材料工程系主任赵海晋教授等各级领导及朋友的大力支持与协助。在此向各位同仁及友人致以真挚的谢意。

本书所引图表、数据以及相关论述的原著均列于参考文献中。在此，向原作者致以诚挚的谢意。

由于编者水平有限，书中难免存有不足和纰漏之处，敬请广大读者批评指正。

编　者

2014 年 12 月

目录

第二部分　化验室分析操作实务 / 49

第三部分　化学分析基础理论 / 187

第一部分

化验室管理实务

第1章 化验室的组织管理

化验室是企业质量的专职机构，全权负责产品生产过程中的质量控制和对出厂产品的质量监督。在加强企业经营管理、科学组织生产活动方面，化验室起着重要的作用。化验室的工作对企业的整个生产活动，诸如产量、质量、成本、利润等，均有密切的、直接的关系。因此，必须建立一个符合生产需要的、合格的化验室。

1.1 化验室的性质、职责、任务与权限

1.1.1 化验室的性质

① 原则性　原则性是指在工作中要严格贯彻执行国家的质量方针、政策、法律法规条例、标准及本企业的质量管理规定。在质量问题上要按质量管理制度办事，一切用数据说话，照章办事，有法必依，执法必严，违法违章必究。

② 公正性　公正性是指在工作中要站在第三者公正的立场上，作出正确的仲裁。在处理企业内部质量纠纷时，要严格按照有关规定和有效的检验数据，作出正确的结论。申请生产许可证、质量认证和优质产品时，要实事求是，不得弄虚作假。

③ 权威性　权威性是指化验室的工作、化验室出具的数据得到用户和企业内部各单位的信赖程度和威望。化验室的权威性只有靠自己过硬的工作质量、严谨的工作作风和强烈的质量责任感才能树立起来。

1.1.2 化验室的职责

① 质量检验　即按照有关标准和规定，对原材料、半成品、产品进行检测和试验。

② 质量控制　即按照产品质量要求，制定原材料、半成品和产品的企业内控质量标准，强化过程控制，运用统计技术等科学方法掌握质量波动规律，不断提高预见性和预防能力，采取措施使生产全过程处于受控状态。

③ 出厂产品确认与验证　即严格按照有关标准规定对出厂产品进行确认，按供需双方合同的规定进行交货验货，杜绝不合格产品和废品出厂。

④ 质量统计　即用正确、科学的数理统计方法，及时进行质量统计并做好分析总结和改进工作。

⑤ 试验研究 即根据产品开发和提高产品质量等的需要，积极开展科研和改进工作。

1.1.3 化验室的主要任务

① 根据国家产品标准和质量管理规程，起草本企业的质量管理制度及实施细则；制订质量计划、质量控制网和合理的配料方案，确定合理的检验控制项目。

② 负责原材料、半成品和产品的检验、监督管理。

③ 负责进厂原材料、半成品、产（成）品堆场（仓库）的管理，做好质量调度。

④ 负责生产岗位质量记录和检验数据的收集统计、分析研究并及时上报，以及质量档案的管理工作。

⑤ 贯彻实施 GB/T 19001—2008/ISO 9001—2008《质量管理体系要求》系列标准，建立健全的质量体系并监督其正常进行。

⑥ 及时了解国内外分析检测技术的动态，积极采用先进的检测技术和方法，不断提高分析检验工作的科学性、准确性和及时性。

⑦ 围绕提高质量、增加品种，积极开展科学研究及开发、试验新产品的工作。

⑧ 负责产品质量方面的技术服务，处理质量纠纷问题。

⑨ 负责企业的创优、创名牌及生产许可证、质量认证的申报和管理工作。

⑩ 加强内部的思想建设和制度建设，做好质量教育、质量考核工作，不断提高检测检验水平。

1.1.4 化验室的权限

① 监督检查生产过程受控状态，有权制止各种违章行为，采取纠正措施。

② 参与制订质量方针、质量目标、质量责任制及考核办法，行使质量否决权。

③ 有权越级汇报企业质量情况，提出并坚持正确的管理措施。

④ 有产品出厂决定权。

1.2 化验室的内部机构设置与人员管理

1.2.1 化验室内部应建立的管理制度

化验室必须建立并逐步健全有关规章制度。规章制度的条款因实验室性质而异，且繁、简各有不同，但所有条款都必须有可操作性。内容应当包括管理条例、操作规程和安全守则等方面。具体包括以下制度：

① 各组/室职责范围、安全技术操作规程、技术责任制和岗位责任制；

② 质量事故分析和质量事故报告制度；

③ 抽查对比制度；

④ 标准溶液管理与复标制度；

⑤ 仪器设备、化学试剂管理制度；

⑥ 质量文件、技术资料及档案管理制度；

⑦ 样品管理制度；

⑧ 检验人员培训和考核制度；

⑨ 原始记录、台账、检验报告管理制度；

⑩ 企业的质量管理制度；

⑪ 检测试验工作质量的查验制度；

⑫ 安全、保密、卫生、保健制度。

1.2.2 化验室内部机构的设置

企业化验室（中心化验室）内部可设生产控制组、化学分析组、质量管理组等，必要时可在生产场所（如车间）分设由化验室领导的质量控制室。化验室各组（室）分别负责原材料、半成品、成品质量的检验、控制、监督和管理工作。

1.2.3 分析化验人员的配置及素质要求

（1）分析人员的配置

化验室应配备主任、工艺、质量调度、统计、科研、检测等专业人员和技术人员。并且应按合理比例配备高、中、初级技术人员，各自承担相应的分析测试任务和技术管理工作。化验人员均须持证上岗。各室（组）人员必须保持相对稳定，化验室主任的任免应按国家规定严格执行。

（2）对化验员素质的要求

在化验室的各项管理制度中，在满足设计规范合理的实验室、必需的分析仪器及设备、齐全合格的化学试剂等硬件设施要求的基础上，分析化验人员良好的技术业务素质及科学管理能力的养成，对保证分析测试质量也极其重要。

作为分析化验人员，最重要的是有高度负责的敬业精神以及良好的职业操守。

① 分析测试人员要不断学习，理解分析方法原理，熟练掌握正确的操作技能。了解相关的国家标准及修订变更情况，并严格遵照执行。

② 分析测试人员要逐步培养良好的工作习惯，即严谨认真的工作态度，科学合理的工作方法，清洁整齐的工作环境。

良好的工作习惯体现在以下几个方面。

a. 工作前要有计划，做好充分的准备，保证整个分析测试过程能有条不紊、紧张有序地进行。

b. 实验进行中所用的仪器、试剂要放置合理、有序；实验台面要清洁、整齐；每完成一个阶段的分析任务要及时整理；全部工作结束后，一切仪器、试剂、工具等都要放回原处。

c. 测试操作过程中要培养精细观察实验现象，准确、及时、如实记录实验数据的科学工作作风。数据要记录在专用的记录本上。记录要严格按照相关要求，及时、真实、齐全、整洁、规范。如有错误，要划掉重写，不得涂改。

d. 注意卫生。工作时要穿实验工作服。实验工作服不得在非工作处所穿用，以免有害物质扩散。工作前后要及时洗手，以免因手脏而玷污仪器、试剂和样品，以致引入误差；或将有害物质带出实验室，甚至入口、眼，导致伤害和中毒。

e. 熟悉实验室的规章制度，并自觉遵照执行。

第2章 化验室的建设管理

2.1 化验室建设的基本设计要求

化验室设计主要包括土木建筑、供电及照明、供排水、排风、通风、室温控制、基础管线、仪器购置、各类仪器房间、库房、钢瓶间等。不同大小的化验室在设计上有很大差异，如果化验室是单独建筑就要考虑化验室的位置，生产企业的化验室则主要考虑震动对分析仪器尤其是分析天平的影响。

根据化验室用房的功能要求，化验室的建设大致可分为三部分：精密仪器实验室、化学分析实验室和辅助实验室。通常要求化验室应远离污染源和震动源，因此化验室周围的环境要保持良好的气象条件，一般以南北方向为宜。

2.1.1 化验室的工作场所和设施

化验室应当具有自己固定的工作场所（包括办公、检测/校准的场地或房屋）、设备、设施（包括检测/校准设备，以及保证检测/校准技术活动正常进行的辅助设施等），并对所有设备和设施具有独立调配使用、管理的权力。

设备和设施可以是固定的、临时的和可移动的。“固定设施”是指在固定的场所所形成的开展检验/校准工作的单元；“可移动设施”是指开展检验/校准的工作单元是可移动的，如移动的检测车或检测线；“临时设施”是指为满足合同或特定任务的需要，在相对较短的时间内开展检测的单元，如为某工程建设项目服务的同期设置的设施。

化验室应当保证检测/校准设备、设施满足“正确”进行检测/校准的需要。所谓“正确”是指设备的有关性能指标（如量程、准确度、分辨率等）能够符合检测/校准所依据的技术标准化或规范化的规定，设施能够达到规定的用途和目的。

2.1.2 化验室建设应满足的环境条件

化验室的环境条件包括内部环境条件和外部环境条件。

① 化验室内部环境条件主要包括：温度、湿度、洁净度、电磁干扰、冲击振动等。

② 化验室的外部环境条件指的是周围环境因素，主要包括：微生物菌种、灰尘、电磁干扰、电源电压（和/或电网频率）、温度、湿度、噪声、震动、海拔、大气压强、

雷电、有害气体等。

基于以上环境条件的影响因素，建设化验室时应符合以下要求：

① 必须建立满足产品质量检验用的实验室、样品存放室和药品试剂库等，周围环境的粉尘、噪声、震动、电磁辐射等均不得影响检验工作；

② 化验室的面积、采光、温度、湿度等均应满足检验任务及国家标准规定的要求，化学分析用天平及高温设备（高温炉、烘干箱）要与分析化验室隔开，化验室小磨及高压釜应单独放置；

③ 化验室应保持清洁，与化验无关的物品不准带入；

④ 化验室内仪器设备应放置合理，操作方便，保证安全；

⑤ 化验室必须要有通风柜（罩），供排除有害气体用。

2.1.3 精密仪器室应符合的设计要求

精密仪器室要求防火、防震、防电磁干扰、防噪声、防潮、防尘、防腐蚀、防有害气体侵入，室温尽可能保持恒定。为保持一般仪器良好的使用性能，温度最好控制在18℃～25℃。相对湿度控制在60%～70%，需要恒温的仪器室可设置调温装置。

仪器室可采用不易聚集灰尘的水磨石地或防静电地板（不推荐使用地毯）。大型精密仪器实验室一般允许的电压波动范围为±10%，供电电压应保持稳定，必要时要配备附属设备（如稳压电源等），为保证供电不间断，可采用双电源供电。

在设计专用的仪器分析室时，就近配套设计相应的化学处理室，这在保护仪器和加强管理上是非常必要的。

大型精密仪器室应设计专用地线，接地及电阻小于4Ω。

2.1.4 化学分析室在建筑方面应符合的设计要求

化学分析室在设计上应考虑房屋建筑、供/排水、通风设施、煤气与供电、实验台的建造等方面的设计要求。

化验室的建筑应由耐火或不易燃的材料建成，隔断和顶棚也要考虑到防火性能。可采用水磨石地面，窗户要防尘，室内采光要好，门窗应向外开，大化验室应设两个出口，以利于发生意外时人员的撤离。

（1）对实验台的建设与设计要求

实验台主要由台面、台下的支架和器皿柜组成。为方便操作，台上可设置药品架，台的两端可安装水槽。一般要求实验台面宽 0.75m，长度可以根据房间大小设计为1.6m～3.2m，高为 0.8m～0.9m。台面常用贴面理化板、实心理化板、耐腐人造石或水磨石预制板等制成。理想的台面应平整、不易碎裂、耐酸碱及溶剂腐蚀、耐热、不易碰碎玻璃器皿等。加热设备可置于用瓷砖砌成的或水泥制成的台面上。

（2）对药品储藏室的建设要求

由于很多化学试剂属于易燃、易爆、有毒或有腐蚀性物品，故不要放置过多。储藏室仅用于存放少量近期要使用的化学试剂，且要符合危险品存放安全要求。

药品储藏室房间应朝北、干燥且通风良好，顶棚应遮阳隔热，门窗应坚固，窗应为高窗，门框应设遮阳板，门应朝外开。易燃液体储藏室的室温一般不超过 28℃，易爆品储藏室的室温不许超过 30℃。少量危险品可用铁板柜或水泥柜分类隔离储存。室内设置排气降温风扇，采用防爆型照明灯具，备有消防设施。

（3）对钢瓶室的建设要求

易燃或助燃气体钢瓶要求安放在室外的钢瓶室内，钢瓶室要远离热源、火源及可燃物。钢瓶室要用耐火材料构造，要避免阳光照射，并有良好的通风条件。钢瓶应距离明火热源 10m 以上，如有困难应有隔热措施，同时距火源不少于 5m，室内设有直立稳固的铁架用于放置钢瓶。

（4）对天平室的建设要求

天平室的室内温度应符合表 2.1 中的规定。室内应宽敞、整洁、干燥，并杜绝有害于天平的气体或蒸汽进入室内，窗户应设置黑红两层窗帘。天平室应尽可能远离街道、铁路以及空气锤等机械，以避免震动。

表 2.1　不同精度天平的室温环境要求

<table>
<tr><th colspan="3">天平精度等级</th><th>温度范围/℃</th><th>温度波动/（℃/h）</th><th>相对湿度/%</th></tr>
<tr><td colspan="3">1～2 级</td><td>19～23</td><td>≤0.5</td><td>65</td></tr>
<tr><td rowspan="2">3～4 级</td><td rowspan="2">分度值</td><td>≤0.001mg</td><td>19～25</td><td>按天平生产厂家要求</td><td>70</td></tr>
<tr><td>>0.001mg</td><td>18～26</td><td>≤0.5</td><td>75</td></tr>
<tr><td colspan="3">5～6 级</td><td>15～30</td><td>≤1</td><td>85</td></tr>
<tr><td colspan="3">7～8 级</td><td>10～32</td><td>≤2</td><td>90</td></tr>
<tr><td colspan="3">9～10 级</td><td>—</td><td>—</td><td>—</td></tr>
</table>

（5）对天平室中天平台的建设要求

万分之一天平台一般以水泥台为好，十万分之一的高精度天平要有防震台，防震台的台面不是整体的，台面中间放天平的地方与整个台面分开，四条腿下方用 8cm 厚的橡胶垫上，四条腿上方也用 8cm 厚的橡胶垫上，然后放上水泥板或大理石。

2.2　化验室对通风、水、电、气设施的基本要求

2.2.1　对通风设施的要求

由于化验工作中常常会产生有毒或易燃的气体，因此实验室要有良好的通风条件，通风设施一般有如下三种。

① 全室通风　采用排气扇或通风竖井，换气次数一般为 5 次/h。

② 局部排气罩　一般安装在大型仪器产生有害气体部位的上方。

③ 通风柜　这是化验室常用的一种局部排风设备，采用防火防爆的金属材料制作，内涂防腐涂料，内有加热源、水源和照明等装置，通风管道要能耐酸碱气体腐蚀。风机可安装在顶层机房内，并应有减少震动和噪声的装置，排气管应高于屋顶 2m 以上。一台排风机连接一个通风柜较好，不同房间共用一个风机和通风管道易发生交叉污染。

通风柜在室内的正确位置是放在空气流动较小的地方，或采用较好的狭缝式通风柜。通风柜台面高度 800mm，宽 750mm，柜内净高 1200mm～1500mm，操作口高度 800mm，柜长 1200mm～1800mm。条缝处风速 0.3m/s～0.5m/s，视窗开启高度为 300mm～500mm。挡板后风道宽度等于缝宽距离的 2 倍以上。

2.2.2 对供排水设施的要求

供水要保证必需的水压、水质和水量以满足仪器设备正常运行的需要，室内总阀门应设在易操作的显著位置，下水道应采用耐酸碱腐蚀的材料，地面应有地漏。

2.2.3 对煤气及供电系统的要求

有条件的化验室可安装管道煤气，化验室的电源分照明和设备用电。照明最好采用荧光灯。设备用电中，24 小时运行的电器如冰箱单独供电，其余电器设备均由总开关控制，烘箱、高温炉等电热设备应设专用插座、开关及熔断器。在室内及走廊上安装应急灯，以备夜间突然停电时使用。

2.2.4 化验室中蒸发高氯酸用的通风橱和管道的要求

普通化验室为高氯酸蒸发用的通风橱和管道，最好采用陶瓷或石棉制的板或圆筒，而且应定时用水冲洗，以防高氯酸凝聚过多与尘土作用而爆炸。瓷砖适用于做通风橱内的工作桌面，绝不可用红铅和甘油或其他易氧化的材料。黏合剂也要采用不易燃烧的。近年来也采用聚氯乙烯塑料板制成通风橱和管道，聚氯乙烯对燃烧有一定的自灭性。

高氯酸蒸气与易燃气体或其蒸气会形成爆炸猛烈的混合物，切忌使之相遇。因此蒸发高氯酸的室内绝不能同时蒸发乙醚、乙醇等溶剂，其他房间如使用同一通风管道，也不能排出易燃烧的蒸气。

第3章 化验室的技术设备管理

3.1 化验室的仪器设备管理

在化验室中，仪器设备管理的中心任务是：利用有效的管理措施，使仪器设备以良好的技术状态为生产及科研服务，最大限度地发挥其投资效益。

3.1.1 对仪器设备的管理要求

① 购进设备要尽快地在达到设备的技术性能的情况下投入使用，按计划定期保养、维修，保持设备的良好技术状态。在修设备要如期修复，并建立专人保养和设备档案制度，使设备提供最大限度的可用时间。

② 充分而又合理的利用仪器设备的性能，提高仪器设备的使用性能。

③ 有目的地进行技术开发，有计划地更新换代。

④ 把设备保养、维修、改造、更新的费用控制在合理水平。

3.1.2 对仪器设备的购置要求

应正确合理地选择及购置设备。技术先进和经济合理是选择和购置设备的基本原则。在购置仪器设备时，应做好以下两项工作。

① 技术考察　即对仪器设备的技术性能做出评价。包括：设备功能、设备的可靠性、设备的维修性、设备的耐用性、设备的互换性、设备的成套性、设备的节能性以及对环境的要求和影响等。

② 经济评价　即通过仪器设备对提高产品质量，降低原材料消耗或提高生产率等方面的作用来推算效益，也可以用“时间成本”来计算。

3.1.3 对仪器设备的验收要求

设备验收前，验收人员应先阅读使用说明书，了解设备型号、规格、性能、附件备件及其数量等，并在验收时逐步逐项核对。验收大型仪器要组织验收小组，并进行充分的技术准备。验收时要做好记录，发现问题要及时处理，并有详细的记录档案，作为日常使用、维修的依据。设备一经验收应及时投入运行，以便尽早发现问题，争取在设备的保修期内认真解决。

验收的设备要按规定进行分类、编号和登记，建立设备卡片和设备档案，并在设备卡片上做出标记，向使用部门或使用人员办理移交手续。

3.1.4 对精密仪器的管理要求

① 安放仪器的房间应符合该仪器的使用要求，以确保该仪器的使用寿命及精度，做到防震、防尘、防潮、防腐蚀。

② 建立专人管理责任制及维护管理制度。

③ 仪器的名称、规格、型号、数量、单位、出厂及购置日期等要登记准确。

3.1.5 对大型仪器设备的管理要求

大型仪器设备要设专人管理。使用维修要由专人负责。拆卸、改装要经一定的审批手续。每台设备都要建立技术档案，内容包括：

① 仪器使用说明书，装箱单，零配件清单；

② 安装、调试、性能鉴定、验证记录；

③ 使用规程，保养维护规程；

④ 使用登记本，检修记录。

3.1.6 对贵重物品的管理要求

铂金坩埚、玛瑙等贵重器皿要放在保险柜中保管，使用要有记录，用完后要放在保险柜中保管，铂金坩埚使用要有质（重）量记录。不经常使用时必须放到保险柜中保管，使用时要有专人负责，用专用器具夹取，防止铂金锅表面产生划痕。

3.1.7 对计量器具的管理要求

① 计量标准器具是最高实物标准，用于量值传递，特殊情况必须用于产品质量检验时应经中心（所）批准。

② 计量标准器具的计量检定工作和维护保养工作由专人负责。

③ 计量标准器具保存环境应满足其说明书的要求，保持其技术状态处于最佳状态。

④ 计量标准器具的使用操作人员必须经考核合格并取得操作证书，每次使用都应有使用记录。

⑤ 计量标准器具一律不出借，一般不得直接用于检测。

3.1.8 对普通实验用品的管理要求

化验室中，除了精密仪器、设备外，其他物品又可分为以下三类：

① 易耗品，如玻璃仪器、元器件等；

② 低值品，如电表、工具等；

③ 材料，一般指消耗品，如金属、非金属材料、试剂等。

上述物品使用频率高，流动性大，管理上应做到心中有数，以方便使用为目的。要建立必要的账目，分门别类存放，定期盘点，及时补充。

3.1.9　对设备的维修规定

对设备的维修包括为排除事故隐患而进行的日常保养和恢复受损设备功能的修理，其中又包括事后修理、预防修理和生产维修。预防修理又称计划修理。生产维修是指对重点设备进行预防修理，对一般设备进行事后修理，对故障频发的设备进行适当改造。

3.1.10　对设备事故的处理要求

发生事故后，应立即组织事故分析并不失时机地组织抢修等善后工作，争取使设备尽快恢复正常运行。重大设备事故应及时报告上级主管部门，并保护好事故现场。处理事故要坚持“三不放过”，即事故原因分析不清不放过；事故责任者和有关人员未受到教育不放过；没有采取防范措施不放过。

在事故原因未查明或消除之前，切不可草率开机，以免扩大事故及损失。对责任事故应严肃查处。

3.2　化验室的技术档案资料管理

3.2.1　技术档案资料分类

通常化验室的技术资料分为四类：①管理性文件；②技术性文件；③检验工作日常报表；④各种仪器、设备的运行台账等设备管理资料及档案。

3.2.2　技术性文件主要内容

技术性文件的主要内容包括：①各种技术标准化、管理规范；②企业自编的《化验员手册》；③科技信息和科技书刊；④其他与检验工作有关的技术资料。

3.2.3　设备技术档案的建立

设备技术档案应该从提出申请计划的时候，就开始全面建立，并要求做到规范。设备技术档案中应包括以下几项内容。

① 原始档案　包括：申请报告、订货单、合同、验收记录及随同设备附带的全部技术资料。

② 使用档案　包括：使用工作日志及运行记录、设备履历卡（包括故障发生时间、现象、处理记录）、维修记录、事故记录、质量检定及精度校验记录和改装记录等资料。

3.2.4　对检测报告的要求

检测报告是检验机构检验质量优劣的基本反映，必须保证其内在和外在的质量。

① 要注明试验依据的标准。

② 试验结论意见要清楚，结果要与标准及要求进行比较。

③ 对样品要有简单的说明。

④ 报告单上必须包括实验室的全称、编号、委托单位和委托人、交接日期、样品名称、样品数量、分析项目、分析批号，以及实验人员、审核人员、负责人等的签字和日期、报告页数等。

⑤ 检测报告不允许更改。报告由实验室主任审核，在审核中发现错误应由原填写人重新填写，审核人不得自行更改。审核后的检测报告应交质量负责人签署意见，由技术负责人批准，并注明份数。

3.2.5 对事故分析报告的规定

在检测过程中发生下列情况应按事故处理：

① 样品丢失、损坏、零部件丢失；

② 样品生产单位提供的技术资料丢失或失密，检验报告丢失，原始记录丢失或失密；

③ 因人员、检测设备、仪器、检测条件不符合检测工作的要求，试验方法错误，数据差错，从而造成的检验结论错误；

④ 检测过程中发生仪器设备损坏、人员伤亡。

因突然停水、停电或其他外界干扰而中断检测，影响数据可靠性和正确性的属意外事故，因仪器设备老化等非人为因素所造成的后果不按事故处理。

重大事故发生后应立即采取有效措施，防止事态扩大，抢救伤亡人员并保护现场，通知有关人员处理事故。事故发生后3天内由发生事故单位填写事故报告单，上报相关部门，由相关技术负责人主持召开事故分析会并在1周内上报上级主管部门，针对问题制订相应的解决方法。

3.2.6 对技术资料的管理规定

化验室的技术质量的管理由办公室负责。

(1) 应长期保存的技术资料

① 国家、地区、部门有关产品质量检验工作的政策、法令、文件、法规和规定。

② 产品技术标准化、相关标准、参考标准（国内外的）、检测规程、规范、大纲、细则、操作规程和方法（国外的、国内的或自编的）。

③ 计量检定规程、暂行校验方法，仪器说明书、计量合格证，仪器仪表及设备的验收维修、大修、使用、报废的记录。

④ 仪器设备明细表和台账，产品图纸、工艺文件及其他技术文件。

(2) 属于定期保存的资料

① 各类检验原始记录、各类检验报告。

② 用户反馈意见及处理结果。

③ 样品入库、发放及处理登记本。

④ 检验报告发放登记本。

技术资料入库时应办理交接手续，统一编号，且按保存期长短分类。测试人员如需借阅资料，应办理借阅手续。原始资料未经技术负责人同意，不允许复制。资料室人员要严格为用户保守技术机密，否则以违反纪律处理。超过保管期的技术资料应分门别类，造册登记，经主管领导批准后方可销毁。

3.3 化验室记录与样品的管理

3.3.1 记录管理

（1）对质量记录的保存及管理要求

① 质量记录要按月、按季或年编目成册，做好标识，归档保管。

② 严格执行国家关于质量记录的文件管理的有关规定，妥善保管质量记录。

③ 质量记录在保存过程中，应注意防潮、防霉变、防虫蛀、防丢失和防盗用，同时注意防火和通风，质量记录的使用与管理要遵守质量体系程序文件的规定。

④ 遵守化验室分析检验工作的基本规则。

（2）对原始数据的记录要求

原始记录是检测结果的如实记载。不允许随意更改，不许删减，一般不允许外单位查阅。

① 要用正式记录本或记录单真实记录检测过程中的现象、条件、数据等，要求完整、准确、整齐、清洁。不得用白纸、铅笔或圆珠笔书写，不准涂改。

② 分析检测原始记录必须由分析者本人填写，在岗其他分析人员复核（两检制），分析者应对原始记录的真实性和检验结果的准确性负责，复核人员应对计算公式及计算结果的准确性负责。

③ 要采用法定计量单位，数据应按照测量仪器的有效精度位数进行记录。

④ 原始记录单（表）要统一格式，以符合计量认证的要求。检测人员及负责人要在原始记录单上签署自己的姓名和日期。

（3）对原始数据的更改规定

更改记错的原始数据的方法是：在原始数据上画一条横线表示消去，将正确数据填在上方，并加盖更改人印章。

（4）对原始数据的保存规定

原始记录在检测报告发出的同时归档，有专门资料室的则送资料室保存。保存期不少于 5 年。

3.3.2 样品管理

（1）对收取样品的要求

收取样品要有登记手续，样品要编号并妥善保管一定时间。样品应有标签，标签上要有记录编号、委托单位、交样日期、试验人员、试验日期、报告签发日期以及其他简要说明。

（2）对样品的管理规定

① 样品保管必须有专人负责。

② 样品到达后由该保管人员会同有关专业科室共同开封检查，确认样本完好后编号并办理登记手续，然后入样品保管室保存。

③ 样品上应有明显的区分标志，确保不同厂家的同类产品不致混淆，确保样品与已检样品不致混淆。

④ 样品保管室的环境条件应符合样品所需的要求，不致使样品变质、丧失或降低其功能，样品保管必须做到账、物、卡三者相符。

⑤ 样品检验时由各专业科室填单领取并办理相关手续。

检验工作结束，检验结果经核实无误后将剩余样品送回保管室，可通知来样单位领回；除用户有特殊要求外，破坏性检验后的样品一般不再保存。

（3）对留样的管理规定

① 样品的保留由样品的分析检测单位负责，在有效期内要根据保留样品的特性妥善保管。

② 保留样品的容器要清洁，必要时要密封以防变质，标识清楚齐全。

③ 样品要分类、分品种有序摆放。

④ 样品的保留量要根据样品全分析的用量来定。保留量应不少于两次全分析用量。一般液体为500mL～1000mL；固体成品或原料保留500g。

⑤ 成品样品的保留期限：液体一般保留3个月，固体一般保留半年。

⑥ 样品超过保存期限后，按“三废”管理制度进行处理。

第4章 化验室的安全管理

化验员在分析测试工作中要接触各种化学试剂、试样以及分析检测过程中各种化学反应所产生的气体、热气、烟雾等，这些物质中有些对人体有毒害作用，有些还具有易燃、易爆性质，同时，各种仪器、电器、机械设备在使用中也可能存在危险性。因此，分析技术人员必须学习化验室安全技术，并掌握一定的防护急救技能，在分析测试工作中做好安全保护工作。

化验室的安全防护措施主要包括三方面内容。

① 安全教育措施　即加强对分析工作者的安全宣传及安全教育，不断提高从业人员的安全意识及安全操作技能，懂得操作中的不安全因素，掌握防止事故的方法及事故的排除方法，提高人员的自我防护能力，减少事故的伤害及事故损失。

② 安全技术措施　从技术上防止事故的发生，从根本上消除危险因素，是安全生产的最大保障。

具体的安全措施一般有：预测预报、个人预防、局部防护及整体防护（如防火、防爆、防电击、防割伤及烫伤等）等技术措施以及紧急救护措施。

③ 安全管理措施　即制定各种安全生产/工作及劳动保护规章制度、安全技术操作规程、安全管理及工作标准，并使之实施，使工作人员明确要求、各尽其职、安全生产。

4.1 化验室的机械性外伤预防和急救

4.1.1 意外割伤救治

（1）预防措施

在化验室中为了防止被锐器或碎玻璃割伤，应注意以下几点。

① 玻璃仪器应轻拿轻放、安置妥当。

② 不得使用有裂纹或已破损的仪器。

③ 在弯折、切割玻璃管（棒），用塞子钻孔及安装洗瓶等玻璃仪器时，要遵守使用玻璃和打孔器的安全工作规程，用布包手或戴手套。

④ 细口瓶、试剂瓶、容量瓶不能在电炉或酒精灯上加热，其中不能装过热溶液。

⑤ 加热烧杯和烧瓶时，应垫石棉网，以免受热不均匀发生炸裂。

⑥ 装配或拆卸仪器时，要防备玻璃管和其他部分的损坏，以免受到严重伤害。

⑦ 被割伤时应立即包扎并送医院。

（2）急救措施

对于一般割伤，应保持伤口干净，不能用手抚摸，也不能用水洗涤。若是玻璃创伤，应先将碎玻璃从伤口处挑出。轻伤可涂紫药水（或红汞、碘酒），必要时撒些消炎粉或消炎膏，用绷带包扎。伤口较小时，也可用创可贴敷盖伤口。

若严重割伤，可在伤口上部 10cm 处用纱布扎紧，减慢流血速度，并立即送医。

4.1.2 眼睛受到碎玻璃等异物伤害的处置方法

眼睛里蹦进碎玻璃或其他固体异物时，应闭上眼睛不要转动，立即到医院就医。绝不要用手揉眼睛，以免引起严重的擦伤。

4.2 化验室的消防安全

在化验室里不仅经常使用易燃、易爆等危险化学品，而且还要进行加热、灼烧、蒸馏等可能引起着火燃烧的操作。因此，掌握化验室基本的消防安全知识与技能十分重要。

4.2.1 化验室发生火灾的主要原因

化验室里失火的原因主要有以下几种。

① 易燃、易爆危险品的储存，使用或处理不当。

注：实验室内严禁存放大于 20L 的瓶装易燃液体。

② 加热、蒸馏、制气等分析装置安装不正确、不稳妥、不严密，从而产生蒸气泄漏或者由于操作不规范产生迸溅现象，遇到加热的火源极易发生燃烧与爆炸。

注：绝不可在明火附近倾倒、转移易燃试剂！

③ 对化验室火源管理不严，违反操作规程。

注：加热易燃溶剂必须用水浴或封闭式电炉，严禁用灯焰或电炉直接加热！

④ 强氧化剂与有机物或还原剂接触混合。

⑤ 电气设备使用不当。

⑥ 易燃性气体或液体的蒸气在空气中达到爆炸极限范围，与明火接触时，易发生燃烧和爆炸。

4.2.2 防火措施

① 在倾倒或使用易燃液体进行萃取或蒸馏时，室内不得有明火。同时要打开门窗，使空气流通，以保证易燃气体及时逸出室外。

② 电气设备应装有地线和保险开关。使用烘箱和高温炉时，不得超过允许温度，

无人时应立即关闭电源。

③ 室内应备有水源和适用于各种情况的灭火材料，包括消火砂、石棉布、各类灭火器材。易燃易爆物应设专人保管并有严格的使用与保管的相关制度。

④ 酒精灯及低温加热器应放在分析操作台面上，下面应垫石棉板或防火砖。烘箱和高温炉应安放在石桌面或水泥台面上。

4.2.3 常用的灭火方法

燃烧必须具备三个条件：可燃物、助燃物和火源。这三者必须同时具备，缺一不可。因此，灭火就是消除这些条件。

① 灭火时，应先关闭门窗，防止火势增大，并将室内易燃、干燥物搬离火源，以免引起更大的火灾。

② 易溶于水的物质失火时，可用水浇灭；不溶于水的油类及有机溶剂，如汽油、苯及过氧化物、碳化钙等可燃物燃烧时，绝不要用水去灭火，否则会加剧燃烧，只能用砂、干冰和“1211”灭火器等灭火。

③ 选用合适的灭火装置。

表 4.1 所示为常用灭火器的类型及使用范围。

表 4.1 常用灭火器的类型及其使用范围

类　型	成　分	使 用 范 围
酸碱式	H_2SO_4，$NaHCO_3$	非油类及电器失火的一般火灾
泡沫式	$Al_2(SO_4)_3$，$NaHCO_3$	油类失火
二氧化碳	液体 CO_2	电器失火
四氯化碳	液体 CCl_4	电器失火
干　粉	粉末主要成分是 Na_2CO_3 等盐类物质，加入适量硬脂酸铝、云母粉、滑石粉、石英粉等	油类、可燃气体、电气设备、文件记录和遇水燃烧等物品的初起火灾
1211	CF_2ClBr	油类、有机溶剂、高压电气设备、精密仪器等失火
砂箱、砂袋	清洁干净的砂子	各种火灾

4.2.4 常用灭火器材的使用

（1）泡沫灭火器

【结构】以 MP8 型泡沫灭火器为例，如图 4.1（a）所示。

【使用方法】使用时，左手握住提环，右手抓住筒体底部，喷嘴对准火源，迅速将灭火器颠倒过来，轻轻抖动几下，灭火筒内压强迅速增大，大量的泡沫从喷嘴喷出将火焰扑灭。

注意：提取泡沫灭火器时不能用肩扛或倾斜，以防止两种溶液混合。

（2）二氧化碳灭火器

【结构】二氧化碳灭火器以鸭嘴式为例，如图 4.1（b）所示。

【使用方法】使用时，一手握着喇叭形喷筒的把手将其对准火源，另一手打开开关即可喷出二氧化碳。

如果是鸭嘴式开关，右手拔出保险销，紧握喇叭形喷筒木柄；左手将上面的鸭嘴向下压，二氧化碳即从喷嘴喷出。

（3）干粉灭火器

【结构】内装式 MF4 型干粉灭火器如图 4.1（c）所示。

【使用方法】使用时，将干粉灭火器上下颠倒几次，在距离着火处 3m～4m 处，撕去灭火器上的封记，拔出保险销，一手握住喷嘴对准火源，另一手的大拇指将压把按下，干粉即可喷出。迅速摇摆喷嘴，使粉雾横扫整个火区，即可将火扑灭。

（4）1211 灭火器

【结构】手提式 1211 灭火器如图 4.1（d）所示。

【使用方法】使用时，首先拔掉铅封和安全销，手提灭火器上部，不要把灭火器放平或颠倒。用力紧握压把，开启阀门，储压在钢瓶内的灭火剂即可喷射出来。

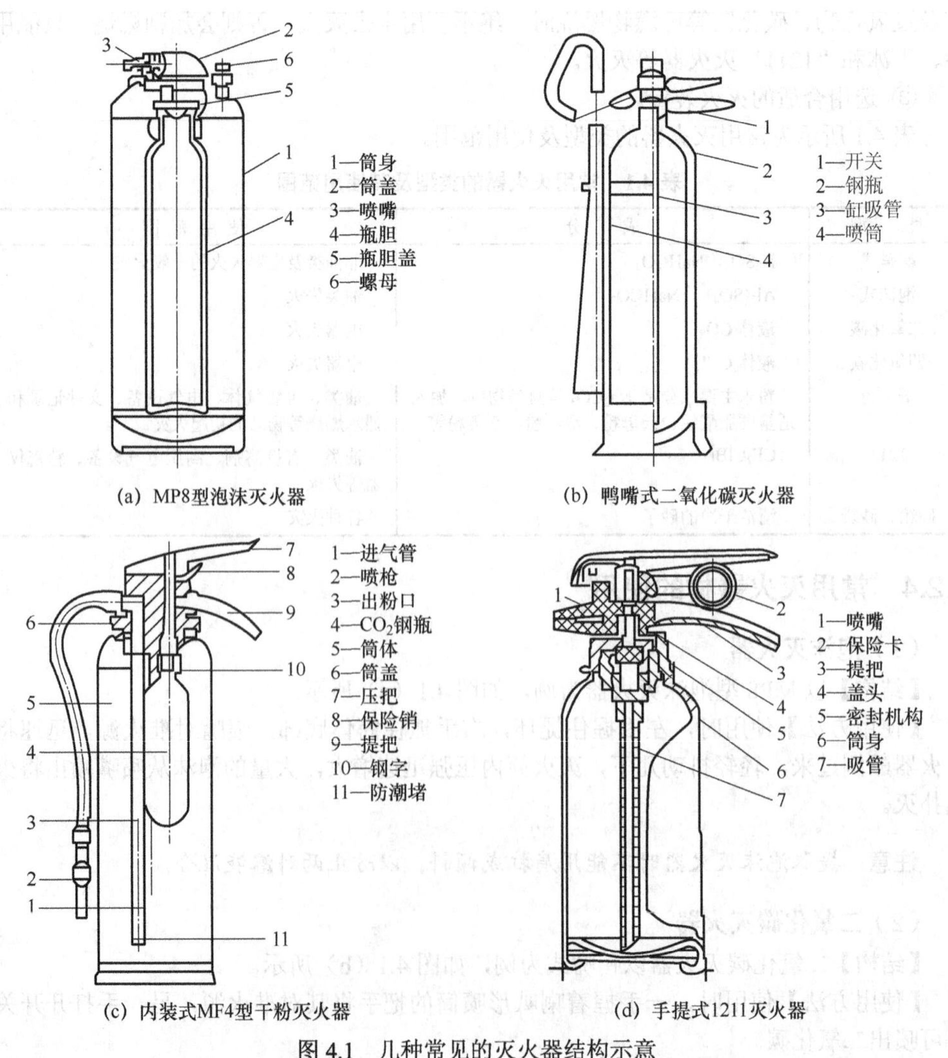

图 4.1 几种常见的灭火器结构示意

灭火时，将喷嘴对准火源，左右扫射，向前推进，将火扑灭。当手放松时，压把受弹力作用回复原位，阀门封闭，喷射停止。

4.3　化验室的防爆安全

氧化、燃烧、爆炸，本质上都是氧化反应，只是反应速率不同而已。爆炸往往比着火会造成更大的危害，且多数情况下只能预防。一旦发生，就难以预防。因此，凡涉及爆炸性试剂的操作、储存、运输，都要十分小心，必须严格按照有关规程运作。

4.3.1　基础知识

（1）强氧化剂

强氧化剂是指具有强烈氧化性的物质。它们在标准电极电位顺序中的位置越低，标准电极电位越正，在化学反应中越容易获得电子，那么这类物质（分子、原子或离子）就是越强的氧化剂。

氧化剂本身一般不会燃烧，但在空气中遇酸或受潮、强热或与其他还原性物质、易燃物、可燃物接触，即可分解引起燃烧或与可燃物构成爆炸性混合物。

化验室中常见的强氧化剂有氟、三价钴盐、过硫酸盐（或 $S_2O_8^{2-}$）、过氧化氢、过氧化物、高锰酸盐（或 MnO_4^-）、氯酸盐（或 ClO_3^-）、溴酸盐（或 BrO_3^-）、重铬酸盐（或 $Cr_2O_7^{2-}$）、氯等。

（2）爆炸性物质

爆炸性物质指具有猛烈爆炸性的物质。当其受到高热、摩擦、冲击或与其他物质接触发生作用后，能在瞬间发生剧烈反应，产生大量的热量和气体，并使气体的体积迅速增加而引起爆炸。

下列物质均属于敏感性强、易分解和引起爆炸的物质：臭氧、过氧化物（含特有的—O—O—基）；氯酸和高氯酸化合物（含特有的 Cl—O 原子团）；氮的卤化物（含特有的═N—X 基，X 表示卤素）；亚硝基化合物（含特有的—NO 基）；雷酸盐（含特有的—ONC 基或原子团—N═C）；乙炔等炔类和炔化物（含—C≡C—基）。

实际上，某些强化剂本身就是爆炸性物质，如硝酸铵、过氧化物、高氯酸盐。在分析测试中直接涉及的爆炸性试剂、物品其实并不多，常涉及的主要有苦味酸、三硝基甲苯、钢瓶易燃气体等。然而值得警惕的是有些试剂单独存在时，虽属于危险物化学品，却不致爆炸。可一旦与其他物质相混合，或撞击时，就会剧烈爆炸，这种潜在的致爆因素反而更加危险，不容忽视。

（3）爆炸和爆炸极限

① 爆炸　爆炸是物质极迅速地发生突然变化时，其分子、原子或原子核内的能量转变为物质运动能的结果，在爆炸的一瞬间有大量的能量释放。爆炸时，物质状态急剧改变，温度和压力剧烈升高。化学反应所发生的爆炸（例如氢、氧混合物的爆炸，三硝基甲苯的爆炸等）和原子核分裂链式反应所引起的爆炸都是典型的爆炸。

注：本书只限于讨论化学反应所引起的爆炸。

② 爆炸极限 可燃气体、可燃液体的蒸气（或可燃粉尘）与空气混合并达到一定浓度时，遇到火源就会发生爆炸，这个遇到火源能够发生爆炸的浓度范围，叫做“爆炸极限”。通常用可燃气体、蒸气（或粉尘）在空气中的体积分数（%）来表示。

可燃气体、蒸气（或粉尘）与空气的混合物并不是在任何混合比例下都有可能发生爆炸，而是有一个发生爆炸的浓度范围，即有一个最低的爆炸浓度——爆炸下限，和一个最高的爆炸浓度——爆炸上限，只有在这两个浓度之间，才有爆炸的危险。如果可燃气体、蒸气（或粉尘）在空气中的浓度低于爆炸下限，遇到明火既不会爆炸，也不会燃烧；高于爆炸上限，遇到明火虽然不会爆炸，但接触空气却能燃烧。因为低于爆炸下限时，空气所占的比例很大，可燃物质的浓度不够；高于爆炸上限时，则含有大量可燃物质，而空气却不足，缺少助燃的氧气。

了解各种可燃气体或蒸气（或粉尘）的爆炸极限，对做好防火、防爆工作具有重要意义。各种可燃、易爆气体在空气中（或在氧气中）的爆炸极限见表 4.2。混合后可引起燃烧、爆炸的试剂组合见表 4.3。

表 4.2 可燃气体（蒸气）与空气混合的爆炸范围

名称（化学式）	燃点 $t_{f\cdot p}$/℃	空气中的含量 φ/%	
		下 限	上 限
氢（H_2）	585	4.0	75
氨（NH_3）	650	16	25
吡啶（C_6H_5N）	482	1.8	12.4
甲烷（CH_4）	537	5.0	15.0
乙胺（C_2H_5N）		3.5	14
乙烯（C_2H_4）	450	3.1	32
乙炔（C_2H_2）	335	2.5	81
一氧化碳（CO）	650	12.5	74
硫化氢（H_2S）	260		
甲醇（CH_3OH）	427	6.0	36
乙醇（C_2H_5OH）	538	3.3	19
乙醚（$C_2H_5OC_2H_5$）	174	1.2	5.1
丙酮（CH_3COCH_3）	561	1.6	15.3
苯（C_6H_6）	580	1.4	8.0
乙腈（CH_3CN）		2.4	16.0
乙酸乙酯（$C_4H_8O_2$）		2.2	11.5
1,4-二氧六环（$C_4H_8O_2$）	226	2.0	22
二硫化碳（CS_2）	120	1.3	44

表 4.3　混合后可引起燃烧、爆炸的试剂组合

	组合类型	组　合	后果（原因）	备　注
氧化性试剂	易燃、可燃有机试剂	CrO - 乙醇、甘油 H_2O_2 - 丙酮 $KMnO_4$ - 甘油	燃烧（化学反应） 燃烧、爆炸（化学反应） 燃烧（化学反应）	
	还原性试剂	Na_2O - K、Na Na_2O - Zn、Mg（粉）	燃烧（化学反应）	潮湿空气中接触
		Na_2O - $H_2C_2O_4$ $(NH_4)_2S_2O_3$ - Al 粉	爆炸（摩擦）	遇水
		$(NH_4)_2S_2O_3$ - $NaNO_2$	燃烧（放高热）	
		NH_4NO_3 - $NaNO_2$ NH_4NO_3 - Zn 粉 NH_4NO_3 - $ZnCl_2$	爆炸	遇水
	易燃固体试剂	Na_2O_2 - P_2S_3，P（赤） $NaClO_3$ - P（赤）、S、P_2S_3	燃烧（接触） 爆炸（化学反应、放热）	潮湿空气
	毒害性试剂	$NaClO_3$ - KCN NH_4NO_3 - KCN NH_4NO_3 - $Ba(SCN)_2$	急剧反应	
	腐蚀性试剂	$KMnO_4$ - H_2O_2、浓 H_2SO_4 $NaClO_3$ - H_2SO_4	剧烈分解 爆炸（放高热）	
腐蚀性试剂	易燃液体试剂	HNO_3 - 乙醇、松节油 HNO_3 - 环戊二烯、噻吩	燃烧（化学反应）	
	还原性试剂	HCl、H_2SO_4 - K、Na HNO_3 - Mg、Al 粉	爆炸（化学反应）	
		HNO_3 - Zn 粉	急剧反应（化学反应）	
	易燃固体试剂	HNO_3 - P（赤） 偶氮二异丁腈	燃烧 燃烧	潮湿空气
	易燃性有机试剂 有机物	PBr_5 - 乙醇、甘油 PCl_3 - 木屑、草套 乙酰氯、木屑	燃烧（化学反应） 炭化、燃烧	
	卤化磷	氯化铬酰 - PBr_5、PCl_3 $POCl_3$	燃烧（化学反应）	

4.3.2　化验室的防爆

（1）化验室发生爆炸的主要原因

实验室中产生爆炸的原因主要来自以下两方面：一是器皿内和大气间压力差逐渐加大；二是反应时反应区域内的压力急剧升高或降低。

① 器皿内和大气间压力差加大引起的爆炸

a．当器皿内壁的压力减小时，如器皿壁的坚固性不够，仪器被压碎，这种爆炸称为“压碎爆炸”，这是危险性较小的一种爆炸。在器皿壁的厚度和机械强度相同时，器皿能支持压力的限度在很大程度上决定于器皿的形状。

发生压碎爆炸时，可能伤及爆炸器皿附近的工作人员。如果被压碎的器皿中盛的是有毒物或可燃物，或是能与空气形成爆炸混合物的物质，就有可能发生中毒、失火或爆炸混合物的极强爆炸，危险性更大。

b．当器皿内部的压力加大到器皿爆炸的限度时，能够成为爆炸的原因的能量就是压缩气体或蒸气的热能。这类爆炸要比压碎爆炸危险得多，如果使用有害物质工作，还会引起中毒、失火或形成爆炸混合物的第二次爆炸。

② 化学反应区域内压力急剧改变引起/导致爆炸

a．某些化合物（所谓爆炸物质）迅速分解，且在分解过程中一般都会离析出大量气体，同时放出大量的热。如乙醚中的亚乙基过氧化物、氮的卤化物等。

b．在固体和液体物质间发生迅速反应，结果产生大量的气体或放出大量的热，以致仪器四周气体容积急剧增大。如镁、锌或其他轻金属与硝酸的反应；用高氯酸处理与其不混合的某些固体有机物试样的反应等。

c．当气体间迅速反应时，反应获得的产物有着与原来物质不同的容积，结果导致压力急剧改变。如果反应时放出热量，必然使气体混合物的容积迅速扩大。

（2）防爆措施

在使用危险物质工作时，为了消除爆炸的可能性或防止发生人身事故，应遵守下列原则。

① 使用预防爆炸或减少其危害后果的仪器和设备。

② 要清楚地知道所用的每一种物质的物理和化学性质、反应混合物的成分、使用物质的纯度、仪器结构（包括器皿的材料）、进行工作的条件（温度、压力）等。

③ 将气体充于预先加热的仪器内部时，不要用可燃性气体排空气，或相反地用空气排出可燃气体，应该使用氮或二氧化碳来排除，否则就有发生爆炸的危险。

④ 在能够保证实验结果的可靠性和精密度的前提下，危险物质都必须取用最小量来完成相应的测试工作，并且绝对不能使用明火加热。

⑤ 在使用爆炸物质进行测试分析工作时，必须使用软木塞或橡皮塞并应保持其充分清洁，不可使用带磨口塞的玻璃瓶，因为关闭或开启玻璃塞的摩擦都可能成为爆炸的原因。

干燥爆炸物质时，绝对禁止关闭烘箱门，最好在惰性气体气氛下进行，保证干燥时加热的均匀性与消除局部自燃的可能性。

⑥ 完成气相反应时，要了解改变气相反应速率的普遍影响因素（光、压力、表面活性剂、器皿材料及杂质等）。

要及时销毁爆炸性物质的残渣：卤氮化合物可以用氰使之成为碱性而销毁；叠氮化合物及雷酸银可由酸化来销毁；偶氮化合物可与水共同煮沸；乙炔化物可以用硫化铵分解；过氧化物则用还原方法销毁。

⑦ 决不允许将水倒入浓硫酸中。

注意：*进行隔绝空气加热时，应加热均匀，以防温度骤降导致爆炸；使用强碱熔样时，应防止坩埚沾水而爆炸；点燃氢气时，应检查氢气的纯度。*

4.4 化验室的防毒、防烧/烫伤

4.4.1 基础知识

（1）毒物及中毒

① 毒物 凡可使人体受害引起中毒的外来物质都可称为“毒物”。毒物是相对的，

一定的毒物只有在一定条件下和一定量时才能发挥毒效而引起中毒。

② 中毒　是指由于某种物质侵入人体而引起的局部刺激或整个机体功能障碍的任何疾病。

根据毒物引起的病态的性质，中毒可分为急性、亚急性和慢性三种。

③ 致死量　毒物的一切说明和定义都是按照它对大多数人的作用来确定的。凡侵入体内并能引起死亡的毒物的剂量称为致死量或致命剂量。

为预防在分析实验室内使用毒性物质时的偶然中毒，应当知道毒物可能经过什么途径侵入体内以及各种毒物的作用，采取有效措施以免中毒，一旦中毒也可尽快加以急救，摆脱危险。

（2）化验室中常见有毒物质（简称毒物）

毒物的类型划分方式通常有两种，一种是根据毒物的毒性大小划分；另一种是按照毒物的状态来划分。

毒物的毒性主要取决于其化学结构，按照毒性大小，有毒物质一般分为低毒物、中度毒物和剧毒物。按照毒物的存在状态不同，毒物又可分为有毒气体、有毒液体和有毒固体三种，如表 4.4 所示。

表 4.4　常见毒物

类　型	名　称
有毒气体	一氧化碳、氯气、硫化氢、氮的氧化物、二氧化硫、三氧化硫等
有毒液体	汞、溴、硫酸、硝酸、盐酸、高氯酸、氢氟酸、有机酚类、苯及其衍生物、氯仿、四氯化碳、乙醚、甲醇等
有毒固体	汞盐、砷化物、氰化物等

4.4.2　防毒与急救措施

（1）防毒措施

① 要严格遵守个人卫生和个人防护规程。使用有毒气体的试剂时，都应在通风橱中进行。如无通风设备，可在空气流通的地方或室外操作，工作人员应戴口罩。

② 有煤气的实验室，应注意检查管道、开关等，不得漏气，以免煤气中的一氧化碳散入空气中引起中毒。

③ 剧毒试剂的取用和使用应严格遵守操作规则，并有专人负责收发与保管，密封保存，建立严格的保管制度。

④ 使用后的含有毒物质的废液，不得倒入下水道内，应集中收集后予以无毒化处理，将盛过有毒物废液的容器清洗干净后，立即洗手。

⑤ 水银仪器破损后，洒出的水银应立即消除干净，然后在残迹处撒上硫黄粉使之完全消除。

⑥ 用嗅觉检查试剂时，只能用手扇送少量气体，轻轻嗅闻。

⑦ 不得使用实验室的器皿做饮食工具，绝对禁止在使用毒物或有可能被毒物污染的实验室存放食物、饮食或吸烟。离开实验室后立即洗手。

（2）意外中毒后的急救措施

① 中毒　溅入口内而尚未下咽的毒物应立即吐出，用大量水冲洗口腔。如已吞下

毒物，应根据毒物性质服解毒药，并立即送医。

② 腐蚀性毒物 如果是强酸，先饮用大量水，再服用氢氧化铝膏、鸡蛋蛋清；如果是强碱，先饮用大量水，再服用醋酸果汁、鸡蛋清。不论酸或碱中毒，都需灌注牛奶，不要吃呕吐剂。

③ 刺激性及神经性中毒 将 5mL～10mL 稀硫酸铜溶液加入一杯温水中，内服后，用手指伸入喉部催吐，立即送医。

④ 气体中毒 吸入硫化氢或一氧化碳感到不适时，应立即移至室外，解开衣领，呼吸新鲜空气。因吸入少量氯气、溴蒸气而中毒者，可吸收少量乙醇和乙醚的混合蒸气解毒，切不可随便进行人工呼吸。一氧化碳中毒不可施用兴奋剂。

（3）化验室中安全使用汞的注意事项

① 使用汞时，不要用薄壁玻璃容器和薄壁玻璃管。因为汞的密度大，这些薄壁玻璃容器和管子不够结实，极易损坏，使汞洒出和泼溅以致难以收拾。因此向管内或容器注入汞时应使用特制的坚实的长颈漏斗。向高形器皿内注入汞时，最好使器皿略微倾斜，而器皿底部用柔软的衬垫垫稳，然后将汞沿器皿壁缓慢注入，以防溅出。

② 应尽可能避免在敞开容器内使用。用汞作搅拌器的封闭液时，必须注意勿使汞逸出，在热的设备上，切不可用汞作封闭液，如有可能，用水或油将汞掩盖起来。

③ 汞的旁边不可放置发热体，绝对不要在烘箱中烘汞。

④ 装汞的仪器下面一律放置浅瓷盘，保证在操作过程中偶然撒出的汞滴不致散落在桌面或地上。

⑤ 经常使用汞的实验室的排风扇最好装在墙角，地板要无缝，否则留存的细小汞滴将慢慢蒸发，长期毒化实验室内的空气。

（4）拾汞棒（或刷）的制备

将直径为 0.2mm 的铜丝或 0.1mm 厚的条形铜片，浸入用硝酸酸化过的硝酸汞溶液中，溶液中的汞即被镀在铜丝（片）上成为拾汞棒（或刷）。

洒出或挥发而沉积在桌上、地上的汞可用拾汞棒（或刷）加以摩擦收集。收集洒出汞的移液管或吸管的简单装置如图 4.2 所示。

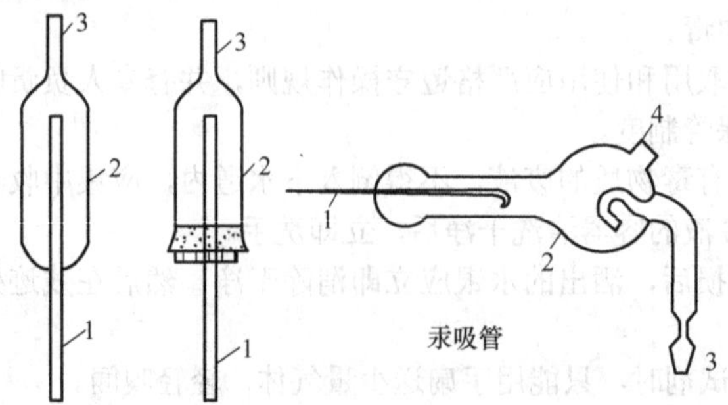

图 4.2 汞的移液管

1—收集汞的管；2—盛收汞的部分；3—连接梨形橡皮球或真空泵（即气泵）；4—密封塞

（5）工作服上的汞和汞有机物的消除

由于汞及其化合物中毒的积累特性，因此接触汞及其化合物的分析人员应特别注意工作服的清洁。

如果工作服被金属汞滴玷污，应在室外适当地点，将其垂直抖落 15min 以上，然后将工作服在肥皂液（2.5%）和碳酸钠（2.5%）溶液中洗涤 3.0min 左右，并更换 3 次洗涤液，最后在热水中冲洗干净。

若工作服被乙基氯化汞玷污，用 0.5%碳酸钠溶液在 30min 内洗涤 3 次即可；若要消除二乙基汞，可用热蒸汽（120℃～130℃）将工作服蒸馏 2h。若工作服同时被乙基氯化汞、二乙基汞、金属汞和氯化汞玷污，则应先用热蒸汽再以肥皂液（2.5%）和碳酸钠溶液（2.5%）相继进行洗涤，条件同清除汞的“洗涤”和二乙基汞气体的“蒸馏除去法”。

注意：汞-有机化合物要比汞蒸气及其盐类更危险，它的中毒发展更快！

4.4.3　常用的防毒器材及其防护范围

防毒器材主要包括防毒面具和防毒口罩。防毒面具根据防毒原理又分为隔离式防毒面具和过滤式（滤毒式）防毒面具。

（1）隔离式防毒面具

根据供氧方式的不同，隔离式防毒面具分为氧呼吸器和生氧器。这种防毒面具可以在含毒浓度很高或缺氧的环境中使用，生氧器还可以在高温场所或火灾现场使用。

（2）过滤式防毒面具

过滤式防毒面具的防护范围随滤毒罐内所装吸附剂类型、作用、预防对象的不同而不同。一般是根据滤毒罐外涂有的不同颜色来识别。所以，防护人员必须根据防护对象正确选择防毒面具。

（3）防毒口罩

防毒口罩的防毒原理及采用的吸收剂和过滤式防毒面具基本相同，只是结构形式、适用范围和大小有所不同。防酸口罩采用碱性吸收剂，防碱口罩采用酸性吸收剂。其他防毒口罩采用能与预防对象迅速发生有效反应的物质作吸收剂。

4.4.4　化验室中的烫伤

（1）腐蚀性试剂

腐蚀性试剂是指对人体的皮肤、黏膜、眼睛、呼吸器官等有腐蚀性的物质。一般为液体或固体。按照性质和形态的不同，腐蚀性试剂可分为如表 4.5 所列的类型。

表 4.5　常见腐蚀性试剂的类型

类　型	常 见 药 品
酸类	硫酸、盐酸、硝酸、磷酸、氢氰酸、甲酸、乙酸、草酸等
碱类	氢氧化钠、氢氧化钾、氢氧化钙、氨等
盐类	碳酸钾、碳酸钠、硫化钠、无水氯化铝、氰化物、磷化物、铬化物、重金属盐等
单质	钾、钠、溴、磷等
有机物	苯及其同系物、苯酚、卤代烃、卤代酸（如一氯乙酸）、乙酸酐、无水肼、水合肼等

(2)预防烫伤(或烧伤)的措施

在化验室中，皮肤的烧伤或烫伤，往往是由接触有腐蚀性或刺激性的试剂、火焰、高温物体、电弧等引起的。各种烧伤的主要危险性是身体损失大量水分，烧伤后多数由于身体组织损伤、细菌感染而发生严重的并发症。

为防止烫伤或烧伤的发生，应注意以下几点。

① 取用硫酸、硝酸、浓盐酸、氢氧化钠、氢氧化钾、氯水、氨水或液体溴时，应戴上橡皮手套，防止药品沾在手上。

氢氟酸烧伤更危险，使用时要特别小心，操作结束后要立即洗手。

② 腐蚀性物品不能在烘箱内烘烤。用移液管吸取有腐蚀性、刺激性液体时，必须用橡皮球操作。

③ 稀释硫酸时，必须在烧杯等耐热容器中进行，且必须在玻璃棒不断搅拌下，将浓硫酸仔细缓慢地加入水中，绝不能将水倒入硫酸中。

溶解氢氧化钠、氢氧化钾等发热物时，也必须在耐热容器中进行。如需将浓酸或浓碱中和，则必须先行稀释。

④ 在压碎或研磨苛性碱和其他危险物质时，要注意防范小碎块或其他危险物质碎片溅散，以免严重烧伤眼睛、面孔或身体其他部位。

⑤ 打开氨水、盐酸、硝酸等试剂瓶口时，应先盖上湿布，用冷水冷却后，再打开瓶塞，以防溅出，在夏天尤其更应注意。

⑥ 使用酒精灯和喷灯时，酒精不应装得太满。先将洒在外面的酒精擦干净，然后再点燃，以防将手烧伤。

⑦ 使用加热设备，如电炉、烘箱、沙浴、水浴等时，应严格遵守安全操作规程，以防烫伤。

⑧ 取下正在沸腾的水或溶液时，须先用烧杯夹子摇动后才能取下使用，以防使用时突然沸腾溅出伤人。

(3)常见的烧伤急救措施

化验室中一旦发生烧伤事故，要立即进行救治，并根据伤势轻重分别进行处理。常见的烧伤急救方法如表 4.6 所示。

表 4.6 常见烧伤的急救方法

烧伤程度	急救方法
一度烧伤	立即用冷水浸烧伤处，减轻疼痛，再用 1+1000 新洁尔灭水溶液消毒，保持创面不受感染
二度烧伤	先用清水或生理盐水，再用 1+1000 新洁尔灭水溶液消毒，不要将水泡挑破以免感染，也可以用浸过碳酸氢钠溶液(0.29mol/L～0.36mol/L)的纱布覆盖在烧伤处，再用绷带轻轻包扎，如果皮肤表面完好，可用冰或冷水镇静
三度烧伤	在送医院前主要防止感染和休克，可用消毒纱布轻轻扎好，给伤员保暖和供氧气；若患者清醒，令其口服盐水和烧伤饮料，防止失水休克。应注意防寒、防暑、防颠

(4)化学灼伤的急救方法

化学灼伤是由化学试剂对人体引起的损伤，急救应根据灼伤的原因不同分别进行处理。化验室化学灼伤的一般急救方法如表 4.7 所示。

表 4.7　化学灼伤的一般急救方法

引起灼伤的化学试剂	急 救 方 法
酸类：硫酸、盐酸、硝酸、磷酸、甲酸、乙酸、草酸	先用大量水冲洗，再用饱和碳酸氢钠溶液（或稀氨水、肥皂水）洗，最后用清水冲洗。若酸溅入眼中，立即用大量清水冲洗，及时送医诊治
碱类：氢氧化钠、氢氧化钾、浓氨水、氧化钙、碳酸钠、碳酸钾	立即用大量水冲洗，然后用 2%醋酸溶液或饱和硼酸溶液清洗，最后用清水清洗。若碱溅入眼中，先用大量水冲洗，再用饱和硼酸溶液清洗。氧化钙灼伤时，可用任一种植物油洗涤伤处
碱金属、氢氰酸、氰化物	立即用大量水冲洗，再用高锰酸钾溶液洗，之后用硫化铵溶液漂洗
氢氟酸	立即用大量流水作长时间彻底冲洗，或将伤处浸入 3%氨水或 10%硫酸铵溶液中，再用（2+1）甘油及氧化镁悬乳剂涂抹，或用冰冷的饱和硫酸镁溶液洗
溴	先用水冲洗，再用 1 体积氨水+1 体积松节油+10 体积 95%乙醇混合液处理。也可用酒精擦至无溴存在，再涂上甘油或烫伤油膏
磷	不可将创伤面暴露于空气或用油脂类涂抹，应先用 1%硫酸铜溶液洗净残余的磷，再用 0.1%高锰酸钾湿敷，再用浸有硫酸铜溶液的绷带包扎
苯酚	先用大量水冲洗，然后用 4 体积乙醇（70%）与 1 体积氯化铁（27%）的混合液洗
氯化锌、硝酸银	先用水冲，再用 50g/L 碳酸氢钠溶液漂洗。涂油膏及硫黄

（5）化验室中发生眼睛灼伤事故的处理方法

眼睛受到任何伤害时，都必须立即送医诊治。但在医生救护前，对眼睛的化学灼伤的急救应该是分秒必争的。

① 若眼睛被溶于水的化学药品灼伤，应立即去最近的地方冲洗眼睛或淋浴，用流水缓慢冲洗眼睛 15min 以上，淋洗时轻轻用手指撑开上下眼帘，并嘱伤员眼球向各方转动，再速请眼科医生诊治。

② 如果是碱灼伤，再用硼酸（4%）或柠檬酸（2%）溶液冲洗，冲洗后反复滴氯霉素等微酸性眼药水。

③ 而如果是酸灼伤，则用 2%碳酸氢钠溶液冲洗，冲洗后可反复滴磺胺乙酰钠等微碱性眼药水。

（6）实验室中安全使用和处理高氯酸的要求

① 高氯酸是强酸，应避免与皮肤、眼睛或呼吸器官直接接触，否则会引起严重的化学灼伤。使用高氯酸时应戴面罩，以防不测。

② 高氯酸应盛于带玻璃塞的玻璃瓶中，放置在玻璃皿、瓷皿或瓷砖之上以防溢漏。若高氯酸泻落在桌面上，应迅速用水冲去，尽可能不用棉布拭擦。

③ 高氯酸附近不可放有机试剂或还原性物质，如乙醇、甘油、次磷酸盐等。

④ 加热高氯酸应用电热器、蒸气浴或沙浴，不能使用油浴或直接火。

⑤ 变色的高氯酸应以水吸收后倒入水槽并继续用水冲洗除去。废弃高氯酸应在玻璃或耐腐蚀容器中用 10 倍量冷水冲稀，充分搅拌后排出，再用大量水冲走。由高氯酸引起火灾时，应用大量水灭火。考虑到火场中可能存在有机物会引起爆炸，不可轻易接近。

⑥ 对前人未分析过的试样进行高氯酸处理时，或进行未做过的有高氯酸参加的反应时，最好先取微量样品做试验，观察有无爆炸的危险。

⑦ 高氯酸接触脱水剂如浓硫酸、五氧化二磷或醋酸酐，脱水后会起火和爆炸。乙醇、甘油或其他能形成酯的物质，绝不能与高氯酸共热，否则会发生猛烈爆炸。

⑧ 注意热的高氯酸不可接触有机物，如果溶液中有金属盐就不应蒸干溶液，以防危险。

⑨ 破坏有机物（包括生物试样）需先用硝酸处理，将易氧化的部分除去，难氧化的部分也起部分分解，再加高氯酸以完成氧化。含氮杂环化合物一般不易被硝酸氧化，须用其他步骤氧化。不与高氯酸混溶的物质（如油脂）不能用高氯酸氧化，否则会因局部作用而猛烈爆炸。

目前，对安全处理高氯酸盐还没有统一的规定。大致可以认为，许多重金属和有机碱高氯酸盐，以及高氯酸肼和氟化高氯酸盐是非常敏感的，必须十分小心谨慎，应看做“起爆药”一样加以处理。

4.5 化验室的用电安全

化验室用电安全的关键是要严格遵守用电规则。

4.5.1 防止触电事故的措施

触电事故主要是指电击。通过人体的电流越大，伤害越严重。电流的大小取决于电压和人体电阻。因此，在实验室中，使用各种电器仪器设备时，要注意安全用电，以免发生触电和用电事故。

必须注意以下几点：

① 使用新电器仪器前，首先弄懂它的使用方法和注意事项，不要盲目接电源。

② 使用搁置时间较长的电器仪器前，应预先仔细检查，发现有损害的地方，应及时修理，不要勉强使用。

③ 实验室内不得有裸露的电线，刀闸开关应完全合上或断开，以防接触不良打出火花引起易燃物爆炸。拔插头时，要用手捏住插头拔，不得只拉电线。

④ 各种电气设备及电线应始终保持干燥，不得浸湿，以防短路引起火灾或烧坏电气设备。

⑤ 更换保险丝时，要按负荷量选用合格保险丝，不得任意加粗保险丝，更不可用铜丝代替。

4.5.2 电击伤的急救方法

① 发生电击伤事故应立即拉掉电闸，截断电源，尽快利用绝缘物（干木棒、竹竿等）将触电者与电源隔离。

② 如有休克现象，应将此人转移到有新鲜空气的地方，立即进行人工呼吸。

③ 皮肤因高热或电火花烧伤者要防止感染，并迅速送医。对呼吸暂停者（假死）可实行复苏抢救，如口对口人工呼吸法或心脏按压法，立即送医。

4.5.3 化验室中的静电防护

静电是指在一定的物体表面上存在的电荷，电压达到3kV～4kV时，若人体触及就会有触电感觉。

静电能造成大型仪器的高性能元件的损害，危及仪器的安全，也会因放电时瞬间产生的冲击性电流对人体造成伤害。虽不致因电流危及生命，但严重时能使人摔倒，或电子器件放电火花引起易燃气体燃烧或爆炸。因此，必须要加以防护。

防静电的措施主要有以下几种。

① 防静电区内不要使用塑料、橡胶地板、地毯等绝缘性能好的地面材料，可以铺设导电性地板。

② 在易燃易爆场所，应穿着导电纤维及材料制成的防静电工作服、手套、防静电鞋（$R < 150k\Omega$）等。不要穿化纤类织物、胶鞋及绝缘底鞋。

③ 高压带电体应有屏蔽措施，以防人体感应产生静电。

④ 进入易产生静电的实验室时前，应先徒手触摸一下金属接地棒，以消除人体从室外带来的静电。坐着工作的场所，可在手腕上戴接地腕带。

⑤ 凡不停旋转的电气设备，如真空泵、压缩机等，其外壳必须良好接地。

4.6 气体钢瓶的安全管理

4.6.1 气体钢瓶在搬运、存放中的安全注意事项

① 在搬运与存放气瓶时，一般都应直立，并有固定支架。气瓶上的安全帽必须旋紧，气瓶上应装好两个防震胶圈。

② 气瓶装在车上应妥善加以固定。车辆装运气瓶一般应横向放置，头部朝向一方，装车高度不得超过车厢高。装卸时禁止采用抱、滑或其他容易引起碰击的方法。

搬运气瓶时，严禁摔掷、敲击、剧烈震动。瓶外必须有两个橡胶防震帽。戴上并旋紧安全帽。

注意：乙炔瓶严禁滚动！

③ 装运气瓶的车辆应有明显的“危险品”标志。车上严禁烟火。易燃品、油脂和带有油污的物品，不得与氧气瓶或强氧化剂气瓶同车运输。所装介质相互接触后，能引起爆炸、燃烧的气瓶不得同车运输。

④ 气瓶应存放在阴凉、干燥、远离热源（如阳光、暖气、炉火等）的地方。

4.6.2 气体钢瓶在充装时的安全事项

① 装有有毒气体的气瓶，或充装有介质相互接触后能引起燃烧、爆炸的气瓶，必须分室储存。

② 充装有易于起聚合反应的气体（如乙炔、乙烯等）气瓶，必须规定储存期限。

③ 气瓶与其他化学危险品也不得任意混放。参见表 4.8。

表 4.8 高压气体钢瓶的分类储存规定

气 体 性 质	气 体 名 称	不准共同储存的物品种类
可燃气体	氢、甲烷、乙烯、丙烯、乙炔液化石油气、甲醚、液态烃、氯甲烷、一氧化碳	除惰性不燃气体（如氮、二氧化碳、氖、氩等）外，不准和其他种类易燃、易爆物品共同储存

续表

气体性质	气体名称	不准共同储存的物品种类
助燃气体	氧压缩空气、氯（兼有毒性）	除惰性不燃气体、有毒物品（如光气、五氧化二砷、氰化钾）外，不准和其他种类的易燃、易爆物品共同储存
不燃气体	氮、二氧化碳、氖、氩	除气体、有毒物品和氧化剂（如氯酸钾、钠；硝酸钾、钠；过氧化钠）外，不准和其他种类的物品共同储存

④ 气瓶瓶体有缺陷不能安全使用的，或安全附件不全、损坏或不符合规定的，均不应送交气体制造厂充装气体。

4.6.3 乙炔钢瓶的安全使用和处理

存放乙炔气瓶处要通风良好，温度要保持在 35℃以下。充灌后的乙炔气瓶要静置 24h 后应用，以免使用时受丙酮的影响。这种影响特别表现在原子吸收分光光度分析中作为燃气时的火焰不稳，噪声增大，其原因之一就是受到丙酮蒸气的作用。为了防止气体回缩，应装上回闪阻止器。

应注意，当气瓶内还剩有相当量乙炔时（一般最低降低到一个表压），就需要换用另一只新乙炔气瓶。

使用乙炔气瓶过程中，应经常注意瓶身湿度的情况。如瓶身有发热情况，说明瓶内有自动聚合，此时，应立即停止使用，关闭气门并迅速用冷水浇瓶身，直至瓶身冷却不再发热。

4.6.4 氢气瓶的安全存放

要检查氢气导管是否漏气，特别是连接处一定要用肥皂水检查。存放氢气的气瓶处，一定要严禁烟火，远离火种、热源，储于阴凉、通风的仓间。

应与氧气、压缩空气、氧化剂、氟、氯等分间存放，严禁混储混运。

4.6.5 氧气瓶的安全使用

氧气瓶一定要严防同油脂接触，氧气瓶中绝对不能混入其他可燃气体或用其他可燃气体气瓶来充灌氧气，要禁止在强烈阳光下曝晒，以免随着钢瓶壁温增高引起瓶内压力过高。实验室有时需用液态氧蒸发制得不含水分的气态氧，在这步操作中不要使液氧滴在手上、脸上或身体其他裸露部分。

液氧滴在皮肤上会引起烧伤或严重冻伤。由于液氧具有强烈的氧化性能，因此处理液氧的工作地点不能放置棉、麻类碎屑，这类物质浸上液氧后，着火时会引起爆炸。

4.7 化验室中的防辐射措施

4.7.1 基础知识

（1）放射性同位素和稳定性同位素

有放射性的同位素称为“放射性同位素”，没有放射性的同位素就是“稳定性同位素”。例如$^{31}_{15}P$和$^{59}_{27}Co$，它们就没有放射性，因此是稳定性同位素；而$^{32}_{15}P$和$^{60}_{27}Co$却具有放射性，所以是放射性同位素。

（2）外照射和内照射（或称外部照射与内部照射）

① 外照射　是指射线在身体外表面的照射。

② 内照射　是由于防护不当放射性物质被吸入（呼吸道）、吃进（消化道）或从伤口、皮肤和黏膜等处侵入人体内而引起的照射。

内照射的危险性从某种意义上来说，要比外照射大得多。因为人们可以设法使外照射降低到安全水平以下，同时还可尽量地不停留在可能遭受放射性的地点，然而这些对于内照射来说是办不到的。

对于内照射来说，从伤口进入比吸入危险，而吸入又比吞咽危险。

4.7.2 化验室中的辐射防护知识

（1）射线防护的基本原则

① 实践的正当性　为了防止不必要的照射，一切辐射实践都必须有正当理由。

② 辐射防护最优化　所有照射都应保持在可以合理做到的最低水平。

③ 个人剂量限制　个人所受的照射剂量不超过规定的剂量限值。

④ 避免放射性物质进入人体和污染身体。

（2）对外照射的防护应注意的问题

① 用量防护　在不影响实验和工作的条件下尽量少用。

② 时间防护　人体所接受的剂量大小与受照射的时间成正比，因此要减少照射时间，从而达到防护目的。为此不要在有放射性物质（特别是β、γ体）的周围做不必要的停留。工作时操作力求简单、快速、准确。也可增配同组人员轮换操作，以减少每人受照射的时间。

③ 距离防护　人体所受的剂量大小与接触放射性物质距离的平方成反比。接触放射性物质的距离增加 1 倍则剂量就减小到 1/4，因此，随着距离的增加，剂量的减小是很显著的。原则上距离越远越好。为此，操作放射性物质时可以利用各种夹具，以增长接触的距离，但夹具也不宜太长，否则会增加操作的困难。

④ 屏蔽防护　就是利用适当材料对射线进行遮挡的防护方法，在放射源与人体之间放置能吸收或减弱射线的屏蔽。密度较大的金属材料（如铁、铅等）、水泥和水对γ射线和 X 射线遮挡性能较好；密度较小的材料（如镉、锂、石蜡、硼砂等）对中子的遮挡性能较好；β 射线和 α 射线容易遮挡，通常采用轻金属铝、塑料、有机玻璃等来遮挡即可。屏状物除了需要长期固定住的外，都应做成可以拆装的，且要求做到不让射线从折叠缝中透出屏外。如果屏状物是不透明的（如铅屏），又不便于用眼睛直接观察，则在工作时可以备一镜子，通过反射来进行操作，当然事前应操练纯熟，否则容易发生洒泼等事故。

4.8 化验室中的“三废”处理及环境保护

实验室中经常会产生某些有毒的气体、液体或固体，尤其是某些剧毒物质，倘若直接排出就可能会污染周围环境，进而影响人们的身体健康。因此，实验室中的废气、废液和废渣（简称“三废”）都应经过处理后才能排弃。

4.8.1 废气的处理

实验室中的废气主要来自于反应器、溶剂罐、烟（气）筒等处，经化学反应、溶剂的蒸发等产生。

少量有毒气体的实验必须在通风橱中进行。通过排风设备（通风柜、排气扇、吸气罩、导气管等）直接将其排到室外，使废气在外面大量空气中稀释，依靠环境自身容量解决。

对产生毒气量大的实验则必须备有吸收和处理装置，如 NO_2、SO_2、氯气、H_2S、HF 等可用导管通入碱液中，使其大部分吸收后排出。

汞的操作室必须有良好的全室通风装置，其通风口通常在墙体的下部。其他废气在排放前可参考工业废气的处理办法，采用吸附、吸收、氧化、分解等方法进行。

4.8.2 废液的处理

（1）废酸液

可先用耐酸塑料纱网或玻璃纤维过滤，滤液加碱中和，调 pH 值至 6～8 后可排出。

（2）含重金属离子的废液

最经济、最有效的方法是：加碱或加硫化钠把重金属离子变成难溶的氢氧化物或硫化物沉积下来，然后过滤分离。少量残渣可分类存放，统一处理。

（3）含铬废液

可用 $KMnO_4$氧化法使其再生，重复使用。方法如下：将含铬废液在 110～130℃下加热搅拌浓缩，除去水分后，冷却至室温，缓慢加入 $KMnO_4$ 粉末，边加边搅拌至溶液呈深褐色或微紫色（勿过量），再加热至有 SO_3 产生，停止加热，稍冷，用玻璃砂芯漏斗过滤，除去沉淀，滤液冷却后析出红色 CrO_3 沉淀，再加入适量浓 H_2SO_4 使其溶解后即可使用。

少量的废铬酸洗液可加入废碱液或石灰使其生成氢氧化铬（III）沉淀，集中分类存放，统一处理。

（4）含氰废液

氰化物是剧毒物，含氰废液必须认真处理。少量含氰废液可加 NaOH 调 pH>10，再加适量 $KMnO_4$将 CN^-氧化分解。针对较大量的含氰废液可先用碱调 pH>10，再加入 NaClO，将 CN^-氧化成氰酸盐，并进一步分解为 CO_2 和 N_2。

（5）含汞废液

应先调 pH 值至 8～10，然后加入适量 Na_2S，使其生成 HgS 沉淀，并加入适量 $FeSO_4$，使之与过量的 Na_2S 作用生成 FeS 沉淀，从而吸附 HgS 共沉淀下来。静置后过滤离心，清液含汞量降至 0.02mg/L 以下可排放。

少量残渣可埋于地下，大量残渣可用焙烧法回收汞，但要注意必须在通风橱中进行。

（6）含砷废液

可利用硫化砷的难溶性，在含砷废液中通入 H_2S 或加入 Na_2S 除去含砷化合物。也可在含砷废液中加入铁盐，并加入石灰乳使溶液呈碱性，新生成的 $Fe(OH)_3$ 与难溶性的亚砷酸钙或砷酸钙发生共沉淀和吸附作用，从而除去砷。

4.8.3　废渣的处理

工业生产中产生的固体废物、化验后残存的固体物质，均为"废渣"。

① 无毒性的可溶性废物应用水冲洗，排入下水道。

② 不溶性固体或毒物则要集中统一处理。

③ 严禁将有毒有害固体试剂、残渣与生活垃圾混倒，必须经解毒后处理。

对大量废渣，要按照国家规定，定期交给专门处理废弃化学物品的专业公司处理。

4.9　化验室中化学试剂的安全管理

化学试剂的种类很多，规格不一，用途各异。作为分析工作者，对化学试剂的种类、规格、常用试剂的基本性质等应有基本了解，做到合理选购、正确使用、科学管理。

4.9.1　化学试剂等级规格的划分

世界各国对化学试剂的分类和级别的标准不尽相同。我国化学试剂的产品标准有国家标准（GB）、化工部标准（HG）及企业标准（QB）。目前，部级标准已纳入行业标准（ZB）。

（1）按照试剂的纯度划分

我国生产的化学试剂（通用试剂）的登记标准，按照化学试剂中杂质含量的多少，基本可分为四级，级别的代表符号、规格标志及使用范围如表 4.9 所示。

（2）按照试剂的组成与用途划分

按照化学试剂的组成及用途分类的情况如表 4.10 所示。

表 4.9　化学试剂的分类（Ⅰ）

级别	名　称	英 文 名 称	符号	标签颜色	使 用 范 围
一级品	保证试剂（优级纯）	Guarantee reagent	GR	绿色	纯度很高，用于精密分析和科研
二级品	分析试剂（分析纯）	Analytical reagent	AR	红色	纯度高，用于一般分析及科研
三级品	化学纯	Chemical pure	CP	蓝色	纯度较差，用于一般化学实验
四级品	实验试剂	Laboratory reagent	LR	黄色	纯度较低，用于实验辅助试剂或一般化学制备
	生化试剂	Biochemical	BR	棕色或玫红	用于生物化学实验

注：优级纯、分析纯、化学纯试剂又统称为通用化学试剂[1]。

[1] 国家标准 GB 15346—2012《化学试剂　包装及标志》将优级纯、分析纯、化学纯级的试剂，统称为通用试剂。

根据实验的不同要求选用不同级别的试剂。分析试验中，要使用分析纯级别的试剂。

在查阅文献资料或使用进口试剂时，其化学试剂的纯度等级、标志等，与我国的规格、标志不一定相同，要注意区别。

表 4.10 化学试剂的分类（Ⅱ）

类　别	用途及分类	实　例	备　注
1. 无机分析试剂	用于化学分析的一般无机化学试剂	金属单质、氧化物、酸、碱、盐	纯度一般大于 99%
2. 有机分析试剂	用于化学分析的一般有机化学试剂	烃、醛、醇、醚、酸、酯及其衍生物	纯度较高、杂质较少
3. 特效试剂	在无机分析中用于测定、分离后富集元素时一些专用的有机试剂	沉淀剂、萃取剂、显色剂、螯合剂、指示剂等	
4. 基准试剂	标定标准溶液浓度。又分为容量工作基准试剂、pH 工作基准试剂、热值测定用基准试剂	基准试剂即化学试剂中的标准物质。 一级有 15 种；二级有 7 种	一级纯度：99.98%～100.02% 二级纯度：99.95%～100.05%
5. 标准物质	用作化学分析或仪器分析的对比标准或用于仪器校准。也分为：一级标准物质；二级标准物质	可以是纯净的或混合的气体、液体或固体	我国生产的一级标准物质有 683 种；二级标准物质有 432 种（1993 年公布）
6. 仪器分析试剂	原子吸收光谱标准品、色谱试剂（包括固定液、固定相填料）标准品、电子显微镜用试剂、核磁共振用试剂、极谱用试剂、光谱纯试剂、分光纯试剂、闪烁试剂		
7. 指示剂	用于容量分析滴定终点的指示、检验气体或溶液中某些物质；分为酸碱指示剂、氧化还原指示剂、吸附指示剂、金属指示剂		
8. 生化试剂	用于生命科学研究。分为生化试剂、生物染色剂、生物缓冲物质、分离工具试剂等	生物碱、氨基酸、核苷酸、抗生素、维生素、酶、培养基等	也包括临床诊断和医学研究用试剂
9. 高纯试剂	用于痕量分析等专业领域。如用于色谱使用的色谱纯试剂，用于光谱使用的光谱纯试剂等		纯度在 99.99% 以上，杂质控制在 μg/g 级或更低
10. 液晶	在一定温度范围内具有流动性和表面张力的，并具有各向异性的有机化合物		

注：国际纯粹与应用化学联合会（IUPAC）将作为标准物质的化学试剂按纯度分为 5 级。A 级，相对原子质量的标准物质；B 级，和 A 级最为接近的标准物质；C 级，$\omega = 100\% \pm 0.02\%$的标准试剂；D 级，$\omega = 100\% \pm 0.05\%$的标准试剂；E 级，以 C 级或 D 级为标准进行对比测定所得的纯度相当于它们的试剂。但实际纯度低于 C 级、D 级的试剂。

按照上述等级划分，表 4.10 中 4 的一级、二级基准试剂，仅相当于 C 级和 D 级的纯度。

4.9.2 常用化学试剂的储存管理要求

① 常用化学试剂的储存一般按照无机物、有机物、指示剂等分类后，整齐排列在

有玻璃门的台橱内，所有试剂瓶上的标签要保持完好，过期失效的试剂要及时妥善处理，无标签试剂不准使用。

② 有些药品要低温存放，如过氧化氢、液氨（存放温度要求在 10℃以下）等，以免变质或发生其他事故。

③ 装在滴瓶中成套的试剂可制作成阶梯试剂架或专用瓶，以便于取用。

④ 一些小包装的贵重药品、稀有贵重金属等的储存，要与其他试剂分开由专人保管。

4.9.3　化学危险品的分类

许多化学试剂具有易燃、易爆和易使人中毒的性质。从安全角度考虑，将它们列为化学危险品。目前，大约有两千多种化学试剂被列为危险品。运输和公安部门按照发生危险事故的特性，将危险品分为 8 类。如表 4.11 所示。

表 4.11　化学危险品分类

类　别	特　性	实　例	备　注
1. 爆炸性试剂	受外界引发，产生剧烈化学反应，同时放出大量热能和气体，迅速膨胀、爆速大于声速的物质	① 点火器材，如导火索 ② 起爆器材，如雷管 ③ 炸药类物品，如苦味酸 ④ 其他，如烟火、爆竹	可分为自氧化还原物质如①～③ 氧化剂或还原剂混合物如③
2. 液化气体和压缩气体	临界温度高于常温的气体，加压后液化——液化气体；临界温度低于常温的，常温下压入容器内——压缩气体；膨胀力随温度升高而加大造成危险，分为剧毒、易燃、助燃	液化气体，如液氯、液氨等；压缩气体，如 H_2、O_2、N_2 等	置阴凉、通风处，避光，远离热源，防止剧震
3. 易燃液体试剂	在常温下产生的蒸气遇火燃烧，甚至爆炸。 温度越高，蒸气压越大，燃烧的危害性越大，常以闪点划分等级 $t_{ip}<28℃$，一级易燃品 $t_{ip}=28℃\sim45℃$，二级易燃品	低沸点的有机液体试剂，如 t_{ip}[①]：乙醚 −41℃；甲醇 10℃；乙醇 14℃	也有分为低、中、高闪点易燃品的 $t_{ip}<-18℃$（低） $t_{ip}=-18℃\sim23℃$（中） $t_{ip}=23℃\sim61℃$（高）
4. 易燃固体、易自燃、遇水燃烧试剂	① 易燃固体试剂　在正常储运条件下易燃烧和爆炸的固体物质 a. 固体单质，因化学性质、分散程度而异 b. 固体化合物，因气化、分解、氧化而燃烧 c. 含自氧化基团（如硝基）的化合物，因分解、氧化而剧烈爆炸 ② 易自燃试剂　无火源、常温下能自行发热、积聚热量，引起燃烧；或遇空气、剧烈氧化，温度迅速升至燃点 ③ 遇水燃烧试剂　与水发生剧烈化学反应放出可燃气体着火燃烧的试剂	① 易燃固体分为一、二两级 a. P（白）、S、某些金属粉 b. 樟脑、萘等 c. 芳香硝基化合物、硝化棉 ② 如黄磷 易自燃试剂分为一、二两级。 ③ 如 K、Na	① a. 红磷不自燃，但受冲击或摩擦时也燃烧 c. 含氮高于 13%的硝化棉，易分解爆炸。存放时受热、光、残存酸的作用，极易分解产生 NO_2 迅速燃烧爆炸，无法扑灭 ② 必须存放于水中，以隔绝空气 ③ 置于液体石蜡或煤油中，隔绝空气保存

续表

类　别	特　性	实　例	备　注
5. 氧化性试剂	自身含氧，受热时分解出氧使附近的可燃物燃烧 ① 过氧化物：有机过氧化物、Na_2O_2 ② 卤素含氧酸盐 ③ 硝酸盐、亚硝酸盐	① 纯有机过氧化物极易分解爆炸，如过氧化苯甲酰 ② $NaClO_3$ 对撞击、摩擦极敏感 ③ 受热分解爆炸	① 用水湿润后稳定 ③ 尤其以铵盐最危险
6. 毒害性试剂	毒害性试剂通常称毒害品，是指进入人体血液后能导致疾病和死亡的物质。 毒害品致毒途径有以下 3 种。 ① 呼吸器官　分散于空气中的挥发性毒物及粉尘，通过呼吸经肺部进入血液，经血液循环导致全身中毒 ② 消化器官　毒害物质因不慎进入口腔、胃、肠道而引起中毒 ③ 皮肤　由皮肤渗入人体，经血液循环中毒	无机剧毒品，如氰化物 有机剧毒品，如硫酸二甲酯、氟乙酸等 无机毒害品，如红丹(四氧化三铅) 有机毒害品，如三氯甲烷等	腐蚀性酸碱不属于毒害品。它们不进入血液即可致伤 剧毒品中毒剂量小，发作时间短，一旦发作不易控制，使用时必须有严格的审批制度
7. 腐蚀性试剂	指接触人体的皮肤、黏膜时，使接触的组织立即产生不可逆破坏的化学品，分为 3 种。 ① 酸性腐蚀品：强酸、浓酸。酸性越强、浓度越大，腐蚀性越强 ② 碱性腐蚀品：强碱、浓碱 ③ 其他腐蚀品：能使蛋白质变性	① H_2SO_4、HNO_3、HCl、浓 HAc 等。HF 酸性虽不强，但可深入皮下组织，甚至骨骼 ② NaOH、KOH，简单有机胺 ③ 如甲醛溶液、苯酚、双氧水	腐蚀性试剂有的还具有氧化性和易燃性。如 HNO_3 能使纤维品燃烧，与有机溶剂相遇能着火、爆炸 高氯酸既是强酸又是强氧化剂。浓度在 94%以上的 $HClO_4$ 能自动分解爆炸
8. 放射性试剂	具有放射性危害的物质 放射性标准物质 放射源 标记物	U_3O_8、UF_6、镭 226 放射源、^{60}Co 放射源、^{3}H-正十六烷闪烁液、^{14}C-正十六烷闪烁液等	

① t_{ip} 是指易燃液体试剂的闪点。

4.9.4 化验室中化学危险品的储存管理要求

（1）易燃易爆品

易燃、易爆试剂应分开储存。存放处要阴凉、通风，储存温度不能高于 30℃，最好用防爆料架（由砖和水泥制成）存放，并且要和其他可燃物和易发生火花的器物隔离放置。

（2）剧毒品

剧毒品（如 KCN、As_2O_3 等）的储存要由专人负责。存放处要求阴凉、干燥，与酸类隔离放置，并应专柜加锁，建立发放使用记录。

（3）强氧化性试剂

强氧化性试剂的存放处要阴凉、通风，要与酸类、木屑、碳粉、糖类等易燃、可燃物或易被氧化的物质隔离。

（4）强腐蚀性试剂

强腐蚀性试剂的存放处要阴凉、通风，并与其他药品隔离放置，应选用抗腐蚀性的材料（如耐酸陶瓷）制成的架子放置此类药品，料架不宜过高，以保证存取安全。

（5）放射性物品

放射性物品由内容器（磨口玻璃瓶）和对内容器起保护作用的外容器包装。存放处要远离易燃、易爆等危险品，存放要具备防护设备、操作器、操作服（如铅围裙）等条件，以保证人身安全。

4.9.5　化验室中对标准物质的管理要求

为了保证分析测试结果的准确度，并具有可比性和一致性，经常需要使用标准物质校准仪器、评价分析方法或考核检测人员、监控测量过程等。因此，标准物质是工作基准，也是一种计量标准器。

化验室对标准物质的储存管理有严格的规定。

① 标准物质由业务部门保存，保存环境应使其不变质，不降低其使用性能。

② 标准物质的购置由各使用部门提出申请，经相关负责人批准后统一购买，并按说明书上规定的使用期限定期更换，不得购买无许可证的标准物质。

③ 标准物质的发放需履行登记手续。

4.10　化验室中的常规安全问题

对于分析测试人员来说，除了要了解、掌握相关的仪器设备、化学试剂、用电等的安全知识外，在日常分析工作中更要对一些常规的安全问题加以重视，并自觉遵守。

4.10.1　一般安全守则

① 实验室要经常保持整洁。仪器、试剂、工具存放有序，混乱、无序往往是引发安全事故的诱因。

② 严格按照技术规程和有关分析程序进行分析操作。相关的分析工作应能紧张有序进行。

③ 当进行有潜在危险的工作时，如危险物料的采集、易燃/易爆物品的处理等，必须要有第二者在场陪伴，陪伴者应位于能够看清操作者工作情况的地方，并应时刻关注操作的全过程。

④ 打开久置未用的浓硝酸、浓盐酸、浓氨水的瓶塞时，应着防护用品，瓶口不应对着人，宜在通风橱内进行。热天打开易挥发试剂的瓶口时，应先用冷水冷却。瓶塞如久置难以打开，尤其是磨口塞，不可强力猛烈撞击。

⑤ 稀释浓硫酸时，稀释用容器（如烧杯、锥形瓶等，绝不可直接用细口瓶）应置于塑料盆内，将浓硫酸缓慢分批加入水中，并不时搅拌，待冷至室温时再转入细口储液瓶中。

⑥ 蒸馏或加热易燃液体时，绝不可使用明火，一般也不要蒸干。操作过程中人不能离开，以防温度过高或冷却时临时中断引发安全事故。

⑦ 所有试剂必须贴有相应标签，不允许在瓶内盛装与标签内容不符的试剂。

⑧ 不可在冰箱内（防爆冰箱除外）存放含有易挥发、易燃试剂的物品。

⑨ 工作时应穿工作服。进行危险性操作时要加着防护用具，实验用工作服不宜穿出室外。

⑩ 实验室内禁止吸烟、进食。实验结束后要认真洗手，离开实验室时要认真检查，并关闭门窗、停水、断电、熄灯、锁门。

4.10.2 化验室安全必备

① 必须配备适用的灭火器材，就近存放，并定期检查，如失效要及时更换。

② 根据化验室的工作内容，配置相应的防护用具和急救药品。如防护眼镜、橡胶手套、防毒口罩等；常用的红药水、紫药水、碘酒、创可贴、小苏打溶液、硼酸溶液、消毒纱布、药棉、医用镊子、剪刀等。

第5章
化验室的分析测试质量管理

分析测试工作既要为生产工艺控制提供准确、可靠的数据，又要把好产品质量关，是全面质量管理的重要组成部分，也是企业生产和管理系统的一个重要组成部分。

5.1 国家计量法简介

量和单位涉及国民经济各部门，与每个人息息相关。统一实行法定计量单位，使量和单位的应用进一步规范化、标准化，是关系到国防建设、科学研究、企业生产、文化教育等各领域的大事。对分析工作者而言，无论是测量、计算，还是数据处理、出具报告等，其中每一步都离不开量和单位。因此，化验工作在为生产提供可靠数据的过程中，必须要执行国家的计量法。

5.1.1 计量法与法规

为了进一步统一我国的计量制度，1984年2月27日国务院以国发［1984］28号文颁布了《关于在我国统一实行法定计量单位的命令》，同时颁布了《中华人民共和国法定计量单位》，1985年9月6日以国家主席第28号令公布的《中华人民共和国计量法》（简称《计量法》），更进一步明确规定："国家采用国际单位制，国际单位制计量单位和国家选定的其他计量单位"，为国家法定计量单位。因此，国际单位制现有的全部单位，以及今后新规定的单位，都是我国的法定计量单位。国际单位制如有变化，我国的法定计量单位也会随之变化。

（1）国家《计量法》的基本内容

《计量法》是国家管理计量工作的基本法律。其基本内容包括：计量立法宗旨，调整范围，计量单位制，计量器具管理，计量监督，计量授权，计量认证，计量纠纷的处理，计量法规责任等。

（2）制定《计量法》的目的

制定《计量法》是为了保证单位制的统一和量值的准确可靠，从而保证国民经济和科技的发展，为社会主义建设提供计量保证，并保护人民群众的健康、生命和财产的安全，维护消费者利益以及保护国家的利益不受侵犯。

5.1.2 法定计量单位

1993 年 12 月 27 日，国家技术监督局批准发布了由全国量和单位标准化委员会制定的 GB 3100～3102—1993《量和单位》15 项系列国家标准，规定自 1994 年 7 月 1 日实施。

上述标准分别对应于国际标准 ISO:1992、ISO 31-0:1992、ISO 31-1～31-13—1992。其中，GB 3100—1993《国际单位制及其应用》和 GB 3101—1993《有关量、单位和符号的一般原则》是基础性、通用性标准。凡科学技术领域在使用相关学科的物理量及单位时，不论是名称还是符号，应一律以这套国家标准为准，不得自行改动或变更，凡标准中未列入的名称与符号，一律不得使用。

（1）我国法定计量单位的构成[1]

我国法定计量单位的构成如图 5.1 所示。

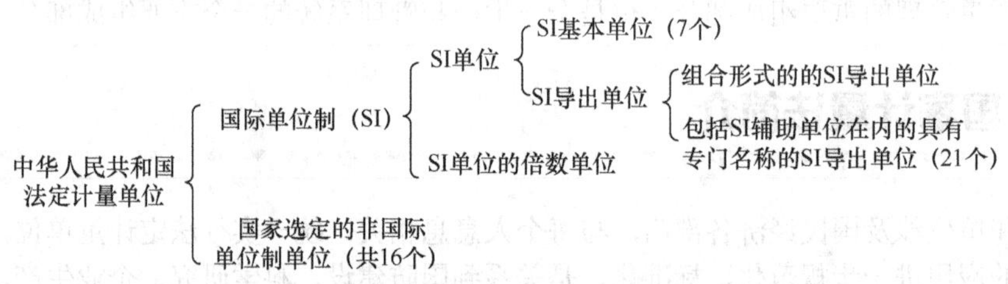

图 5.1 我国法定计量单位构成示意

（2）我国法定计量单位的特点

① 完整地、系统地包括了国际单位制（SI）。

② 国家选定的作为法定计量单位的非 SI 的单位，是法定计量单位的重要组成部分。

③ 我国的法定计量单位均未单独给出定义。

④ 照顾了目前国内的某些习惯。

5.2 国家标准化法简介

1988 年 12 月 29 日中华人民共和国主席令第 11 号发布《中华人民共和国标准化法》，其基本内容包括：标准化立法宗旨，标准的分类，标准的制定程序，标准的实施，法律责任等。

5.2.1 标准化的定义

标准化的定义是：在经济、技术、科学及管理等社会实践中，对重复性事物和概念通过判定、发布和实施标准达到统一，以获得最佳秩序和社会效益。

标准化是一个活动过程，包括标准的制定、发布和实施，以及对标准的实施进行监督。

[1] 国际单位制的基本单位、国际单位制中具有专门名称的导出单位、用于构成十进倍数和分数单位的词头见附录 1、附录 2、附录 3。

5.2.2　标准的分类

（1）标准的级别

按照级别，标准分为国际标准、区域标准、国家标准、行业标准、地方标准和企业标准。

① 国际标准　国际标准有一万多项，已被各国广泛采用。我国以国家标准局的名义参加了国际标准化组织 ISO。采用国际标准时，根据差异大小，采用的程度分为如下三种。

a．等同采用。图示符号为 ≡ ，缩写字母代表为 idt。其技术内容完全相同，不做或少做编辑性修改。

b．等效采用。图示符号为 = ，缩写字母代表为 eqv。其技术内容只有很少差异，编写上不完全相同。

c．参照采用。缩写字母代表为 ref。技术内容根据我国实际情况做了某些变动。但性能和质量水平与被采用的国际标准相当，在通用互换、安全、卫生等方面与国际标准协同一致。

② 区域标准　是指世界某一区域标准化团体颁发的标准或采用的技术规范。国际上较有影响的、具有一定权威的区域标准有：欧洲标准化委员会(CEN)颁布的标准，代号为 EN；欧洲电气标准协调委员会 ENEL；阿拉伯标准化与计量组织 ASMO；泛美技术标准化委员会 COPANT，代号为 PAS；太平洋地区标准会议 PASC 等。

③ 国家标准　国家标准是指对全国经济、技术发展具有重大意义的，必须在全国范围内统一的标准。在我国，国家质量监督检验检疫总局和国家标准化管理委员会是主管全国标准化、计量、质量监督、检疫管理的国务院的职能部门，负责提纯标准化的工作方针、政策，组织制定和执行全国标准化工作规划、计划，管理全国标准化工作。

国家标准代号有三种：GB——强制性国家标准代号；GB/T——推荐性国家标准代号；GB/Z——国家标准化技术指导性文件。

④ 行业标准　行业标准是指行业的标准化主管部门批准发布的，在行业范围内统一的标准。行业标准代号以两个汉语拼音字母组成。如表 5.1 所示。

⑤ 地方标准　地方标准是指没有国家标准和行业标准而又需要在省、自治区、直辖市范围内统一的工业产品的安全、卫生要求的标准。由省、自治区、直辖市标准化行政主管部门制定。地方标准代号如表 5.2 所示。

⑥ 企业标准　企业标准是指企业生产的产品如没有国家标准或行业标准，均应制定企业标准。对已有国家标准或行业标准的，国家鼓励企业制定严于国家或行业标准的企业标准，由企业组织制定。企业标准代号如表 5.3 所示。

表 5.1　我国行业标准代号

行业	农业	轻工	医药	教育	黑色冶金	有色金属	化工	建材
代号	NY	QB	YY	JY	YB	YS	HG	JC
行业	电子	核工业	海洋	商检	物资	环境保护	煤炭	商业
代号	SJ	EJ	HY	SN	WB	HJ	MT	SY

注：行业标准分为强制性和推荐性标准。表中给出的是强制性行业标准代号，推荐性行业标准的代号是在强制性行业标准代号后面加“/ T”，例如农业行业的推荐性行业标准代号是 NY / T。

表 5.2　我国地方标准代号

序　号	代　号	含　义	负 责 机 构
1	DB+*	中华人民共和国强制性地方标准	省级质量技术监督局
2	DB+*/T	中华人民共和国推荐性地方标准	省级质量技术监督局

注：*表示省级行政区划代码前两位。

表 5.3　我国企业标准代号

代　号	含　义	负 责 机 构
Q+*	中华人民共和国企业产品标准	企业

注：*表示企业代码。

（2）标准的类别

标准分为基础标准（综合标准）、产品标准、方法标准、安全标准、卫生标准、环境保护标准等。

① 基础标准　基础标准是指在一定范围内作为其他标准的基础并普遍使用，具有广泛指导意义的共同标准，是各方面共同遵守的准则，是制定产品标准或其他标准的依据。

② 产品标准　产品标准是指为保证产品的适用性，对产品必须达到的某些或全部要求所制定的标准，是设计、生产、制造、质量检验、使用维护和贸易洽谈的技术依据。

③ 方法标准　方法标准是指以试验、检验、分析、抽样、统计、计算、制定、作业或操作步骤、注意事项等为对象而制定的标准。

标准方法是经过充分试验验证、取得充分可靠的数据的成熟方法，并经广泛认可、逐渐建立，不需要额外工作即可获得有关精密度、准确度和干扰等的知识整体。标准方法在技术上并不一定是最先进的，准确度也可能不是最高的，而是在一般条件下简便易行、具有一定可靠性、经济实用的成熟方法。化验室对某一样品进行分析，必须依据以条文形式规定下来的分析方法。为了保证分析结果的可靠性和准确性，应当使用标准方法和标准物质。

④ 安全、卫生和环境保护标准　为保护人和物的安全、保护人的健康、保护环境和维持生态平衡而制定的标准。

5.2.3　标准的强制性

我国国家标准和行业标准分为强制性标准和推荐性标准。我国强制性国家标准代号为 GB，推荐性标准代号为 GB/T。法律、行政法规规定的强制执行的标准为强制性标准；其他标准则是推荐性标准。从事科研、生产、经营的单位和个人，必须严格执行强制性标准，不符合强制性标准的产品禁止生产和销售。

5.3　分析测试中的质量保证

分析测试质量保证的基本内容是统计学和系统工程与特定的生产或测量实践的结合。通过一系列的质量控制、质量审核和质量评价达到经济、准确、可信的预期目标，进而达到提高工作效率、降低消耗的目的。

5.3.1　基础知识

（1）质量保证的基本内容

质量保证是指确认测量数据达到预定目标的步骤。通常包括两方面内容：①质量控制——为产生达到质量要求的测量所遵循的步骤；②质量评定——用于检验质量控制系统处于允许限内的工作和评价数据质量的步骤。

（2）质量控制技术的基本操作与步骤

质量控制的技术包括从试样的采集、预处理到数据处理的全过程的控制操作和步骤。

（3）质量控制的基本要素

化验室质量控制的基本要素包括：人员的技术能力；合适的仪器设备；好的化验室和好的测量操作；合适的测量方法；标准的操作规程；合格的试剂及原材料；正确的采样及样品处理；合乎要求的原始记录和数据处理；必要的检查程序等。

5.3.2　分析测试的质量评定方法

质量评定是对测量过程进行监督的方法。通常分为化验室内部（室内）和化验室外部（室间）两种质量评定方法。

（1）化验室内部质量评定常采取的方法

① 用重复测定试样的方法来评价测试方法的精密度。

② 用测量标准物质或内部参考标准样品中某些组分的方法来评价测试方法的系统误差。

③ 利用标准物质，采用交换操作者、交换仪器设备的方法来评价测试方法的系统误差，判断系统误差是来自操作者，还是来自仪器设备。

④ 将标准测量方法或权威测量方法和现用的测量方法测得的结果进行比较，可用来评价方法的系统误差。

（2）化验室外部质量评定通常采用的方法

测试分析质量的外部评定可采用各化验室之间共同分析一个试样、化验室间交换试样以及分析从其他化验室得到的标准物质或质量控制样品等方法进行。

（3）进行化验室外部质量评定的意义

化验室外部质量评定是十分重要的。通过外部评定可以达到以下几方面的目的：

① 避免化验室内部的主观误差因素；

② 客观地评价测量结果的系统误差之大小；

③ 化验室水平鉴定、认可的重要手段。

（4）量值溯源性[1]

① 量值（value of a quantity）　量值是指由一个数值乘以单位所表示的特定量的大

[1] 量值溯源是全球贸易一体化和实验室结果互认的基础。

小。量值可以是正值、负值或零。表示量值时应注意以下问题。

a. 同一量值可以用不同的单位表示。

在表达量值时，数值在前，单位在后，数值和单位符号之间要留 1/4 个字距。唯一例外的是平面角单位（°）、（′）、（″），它们与数值间不留空隙。如 $m=10.05$kg，$m=0.01008$g，$t=20$℃，$\alpha=18°20'$。

b. 用十进制单位表示量值时，一个量值中只允许用 1 个单位符号。如 $h=1.80$m，不得表达为 1m 80cm。

c. 用非十进制单位表示量值时，根据实际情况，单位符号可多于 1 个。如$\alpha=18°20'15''$，$t=$1h 25min 15s。

d. 如果所表示的量值为量的和或差，应写成各个量值的和或差，或加括号将数值组合，置共同的单位符号于全部数值之后。

例如 $l=$12m－7m＝（12－7）m，不得写成 $l=$12－7m；$t=$28.4℃±0.2℃=（28.4±0.2）℃，不得写成 28.4±0.2℃。

e. 如果表示的是一个范围值，也应每个量值都具单位，或将数值组合，两个量值间用浪纹号“～”。

例如 V = 2mL～3mL =（2～3）mL，不得写成 V=2～3mL；$t=$10℃～15℃=（10～15）℃，不得写成 $t=$10～15℃；$\omega=$36%～38%＝（36～38）%，不得写成 36～38%。

f. 对于量纲为一的量，其量值一般用纯数表示，或以实质上为纯数的单位比表示。

例如$\omega=$0.124＝12.4%＝124mg/g。

② 量值溯源性。所谓“量值溯源性”，是通过一条具有规定不确定度的不间断的比较链，使测量结果或标准的值能够与规定的参考标准，通常是国家的或国际标准联系起来的一种特性。

溯源的目的就是强调所有测量结果或标准的量值都能最终溯源到国家基准或国际计量基准，即 SI 单位的复现值。

5.3.3 标准物质

（1）标准物质（或称参考物质）及其特点

标准物质是一种已确定其一种或几种特性，用于校准测量器具、评价测量方法或确定材料特性量值的材料或物质。

标准物质应具有以下特点：

① 材质均匀，这是标准物质的首要条件；

② 定值准确、可靠，这是标准物质最主要的特征；

③ 性能稳定；

④ 具有标准物质证书（ID card）[1]。

（2）标准物质的作用

标准物质为比较测量系统和比较各化验室在不同条件下取得的数据提供了可比性的依据。因此，它已被广泛认可为评价测量系统的最好的考核样品。

[1] 在标准物质证书和标签上均有 CMC 标记。

标准物质的作用有如下三点。

① 作为校准物质用于仪器的定度。因为化学分析仪器一般都是按相对测量方法设计的，所以在使用前或使用中必须用标准物质进行定度或制备“校准曲线”。

② 作为已知物质用于评价测量方法。当测量工作用不同的方法和不同的仪器进行时，已知物质可以有助于对新方法和新仪器所测出的结果进行可靠程度的判断。

③ 作为控制物质与待测物质同时进行分析。当标准物质得到的分析结果与证书给出的量值在规定限度内一致时，证明待测物质的分析结果是可信的。

（3）标准物质证书的功能及其基本信息

有证标准物质是指附有证书的、经过溯源的标准物质。

“标准物质证书”是介绍标准物质的技术文件，是向用户提出的质量保证，它随同标准物质提供给用户。

在证书中有如下基本信息：标准物质的名称和编号；研制和生产单位名称、地址；包装形式；制备方法；特性量值及其测量方法；标准值的不确定度；均匀性及稳定性说明；储存方法；使用中的注意事项及必要的参考文献等。

（4）标准物质的分类与分级

按照国家标准物质管理办法的规定，将标准物质分成化学成分标准物质、物理特性与物理化学特性标准物质和工程技术特性标准物质。

按照其属性和应用领域标准物质可分成 13 大类。

按照其特性的准确度水平高低，标准物质又分为一级标准物质和二级标准物质。

一级标准物质（代号 GBW）由国家计量行政部门审批并授权生产，采用绝对测量法定值或由多个实验室采用准确可靠的方法协作定值。主要用于研究与评价标准方法、对二级标准物质定值等。一级标准物质的分类与标号见表 5.4。

表 5.4 一级标准物质的分类与编号

序 号	一级标准物质分类名称	编 号
1	钢铁成分分析标准物质	GBW01101～GBW01999
2	有色金属及金属中气体成分分析标准物质	GBW02101～GBW02999
3	建材成分分析标准物质	GBW03101～GBW03999
4	核材料成分分析与放射性测量标准物质	GBW04101～GBW04999
5	高分子特性测量标准物质	GBW05101～GBW05999
6	化工产品成分分析标准物质	GBW06101～GBW06999
7	地质矿产产品成分分析标准物质	GBW07101～GBW07999
8	环境化学分析标准物质	GBW08101～GBW08999
9	临床化学分析与药品成分分析标准物质	GBW09101～GBW09999
10	食品成分分析标准物质	GBW10101～GBW10999
11	煤炭石油成分分析与物理特性测量标准物质	GBW11101～GBW11999
12	工程技术特性测量标准物质	GBW12101～GBW12999
13	物理特性与物理化学特性测量标准物质	GBW13101～GBW13999

二级标准物质［代号 GBW（E）］是采用准确可靠的方法或直接与一级标准物质相比较的方法定值的。二级标准物质常称为工作标准物质，由各专业部门制作供厂矿或实

验室日常使用，主要用于评价分析方法，以及同一实验室或不同实验室间的质量保证。

一般一级标准物质的准确度比二级标准物质高 3～5 倍。即二级标准物质应溯源到一级标准物质，而一级标准物质应溯源到 SI 单位。

（5）在检验工作中，使用国内无法生产的进口标准物质时应满足的条件

① 在合格期内，有合格证书。

② 经过分析测试，证明性能符合要求。

③ 使用新的批号时必须进行比对测试。

④ 分析测试的数据必须归档保存，以便进行检查。

（6）判断和验证化验室分析测试能力与水平的方法和依据

由主管部门或国家级、地方级质量检验监督机构每年一次或两次将为数不多的考核样品（常常是标准物质）发放到各化验室，采用指定的方法对考核样品进行分析测试，依据标准物质的给定值及其误差范围来判断和验证各化验室的分析测试能力与水平。

（7）"盲样"分析

用标准物质或质量控制样品作为考核样品，包括对人员、仪器、方法等在内的整个测量系统进行质量评定，最常用的方法是采用"盲样"分析。

"盲样"分析又分"单盲"分析和"双盲"分析两种。

所谓"单盲"分析，是指进行考核这件事事先通知被考核的化验室或操作人员，但考核样品组分的真实含量是保密的。

而"双盲"分析则是指被考核的化验室或操作人员根本不知道进行考核这件事，当然更不知道考核样品组分的真实含量。"双盲"分析考核的要求要比"单盲"分析考核的要求高。

（8）在没有标准物质的情况下，如何采用质量控制样品进行分析质量评定

如果没有合适的标准物质作为考核样品，可由管理部门或中心化验室配制质量控制样品发放到各化验室。由于质量控制样品的稳定性（均匀性）没有经过严格的鉴定，又没有准确的鉴定值，在评价各化验室数据时，管理部门或中心化验室可以利用自己的质量控制图。而该控制图中的控制限应大于内部控制图的控制限。

由于各化验室使用的仪器、试剂、器皿等不同，各化验室之间的差异总是大于同一化验室范围内的差异，如果能从各化验室得到足够多的数据，也可以根据置信区间来评价各化验室的分析测试质量水平，建立起各化验室之间的控制图来进行评价。

（9）质量控制图

质量控制图是化验室经常采用的一种简便而有效的过程控制技术。它是以过程中某一特定统计量为质量特征按抽样顺序绘出的。用以绘制质量控制的统计量有平均值、标准偏差和极差等，其中平均值应用最广。

在质量控制中，通常将以相距中心线（平均值）±3 倍标准差的波动范围作为合理的控制界限，称为上、下控制限。有时还在质量控制图上画出上、下警告限，其波动范围是±2 倍标准差，如图 5.2 所示。

根据控制图可以判断数据是否是在统计控制之中，即是否可将数据看做来自单一总体的随机样本。若某次控制标准的分析结果未超出控制限，说明此次分析过程处于受控状态，同时进行的那批试样的分析结果是可靠的。若某次控制标准的分析结果超出了控制限，则可认为那次分析过程“失控”，应查明原因后重新测定。

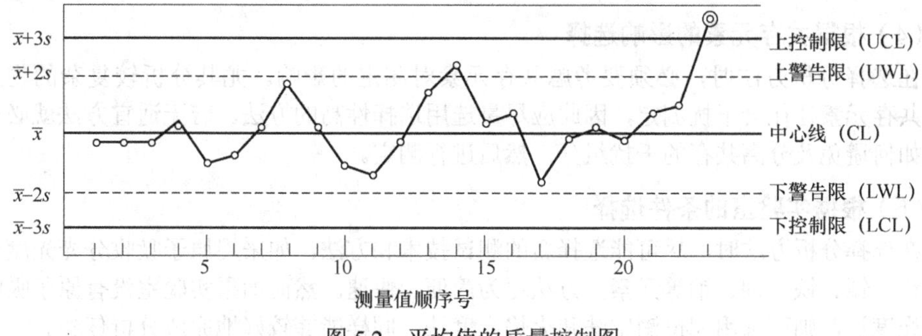

图 5.2　平均值的质量控制图

5.4　分析方法的选择

5.4.1　分析方法的选择原则

试样分解后，即可用采用选择的分析方法对被测组分进行测试分析。每种元素都可能会有多种测定方法，选择哪种分析方法应根据测定的具体要求、被测组分的含量与性质、共存元素的影响等因素加以考察。一个分析方法是否适用，应该看它是否准确、灵敏、快速、简便，这是选择分析方法及试验室设备条件的一般原则。

5.4.2　分析方法的选择依据

（1）根据测定的具体要求选择

分析工作涉及面很广，测定对象种类繁多，测定的具体要求各不相同，如要求准确度的高低、分析测定的项目、分析速度的快慢等。

如对某些产品的分析、仲裁分析等，由于要求的准确度较高，因而要选用准确度很高的分析方法。但对生产过程中的控制分析，准确度的要求可以放宽，但分析的速度要快，因而要选用一些简便、快速的分析方法。若分析项目是单项测定，可采用排除干扰元素的方法进行个别分析。当需要全分析时，则采用系统的分析方法较好。

（2）根据被测组分的含量要求选择

不同试样其被测组分的含量不同。对试样中常量组分的测定，常采用滴定分析法。此法准确、简便、快速。重量分析法虽然很准确，但操作烦琐费时。因此当滴定分析法和重量分析法均可以采用时，通常选用滴定分析法。

对试样中微量组分的测定，一般采用灵敏度较高的仪器分析法，比如紫外-可见分光光度法、原子吸收法和火焰光度法等。

（3）根据被测组分的性质选择

对被测组分性质的了解，有助于分析方法的选择。比如，大多数金属离子都能和

EDTA 定量配位，所以配位滴定法即成为测定金属离子的重要分析方法。有些被测组分具有氧化还原性质，如 Fe^{2+}具有氧化性，故可以采用氧化还原滴定法测定。Fe^{2+}、Fe^{3+}都能与显色剂显色，因此可用比色法进行测定。

（4）根据共存元素的影响选择

在选择分析方法时，必须要考虑共存元素对测定的影响。尤其分析较复杂的物质时，共存元素往往会干扰测定，因此应尽量选用选择性高的方法。若无适宜方法就必须考虑如何避免及分离共存的干扰组分，然后进行测定。

（5）根据实验室的条件选择

在选择分析方法时，尽可能选择新的测试技术和方法。如采用原子吸收分光光度法测定镁、锰、铁、钾、钠等元素，方法更为简便、快速。然而如果实验室没有原子吸收分光光度计，则可选用配位滴定法和火焰光度法，同样能够较好地完成分析任务。

第二部分
化验室分析操作实务

第6章
基础技能

6.1 化验室常用仪器

化验室中，不管是进行化学分析还是仪器分析，分析工作者都要使用各种各样的仪器，包括玻璃仪器、非玻璃仪器和一些电器设备等，这些仪器对分析测试工作的顺利进行都起着关键作用。

6.1.1 玻璃仪器

玻璃仪器是所有化验室最普遍采用的仪器，其种类多，且性能、用途、使用条件各不相同。因此，认识和正确选择并正确使用玻璃仪器完成分析测试任务，是分析工作者必须要具备的基本功。常用玻璃仪器简介见表6.1。

玻璃仪器按其用途大体可分为三类：容器类、量器类和标准磨口类。

① 容器类　是指常温或加热条件下物质的反应容器、储存容器。包括试剂瓶、烧杯、烧瓶、洗瓶、试管、表面皿、锥形瓶、滴瓶、集气瓶等。

② 量器类　一般用于度量溶液体积，不可以作为实验容器。包括量筒、量杯、容量瓶、滴定管、移液管等。能否正确选择和使用度量容器，反映分析工作者技能水平的高低。

③ 标准磨口类　是指具有标准内磨口和外磨口的玻璃仪器，使用时根据实验的需要选择合适的容量和合适的口径。相同编号的磨口仪器具有一致的口径，连接是紧密的，使用时可以互换。常用标准磨口类玻璃仪器见图6.1。

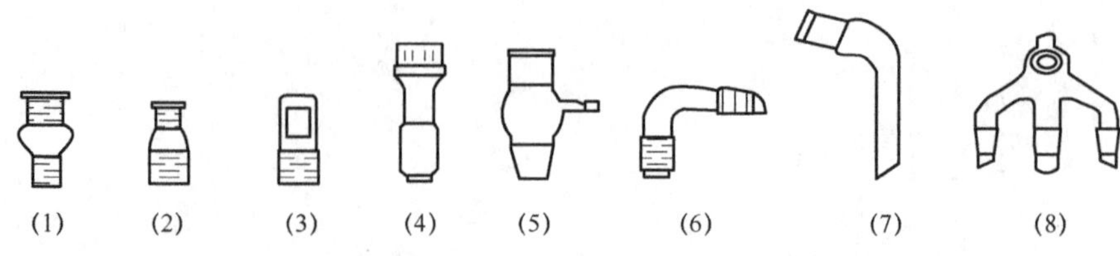

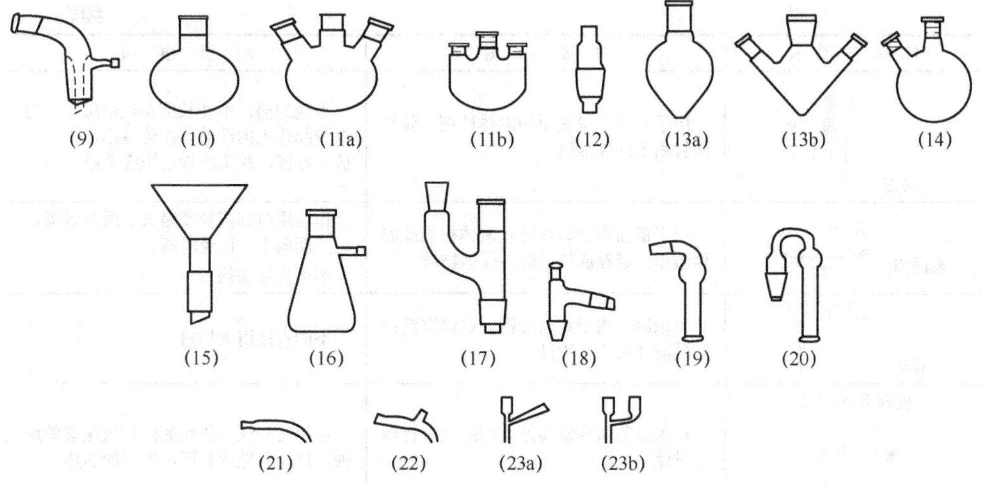

图 6.1 常用标准磨口类玻璃仪器

（1）B 形接头；（2）A 形接头；（3）空心塞；（4）螺口管；（5）抽气管；（6）蒸馏弯头；（7）牛角管；（8）燕尾管；（9）真空接液管；（10）圆底烧瓶；（11）三口烧瓶；（12）搅拌器套管；（13）梨形烧瓶；（14）二口烧瓶；（15）吸滤漏斗；（16）吸滤瓶；（17）二口管（U 形管）；（18）蒸馏头；（19）斜形干燥管；（20）弯形干燥管；（21）接液管；（22）真空接液管；（23）Y 形管

表 6.1 常用玻璃仪器简介

名称与图示	主要用途	注意事项
烧杯	分为硬质和软质烧杯，主要用于配制溶液、煮沸、蒸发、浓缩溶液，进行化学反应以及少量物质的制备等	硬质烧杯可以加热到高温，但软质烧杯要注意勿使温度变化过于剧烈，加热时放在石棉网或电炉上直接加热 所盛反应的液体不得超过烧杯容量的 2/3
锥形瓶	锥形瓶的瓶口较烧杯小，在加热时，挥发损失的液体样品相对较少，常用于滴定分析	加热时可放在石棉网或电炉上直接加热，不可烧干；不能用于减压蒸馏 一般情况下不可用来存储液体
碘量瓶	用途与锥形瓶相同，因有磨口塞，密封较好，可用于碘量法或生成挥发性物质的分析	加热时要打开瓶塞，磨口塞要原配
烧瓶	常见的有圆底和平底烧瓶，常用于反应物较多的固-液反应或液-液反应以及一般需要较长时间加热的反应	不能直接用明火加热，应避免暴热暴冷，加热要时放在石棉网上进行
试管	用作少量试剂的反应容器。离心试管还可用于定性分析中的沉淀分离	可直接用火加热，但热后不能骤冷。离心试管只能用水浴加热
试剂瓶	盛放液体、固体试剂。棕色试剂瓶用于存放见光易分解的试剂	不能加热；磨口塞要原配，盛放碱液时要用橡胶塞

续表

名称与图示	主要用途	注意事项
滴瓶	用于盛放少量使用的液体试剂，胶头滴管用于滴加溶液	不能加热，不能长期存放浓碱液和与橡胶起作用的溶液。滴管专用，不准乱放、弄脏，胶头滴管用毕应洗净
表面皿	用于覆盖容器口以防止液体损失或固体溅出；或存放待干燥的固体物质	作盖用时其直径要略大于所盖容器，且凹面向上，以免滑落。 不可直接加热
漏斗	长颈漏斗用于定量分析，过滤沉淀；短颈漏斗用于一般过滤	不能直接用火加热
玻璃砂芯漏斗	玻璃砂芯漏斗常与过滤瓶配套进行减压过滤	使用时应注意避免碱液和氢氟酸的腐蚀，过滤瓶能耐负压，但不能加热
抽滤瓶	抽滤法接收滤液	属于厚壁容器，能耐负压；不可加热
恒温漏斗	用于保温过滤	可用小火加热支管处
分液漏斗	萃取分离和富集两相液体	磨口塞必须原配，不可加热；分液时上口塞要接通大气
洗瓶	装蒸馏水洗涤仪器或装洗涤液洗涤沉淀物	玻璃洗瓶可置于石棉网上加热；塑料洗瓶不可加热
冷凝管	用于冷凝蒸汽。空气冷凝管用于蒸馏沸点高于 140℃的物质，球形冷凝管用于回流，直形冷凝管用于蒸馏	连接口用标准磨口连接，不可骤冷、骤热；使用时用下口进冷水，上口出水
称量瓶	用于储存试剂和试样；矮形用于测定水分、烘干基准物；高形用于称量基准物或样品	不可盖紧磨口塞烘烤；磨口塞要原配
量筒	粗略量取一定体积的液体	不能加热，不能在其中配制溶液，不能在烘箱中烘烤
移液管	准确移取不同量的溶液	不能加热，不能吸取热溶液，用后洗净，专管专用，和容量瓶配套

续表

名称与图示	主要用途	注意事项
容量瓶	配制准确浓度的溶液，定容、制备样品溶液（试液）	不能烘烤，磨口塞要原配，不许互换，不能装热溶液
滴定管	滴定分析中用于准确计量滴定剂体积；酸式、碱式滴定管用于常量分析；微量滴定管用于微量分析	活塞要原配，不能加热；碱式滴定管不能长期存放碱液，不能存放与橡胶起作用的溶液；不能盛放过热/冷溶液，保证温度一致；微量滴定管只有活塞式
干燥器	用来保持物品的干燥，也可用来存放已经烘干的称量瓶、坩埚等。真空干燥器通过抽真空，可使物质更快更好地干燥	底部放干燥剂，不可放红热的物质，放热物质后要常开盖，直至热物质完全冷却，使用前磨口盖应涂抹油脂。移动干燥器时要轻拿轻放
干燥管	内装干燥剂，用于干燥气体，元素分析时吸收 CO_2、水等	具塞干燥管装碱、石棉等吸收剂时磨口应涂油脂，应常活动，以免腐蚀固结，不用时应将吸收剂倒出，洗净
吸收管	吸收气体中的被测组分	不可直接加热；磨口塞要原配；气体流量要控制适当；波氏管右串联使用，注意不要接错，以防溶液吹出；多孔滤板式吸收管吸收效率高，可单独使用
洗气瓶	用于洗涤、干燥气体	洗气瓶中加装浓硫酸时，要注意进气管和出气管不要接反，用量勿过多
酒精灯（酒精）	用于500℃以下加热	应采用火柴杆引燃，熄灯时用灯帽盖两次，以避免灯帽揭不开；酒精不宜装得太满；借助漏斗把酒精加入灯内，忌两灯对燃

6.1.2　非玻璃仪器、设备

除了各种玻璃仪器，化验室中由于分析测试任务的需要，还会用到一些其他材质的仪器设备。常用的非玻璃仪器包括蒸发皿、洗耳球、石棉网、泥三角、三脚架、布氏漏斗、瓷坩埚、瓷研钵、点滴板、坩埚钳、药匙、毛刷、试管架、漏斗架、铁架台、铁圈、铁夹、试管夹等。常用非玻璃仪器的用途及基本要求见表6.2。

表 6.2 常用非玻璃仪器简介

名称与图示	类型、性能及用途	注意事项
喷灯	加热温度高于酒精灯，可达 800～900℃；分坐式喷灯和挂式喷灯	点火时，先在引火碗内加少量乙醇，点燃，以使灯内乙醇汽化。汽化时，灯体上的阀门要关紧。灭火时，打开阀门即可，灯灭后并已全部冷却，再将阀门关紧。若喷嘴堵塞要查明原因，以防引起灯身崩裂，引发事故
坩埚	用于灼烧固体（熔样），有多种材质	耐高温，可直接加热，但不可骤冷；熔样时，炉温不得超过坩埚熔点
坩埚钳	铁质或铜合金，表面常镀镍、铬；用于夹持坩埚或坩埚盖，也用于夹持热蒸发皿	夹取热坩埚时，必须将坩夹先预热，以免坩埚因局部骤冷而破裂；使用时必须洁净；用后洗净、擦干
蒸发皿	分无柄蒸发皿和有柄蒸发皿两种，可以用于直接加热；主要用于溶液的蒸发、浓缩和结晶	耐高温但不能骤冷；液体量多时可直接在火焰上加热蒸发，液体量少时，要隔着石棉网加热，平时应洗净、烘干
点滴板	定性分析点滴实验；容量分析外用指示剂法确定终点	白色点滴板用于有色沉淀，黑色点滴板用于白色、浅色沉淀
研钵	常用的为瓷制品，也有玻璃、玛瑙、金属等制品；用于研磨固体物质或进行粉末状固体的混合	只能研磨，不能敲打、撞击，不能烘烤；大块物质只能压碎；易爆物只能压碎，不能研碎
布氏漏斗	铺上滤纸用抽滤法过滤	滤纸必须和漏斗底部吻合；过滤之前应先用滤液将滤纸湿润
石棉网 泥三角 三脚架	泥三角用于盛放加热的坩埚或小蒸发皿；石棉网和三脚架常配合使用，用于盛放受热溶液并使其受热均匀	泥三角避免猛烈敲打使泥质脱落；石棉网不能与水接触，以免石棉脱落和铁丝锈蚀
铁架台 铁夹	放置被加热仪器，用于固定仪器，铁圈还可以用于承放容器和漏斗	要垫石棉网，如组合仪器中有较重、较大的组件，可改用三足台
滴定管架	用于固定滴定管	使用时台上最好铺白瓷板，以便观察颜色
移液管架	用于放置移液管，有阶梯、竖式之分，材质有木质、塑料两种	

续表

名称与图示	类型、性能及用途	注意事项
升降台	组装仪器时，架高某些操作中需要高度的部件或设备	
毛刷	洗刷一般玻璃仪器	顶部的毛脱落后便不能使用，刷子不应与酸特别是洗液接触
试管架	用于承放试管	
洗耳球	使用移液管时用于吸液	
螺旋夹/弹簧夹	用于夹紧胶管，螺旋夹可调节流量	

6.1.3　常用电器设备

实验室中常用的电器设备中，加热设备有电炉、水浴锅、电热套、气流干燥器、恒温干燥箱、高温炉等；制冷设备有冰箱、空气调节器等；减压设备有真空泵、水减压泵等；此外还有其他小设备，如磁力搅拌器、离心机、变压器等。

常用电器设备简介见表 6.3。

表 6.3　常用电器设备简介

名称与图示	类型、性能及用途	注意事项
高温炉	温度可达 900℃～1100℃ （有详细使用说明书，使用前务必仔细阅读后再安装）	要放置在牢固的水泥台面上，周围不可存放化学试剂，更不可放置易燃易爆物质 要有专用的电闸控制电源；新炉第一次使用时，温度要多次逐段调节，缓慢升高；用完后要先断电，炉温低于 300℃以下时方可打开炉门；灼烧滤纸、有机物时，必须先灰化
烘箱	用于比室温高 5℃～300℃（有的高 200℃）范围的烘烤、干燥、热处理等，灵敏度通常为 ±1℃ （有详细使用说明书，使用前务必仔细阅读后再安装）	应安放在室内干燥和水平处，防止振动和腐蚀。选用足够的电源导线，并应有良好的接地线。放入试品时应注意排列不能太密。注意安全，防止烫伤，取放样品时要用专门工具，如棉手套等
冰箱（图略）	常规家用电器，用于存放需要低温保证的样品、化学试剂、试验溶液、制造试验用冰块 （有详细使用说明书，仔细认真阅读后再安装使用）	存放有易挥发溶剂的样品提取物或有关溶液时，瓶口一定要严格密封，以防溶剂挥发，导致事故

续表

名称与图示	类型、性能及用途	注意事项
空气调节器（图略）	调节小范围室内温度，以保证某些仪器、设备正常工作；一般化验室可采用常规家用空调 （有详细使用说明书，仔细认真阅读后再安装使用）	空调工作时要关闭门、窗，否则调温效果差，机内空气滤网应定期清洗
电炉	结构简单，使用方便，分可调温电炉、封闭电炉	加热玻璃容器时，一定要放置石棉网；炉盘凹槽内要保持清洁，以保持炉丝散热良好，要放置在防火台面上 封闭电炉使用安全、寿命长，但热效率低，加热慢
电加热套	用于加热烧瓶，安全、方便、效率高（规格以烧瓶体积计）	电热套本身配制调控装置，使用更方便
水浴锅	用于间接加热，也可用于控温实验	使用时加入清水，最好用蒸馏水，以免生成水垢。防止锅内水分蒸干，加热时水量不宜过多，以防沸腾溢出
恒温水浴	用于水浴恒温加热	水浴锅内最好放蒸馏水，以免内壁、电热棒上结水垢。水箱内必须有足够量的水。使用过程中也要注意检查补充水。 切记：最低水位必须淹没电热管！
气流干燥器	用于干燥烧瓶、试管、量筒、锥形瓶、试剂瓶等长形玻璃仪器	保持烘干头的洁净，仪器干燥前要先控去水分
磁力/电动搅拌器	用于化学反应时搅拌 电动搅拌器可用于具一定黏度的混合物或固体两相混合物 磁力搅拌器只能用于溶液的搅拌	搅拌时，应将容器放于合适的位置，防止搅拌子接触容器壁，影响搅拌速度甚至打破容器；搅拌速度调节不能过快，防止溶液飞溅
离心机	用于固-液分离 不宜过滤黏性较大的溶液、乳油等，一般转速可达 4000 r/min	离心管要对称放置。启动离心机时，转速要由低到高逐渐增加。如有异声，要立即停机，检查排除后方可重新启动 关机时，断电后要待其自动停转，不得强行使其停转，工作时要盖好机盖 机内的套管要保持清洁，管底可垫泡泡沫塑料或棉花，以防震碎试管
真空泵（图略）	采用循环水作为工作流体的一类喷射泵，水在离心水泵中形成高速射流产生负压而使操作系统形成真空。其特点是抽气量大、耐腐蚀、使用维护方便、可在各种环境中使用	在较长一段时间不用时，应及时放出水箱中的储水 使用时一定要注意储水箱中的水必须要浸没离心水泵，切不可在无水或储水箱中的水没有浸没离心水泵的状况下开动循环水泵，以免烧毁主机或造成操作系统无真空的状况

化验室的常用设备中，还有过滤材料，比如滤纸、滤膜以及砂芯滤器等；各种耗材，比如橡胶塞、软木塞、胶皮管、毛刷以及各种常用维修工具等。

6.2 玻璃仪器的洗涤与干燥

在化验室中，玻璃仪器的洗涤是一项非常重要的基础操作。对玻璃仪器进行洗涤、干燥和保存，不仅是一项必须做的实验前的准备工作，也是一项技术性的工作。玻璃仪器的洗涤是否合格，直接关系到测试结果的可靠性。

不同的分析任务对仪器的洗涤要求不尽相同，但对洁净质量的要求是一致的，就是倾去水后器壁上不挂水珠。

6.2.1 一般玻璃仪器的洗涤方法

① 对普通玻璃容器，倒掉容器内物质后，可向容器内加入 1/3 左右自来水冲洗，再选用合适的刷子，依次用洗衣粉/洗洁精和自来水刷洗。最后用洗瓶挤压出蒸馏水水流涮洗，将自来水中的金属离子洗净。

注意：*不要同时抓多个仪器一起刷，以免仪器破损。*

② 对于那些无法用普通水洗方法洗净的污垢，需根据污垢的性质选用适当的试剂，通过化学方法除去。

常见污垢的处理方法见表 6.4。

表 6.4　常见污垢处理方法

垢　迹	处　理　方　法
MnO_2、$Fe(OH)_3$、碱土金属的碳酸盐	用盐酸处理，对于 MnO_2 垢迹，盐酸浓度要大于 6mol/L。也可以用少量草酸加水，并加几滴浓硫酸处理： $MnO_2+H_2C_2O_4+H_2SO_4 = MnSO_4+2CO_2\uparrow+2H_2O$
沉积在器壁上的银或铜	用硝酸处理
难溶的银盐	用 $Na_2S_2O_3$ 溶液洗，Ag_2S 垢迹则需用热、浓硝酸处理
黏附在器壁上的硫黄	用煮沸的石灰水处理： $3Ca(OH)_2+12S \longrightarrow 2CaS_5+CaS_2O_3+3H_2O$
残留在容器内的 Na_2SO_4 或 $NaHSO_4$	加水煮沸使其溶解，趁热倒掉
不溶于水，不溶于酸、碱的有机物和胶质	用有机溶剂洗或用热的浓碱液洗。常用的有机溶剂有乙醇、丙酮、苯、四氯化碳、石油醚等
瓷研钵内的污迹	取少量食盐放在研钵内研洗，倒去食盐，再用水洗
蒸发皿和坩埚上的污迹	用浓硝酸、王水或重铬酸盐洗液

近年来有人采用洗涤精（灵）洗涤玻璃仪器，同样能获得较好的效果。表 6.5 为常用洗涤剂的配制方法及使用范围。

表 6.5　几种常用洗涤剂的配制方法及使用范围

名　称	配　制　方　法	使　用　范　围
合成洗涤剂	热水搅拌合成洗涤剂的浓溶液	普通玻璃器皿的一般洗涤
酸性洗液	浓、1∶1、1∶2 的 HCl、HNO_3 和 H_2SO_4	无机氧化物和氢氧化物沉淀
三氯甲烷洗液	三氯甲烷	油漆、干性油
HNO_3-HF	120mL 40% HF，250mL 浓硝酸，用水稀释到 1000mL	无机金属离子

续表

名　称	配　制　方　法	使　用　范　围
铬酸洗液	称取 $K_2Cr_2O_7$ 5g，润湿后加入 80mL 浓 H_2SO_4，边加边搅拌，储存于带磨口的玻璃瓶中	用于有机油污，无机沉淀，洗液变绿后失效
$KMnO_4$ 碱性洗液	称 $KMnO_4$ 4g，加入 100mL 10%的 NaOH 溶液，储于带橡胶塞的玻璃瓶中	用于洗涤油腻及有机物
HCl-乙醇洗液	1 份 HCl 配 2 份乙醇	适用于洗涤被有机试剂染色的器皿
有机溶剂	乙醇、乙醚、汽油、苯、二甲苯、四氯化碳、丙酮、三氯乙烯	油脂、液态有机物

注意：① 切勿将重铬酸钾溶液加到浓硫酸中！

② 装洗液的瓶子应盖好盖，以防吸潮。

③ 使用洗液时要注意安全，不要溅到皮肤、衣物上。

④ 重铬酸钾洗液可反复使用，直至溶液变为绿色时失去去污能力。

失去去污能力的洗液要按照废洗液处理的办法处理，不要随意倒入下水道！

6.2.2　度量仪器的洗涤方法

度量仪器的洗涤程度要求较高，有些仪器形状特殊，不宜用毛刷刷洗，常用洗液进行洗涤。常用度量仪器的洗涤方法如下。

（1）滴定管的洗涤

先用自来水冲洗，使水流净。酸式滴定管将旋塞关闭，碱式滴定管除去乳胶管，用橡胶乳头将管口下方堵住。加入约 15mL 铬酸洗液，双手平托滴定管的两端，不断转动滴定管并向管口倾斜，使洗液流遍全管（注意：管口对准洗液瓶，以免洗液外溢！），如此反复操作几次。

洗完后，碱式滴定管由上口将洗液倒出，酸式滴定管可将洗液分别由两端放出，再依次用自来水和纯水洗净。如滴定管太脏，可将洗液灌满整个滴定管浸泡一段时间，此时，在滴定管下方应放一烧杯，防止洗液流在实验台面上。

（2）容量瓶的洗涤

先用自来水冲洗，将自来水倒净，加入适量（15mL～20mL）洗液，盖上瓶塞。转动容量瓶，使洗液流遍瓶内壁，将洗液倒回原瓶，最后依次用自来水和纯水洗净。

（3）移液管和吸量管的洗涤

先用自来水冲洗，用洗耳球吹出管中残留的水。然后将移液管或吸量管插入铬酸洗液瓶内，按移液管的操作，吸入约 1/4 容积的洗液。用右手食指堵住移液管的上口，将移液管横置过来，左手托住没沾洗液的下端，右手食指松开，平移移液管，使洗液润洗内壁，然后放出洗液于洗液瓶中。

如果移液管太脏，可在移液管上口接一段橡皮管，再洗耳球吸取洗液至管口处，以自由夹夹紧橡皮管，使洗液在移液管内浸泡一段时间，拔出橡皮管，将洗液倒回瓶中，最后依次用自来水和纯水洗净。

注意：除了上述清洗方法外，目前还有超声波清洗器。只要把用过的仪器放在配有合适洗涤剂的溶液中，接通电源，利用声波的能量和振动，就可以将仪器清洗干净。

6.2.3　洗净的标准

凡洗净的仪器，应该是清洁透明的。当把仪器倒置时，器壁上只留下一层既薄又均匀的水膜，器壁不应挂水珠。

凡是已经洗净的仪器，不要再用布或软纸擦干，以免使布或纸上的少量纤维留在器壁上反而玷污了仪器。

6.2.4　玻璃仪器的干燥

不同的分析测试任务，对所用的仪器是否干燥的要求也有差异。有的无须干燥，而有些分析测试过程则要求在干燥条件下进行，这种情况下就需要洁净、干燥的玻璃仪器。因此，根据分析测试的需要和要求，采用正确的方法干燥玻璃仪器同样是分析工作者的一项重要基本功。

玻璃仪器的干燥方法常有以下几种。

（1）自然干燥（晾干）

对不急用的仪器，可在洗净后，将仪器倒置在仪器架上或仪器柜内，使其在空气中自然晾干，见图6.2。

注意：倒置可以防止灰尘落入，但要注意放稳仪器。

（2）烘烤干燥（烤干）

对可以直接用火加热的仪器，如试管、烧杯、烧瓶等，可将仪器外壁擦干，然后用小火烘烤。烧杯、蒸发皿等可置于石棉网上用小火烤干。

试管可用试管夹夹持直接在灯焰上来回移动烘烤。开始时应使试管口向下倾斜，以避免水珠倒流炸裂试管，烤干时应先从试管底部开始，慢慢移向管口，不见水珠后再将管口朝上，把水汽赶尽，见图6.3。

图6.2　自然晾干

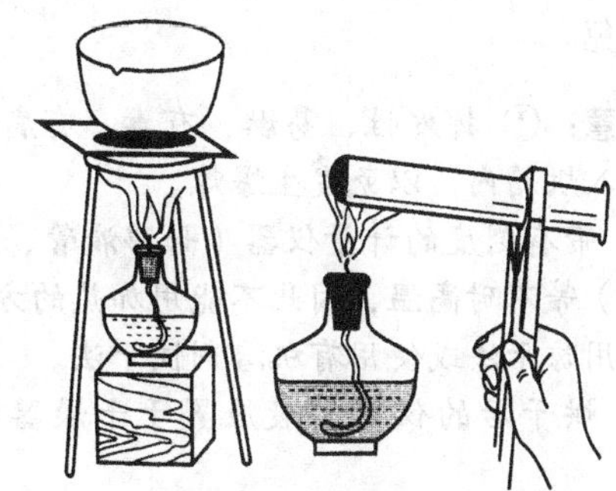

图6.3　烘烤干燥

（3）热气干燥（吹干）

利用电吹风机的热空气可将小件急用仪器快速吹干。

方法是：先用热风吹玻璃仪器的内壁，待干后再用冷风使其冷却。见图6.4。

此外，还可以利用气流干燥器使玻璃仪器快速干燥。方法是：将仪器倒置在气流干燥器的气孔柱上，打开干燥器的热风开关，气孔中排出的热气流即可把仪器烘干。

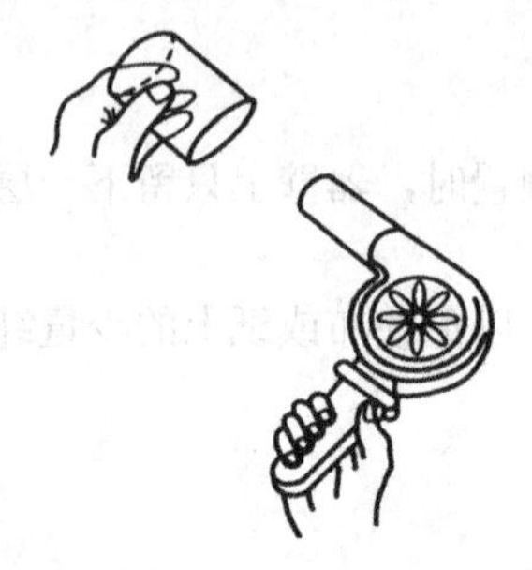

图 6.4　热气干燥

注意：室内要通风、防火、防毒。

（4）烘箱干燥（烘干）

烘箱，全称“电热恒温干燥箱”，是实验室常用的仪器，常用来干燥玻璃仪器或烘干无腐蚀性、热稳定性比较好的试剂。

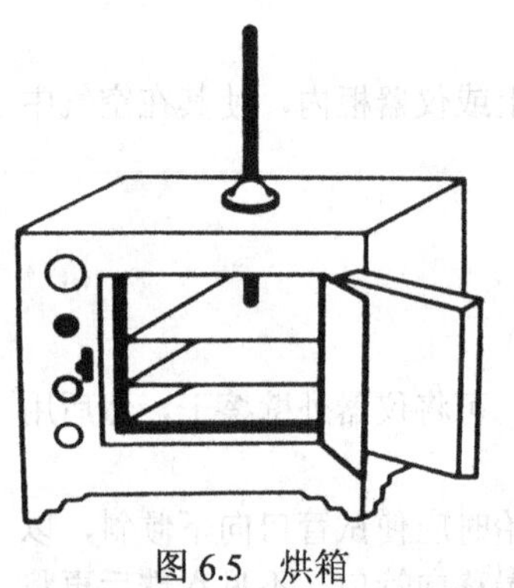

图 6.5　烘箱

烘箱带有自动控温装置和温度显示装置，烘箱的最高使用温度可达（200～300）℃，常用温度在（100～120）℃。如图 6.5 所示。

干燥玻璃仪器时，应将清洗过的仪器倒置沥水后，放入烘箱内，放置时应注意平放或使仪器口朝上，带塞的瓶子应打开瓶塞，如能将仪器放在托盘中更好。通常在（105～110）℃恒温约 0.5 h，即可烘干。一般应在烘箱内温度自然下降后，再取出仪器。如因急用，在烘箱温度较高时取用仪器，应用干布垫垫手取出，防止烫伤。在石棉网上放置，冷却至室温后方可使用。热玻璃仪器不能碰水，以防炸裂。热仪器自然冷却时，器壁上常会凝上水珠，可用吹风机吹冷风助冷来避免。

注意：① 挥发性、易燃、有毒、有腐蚀性的物质或刚用酒精、丙酮淋洗过的仪器切勿放入烘箱内，以免发生爆炸。

② 带有刻度的计量仪器（如移液管、量筒、容量瓶、滴定管）以及厚壁器皿（如吸滤瓶）等不耐高温，因此不能用加热的方法干燥，以免热胀冷缩影响这些仪器的精密度。应用晾干法或使用有机溶剂快干法。

③ 烘干后的仪器一般应置于干燥器中保存；称量瓶等，应在干燥器中冷却、保存。

烘箱的具体使用方法可参考烘箱使用说明书。一般的操作程序为：

a. 接通电源；

b. 开启加热开关，将控温器旋钮顺时针方向旋至最高点，指示灯亮，箱内开始升温，同时开启鼓风开关；

c. 等温度升到所需工作温度时，将控温器旋钮逆时针方向缓慢旋回至指示灯熄灭，再微调至指示灯复亮，此指示灯明暗交替处即为所需温度的恒定点。

（5）**有机溶剂干燥**（快干）

对一些不能加热的厚壁或有精密刻度的仪器，如试剂瓶、吸滤瓶、比色皿、容量瓶、滴定管和吸量管等，可加入少量易挥发且与水互溶的有机溶剂（如丙酮、无水乙醚等），转动仪器使溶剂浸润内壁后到出。如此反复操作2～3次，便可借助残余溶剂的挥发将水分带走。如果实验中急用干燥的玻璃仪器，也可用此法进行快速干燥。见图6.6。

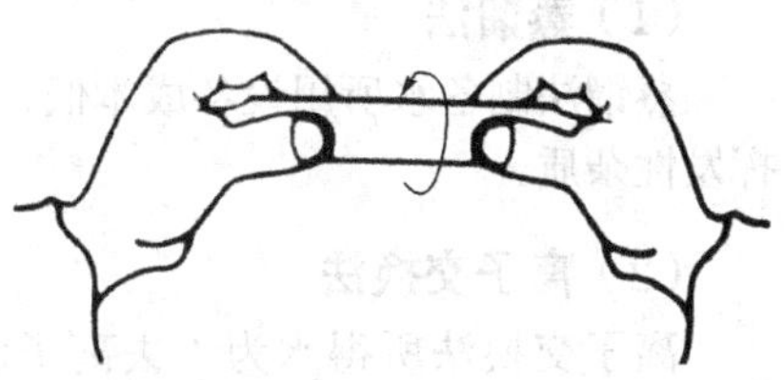

图6.6　快干（有机溶剂法）

注意：*先用少量丙酮或酒精使内壁均匀润湿一遍后倒出，再用少量乙醚使内壁均匀润湿一遍后晾干或吹干。丙酮或酒精、乙醚等应回收。*

6.3　化验室用水的制备与检验

在化验室中，常用的水主要有两种：自来水和分析实验用水。

自来水是将天然水经过初步净化处理所得，其中含有多种杂质。因此，自来水只能用于仪器的初步洗涤，作为冷却或加热浴用水。

注意：*采用电热恒温箱时，最好不要采用自来水。*

在分析测试中，根据不同的分析要求，对水质的要求也不同。因此，需要进一步将自来水纯化，制备成能满足化验分析需要的纯净水。也就是"分析实验用水"（亦称"蒸馏水"）。在一般的分析工作中采用一次蒸馏水或去离子水即可，而在超纯分析或精密仪器分析测试中，需采用水质更高的二次蒸馏水、亚沸蒸馏水、无二氧化碳蒸馏水、无氨蒸馏水等。

6.3.1　分析实验室用水的规格与级别[1]

分析过程中，应使用蒸馏水或同等纯度的水。分析实验室用水应符合表6.6所列规格。

表6.6　分析实验室用水规格与要求

指标名称		一级	二级	三级
pH值范围（25℃）		—	—	5.0～7.5
电导率（25℃）/（mS/m）	≤	0.01	0.10	0.50
可氧化物质（以氧计）/（mg/L）	≤	—	0.08	0.50
蒸发残渣（105℃±2℃）/（mg/L）	≤	—	1.0	2.0
吸光度（254nm，1cm光程）	≤	0.001	0.01	—
可溶性硅（以SiO_2计）/（mg/L）	≤	0.01	0.02	—

注：1．由于在一级水、二级水的纯度下难于测定其真实的pH值，因此，对一级水、二级水的pH值范围不做规定。

2．一级水、二级水的电导率需用新制备的水"在线"测定。

3．由于在一级水的纯度下难于测定可氧化物质和蒸发残渣，因此，对其限量不做规定。可用其他条件和制备方法来保证一级水的质量。

[1] 我国已颁布了《分析实验室用水规格和试验方法》（GB 6682—2008）的国家标准，该标准采用了国际标准（ISO 3696:1987，mod），规定了分析实验室用水的级别、技术指标和检验方法。

6.3.2 实验室用水的制备方法

实验室制备纯水一般采用蒸馏法、离子交换法和电渗析法。

（1）蒸馏法

蒸馏法制备水所用设备成本低、操作简单，但能耗高、产率低，且只能除掉水中非挥发性杂质。

（2）离子交换法

离子交换法所得水为“去离子水”，去离子效果好，但不能除掉水中非离子型杂质，且常含有微量的有机物。去离子水的纯度一般比蒸馏水高，这种纯水也是各工业部门化验室广泛采用的。一般化验室都有自制“去离子水”的小型设备。

注：直接由自来水经离子交换法制备纯水，纯水中的可溶性硅含量较高，测定试样中的二氧化硅时，应进行空白试验。

（3）电渗析法

电渗析法是在直流电场作用下，利用阴、阳离子交换膜对原水中存在的阴、阳离子选择性渗透的性质而除去离子型杂质。与离子交换法相似，电渗析法也不能除掉非离子型杂质，只是电渗析器的使用周期比离子交换柱长，再生处理比离子交换柱简单。

三级水　三级水一般采用蒸馏法或离子交换法、电渗析或反电渗析等方法制备。所用原水为饮用水或适当纯度的水。三级水用于一般化学分析试验，是化验室最常用的水。

二级水　二级水用多次蒸馏或离子交换法，以三级水为原水制备。二级水用于无机痕量分析等试验。

一级水　一级水可由二级水用石英蒸馏设备蒸馏或经离子交换混合床处理后，再经0.2μm 微孔滤膜过滤制得。一级水用于有严格要求的分析试验，包括对颗粒有严格要求的试验。

以上各级分析实验用水均应储存于密闭的专用聚乙烯容器中存放。三级水也可使用密闭的专用的玻璃容器。新容器在使用前需用 w（HCl）= 25%的盐酸浸泡 2d～3d，再用待盛水反复冲洗，并注满待盛水浸泡 6h 以上。

各级用水在储存期间可能被玷污。玷污的主要来源是容器可溶成分的溶解、空气中 CO_2 及其他污染物。因此，一级水不可储存，应随用随制。二级水、三级水可适量制备，分别储存于预先用同级水冲洗过的相应容器中。

6.3.3 分析实验用水的检验方法

分析实验用水的质量检验有标准方法和一般方法。

（1）标准检验法

① pH 值的测定　量取 100mL 水样，用酸度计测量水的 pH 值（酸度计的精度应不低于 0.1pH 单位）。

② 可氧化物质

a．量取 1000mL 二级水于烧杯中，加入 5.0mL H_2SO_4（20%），混匀。

b．量取200mL三级水于烧杯中，加入1.0mL H_2SO_4（20%），混匀。

在上述已酸化的试液中，各加入高锰酸钾标准滴定溶液（0.01mol/L）1.00mL，混匀。烧杯上盖上表面皿，加热至沸并保持5min。溶液的粉红色未完全消失，即为合格。

③ 电导率　用于一、二级水测定的电导仪，配备电极常数为（0.01～0.1）cm^{-1} 的“在线”电导池，并有温度自动补偿功能。

用于三级水测定的电导仪，配备电极常数为（0.1～1）cm^{-1} 的电导池，并有温度自动补偿功能。按电导仪说明书安装、调试仪器。

一、二级水的测定：将电导池装在水处理装置流动出水口处，调节水流速，赶尽管道及电导池内的气泡，即可进行在线测量。

三级水的测定：取400mL水样放入锥形瓶中，插入电导池后即可进行测量。

注意：测量用的电导仪和电导池应定期进行检定。

④ 吸光度[1]　仪器：紫外可见光分光光度计，石英比色皿（1cm、2cm）。

【测定】 将水样分别注入1cm和2cm的吸收池中，在250nm波长处，以1cm比色皿中的水样做参比，测定2cm比色皿中水样的吸光度。

注意：如仪器的灵敏度不够，可适当增加测量吸收池的厚度。

⑤ 蒸发残渣[2]

仪器：旋转蒸发仪（配备500mL蒸馏瓶）；电烘箱，温度可保持在（105±2）℃。

水样预浓缩：量取1000mL二级水（三级水取500mL）。将水样分几次加入旋转蒸发器的蒸馏瓶中，于水浴上减压蒸发（避免蒸干）。待水样最后蒸至约50mL，停止加热。

【测定】 将上述预浓缩水样转移至一个已于（105±2）℃恒重的玻璃蒸发皿中，用5mL～10mL 水样分 2～3 次冲洗蒸馏瓶，将洗液与预浓缩水样合并，于水浴上蒸干。在（105±2）℃的烘箱中干燥至恒重。残渣质量不得大于 1.0mg（二级水）或 2.0mg（三级水）。

⑥ 可溶性硅

a．SiO_2标准溶液：ρ（SiO_2）= 0.01mg/mL（现用现配，按照 GB/T 602-2002 规定配制）。

b．钼酸铵溶液（50g/L）：称取 5.0g 钼酸铵[$(NH_4)_6Mo_7O_{24}\cdot 4H_2O$]，加水溶解，加入20.0mL硫酸溶液（20%），稀释至100mL，摇匀，储存于聚乙烯瓶中。

注：发现有沉淀时应立即弃去。

c．草酸溶液（50g/L）：称取5.0g草酸，溶于水并稀释至100mL。储于聚乙烯瓶中。

d．对甲氨基酚硫酸盐（米吐尔）溶液（2g/L）：称取 0.2g 对甲氨基酚硫酸盐，溶于水，加20.0 g焦亚硫酸钠，溶解并稀释到100mL。摇匀，储于聚乙烯瓶中。

注意：避光保存，有效期两周。

---

[1] 关于分光光度测定方法的详细规定，参见 GB/T 9721—2006《化学试剂　分子吸收分光光度法通则（紫外和可见光部分）》。

[2] 按 GB/T 9740—2008《化学试剂　蒸发残渣测定通用方法》规定进行测定。

e. 标准比对溶液：0.50mL SiO_2标准溶液，用水稀释至20mL后，从加入1.0mL钼酸铵溶液时起，与样品试验同时同样处理。

【测定】 量取520mL一级水（二级水270mL），注入铂皿中。在防尘条件下，微沸蒸发至约20mL时，停止加热。冷却至室温，加1mL钼酸铵溶液，摇匀。放置5min后，加1.0mL草酸溶液，摇匀。放置1min后，加1.0mL对甲氨基酚硫酸盐溶液，摇匀。转移至25mL比色管中，稀释至标线，摇匀，于60℃水浴中保温10min。目视观察，比色管中溶液颜色所呈蓝色不得深于标准比对溶液。

（2）一般检验方法

标准检验方法虽然严格，但费时较长，对一般化验用水，通常情况下采用物理检验法或化学检验法检验合格，就能够满足分析测试的使用要求。

① 物理检验法 用电导仪或水质纯度仪测定水的电导率，是最实用且最简便的方法。

水的电导率越低，即水的导电能力越弱，表明水中所含阴、阳离子的量就越少，水的纯度就越高。

电导率$k \leqslant 0.50$mS/m的水，即为实验室三级用水。

② 化学检验法 化学检验法是通过化学方法来检验待检水是否符合实验室三级用水标准。检验项目主要是pH值、阳离子、氯离子。

此外，根据水的用途，有时还有必要做一些特殊项目检验，或用标准方法专门做某些项目的检验。

6.4 常用管材的加工、塞子钻孔及装配

6.4.1 玻璃管的简单加工

在进行分析测试的过程中，有时要用到不同形状的玻璃品，这就需要我们能够掌握常用管材的加工以及塞子钻孔等的相关技术。

（1）截割和熔光玻璃管

第一步 锉痕：向前划痕，不要反复来回锯。

第二步 截断：拇指齐放在划痕的背后向前推压，同时食指向外拉。

第三步 熔光：前后移动并不停转动，熔光截面。

上述步骤的操作见图6.7。

（2）弯曲玻璃管

第一步 烧管（见图6.8）：加热时均匀转动，左右移动用力匀称，稍向中间渐推。

第二步 弯管（见图6.9）。

➢ 吹气法：用棉花球堵住一端，掌握火候，取离火焰，迅速弯管。

➢ 不吹气法：掌握火候，取离火焰，用“V”字形手法，弯好后冷却变硬再撒手（弯小角时可多次弯成，如图，先弯成M部位的形状，再弯成N部位的形状）。

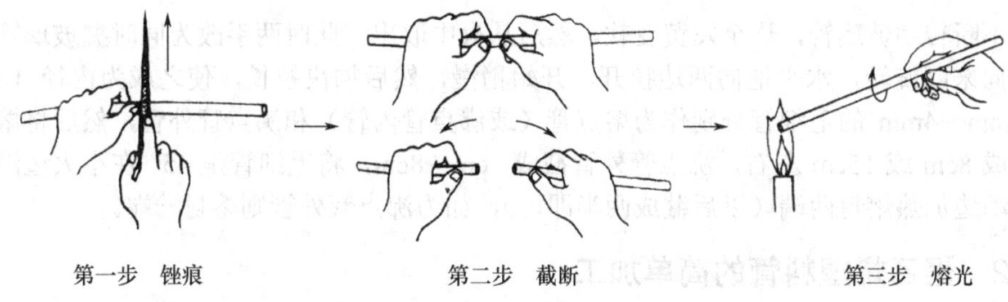

图 6.7 玻璃管的截割与熔光

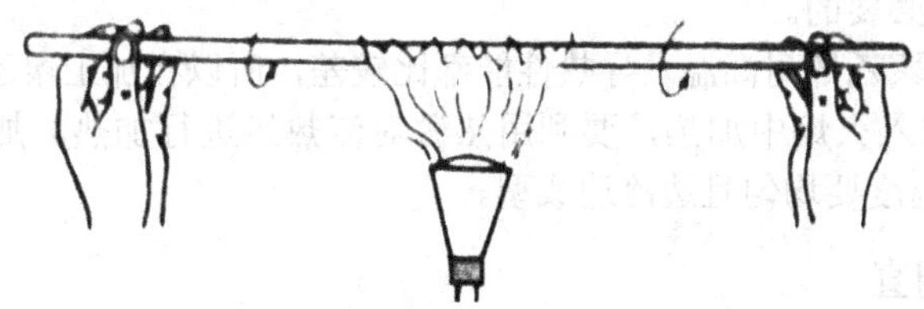

图 6.8 玻璃管弯曲第一步 烧管

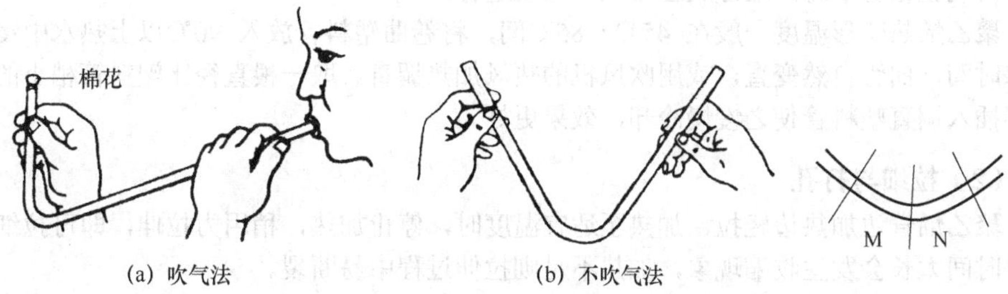

(a) 吹气法 (b) 不吹气法

图 6.9 玻璃管弯曲第二步 弯管

(3)制备滴管

第一步 烧管：同上，但要烧的时间长，玻璃软化程度大些。

第二步 拉管：边旋转，边拉动，控制温度，使窄部至所需粗细。

第三步 扩口：管口灼烧至红热后，用金属锉刀柄斜放管口内迅速而均匀旋转。

上述操作见图 6.10。

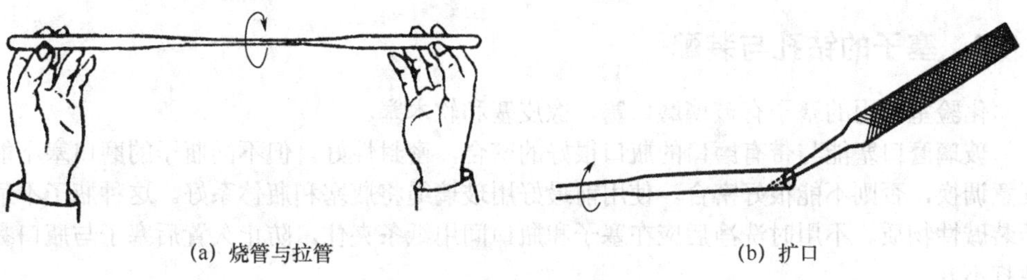

(a) 烧管与拉管 (b) 扩口

图 6.10 玻璃管拉制与扩口

(4)制备熔点管、沸点管

取一根洁净干燥、直径 1cm、壁厚 1mm 的玻璃管，放在火焰上加热，火焰由小到大，不断转动玻璃管，烧至发黄变软，然后从火中取出，此时两手改为同时握玻璃管作同方向来回旋转，水平地向两边拉开。开始稍慢，然后加快拉长，使之成为内径 1mm 或 3mm～4mm 的毛细管分别作为熔点管（或沸点管内管）和沸点管外管，然后将熔点管截成 8cm 或 15cm 左右，沸点管外管截成 7cm～8cm，将毛细管呈 45° 在小火边沿处边转动边加热熔封两端（以后截成两半即可），如为沸点管外管则熔封一端。

6.4.2 聚乙烯塑料管的简单加工

在化验室中，有时需要自己动手制作一些塑料器具。因此，掌握常用聚乙烯管材的简单加工方法是有必要的。

与玻璃相比，聚乙烯耐高温及导热性能都比较差，所以在加工聚乙烯管材时不能使用过热源和直接放入火焰中加热，要利用热源对流热风进行加热。加工温度应控制在 120℃左右，加热温度要均匀且边冷边成型。

（1）弯曲和调直

内径 4mm 左右的细聚乙烯塑料管可在 60℃以上热水中弯曲，弯好后取出，用水冷却。弯制较粗管子时，最好放在相应模具上进行。

聚乙烯热变形温度一般在 45℃～85℃间，将卷曲塑料管放入 90℃以上热水中浸泡少许时间，曲管自然变直，或用吹风机的热风加热调直。取一根直径比塑料管稍小的玻璃棒插入调直塑料管使之慢慢冷却，效果更好。

（2）拉细与打孔

聚乙烯管边加热边轻拉，加热至适宜温度时，停止加热，稍用力拉伸，即可拉细。加热时间太长会发生收缩现象，加热不足则拉伸过程中易断裂。

扎孔时，先加热一直径稍细的金属棒，然后用它烫穿。

（3）修补及与玻璃管的连接

将聚乙烯塑料棒点燃、熔融，其液滴滴至要修补的地方，待稍冷后进行修补，冷却则可成型。

连接玻璃管时，将聚乙烯管和玻璃管一端同时浸入 90℃以上热水中加热，待聚乙烯变软后由热水中取出，迅速套在玻璃管上冷却收缩即可卡紧。聚乙烯管不能加热过软，若加热到透明，玻璃管反而难插入。

6.4.3 塞子的钻孔与装配

化验室常用的塞子有玻璃磨口塞、橡皮塞和软木塞。

玻璃磨口塞能与带有磨口的瓶口很好的密合，密封性好。但不同瓶子的磨口塞不能任意调换，否则不能很好密合。使用前最好用玻璃绳将瓶塞和瓶体系好。这种瓶子不适于装碱性物质。不用时洗净后应在塞子和瓶口间用纸条夹住，防止久置后塞子与瓶口黏住打不开。

橡皮塞可以把瓶子塞得很严密，并且可以耐强碱性物质的侵蚀，但它容易被酸、氧化剂和某些有机物质（如汽油、苯、丙酮、二硫化碳等）所侵蚀。

软木塞不易与有机物质作用，但易被酸、碱侵蚀。

分析测试装配仪器过程中多用橡胶塞，因此有必要学会塞子的钻孔与简单装配技术。

在塞子内需要插入玻璃管或温度计时，必须要在塞子上钻孔。钻孔的工具是钻孔器，如图 6.11 所示。它是一组直径不同的金属管，一端有柄，另一端很锋利，可用来钻孔。另外还有一根带柄的铁条在钻孔器金属管的最内层管中，称为捅条，用来捅出钻孔时嵌入钻孔器中的橡皮或软木。

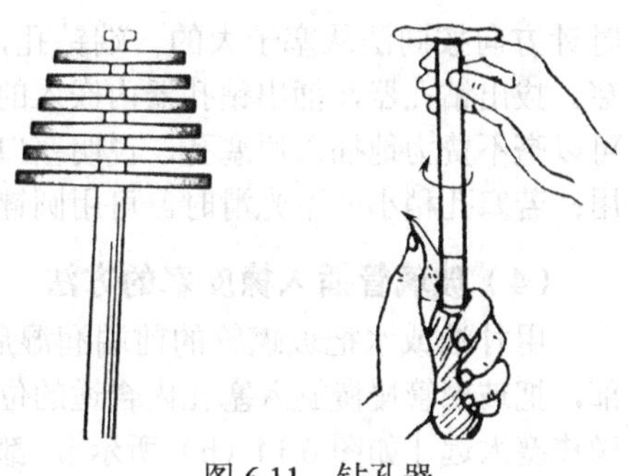

图 6.11　钻孔器

钻孔的步骤如下。

（1）塞子大小的选择

塞子的大小应与仪器的孔径相适合，塞子进入瓶颈或管颈部分应不少于塞子本身高度的 1/2，也不能多于 2/3，如图 6.12 所示。

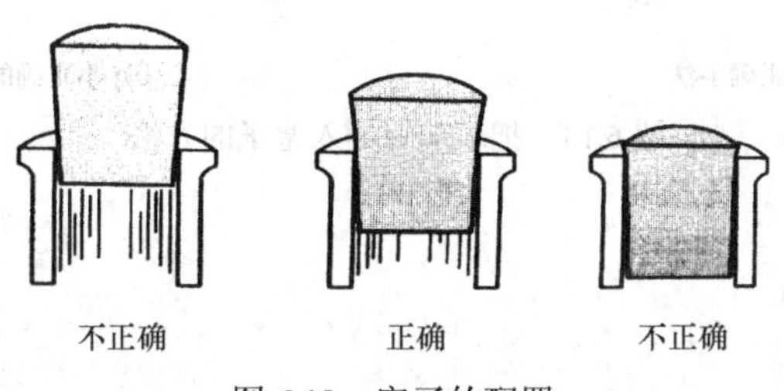

图 6.12　塞子的配置

（2）钻孔器的选择

选择一个比要插入橡皮塞的玻璃管口径略粗的钻孔器，因为橡皮塞有弹性，孔道钻成后会收缩使孔径变小。对软木塞，应选用比管径稍小的钻孔器。因为软木质软而疏松，导管可稍用力挤插进去而保持严密。

（3）钻孔的方法

软木塞使用前要放在木塞压榨器中把它压软压紧。木塞压榨器有虎型和回转型两种。使用虎型压榨器时，左手执塞子，右手按器柄，把木塞小端的一半放在压榨器的凹槽中，按下器柄，轻轻地把它压紧，随压随把木塞转动，到塞子又软又紧为止。使用回转型压榨器时，把木塞放在固定的半圆体中，而把器柄上下按动，使塞子由槽的宽阔处滚到狭窄处，把木塞压软压紧。

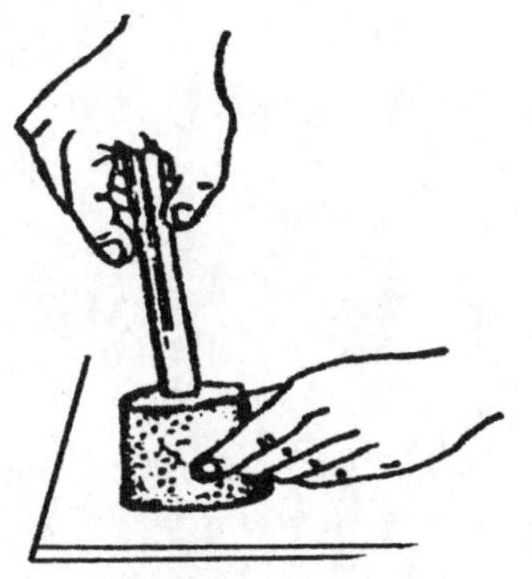

图 6.13　钻孔方法

软木塞和橡皮塞的钻孔方法完全一样。如图 6.13 所示，将塞子小的一端朝上，平放在桌面上的一块木板上（避免钻坏桌面），左手持塞，右手握住钻孔器的柄，并在钻孔器的前端涂点甘油或水，将钻孔器按在选定的位置上，以顺时针的方向，一面旋转，一面用力向下压、向下钻动。钻孔器要垂直于塞子的面上，不能左右摆动，更不能倾斜，以免把孔钻斜。钻至超过塞子高度 2/3 时，以逆时针方向按同法从塞子大的一端钻孔，注意对准小的那端的孔位，直到两端的圆孔贯穿。拔出钻孔器，捅出钻孔器内嵌入的橡皮。钻孔后，检查孔道是否合适，如果玻璃管可以毫不费力地插入原塞孔，说明塞口太大，塞孔和玻璃管之间不够严密，塞子不能使用；若塞孔稍小或不光滑时，可用圆锉修整。

（4）玻璃管插入橡皮塞的方法

用甘油或水把玻璃管的前端润湿后，先用布包住玻璃管，然后手握玻璃管的前半部，把玻璃管慢慢旋入塞孔内合适的位置［如图 6.14（a）所示］。如果用力过猛或手离橡皮塞太远［如图 6.14（b）所示］，都可能把玻璃管折断，刺伤手掌，需务必注意。

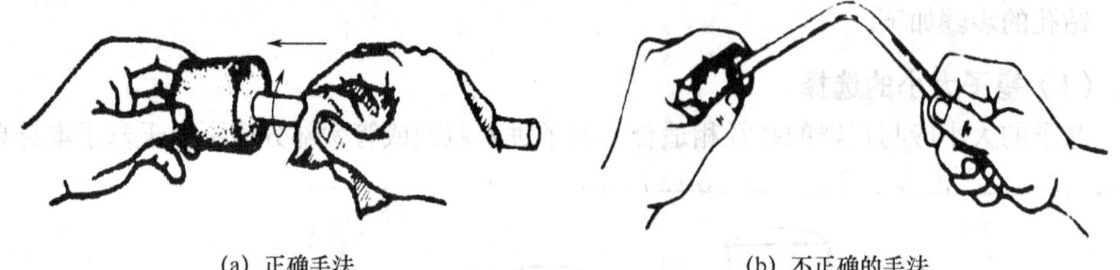

(a) 正确手法　　(b) 不正确的手法

图 6.14　把玻璃管插入塞子的方法

第 7 章 物质的取用

化学试剂的取用以及样品的称量或移取，是分析工作的重要环节，对分析工作者来说，这是非常重要的一项技能。正确选择相关仪器设备，采用的正确的操作方法完成试剂的取用和样品的称量或移取，对保证分析测试质量至关重要。

取用试剂前，必须要首先核对试剂瓶标签上的试剂名称、规格及浓度等，确保准确无误后方可取用。**没有标签的试剂不能使用！** 打开瓶塞后应将其倒置在实验台面上，不能横放以免沾污。应根据用量取用试剂。取完试剂后，应立即盖好瓶塞（绝不可盖错），并将试剂瓶放回原处，注意标签应朝外放置。

7.1 固体试剂/样品的取用

固体试剂或样品通常盛放在便于取用的广口试剂瓶中，取用固体试剂或样品要用洁净干燥的药匙。药匙的两端为大小不同的两个匙，分别用于取大量固体和少量固体，要专匙专用。用过的药匙必须洗净干燥后才能再使用。

注意：任何化学试剂都不得用手直接取用！

7.1.1 少量固体试剂/样品的不定量取用

取用试剂时，不要超过指定用量，多取的试剂不能倒回原瓶，可以放入指定容器中留作他用。由试剂瓶中取固体试剂见图 7.1。

少量块状药品可采用镊子夹取，粉末状药品则需采用药匙取用。

【取用方法】 用药匙取少量固体试剂，置入横放的试管中 2/3 处，然后将试管直立，使药品落在试管底部，或直接将药品放入指定的烧杯、锥形瓶等容器中，见图 7.2。

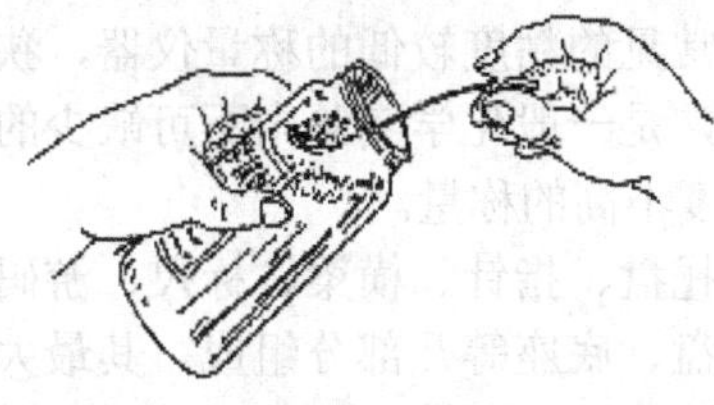

图 7.1 由试剂瓶中取固体试剂

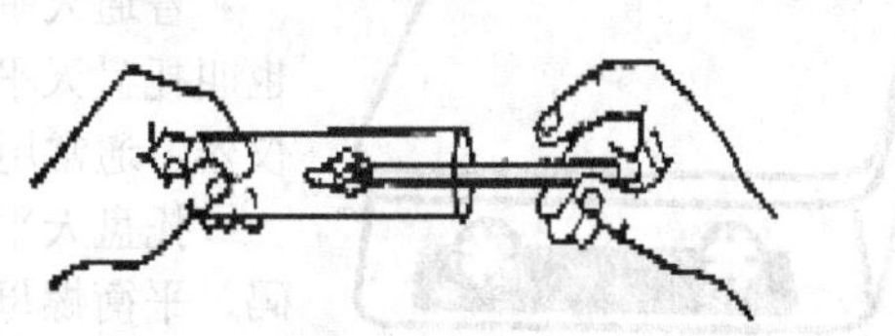

图 7.2 向试管中加入固体试剂

向试管中加入块状固体时，应将试管倾斜，使其沿管壁缓慢滑下，不得垂直悬空投入，以免击破管底，见图 7.3。

固体的颗粒较大时，可在洁净干燥的研钵中研磨后再取用，研钵中所盛固体的量不要超过研钵容量的 1/3，见图 7.4。

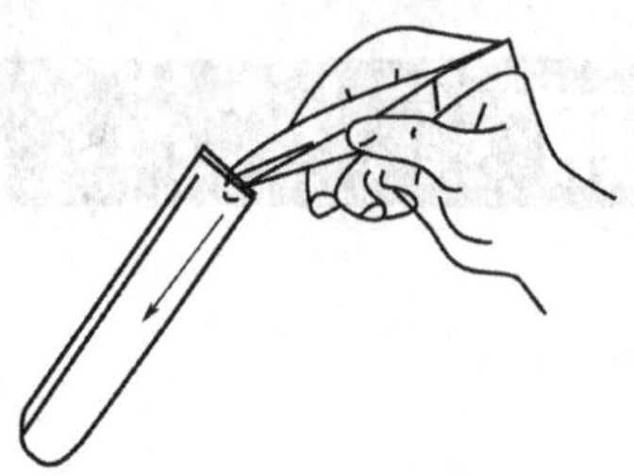

图 7.3　块状固体沿管壁滑下

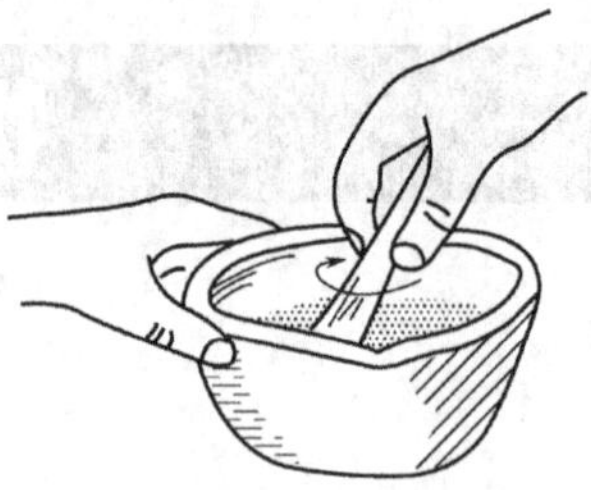

图 7.4　用研钵研磨固体颗粒

7.1.2　固体试剂/样品的一般定量取用

取用一定量的固体试剂时，应选用适当容器在天平上称量。在化验室中，天平是一种较为常用的仪器，是用来测量物质质量的仪器。

称量是定量分析中最基本的操作之一，无论是滴定分析，还是重量分析都离不开称量。根据分析任务的要求，准确、熟练地进行物质的称量，是获得准确分析结果的基本保证。

（1）普通天平简介

固体试剂或样品的一般定量取用往往采用普通天平（见图 7.5）或普通电子天平（见图 7.6）。

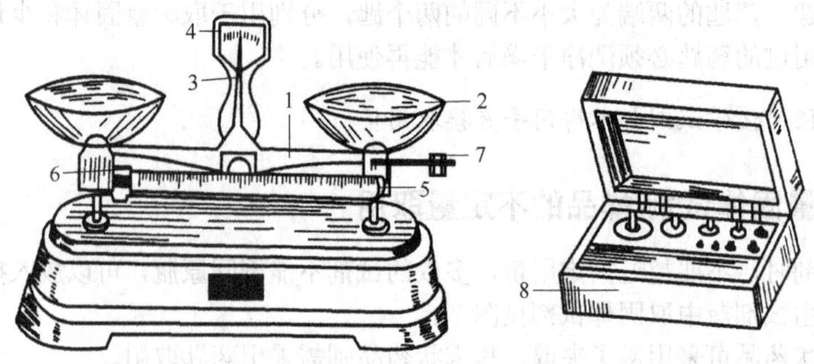

图 7.5　托盘天平（台秤）

1—横梁；2—秤盘；3—指针；4—刻度盘；5—游码标尺；6—游码；7—调零螺母；8—砝码盒

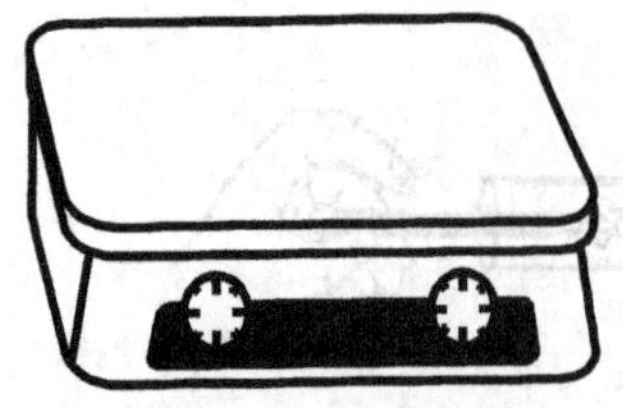

图 7.6　普通电子天平

普通天平是一种常见的精度较低的称量仪器，狭义上也叫托盘天平或台秤，是一般化学实验中不可缺少的称量仪器，通常用于精确度不高的称量。

托盘天平一般由托盘、指针、横梁、标尺、游码、砝码、平衡螺母、分度盘、底座等几部分组成。其最大准确度一般为± 0.1g，其特点是：使用简单，但准确度不高。

台秤的种类较多，有不同规格与型号。表 7.1 所示为分析测试中常用的几种台秤类型。

表 7.1　台秤的类型

种　类	最大称量质量/g	准确度/g	种　类	最大称量质量/g	准确度/g
1	1000	±1	3	200	±0.2
2	500	±0.5	4	100	±0.1

尽管台秤的种类各异，但都是根据杠杆原理设计制成的。它们的构造类似，通常都是横梁架在底座上，横梁的左右各有一个秤盘，横梁的中部有指针与刻度盘相对，根据指针在刻度盘左右摆动的情况，可以看出台秤是否处于平衡状态。当等臂天平处于平衡状态时，被称物的质量等于砝码的质量。

（2）普通天平（台秤）的使用

使用台秤时，首先要将其放置在水平的地方；然后游码要归零，调节平衡螺母（天平两端的螺母）的零点直至指针对准中央刻度线，使天平左右平衡；最后按照“左物右码”的规则进行称量。

一定要注意：在称量物质前，根据称量物的性状判断待称物是应放在玻璃器皿中还是放在洁净的称量纸上。事先应在同一天平上称得玻璃器皿或纸片的质量，然后才能称量待称物质的质量。

添加砝码要从估计称量物质量的最大值加起，逐步减小，这样做的目的是节省时间。加减砝码并移动标尺上的游码，直至指针再次对准中央刻度线。物体的质量就等于砝码的质量与游码读数的和。

取用砝码时必须用镊子，取下的砝码应放在砝码盒中，称量完毕，应把游码移回零点，也不能用手移动游码。在称量过程中，不可再碰平衡螺母。

（3）使用台秤称量时需要注意的问题

① 过冷、过热的物体不可放在天平上直接称量。应先在干燥器内放置至室温后再称。

② 待称量的固体试剂不能直接放在秤盘上，应根据情况决定称量物是放在已称量的洁净表面皿、烧杯中还是称量纸上。

③ 称量易潮解或有腐蚀性的药品，必须放在玻璃器皿（如小烧杯、表面皿） 里称量。

④ 砝码不能用手拿，要用镊子夹取。

注意：损坏的砝码对称量的影响，砝码若生锈，测量结果偏小；砝码若磨损，测量结果偏大。

⑤ 台秤必须保持清洁，如不小心将药品洒落在秤盘上，必须立即清除。

7.1.3　固体物质的准确取用与计量

在分析工作中，大多情况下都要对物质的质量进行精确的测量，这就要用到非常重要的称量仪器——分析天平或电子分析天平。

（1）分析天平简介

分析天平是定量分析最重要、最常用的仪器之一，主要用于准确测量物品的质量。因此称量的准确度直接影响分析测定结果。了解分析天平的构造和性能，并正确进行称量是做好定量分析试验的基本保证。

按照用途，分析天平可分为“标准天平”和“工作天平”两大类。凡直接用于检定传递砝码质量量值的天平称为“标准天平”。其他天平一律称为“工作用天平”。

根据分析天平的结构特点，可分为等臂（双盘）分析天平、不等臂（单盘）分析天平和电子天平三类，见表 7.2。

表 7.2 常用分析天平的规格型号

种　类	型　号	名　称	规　格
双盘（等臂）天平	TG328A	全机械加码电光天平	200g/0.1mg
	TG328B	半机械加码电光天平	200g/0.1mg
	TG332A	微量天平	200g/0.01mg
单盘（不等臂）天平	DT-100	单盘精密天平	100g/0.1mg
	DTC-100	单盘电光天平	100g/0.1mg
	BWT-1	单盘微量天平	20g/0.01mg
电子天平	MD-2	上皿式电子天平	100g/0.1mg
	MD200-3	上皿式电子天平	200g/0.1mg

注：电光分析天平的质量和有关技术条件应符合行业标准 JJG 98—2006。

实验室常用天平根据分度值大小，还可分为常量分析天平（0.1mg/分度）、微量天平（0.01mg/分度）和超微量天平（0.001mg/分度）。在化学分析中经常使用的是常量天平。

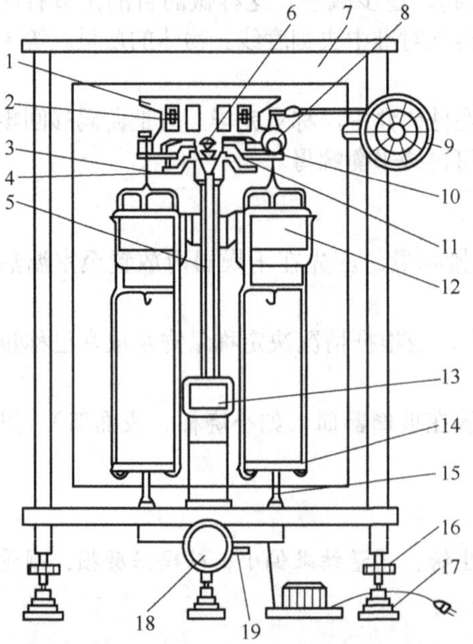

图 7.7 半自动机械加码电光分析天平

1—横梁；2—平衡调节螺丝；3—吊耳；4—翼子板；5—指针；6—支点刀；7—加码杆；8—环码；9—加码器；10—支柱；11—托翼；12—阻尼器；13—投影屏；14—秤盘；15—盘托；16—螺旋脚；17—垫脚；18—升降旋钮；19—投影屏微动拉杆

（2）分析天平的结构与工作原理

① 分析天平的基本结构 图 7.7 所示为半自动机械加码电光分析天平的结构示意。分析天平的种类虽然很多，但是结构却基本相同。主要的结构如下。

a．天平横梁：三个玛瑙刀，两个平衡螺丝，梁的中间装有垂直的指针和重心螺丝。

b．立柱：玛瑙平板，能升降的托梁架。

c．悬挂系统：吊耳，它的平板下面嵌有光面玛瑙；空气阻尼器，由两个特制的铝合金圆筒构成，外筒固定在立柱上，内筒挂在吊耳上；秤盘，两个秤盘分别挂在吊耳上，左盘放被称物，右盘放砝码。

d．读数系统：指针下端装有缩微标尺，屏中央有一条垂直刻线，标尺投影与该线重合即为天平的平衡位置。

e．天平升降旋钮：位于天平底板正中，它连接托梁架、盘托和光源。

f．螺旋脚：天平箱下装有三个脚，用以调节天平的水平位置。

g．机械加码器：转动圈码指数盘，可使天平梁右端吊耳上加 10mg～990mg 圈形砝码。

h．砝码：每台天平都附有一盘配套使用的砝码，盒内装有 1g、2g、2g、5g、10g、20g、20g、50g、100g 的三等砝码共 9 个。

② 分析天平的工作原理　目前制造的分析天平主要是根据杠杆原理设计而制造的。其原理如图 7.8 所示。设 A、B、C 为杠杆（分析天平的横梁）上的三个点，B 为支点，力点分别在两端 A 和 C 上。两端所受的力分别为 M_1 和 M_2，达到平衡状态时，支点两边的力矩相等，即

$$M_1 \times AB = M_2 \times BC \tag{7.1}$$

如果 B 正好是 A、B、C 的中点，则 $AB = BC$，也就是天平的两臂的长度相等，此时若 M_1 代表砝码的质量，M_2 代表物体的质量，则 $M_1 = M_2$。

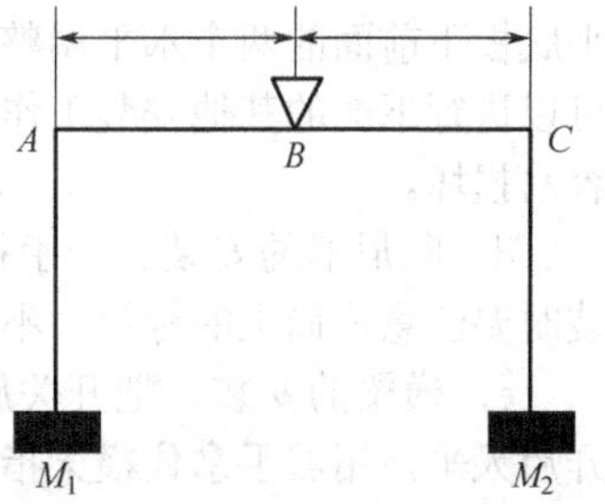

图 7.8　分析天平的工作原理示意

（3）分析天平的安装、维护、检修及检定

① 安装分析天平时，对安装的环境要求

a．温度和相对湿度。分析天平要求室温在 18℃～26℃，温度波动不大于 0.5℃/h。如因条件所限达不到以上要求，室温也应在 15℃～30℃内。当温度很低时，操作人员体温和光源灯泡热量对天平影响大，会造成零点漂移。

天平室相对湿度应保持在 55%～75%，最好在 65%～75%，湿度过高，如在 80%以上，玛瑙件吸附现象明显，天平摆动迟钝，易腐蚀金属部件，在光学镜面上产生霉斑。此时，天平内应放置干燥剂，如硅胶等，并需定时更换以保证天平箱内空气干燥。如果相对湿度低于 45%，材料易带静电，使称量不准确。

天平室应避免阳光，远离热源。最好设置在朝北方向，以减少室内温度变化。当天平从一个较冷的环境移到较暖的环境时，为消除环境中水分在天平内部凝结的影响，可先将天平放置 2h 后再使用。

相对其他天平，电子天平对温度和相对湿度的允许范围要大些。

b．防尘。灰尘对天平影响很大，灰尘附着在砝码上会使砝码质量不准。对电子天平来说，秤盘内有灰尘或空气中灰尘较大，也可使天平不稳定。因此天平室要注意清洁、防尘、门窗严密。

c．其他环境条件。天平易受震动、气流和其他强磁场的影响。震动能引起天平停点的变动。对机械天平，震动易损坏天平的刀子和刀垫。气流扰动也使称量读数不稳定。磁场影响天平特别是高精度天平的工作。天平室应选择在周围无震源的地方，最好在楼房低层，不靠近空压机、排风机、电梯等设备。天平要隔震和减震。

位于楼房底层天平室内的天平台最好是从隔震的地基上直接构筑水泥台土墩，上放

50mm 厚水磨石或人造大理石台面，必要时还可采用橡胶隔震器的台面。

天平不要安装在离门、窗和通风设备排气口太近的地方。

② 分析天平的安装 以半自动电光分析天平为例，说明其安装步骤。

a．安装前的准备。安装天平时，戴专用手套，避免手上的汗迹、油污等锈蚀零件。

b．天平的清洁。先用软毛刷刷去外框内外及零件上的灰尘，然后用绸布蘸少量无水乙醇，将刀刃、刀承及其他玛瑙件擦拭干净，反射镜镜面用镜头纸轻轻擦拭，其他零部件可用绸布擦净。在清洁工作过程中，不得使零件互相碰撞，要特别注意保护好刀刃。

c．水平调整。在天平的三只水平脚下垫上防震脚垫，一面看水准器，同时转动天平底板下前面的两个水平调整脚，直至水准器上的气泡处于圆圈中央，表示水平后，才可以进行下面的其他安装工作。若天平安放的位置不水平，天平不但不够准确，而且还容易损坏。

d．阻尼器的安装。一手抬起托翼，用另一只手将阻尼器的内筒倾斜放入筒内。安装时要注意内筒上的标记，不得放错，且标记应在前方。

e．横梁的安装。把开关旋钮装在开关轴上，用左手握住开关旋钮，以顺时针方向开启天平，用右手拿住横梁指针的中上部小心地倾斜着，先将横梁右臂放在右边托翼的上方，并使横梁左边的定位锥孔和左边横档上的槽珠和小平面分别对准右边托翼上的支力销及左边横档柱子的两个高低螺钉（又名支力销），然后缓慢关闭天平，使托翼上的三个支力销平稳地托住横梁。安装横梁时，要保护好刀刃和微分标牌，不要使它们受到损坏。

f．托盘、吊耳及秤盘的安装。将两托盘分别插入托盘的导孔中（如系全机械加码天平，左托盘先不要安装），用中指和大拇指夹住吊耳承重板的前后端，并以无名指使吊耳钩下部的小钩钩进内阻尼筒蒂子的孔中，然后小心地将吊耳放到托翼上支持吊耳的支力销上，最后将左右称盘挂在吊耳钩的上部挂钩上。安装时，同样应按零件上的左右标记进行安装，不得错乱。

上述部件装完后，如果三刀刃与其对应的刀承之间有一个不大而均匀的间隙，阻尼器的内外筒之间、周围间隙大小相等，托盘只稍稍托秤盘，用手轻推秤盘时，摆动 2～3 次即能停止下来，说明横梁、吊耳、阻尼器、秤盘安装正确。否则，应查明原因，再重新安装。

g．挂码的安装。安装在毫克组挂砝码挂钩的旁边（不要放在三角形槽内），然后转动 10mg～90mg 组的指数盘到 90mg 位置，小心地将 20mg 的圈码放在 20mg 的三角形槽内，再将指数盘转回到零位。用同样的方法依次把它后面的 50mg 圈码和边刀前端的 10mg、10mg、500mg、200mg、100mg 和 100mg 各圈码挂好。挂码装完后，应用一盒砝码，对所装挂码进行检定，核对安装是否正确。

h．零位调整。开启天平，如果零位相差太远，应旋转横梁上的平衡舵来调节。相差不太大时，可转动底板下部的调零杆调整。

安装完后，可根据分析天平的各项指标进行检查。

③ 天平的维护和检定 分析天平是一种很精密的仪器，所以日常的维护与检修极为重要。

a．天平室、天平和砝码都要有专人负责，并备有天平的使用维修记录，以便维护和保养天平，而且务必经常保持完整清洁。

b. 天平应放在干燥、无日光直射与不易受热、受冷的地方，室内应无有害气体或水蒸气。天平台必须平坦、牢稳、坚固。定期检查天平的干燥剂，及时更换或处理。

c. 天平在放妥后不应经常搬动，必须搬动时，需将天平盘及横梁零件先行卸下。

d. 天平各部件要定期检查，保持清洁，各零部件若有灰尘，应用细软毛刷轻轻打扫，注意勿使螺丝转动或损坏刀刃。

e. 如发现天平失灵、损坏或有可疑时，应立即停止使用，不得任意拆卸零件或装配零件。

f. 凡自干燥器内取出称样，称量前必须仔细检查底部是否沾有污物。如沾有，清除后方可进行称量。

g. 天平砝码应保持清洁，勿沾有棉毛纤维、灰尘及化学药品。天平光幕表面及镀铝的反光镜不准用布擦拭，以免磨损光洁度，必要时可用软毛刷轻拭。使用砝码应用专用镊子夹取，而且所称物品应放在秤盘中央，并不得超过天平最大称量。

h. 砝码在使用一定时期后，要用擦镜纸轻轻揩拭，严禁任意拆卸、刮削或用去污粉擦洗。揩拭后经校准方可再用。

i. 天平室内不准进行化学分析操作。

j. 在称量时，应轻拉（开）、关天平门，应尽量避免震动。每次使用完毕，必须将天平复原。

按规定，由国家法定计量单位定期对分析天平进行检定，检定合格后，方可使用。

（4）分析天平的计量性能

分析天平的计量性能包括稳定性、灵敏性、不等臂性和天平示值的变动性四个方面。

① 稳定性　分析天平的稳定性是指处于平衡状态的天平经外力扰动，指针离开平衡位置后，仍能自动回复原位的性能。天平的稳定性只与天平摆动部分的重心有关。重心越低稳定性越高，但灵敏度降低。

② 灵敏性　分析天平的灵敏性是指天平秤盘上增加 1mg 质量所引起的指针偏斜程度，指针偏转的格数越多，则天平的灵敏度愈高。在实用上，常以“感量”（亦称分度值）表示天平的灵敏度。

灵敏度（E）与天平的臂长（L）、天平摆动部分的质量（m）、支点到重心的距离（h）有关系：

$$E=\frac{L}{mh} \tag{7.2}$$

由上式可见，天平臂越长，梁越轻，支点与重心间的距离越短，即重心越高，则天平的灵敏度越高。由于同一台天平的臂长和梁的质量都是固定的，所以只能通过移动天平的重心螺丝高度改变支点到重心的距离来调节灵敏度。另外，天平的臂在载重时略向下垂，因而臂的实际长度减小，梁的重心也略向下移，故天平载重后的灵敏度会减小。

③ 不等臂性　分析天平的不等臂性是指天平梁的左右两臂不相等的情况，两臂长度之差应符合一定要求。一般分析天平的两臂长度之差应不超过十万分之一，这种误差

可以忽略不计。减码式单盘天平不存在不等臂性误差。

④ 示值的变动性 分析天平示值的变动性是指不改变天平状态的情况下，多次开动天平，天平平衡位置的重复性，它受天平元件的质量、环境温度、气流和震动等因素的影响。

（5）分析天平的使用方法与要求

① 使用方法

a. 检查。取下防尘罩，叠好后放在天平台右前方或上方，将砝码盒和记录本放在有加码器的一边。检查天平秤盘是否洁净、加码指数盘是否在“000”位、环码是否脱钩、吊耳是否错位、天平是否水平等。

b. 调节水平。从天平上面观察立柱后上方的气泡水平仪，如果气泡处于圆圈中央，说明天平水平；否则，通过旋转天平箱底板下的螺旋支脚，调至天平水平。

c. 调节零点。天平的零点是指空载时天平处于平衡状态时指针的位置。当天平的检查过程结束后，轻轻开启升降旋钮（全部开启），此时，灯泡亮，投影屏上可以看到标尺的投影在移动。当天平停止摆动时，投影屏中央的刻线和标尺的零点应恰好重合。偏离较大时，可关闭天平，通过天平横梁上的平衡螺丝调节；偏离较小时，通过拨动投影屏微动拉杆，移动投影屏的位置，直至屏中央的刻线与标尺的零点重合。

d. 称量。先将被称量物放在台秤（即托盘天平）上粗称其质量，这样既可以缩短称量时间，又可保护天平。打开天平侧门，将被称量物放在天平盘中央，根据粗称的质量在另一秤盘加上相应的砝码，大的砝码放中央，小的砝码放两边。然后依次用指数盘加减百毫克组和十毫克组环码，直至天平投影屏的刻线在标尺的 0～10mg 之间，完全开启天平，准备读数。

注意：砝码和环码的添加顺序是由大到小，依次确定，未完全确定时不可完全开启天平，以免横梁过度倾斜，造成错位或吊耳脱钩。

砝码是称量的基础，称量时必须注意以下事项：

- 砝码必须和天平配套使用，不得随意调换。
- 称量时如用到标称值相同的砝码，应先使用无标记的。
- 砝码只能放在砝码盒内相应的空位上或天平盘上，不得放在其他地方。
- 必须使用专用镊子夹取砝码，此镊子带有骨质或塑料尖，不能使用金属尖镊子，以免划伤砝码。
- 严禁用手直接拿取砝码，质量大的砝码可戴上称量手套或垫上鹿皮拿取。

e. 读数。关闭天平侧门，待标尺停稳后即可读数，被称量物的质量等于砝码、环码加标尺读数之和。

f. 结束工作。称量结束，关闭天平，取出被称量物，将砝码放回砝码盒，环码回位，关闭侧门，重新检查零点后，盖上防尘罩，认真填写使用记录。

② 分析天平的使用规则

a. 天平安放好后，不准随便移动。天平使用前应检查是否处于水平状态，各部件是否正常，底盘和天平盘是否清洁，如有灰尘应用毛刷刷净。

b. 开启天平后，应先检查天平的零点。如不在零位投影屏范围内可用微动调节杆调节，较大的差距要用平衡螺丝来调节。

c．被称物外形不能过高过大，不得超过该天平的最大载荷，称量物和砝码应位于秤盘中央。每一台天平都有与之配套的固定砝码，只能用同一台天平和砝码完成实验的全部称量，一个实验中间不可调换天平。

d．天平的前门不得随意打开，以防止称量者呼出的热量、水汽和二氧化碳影响称量。称量过程中取放物体、加减砝码只能打开天平的左、右两边的侧门。

e．称量过程中要特别注意保护玛瑙刀口，启动升降旋钮应轻、缓、匀，不得使天平剧烈震动，取放物体、加减砝码时必须休止天平。

f．取放砝码必须用镊子夹取，严禁用手拿取，以免沾污。砝码只能放在秤盘和砝码盒的固定位置，不得放在其他任何地方。加减环码时应一挡一挡慢慢地加减，防止环码跳落、互撞、重叠、脱钩或损坏机械加码装置；刻度盘既可顺时针方向旋转，也可逆时针方向旋转，但不要将箭头对着两个读数中间。

g．严禁将化学品直接放在天平盘上称量，应根据其性质和实验要求，选用适宜的容器（或称量纸）进行称量；易吸潮和易挥发的物质必须加盖密闭称量；热的或冷的物品要放在干燥器中与室温平衡后再进行称量；被称物撒落在天平盘或天平箱内时，应及时清扫。

h．读数前要关好两边的侧门，防止气流影响读数。记录数据应及时、准确、规范，要记录在记录本或实验报告上。称量完毕，应休止天平，检查砝码是否全部放在砝码盒的原位置，称量物是否已从天平盘上取出，天平门是否已关好。

i．如果发现天平不正常，要及时报告实验室相关工作人员，不得自行处理。

j．天平使用一段时间（半年或一年）后要清洗、擦拭玛瑙刀口和砝码，并检查计量性能和调整灵敏度（这项工作应由实验技术人员进行）。

（6）电子分析天平简介

电子分析天平是最新发展的一类天平。电子分析天平称量快捷，使用方法简便，是目前最好的称量仪器（见图 7.9）。

电子分析天平的基本功能包括自动校零、自动校正、自动扣除空白和自动显示称量结果。

① 电子分析天平的工作原理　电子天平的工作原理为电磁力平衡。即在秤盘上放上称量物进行称量时，称量物便产生一个重力 G，方向向下。线圈内有电流通过，产生一个向上的电磁力 F，与秤盘中称量物的重力大小相等、方向相反，维持力的平衡。

当向上的电磁力与向下的重力达到平衡时，电流大小 I 与被称物的质量 m 成正比，如式（7.3）所示。

$$G = mg = F = kI \tag{7.3}$$

图 7.9　电子分析天平

式中，k 为比例系数。

② 电子天平的使用方法

a．检查水平。在使用前观察水平仪是否水平。若不水平，调节水平调节脚，使水泡位于水平仪中心。

b．预热。接通电源，预热 60min 后方可开启显示器。轻按天平面板上的 ON 键，约 2s 后，显示称量模式：0.0000g 或 0.000g。如果显示不正好是 0.0000g，则需按一下 TAR 键。

c．称量并记录。将容器（或待称物）轻轻放在秤盘上，待显示数字稳定下来并出现质量单位“g”后，即可读数，并记录称量结果。

若需清零、去皮重，轻按 TAR 键，显示消隐，随即出现全零状态。容器质量显示值已消除，即为去皮重。可继续在容器中加试样进行称量，显示出的是试样的质量。拿走称量物后，就出现容器质量的负值。

d．称量结束。称量完毕，取下被称物，按一下 OFF 键，让天平处于待命状态。再次称量时，按一下 ON 键，就可继续使用。

最后使用完毕，应拔下电源插头，盖上防尘罩。

③ 电子天平的校准　因存放时间长、位置移动、环境变化或为获得精确数值，电子天平在使用前或使用一段时间后都应进行校准操作。

校准时，取下秤盘上的左右被称物，轻按 TAR 键清零。按 CAL 键，当显示器出现“CAL—”时，即松手。显示器就出现“CAL—100”，其中 100 为闪烁码，表示校准砝码需要 100g 的标准砝码。此时将准备好的 100g 标准砝码放在秤盘上，显示器出现“……”等待状态，经较长时间后显示器出现“100.0000g”。拿去校准砝码，显示器应出现“0.0000g”。若显示不为零，则再清零，再重复以上校准操作。

注意：为了得到准确的校准结果，最好重复以上校准操作两次。

（7）称量方法

采用分析天平或电子分析天平进行固体试剂或样品的称量时，常用的称量方法有三种，分别是直接称量法、固定质量称量法和减量称量法。

① 直接称量法　该法是将称量物直接放在天平盘上直接称量物体的质量。例如，称量小烧杯的质量，称量某容量瓶的质量，重量分析实验中称量某坩埚的质量等，都使用这种称量法。

这种称量方法适于称量洁净干燥的、无腐蚀性、不易潮解或升华的固体试样。

② 固定质量称量法　又称增量法，是指称取某一指定质量的试样的称量方法。此法常用于称量指定质量的试剂（如基准物质）或试样。

这种称量方法操作的速度很慢，适于不易吸潮、在空气中能稳定存在的粉末状或小颗粒（最小颗粒应小于 0.1mg，以便容易调节其质量）样品的定量称量。不适用于块状固体的称量。操作步骤如下。

用金属镊子将清洁干燥的容器置于天平盘上，清零、去皮重。手指轻敲勺柄，逐渐加入试样，直到所加试样只差很小质量时，小心地以左手持盛有试样的小勺，再向容器中心部位上方 2cm～3cm 处，用左手拇指、中指及掌心拿稳勺柄，以食指摩擦勺柄，使勺内的试样以非常缓慢的速度尽可能少的抖入容器中。若不慎多加了试样，用小勺取出多余的试样（不要放回原试样瓶），再重复上述操作直到合乎要求。称好后，将试样定量转移至接收容器内。

注意：若不慎加入试剂超过指定质量，应先关闭升降旋钮，然后用药匙取出多余试

剂。重复上述操作，直至试剂质量符合指定要求。

严格要求时，取出的多余试剂应弃去，不要放回原试剂瓶中。操作时不能将试剂散落于天平盘等容器以外的地方，称好的试剂必须定量地由表面皿或小烧杯等容器直接转入接受容器，此即所谓“定量转移”。

③ 减量称量法　减量称量法又称差量法，此法用于称量易吸水、易氧化或易与空气中 CO_2 等反应的固体试剂/样品。

取适量待称样品置于一干燥洁净的容器（称量瓶、称量纸、小滴瓶等）中，在天平上准确称量后，取出欲称量的样品置于实验容器中，再次准确称量，两次称量读数之差，即为所称量的样品的质量。如此反复操作，可连续称若干份样品。

差减法称量粉末状、颗粒状样品最常用的容器是称量瓶（见图 7.10），称量瓶在使用前要洗净烘干，用时不可直接用手拿，而应用纸条套住瓶身中部，用手捏紧纸条进行操作，以防手的温度高或汗污等影响称量准确度。

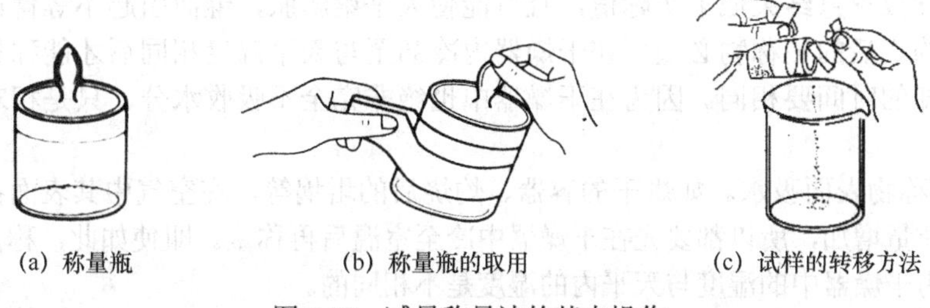

(a) 称量瓶　　(b) 称量瓶的取用　　(c) 试样的转移方法

图 7.10　减量称量法的基本操作

操作步骤如下：

➢ 从干燥器中用纸带（或纸片）夹住称量瓶后取出称量瓶（注意：不要让手指直接触及称量瓶和瓶盖），将称量瓶放入天平盘，准确称量称量瓶加试样的质量，记为 m_1(g)。

➢ 取下称量瓶，放在容器上方将称量瓶倾斜。用称量瓶盖轻敲瓶口上部，使试样慢慢落入容器中，当倾出的试样接近所需质量时，慢慢地将瓶竖起，再用称量瓶盖轻敲瓶口上部，使粘在瓶口的试样落入容器中，然后盖好瓶盖（上述操作均应在容器上方进行，防止试样丢失，打开瓶盖时，动作一定要轻、慢），将称量瓶再放回天平盘，称得质量记为 m_2(g)，如此继续进行，可称取多份试样。

➢ 第一份试样质量=$m_1 - m_2$；第二份试样质量=$m_2 - m_3$。

如此反复操作，可连续称若干份样品。这种方法适用于一般的粒状、粉状试剂或试样及液体试样的称量。

注意：如果一次倾出的试样不足所需用的质量范围，可按上述操作继续倾出。但如果超出所需的质量范围，不准将倾出的试样再倒回称量瓶中。此时只有弃去倾出的试样，洗净或更换容器重新称量。

（8）固体物质的取用规则

① 打开试剂瓶盖，注意瓶盖不能乱放，以免混淆。

② 用干净的药勺取试剂。用过的药勺必须要洗净并擦干后才能再取用其他试剂，

以免沾污试剂。

③ 取出试剂后要立即盖紧瓶盖，不能盖错瓶盖。

④ 称量固体试剂时，必须注意不要取多，取多的试剂不能放回原瓶，可放在指定容器中供他人使用。

⑤ 一般的固体试剂可以称量在干净光滑的称量纸或表面皿上，具有腐蚀性、强氧化性、或易潮解的固体试剂不能在纸上称量，不准使用滤纸来盛放称量物进行称量。

（9）称量误差的来源

在称量过程中，无论称量时如何认真、仔细，采用不同天平，或由不同操作者称量相同物料时，其称量结果仍难以做到完全相同，这就说明在称量过程中存在误差。

称量误差的形成，主要来源于以下几方面。

① 被称量物在称量过程中发生变化

a．被称量物温度与天平室内温度不一致。如被称物温度较高，称量时会引起气流上升，导致称量结果低于实际值，且可能使天平梁膨胀，继而引起不等臂误差。所以烘干或灼烧后的被称物必须要在干燥器内冷却至与天平温度相同后才能称量。但要注意：冷却的时间要相同。因为在干燥器中也绝非完全不吸收水分，只是相对湿度较小而已。

b．被称物表面吸水。如烘干的容器、灼烧后的坩埚等，在空气中其表面都会吸附水分而使质量增加，所以都要先在干燥器中冷至室温后再称量。即使如此，称量速度也要快。因为干燥器中的湿度与天平内的湿度是不相同的。

c．试样本身吸收或失去水分。挥发性试样，在称量过程中其质量肯定会发生变化，所以这类样品应放在具磨口塞的容器如称量瓶中称量。灼烧产物都有吸湿性，应在带盖的坩埚中称量，动作也要尽量快。

② 天平和砝码的影响　为保证天平和砝码的正常使用，应定期进行计量性能检定，引用校正值，以消除由此带来的误差。

砝码的标称质量与真实质量不符，自然会引入误差，因此在精密分析中应使用修正值。而在一般分析测试中，虽然不必使用修正值，但需要注意：质量大的砝码其质量允差也大。因此，在采用减量法称量时，如果两次称量时变换了克组以上的较大砝码，且样品量又小，这时就可能会引入较大误差。

例如，称取 0.2g 左右的样品时，使用四级砝码称量，样品加称量瓶的质量为 20.1243g，空称量瓶质量为 19.9241g，则样品质量为 0.2002g。若第一次使用一个 20g 的砝码（假设其实差为–0.4mg），第二次使用的是 10g、5g、2g、2g 四个砝码，若实差之和为 +1.0mg，即使忽略毫克组砝码的误差，砝码的总误差仍达 –1.4mg，则试样的相对误差为 $\frac{-1.4}{200.2}=-0.7\%$，此结果显然超出了常量分析允许误差为±0.1%的要求。

可见，采用减量法称量少量物料时，应尽可能不更换大砝码。在上述案例中，应在第一次称量时就应选用 10g、5g、2g、2g、1g 五个砝码的组合。

③ 环境因素的影响　环境条件不符合要求，如偶尔产生震动、较强气流侵入、天平室温度的波动等，会导致天平的变动性增大。这也就是在建设天平室时，要求天平室应远离厂房、交通要道，且需避光的主要原因。

7.2　液体试剂的取用

液体试剂通常储存于细口试剂瓶或带有滴管的滴瓶中。

7.2.1　少量液体物质的取用

（1）从细口瓶中取用

从细口瓶中取用试剂，往往采用倾注法。

先将瓶塞取下倒置于桌面，手握试剂瓶上贴有标签的一面，逐渐倾斜瓶子，让试剂沿试管内壁流下，或沿玻璃棒注入烧杯中（见图 7.11）。

图 7.11　从试剂瓶中取用液体试剂

取足所需量后，将试剂瓶口在试管口或玻璃棒上靠一下，再竖起瓶子，以免瓶口的液滴流到瓶的外壁。

注意：绝不能悬空向容器中倾倒试剂或使瓶塞底部直接与桌面接触！

（2）从滴瓶中取用

从滴瓶中取用液体试剂时，需用附于该试剂瓶的专用滴管取用（见图 7.12）。

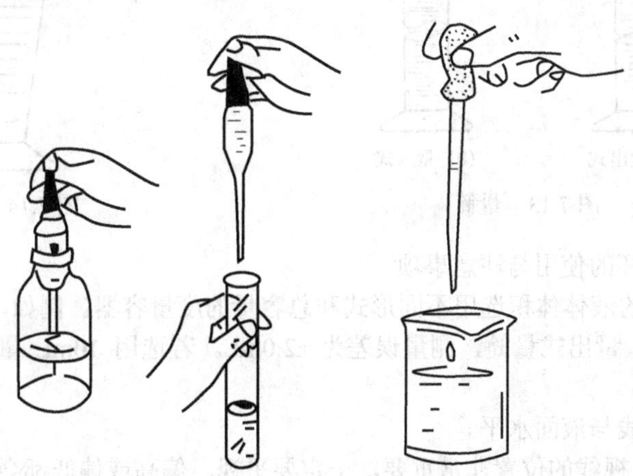

图 7.12　从滴瓶中取用液体

滴管绝不能伸入所用的容器中，以免接触器壁而污染试剂，装有液体试剂的滴管不得横置或滴管口向上斜放，以免液体流入滴管的橡皮头中。

7.2.2　液体试剂的一般定量取用

若需要定量取用液体试剂，可根据试剂用量以及实验的精度要求选用适当容量的量筒（或量杯）、移液管（或吸量管）。

在一般准确度要求不高的实验中，可选用量筒或量杯取用一定体积的试剂。

量筒和量杯是分析测试中最普通的玻璃量器。其容量精度低于容量瓶、吸量管、移液管和滴定管。量筒和量杯均不分级，其产品规格如表 7.3、表 7.4 所示。

表 7.3　常用量筒的规格

标称总容量/mL		20	25	50	100	250	500
分度值/mL		0.2	0.5	1	1	2 或 3	5
容量允差/mL	量入式	±0.10	±0.25	±0.25	±0.50	±1.0	±2.5
	量出式	±0.20	±0.50	±0.5	±1.0	±2.0	±5.0

表 7.4　常用量杯的规格

标称总容量/mL	10	20	50	100	250	500
分度值/mL	1	2	5	10	25	25
容量允差/mL	±0.4	±0.5	±1.0	±1.5	±3.0	±6.0

量筒又分为量出式［图 7.13（a）］和量入式［图 7.13（b）］两种形式。量出式量筒在分析化学实验室普遍使用，量入式量筒有磨口塞子；量杯上口大下口小（图 7.14）。它们的用途都是量取一定体积的液体物质。

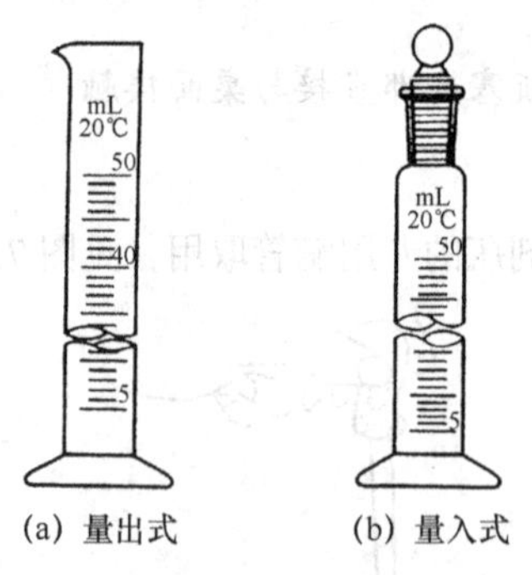

(a) 量出式　　(b) 量入式

图 7.13　量筒

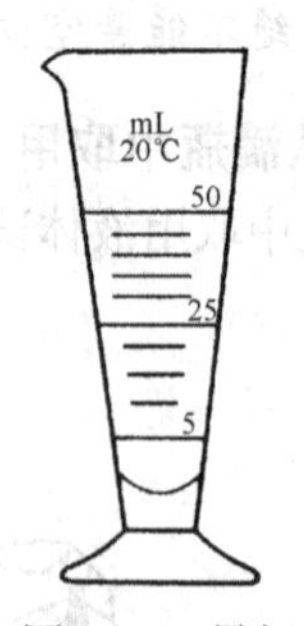

图 7.14　量杯

① 量筒或量杯的使用与注意事项

a．根据量取的液体体积选用不同形式和总容量的度量容器。例如，量取 8.0mL 液体时，选用 20mL 量出式量筒，测量误差为 ±2.0mL。若选用 10mL 量出式量筒，则测量误差为 ±1.0mL。

b．读数时视线与液面水平。

使用量筒时，视线的位置非常重要，一定要平视。偏高或偏低都会读不准从而造成较大误差。

➢ 对浸润玻璃的无色透明液体，读数时，视线要与凹液面的下部最低点相切。如

图 7.15 所示。

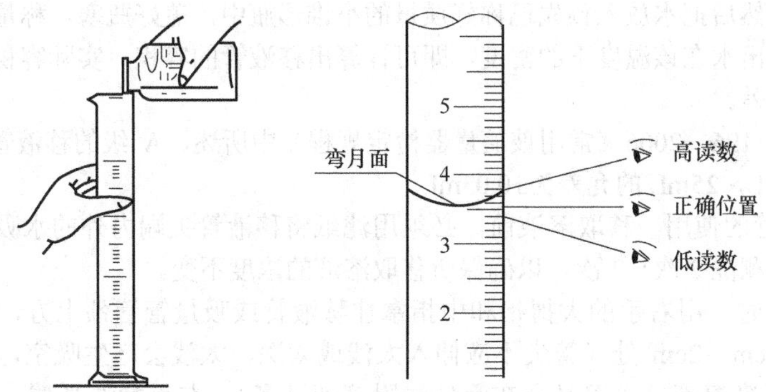

图 7.15 量筒的读数方法

➢ 对浸润玻璃的有色或不透明液体，读数时，视线要与凹液面上缘相切。

➢ 对水银或其他不浸润玻璃的液体，读数时则需要看液面的最高点。

c. 不可加热，不可用做实验（如溶解、稀释等）容器，不可量热的液体。

② 量筒与量杯的校正方法 量筒和量杯的校正方法是：对清洗干净并经干燥处理过的被检量器进行称量，称得空量器的质量；注纯水至被检量器的标线处，称得纯水的质量（*m*）；将温度计插入到被检量器中，测量纯水的温度，读数应准确到 0.1℃；查出水在该温度下的密度，计算被检量器的实际容量。实际容积与标示容积之差应小于允差。

根据 JJG 196—2006《常用玻璃量器检定规程》中所述，A 级的量筒 100mL 的允差是 ±0.05mL，50mL 的是 ±0.25mL，25mL 的是 ±0.25mL，A 级的量杯 100mL 的允差是 ±1.5mL，50mL 的是 ±1.0mL，20mL 的是 ±0.5mL。

7.2.3 液体试剂/样品的准确定量取用

在化验室中，移液管、吸量管、滴定管和容量瓶是准确量取溶液体积的常用仪器。

注：本章将着重介绍移液管（吸量管）、滴定管的相关知识，容量瓶的校准及使用等将在第 10 章“溶液的制备”中系统讨论。

（1）用移液管和吸量管移取（或吸取）

① 移液管/ 吸量管简介 移液管和吸量管用于准确转移一定体积的液体，一般移液管是指中间有一个膨大部分（称为球部）的玻璃管，球部上和下均为较为细窄的管颈，上端管颈有一标线，如图 7.16（a）所示。常用的移液管有 5mL、10mL、25mL、50mL 等规格。

吸量管是指具有分刻度的直形玻璃管。其全称是“分度吸量管”[图 7.16（b)]。一般情况下，吸量管用于量取小体积或非整数体积的溶液。常用的吸量管有 1mL、2mL、5mL、10mL 等规格。

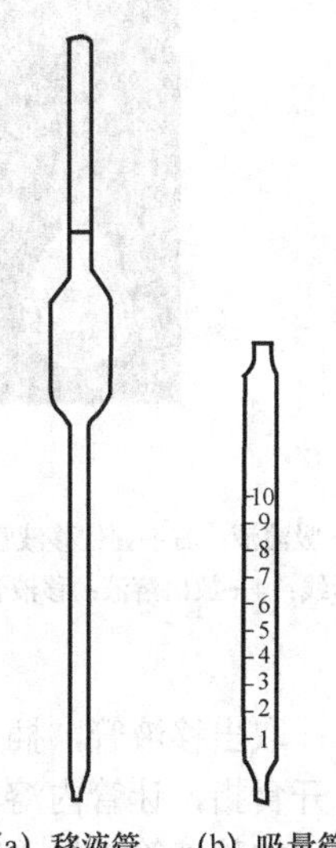

图 7.16 移液管和吸量管

② 移液管的校准 移液管的校正方法如下：在洗净的移液管内吸入水并使弯月面恰在标线处，然后把水放入预先已称好质量的小锥形瓶中，盖好瓶塞，称量，计算放入水的质量。查出水在该温度下的密度，即可计算出移液管的容积，实际容积与标示容积之差应小于允差。

根据 JJG 196—2006《常用玻璃量器检定规程》中所述，A 级的移液管：50mL 的允差为±0.05mL，25mL 的允差为±0.03mL。

③ 移液管的使用 移取溶液前，必须用滤纸将移液管尖端内外的水吸去，然后用欲移取的溶液涮洗 2 次～3 次，以确保所移取溶液的浓度不变。

移取溶液时，用右手的大拇指和中指拿住移液管或吸量管管颈上方，下部的尖端插入溶液中 1cm～2cm 处（管尖不应伸入太浅或太深，太浅会产生吸空，把溶液洗到洗耳球内，污染溶液；太深又会在管外沾附溶液过多）；左手拿洗耳球，先把球中空气压出，然后将球的尖端接在移液管口，慢慢松开左手使溶液吸入管内，当液面升高到刻度以上时，移去洗耳球，立即用右手的食指按住管口，将移液管下口提出液面，管的末端仍靠在盛溶液器皿的内壁上，略微放松食指，用拇指和中指轻轻捻转管身，使液面平稳下降，直到溶液的弯月面与标线相切时，立即用食指压紧管口，使液体不再流出（见图 7.17）。

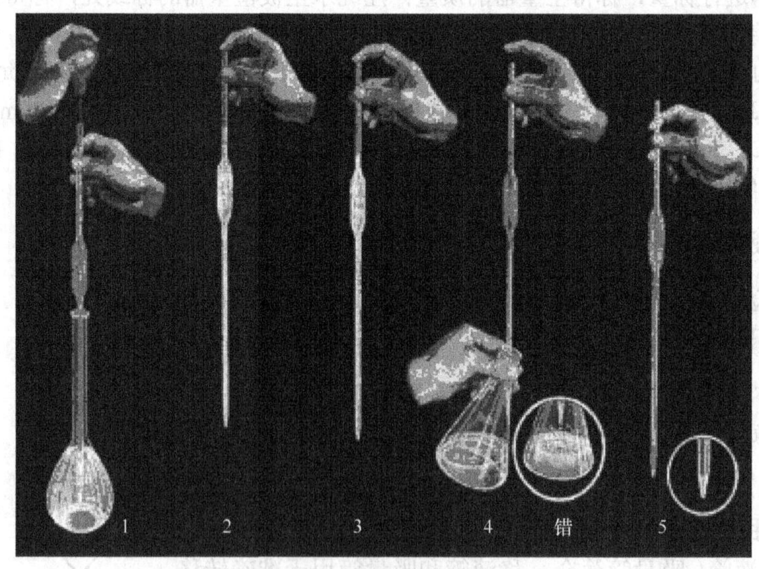

图 7.17 移液管的操作方法

1—吸溶液：右手握住移液管，左手捏洗耳球多次；2—把溶液吸到管颈标线以上，不时放松手指，3—把液面调节到标线；4—放出溶液：移液管下端紧贴锥形瓶内壁，放开食指，溶液沿瓶壁自由流出；5—残留在移液管尖的最后一滴溶液，一般不要吹掉（若管上有“吹”字，就要吹掉）

取出移液管，插入承接溶液的器皿中。此时移液管应垂直，承接的器皿倾斜 45°，松开食指，让管内溶液自然地全部沿器壁流下，等待 10s～15s，拿出移液管。

如移液管未标“吹”字，残留在移液管末端的溶液不可用外力使其流出，因为移液管的容积不包括末端残留的溶液。

注：在校正移液管时已经考虑了末端所保留溶液的体积（亦称自由流量）。

用吸量管移取溶液的方法与移液管相似。不同之处在于吸量管能吸取不同体积的液体。因此，读取吸量管中液体体积时，必须十分小心。首先将液面吸到高于需要体积的刻度线以上，再使液面徐徐流出。直到液面底线与相应刻度相切为准。

需要指出，有一种 0.1mL 的吸量管，管口上刻有“吹”字，使用时，其末端的溶液就必须要吹出，不允许保留。还有一种标有“快”字的吸量管，溶液流出较快，但不吹出最后残留的溶液。使用后洗净放在管架上。

（2）用滴定管量取液体并准确测量溶液的体积

滴定管是滴定操作中准确量出不固定量滴定剂体积的量器。如图 7.18 所示。

① 滴定管简介　滴定管的主要部分是具有精确刻度，是内径均匀的细长玻璃管，下端的流液口为一尖嘴，中间通过玻璃旋塞或乳胶管连接，以控制滴定液流出的速度。

常量分析的滴定管容积为 25mL、50mL，最小刻度为 0.1mL，读数可估计到 0.01mL。另外还有容积为 10mL、5mL、2mL、1mL 的半微量和微量滴定管。

滴定管一般分为两类：酸式滴定管和碱式滴定管。

a．酸式滴定管下端有玻璃活塞开关，它用来装酸性溶液或氧化性溶液，不宜盛碱性溶液［见图 7.18（a）］。

b．碱式滴定管的下端连接一乳胶管，管内有玻璃珠以控制溶液的流出［见图 7.18（b）］，乳胶管的下端再连接一尖嘴玻璃管。凡是能与乳胶管起反应的氧化性溶液，如 $KMnO_4$、I_2 等，都不能装在碱式滴定管中。

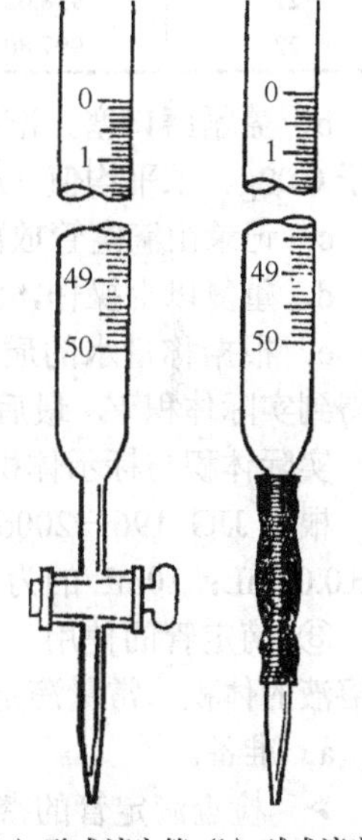

(a) 酸式滴定管 (b) 碱式滴定管

图 7.18　滴定管

② 滴定管的校准　滴定管常用称量法校准。

称量法校准滴定管的原理是：称量量器中所容纳或所放出的水的质量，根据水的密度计算出该量器在 20℃时的容积。其校正公式为：

$$m_t=\frac{\rho_t}{1+\frac{0.0012}{\rho_t}-\frac{0.0012}{8.4}}+0.000025(t-20)\rho_t \qquad (7.4)$$

式中　m_t——t℃时，空气中用黄铜砝码称量 1mL 水（在玻璃容器中）的质量，g；

ρ_t——水在真空中的密度，可查表而得；

t——校正时的温度，℃；

0.0012，8.4——空气和黄铜砝码的密度；

0.000025——玻璃体膨胀系数。

不同温度时的 p_t 和计算获得的 m_t 值见表 7.5。

校准方法如下：

a．在洗净的滴定管中装入蒸馏水至标线以上约 5mm 处。垂直夹在滴定架上等待 30s 后，调节液面至 0.00 刻度。按一定体积间隔将水放入一干净的称量过质量（m_0）的 50mL 磨口锥形瓶中。当液面降至被校分度线以上约 0.5mL 时，等待 15s。然后在 10s 中内将液面调整至被校分度线，随即用锥形瓶内壁靠下挂在滴定管尖嘴下的液滴。

表 7.5　不同温度时的 p_t 和 m_t 值

温度/℃	p_t×1000 /（g/mL）	m_t×1000 /（g/mL）	温度/℃	p_t×1000 /（g/mL）	m_t×1000 /（g/mL）
10	999.70	998.39	23	997.36	996.60
11	999.60	998.31	24	997.32	996.38
12	999.49	998.23	25	997.07	996.17
13	999.38	998.14	26	996.81	995.93
14	999.26	998.04	27	996.54	995.69
15	999.13	997.93	28	996.26	995.44
16	998.97	997.80	29	995.97	995.18
17	998.80	997.65	30	995.67	994.91
18	998.62	997.51	31	995.37	994.64
19	998.43	997.34	32	995.05	994.34
20	998.23	997.18	33	994.72	994.06
21	998.02	997.00	34	994.40	993.75
22	997.80	996.80	35	994.06	993.45

b．盖紧磨口塞，准确称量锥形瓶和水的总质量。重复称量一次，两次称量之差应小于 0.02g。求平均值（m_1）。

c．记录由滴定管放出纯水的体积（V_0）。

d．重复以上操作，测定下一个体积间隔水的质量和体积。

e．根据称量水的质量（$m_2=m_1-m_0$），除以表中所示在一定温度下的质量（m_t），就得到实际体积 V，最后求校正值 ΔV（$\Delta V=V-V_0$）。

实际体积与标示体积之差应小于允差。

根据 JJG 196—2006《常用玻璃量器检定规程》中所述，A 级滴定管，5mL 的允差为 ±0.01mL；10mL 的为 ±0.025mL；25mL 的为 ±0.04mL；50mL 的为 ±0.05mL。

③ 滴定管的使用　滴定管是滴定分析时使用的较精密仪器，用于测量在滴定中所用溶液的体积。常量滴定管分酸式和碱式两种。

a．准备。

➢　检查滴定管的密合性　将酸式滴定管安放在滴定管架上，用手旋转活塞，检查活塞与活塞槽是否配套吻合；关闭活塞，将滴定管装水至“0”线以上，置于滴定管架上，直立静置 2min，观察滴定管下端管口有无水滴流出。若发现有水滴流出，应给旋塞涂油。

➢　旋塞涂油　旋塞涂油是起密封和润滑作用，最常用的油是凡士林油。

【涂油方法】 将滴定管平放在台面上，抽出旋塞，用滤纸将旋塞及塞槽内的水擦干，用手指蘸少许凡士林在旋塞的两侧涂上薄薄的一层。在旋塞孔的两旁少涂一些，以免凡士林堵住塞孔。

另一种涂油的做法是分别在旋塞粗的一端和塞槽细的一端内壁涂一薄层凡士林。涂好凡士林的旋塞插入旋塞槽内，沿同一方向旋转旋塞，直到旋塞部位的油膜均匀透明。涂油的操作方法见图 7.19。

如发现转动不灵活或旋塞上出现纹路，表示油涂得不够；若有凡士林从旋塞缝内挤出，或旋塞孔被堵，表示凡士林涂得太多。遇到这些情况，都必须把旋塞和塞槽擦干净后重新处理。

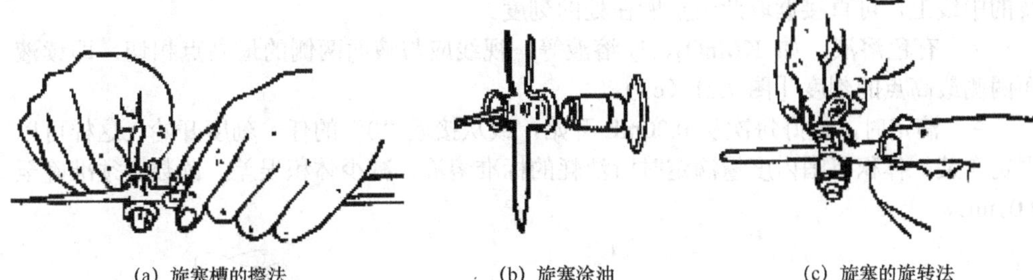
(a) 旋塞槽的擦法　　(b) 旋塞涂油　　(c) 旋塞的旋转法

图7.19　酸式滴定管的旋塞涂油方法

注意：在涂油过程中，滴定管始终要平放、平拿、不要直立，以免擦干的塞槽又沾湿。涂好凡士林后，用乳胶圈套在旋塞的末端，以防活塞脱落破损。

涂好油的滴定管要试漏。试漏的方法是将旋塞关闭，管中充水至最高刻度，然后将滴定管垂直夹在滴定管架上，放置 1min～2min，观察尖嘴口及旋塞两端是否有水渗出；将旋塞转动 180°，再放置 2min，若前后两次均无水渗出，旋塞转动也灵活，即可洗净使用。

碱式滴定管应选择合适的尖嘴、玻璃珠和乳胶管（长约 6cm），组装后应检查滴定管是否漏水，液滴是否能灵活控制。如不合要求，则需重新装配。

b．装液。在装入操作溶液时，应由储液瓶直接灌入，不得借用任何别的器皿，例如漏斗或烧杯，以免操作溶液的浓度改变或造成污染。

装入前应先将储液瓶中的操作溶液摇匀，使凝结在瓶内壁的水珠混入溶液。装满溶液的滴定管，应检查滴定管尖嘴内有无气泡，如有气泡，必须排出。

【酸式滴定管】 可用右手拿住滴定管无刻度部位使其倾斜约 30°，左手迅速打开旋塞，使溶液快速冲出，将气泡带走。

【碱式滴定管】 可把乳胶管向上弯曲，出口上斜，挤捏玻璃珠右上方，使溶液从尖嘴快速冲出，即可排除气泡（见图7.20）。

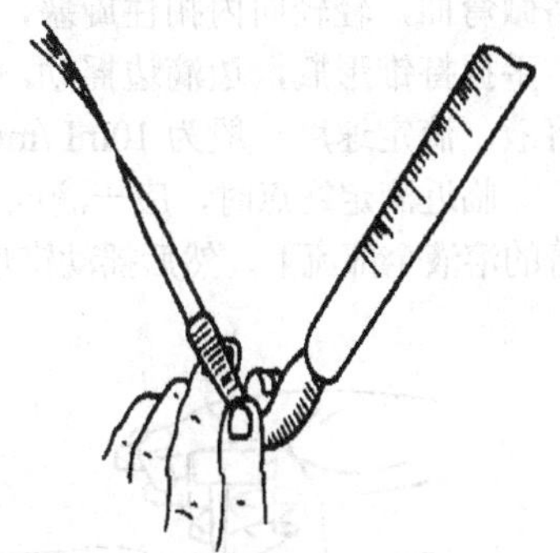
图7.20　碱式滴定管的排气泡方法

c．读数。读数时，要把滴定管从架上取下，用右手大拇指和食指夹持在滴定管液面上方，使滴定管与地面呈垂直状态。

将装满溶液的滴定管垂直地夹在滴定管架上。由于附着力和内聚力的作用，滴定管内的液面呈弯月形。无色水溶液的弯月面比较清晰，而有色溶液的弯月面清晰程度较差。因此，两种情况的读数方法稍有不同。

读数方法：读数时滴定管应垂直放置，注入溶液或放出溶液后，需等待 1min～2min 后才能读数。

➢　无色溶液或浅色溶液，普通滴定管应读弯月面下缘实线的最低点。为此，读数时，视线应与弯月面下缘实线的最低点在同一水平上［图 7.21（a)］。蓝线滴定管读数时［图 7.21（b)］，其弯月面能使色条变形而形成两个相遇一点的尖点，且该尖点在蓝线的中线上，可直接读取此尖点所在处的刻度。

➢ 有色溶液，如 $KMnO_4$、I_2 溶液等，视线应与液面两侧的最高点相切，即读液面两侧最高点的刻度［图 7.21（c）］。

➢ 滴定时，最好每次从 0.00mL 开始，或从接近“0”的任一刻度开始，这样可以固定在某一体积范围内度量滴定时所消耗的标准溶液，减少体积误差，读数必须准确至 0.01mL。

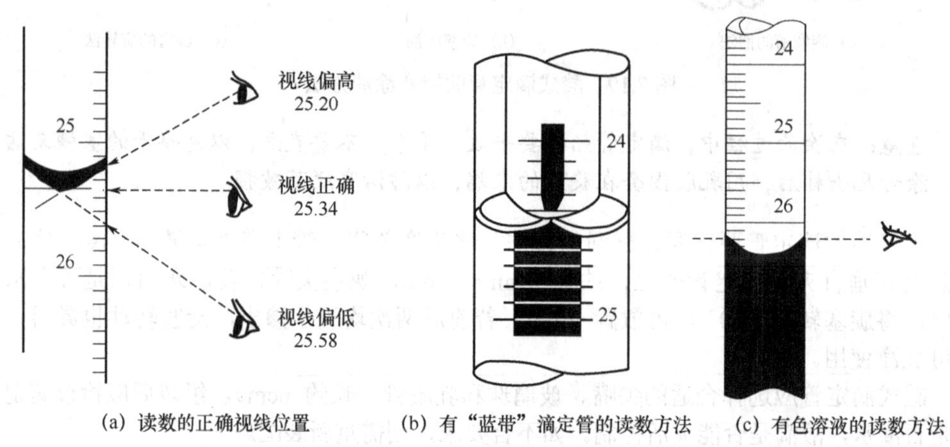

(a) 读数的正确视线位置　(b) 有“蓝带”滴定管的读数方法　(c) 有色溶液的读数方法

图 7.21 滴定管的读数方法

④ 滴定操作

a. 酸式滴定管。应用左手控制滴定管旋塞，大拇指在前，食指和中指在后，手指略微弯曲，轻轻向内扣住旋塞，手心空握，以免碰旋塞使其松动，甚至可能顶出旋塞，右手握持锥形瓶，边滴边摇动，向同一方向作圆周旋转，而不能前后摇动，否则会溅出溶液。滴定速度一般为 10mL/min，即每秒 3～4 滴。

临近滴定终点时，应一滴或半滴的加入，并用洗瓶吹入少量水冲洗锥形瓶内壁，使附着的溶液全部流下，然后摇动锥形瓶。如此继续滴定至准确到达终点［见图 7.22（a）］。

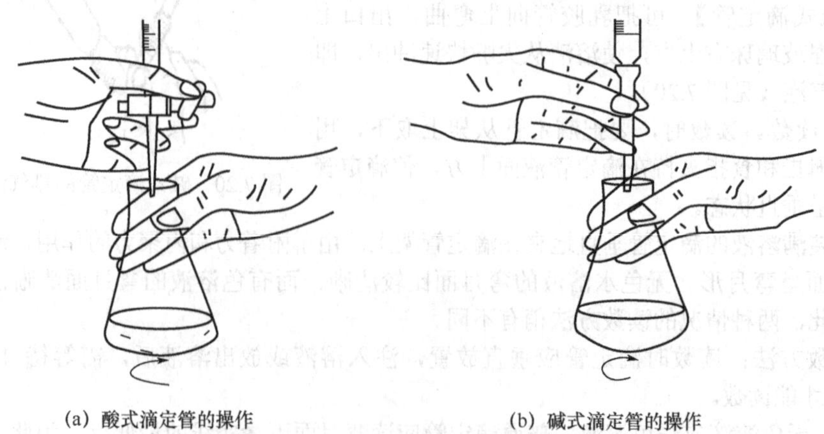

(a) 酸式滴定管的操作　(b) 碱式滴定管的操作

图 7.22 滴定管的操作

b. 碱式滴定管。左手拇指在前，食指在后，捏住乳胶管中的玻璃球所在部位稍上处，向手心捏挤乳胶管，使其与玻璃球之间形成一条缝隙，溶液即可流出。应注意，不能捏挤玻璃球下方的乳胶管，否则易进入空气形成气泡。为防止乳胶管来回摆动，可用中指和无名指夹住尖嘴的上部［见图 7.22（b）］。

滴定通常都在锥形瓶中进行，必要时也可以在烧杯中进行（见图 7.23）。滴定碘法、溴酸钾法等，则需在碘量瓶中进行反应和滴定。碘量瓶是带有磨口玻璃塞并与喇叭形瓶口之间形成一圈水槽的锥形瓶。槽中加入纯水可形成水封，防止瓶中反应生成的气体（I_2、Br_2等）逸失。反应完成后，打开瓶塞，水即流下并可冲洗瓶塞和瓶壁。

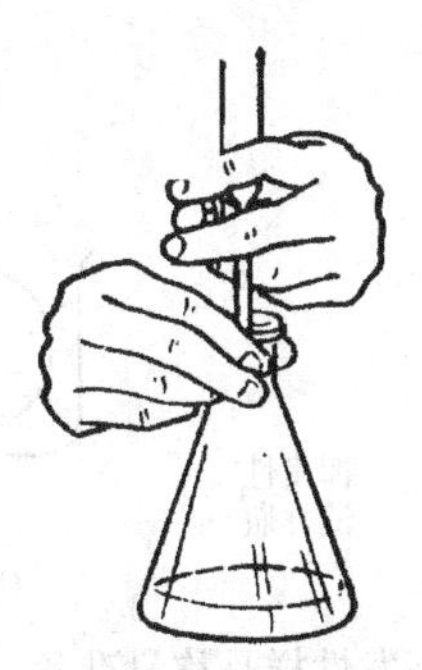

(a) 锥形瓶中的滴定姿势

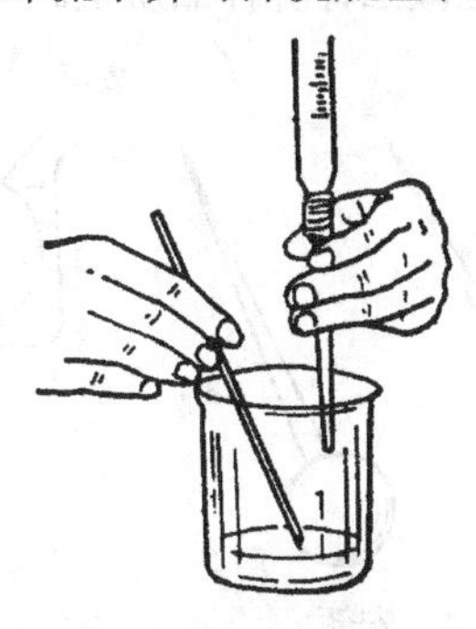

(b) 烧杯中滴定姿势

图 7.23 滴定操作示意

【滴定速度的控制】 通常开始滴定时，速度可稍快，呈“见滴成线”。这时，滴定速度约为 10mL/min，即（3～4）滴/s。但不能滴成“水线”，这样滴定速度太快。接近滴定终点时，应改为一滴一滴加入，即加一滴摇几下。再加、再摇。最后是每加半滴摇几下锥形瓶，直至溶液出现明显的颜色变化。

应扎实练好加入半滴溶液的滴定技术。用酸式滴定管时，可轻轻转动活塞，使溶液悬挂在出口管尖上，形成半滴。用锥形瓶内壁将之碰落，再用洗瓶吹洗。采用碱式滴定管加半滴溶液时，应先松开拇指与食指，将悬挂的半滴溶液沾在锥形瓶的内壁上，再放开无名指和小指，这样可避免出口管尖出现气泡。

【滴定结束后滴定管的处理】 滴定结束后，把滴定管中剩余的溶液倒入指定的回收容器（不能倒回原储液瓶）。然后依次用自来水、蒸馏水冲洗数次，倒立夹在滴定管架上。或者，洗后装入蒸馏水至刻度以上，再用小烧杯或口径较粗的试管倒盖在管口上，以免滴定管污染，便于下次使用。

7.2.4 液体试剂及易挥发试样的称取

（1）一般液体试剂的称取

对一般较稳定的液体试剂的称取，根据液体的性质（主要是挥发性），可采用直接称量法或减量法进行。

① 直接称量法 先称取一个空的具塞小容器，如锥形瓶（m_1），用移液管加入约等于要求量（按照公式 $m=\rho V$，ρ为密度）的样品后，再称量 m_2，因此，m_2-m_1即为样品质量。如采用电子天平，采用“去皮”功能，就可以直接称得液体样品的质量。

② 减量法 用小滴瓶代替称量瓶，操作方法完全相同，采用此法可连续称得几份平行样品。

（2）易挥发样品的称量

对易挥发样品的称取，应采用安瓿（见图 7.24）。称量步骤如下：

① 先称取安瓿的质量；

② 将安瓿在酒精灯上微热；

③ 吸入样品后加热封口（见图 7.25）；

④ 再称取吸入样品后安瓿的总质量；

⑤ 利用差减法计算样品质量。

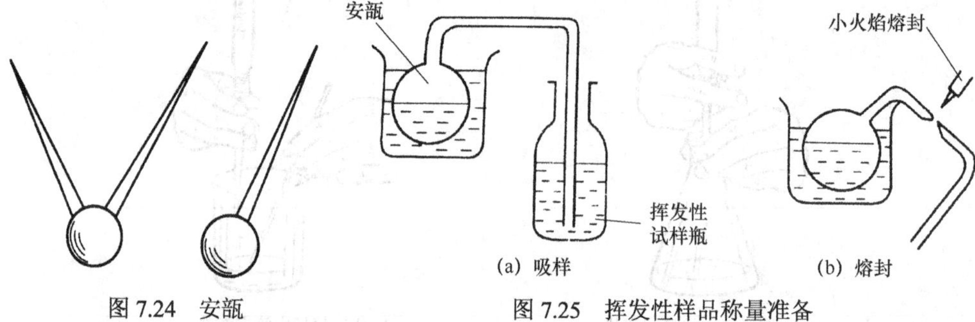

图 7.24 安瓿　　图 7.25 挥发性样品称量准备

（3）特殊化学试剂的取用

① 金属钠、钾　使用时应先在煤油中切割成小块，再用镊子夹取，并用滤纸将煤油吸干。切勿与皮肤接触，以免烧伤。未用完的金属碎屑不能乱扔，可加少量乙醇，令其缓慢反应。

② 汞　汞易挥发，在人体内会慢慢积聚导致慢性中毒。因此，不要让汞直接暴露在空气中，应放置在厚壁容器中，保持汞的容器内必须加水将其覆盖，使其不易挥发，玻璃瓶装汞只能装至半满。

③ 液溴　通常储存在具磨口玻璃塞的试剂瓶中。取用少量液溴，要在通风橱或通风的地方，把受器的器口靠在储溴瓶的瓶口上，用长滴管吸去液溴，迅速将其转移至受器中。

④ 白磷　白磷的着火点很低，通常保存在带磨口塞的盛水棕色试剂瓶中。取用时，用镊子将白磷取出，立即放到水槽中水面以下，用长柄小刀切取。水温最好为25℃～30℃，水温太低，白磷会遇冷变脆，水温太高，白磷易溶化。在温水中切下的白磷应先在冷水中冷却，然后用滤纸吸干水分。

注意： 取用白磷时要注意：严防与皮肤接触，如果白磷碎块掉在地上，应立即处理，以防引起火灾。

（4）试剂的估量

当实验不需准确要求试剂用量时，可不必使用量筒或天平量取，根据需要量粗略估量即可。

① 固体试剂的估量　有些实验提出取固体试剂少许或绿豆粒、黄豆粒大小等，可根据其要求按所需取用量与之相当即可。

② 液体试剂的估量　用滴管取用液体试剂时，一般滴出 20 滴～25 滴即约为

1mL，在容量为 10mL 的试管中倒入约占其体积 1/3 的试液，则相当于 2mL。

小窍门：取用化学试剂时，试剂瓶瓶塞的打开方法

■ 欲打开市售固体试剂瓶上的软木塞时，可手持瓶子，使瓶斜放在实验台上，然后用锥子斜着插入软木塞将塞取出。即使软木塞渣附在瓶口，因瓶是斜放的，渣也不会落入瓶中，可用卫生纸擦掉。

■ 盐酸、硫酸、硝酸等液体试剂瓶，多用塑料瓶塞（也有用玻璃磨口塞的）。塞子打不开时，可用热水浸过的布裹上塞子的头部，然后用力拧，一旦松动，就会打开。

■ 细口试剂瓶塞也常有打不开的情况，此时可在水平方向用力转动塞子或于交替横向用力摇动塞子，若仍打不开，可紧握瓶的上部，用木柄或木槌从侧面轻轻敲打瓶塞，也可在桌端轻轻叩敲（决不能用手握下部或用铁锤敲打）。

提示：采用上述方法还打不开塞子时，可用热水浸泡瓶的颈部（即塞子嵌进的那部分）。也可用热水浸过的布裹着，玻璃受热后膨胀，再仿照前面的做法拧松瓶塞。

第8章 温度的测量与控制

8.1 温度的测量/测温技术

在化验室的分析工作中，常常会遇到加热、冷却甚至恒温等相关的温度控制技术。也就是说，加热、冷却甚至恒温都需要测量温度。

温度计是测温仪器的总称，它是利用固体、液体、气体受温度的影响产生热胀冷缩等现象设计而成的。利用温度计可以准确地判断和测量温度。

8.1.1 玻璃温度计

玻璃液体温度计是在玻璃管内封入水银或其他有机液体，利用封入液体的热膨胀进行测量的一种温度计，属于膨胀式温度计。

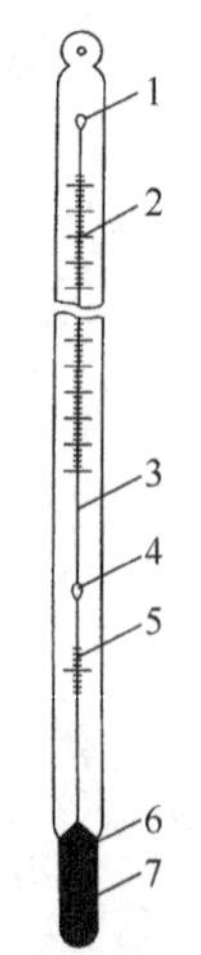

图 8.1 玻璃液体温度计

1—安全泡；2—主刻度；3—毛细管；4—中间泡；5—辅刻度；6—感温液；7—感温泡

（1）玻璃液体温度计的结构与特点

① 玻璃温度计的结构 水银温度计是玻璃液体温度计的一种，其主要组成部分由感温泡、感温液（水银或汞铊合金）、中间泡、安全泡、毛细管、主刻度、辅刻度等组成。其结构如图 8.1 所示。

a．感温泡。主要作用是储存感温液与感受温度。一般采用圆柱形，有利于热传导（相对球形而言），故热惯性较小。

b．感温液。用做测量温度的物质，主要是利用其热膨胀作用。中间泡是为了提高测温精度与缩短标尺。但并不是所有玻璃液体温度计都具有中间泡。有些温度计的标尺下限需从 0℃以上某一温度开始时，为缩短标尺而需中间泡。利用中间泡储存由 0℃加到标尺始点温度所膨胀出来的感温液。

c．毛细管。当感温液在热胀冷缩时在毛细管内上升或下降之位置，通过主刻度上对应示值，便可读出相应温度。

d. 主刻度。为了指示温度计中毛细血管内液柱上升或下降时对应位置上的温度值。

e. 辅刻度。设置在零点位置上。对温度精度要求高的温度计（如标准温度计等），通过测量辅助刻度线零位变化，可对温度计的示值进行零位变化修正。

f. 安全泡。与毛细血管上端相连的小泡，其作用是容纳加热温度超过温度计上限温度后的感温液，防止感温液因过热而涨破温度计。

② 玻璃温度计的特点　玻璃水银温度计结构简单，价格便宜，制造容易；具有较高的精确度；直接读数，使用方便，在试验和工业上广泛使用。不足之处是易损坏，损坏后无法修。最大的缺点是汞蒸气有毒，生产过程和损坏时会污染环境。

注意：在工业上常使用测温精确度低一些，但是膨胀系数大、价格低廉、污染小且易读数的有机液体作为感温液的温度计，例如乙醇、甲苯、戊烷、石油醚、煤油等温度计。

（2）玻璃温度计的分类

① 按基本结构划分

a. 棒式温度计。此种温度计是由玻璃感温泡和与它相连的厚壁玻璃毛细管所组成的。指示温度的标尺直接刻在毛细管外壁上，如图 8.1 所示。因这种温度计的温度标尺直接刻在毛细管上，标尺与毛细管不会发生位移，故其测温精度较高。

实验室用精密温度计大多采用此种结构。

b. 内标式温度计。这种温度计是将长方形乳白色玻璃片标尺置于连有感温泡的毛细管的后面，且与后者一起装在玻璃套管内，标尺板下部靠在特制的玻璃底座处或玻璃套管收缩处，见图 8.2。

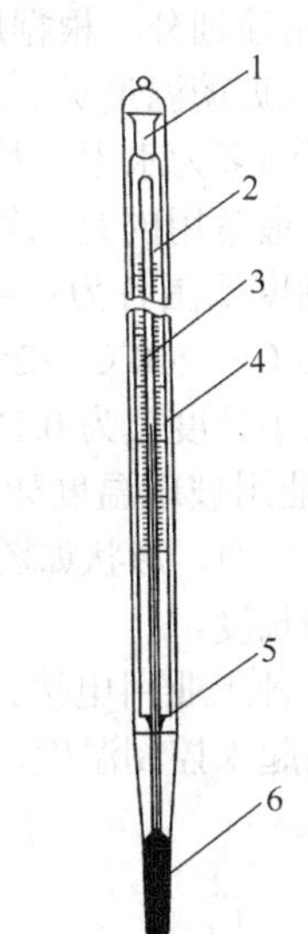

图 8.2　内标式温度计

1—玻璃顶座；2—标尺板；3—毛细管；4—玻璃套管；5—玻璃底座；6—感温泡

内标式温度计的热惰性较棒式温度计大，但观测较方便。

c. 外标式温度计。这种温度计是将熔焊有感温泡的毛细管直接固定在温度计刻板上，其结构如图 8.3 所示。

这种温度计精度较低，但读数方便清晰。一般只宜做寒暑表用。

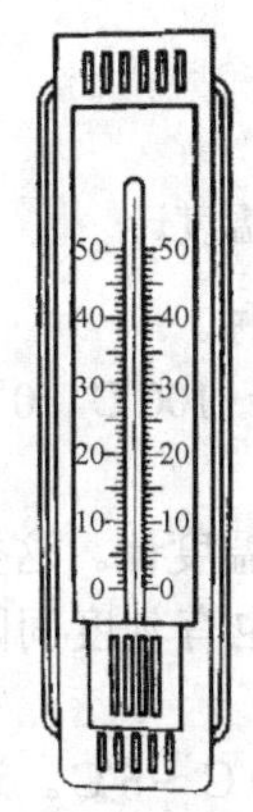

图 8.3　外标式温度计

② 按温度计浸没方式划分

a. 全浸式温度计。全浸是指使用这种温度计时，应将整个液柱与感温泡浸入在被测介质中，使整个液柱与感温泡温度相同。全浸式温度计插入被测介质的深度应接近液柱弯月面指示位置，一般液柱弯月面高出被测介质最高不得大于 15 mm。

因温度计液柱与泡大部分浸在被测介质中，环境影响甚微，故测量精度较高。

b. 局浸式温度计。这种温度计测温时只需插入到其本身所标定的固定浸没位置。其浸没标志有如下几种。

➢ 棒式温度计，有的在其背面刻一条称为浸没线的线，使用时插入被测介质深度以此线为准；也有的在毛细管外壁烧制一个玻璃突环，为浸没标志，如烘箱用的温度计。

➢ 内标式温度计，有的在温度计背面直接标有“浸没××mm”这一方式表示浸没深度；也有将温度计下部玻璃套管明显由粗变细，而且大多数有一金属保护套管。

局浸式温度计因其浸没深度不变，相当长度液柱暴露在被测介质之外，受环境温度影响大而令其测温精度下降。所以，局浸式温度计多为一般工作测温用或特殊用途的精密实验室温度计（如贝克曼温度计）。

③ 按用途划分　根据用途可分为：工业用、实验室用与标准传递用三种。

a．标准玻璃温度计。是一种在比较检定被校验温度计时作为标准用的精密玻璃温度计。感温泡多为水银，故称标准水银温度计。有一等与二等之分。

实验室最常用的是二等标准水银温度计，测量范围为–30℃～300℃，共 7 支组成一套，其刻度范围各为：–30℃～+20℃；0℃～50℃；50℃～100℃；100℃～150℃；150℃～200℃；200℃～250℃；250℃～300℃。目前已延伸为–60℃～500℃，共 12 支。标尺最小分度值为 0.1℃。

b．工业用玻璃温度计。工业用玻璃温度计一般制成内标式，其尾部有直的，也有 90° 和 135° 的，形状如图 8.4 所示。使用时尾部必须全部插入被测介质中。选用时应注意尾部的长度。

还有一种工业用电接式温度计（俗称导电表），它除了能指示温度外，还能和温度控制器连接起来控制温度，达到自动恒温的目的，同时发出信号或报警。其外形结构如图 8.5 所示。

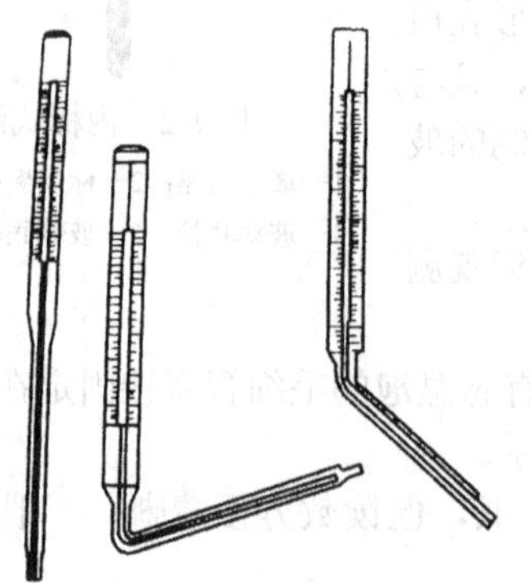

图 8.4　工业用玻璃温度计

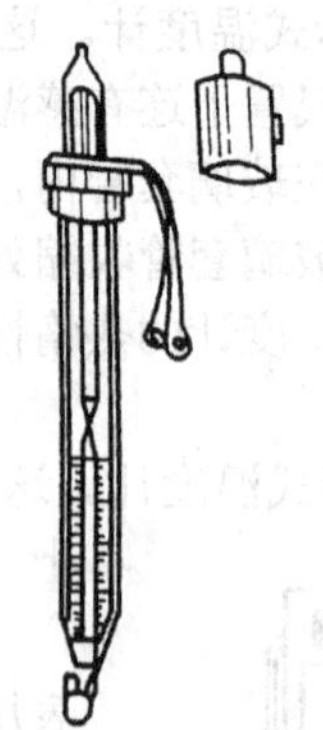

图 8.5　电接式温度计

④ 按照规格划分　玻璃-水银温度计有多种规格，常用的有以下几种。

a．普通温度计。刻度线每格为 1℃或 0.5℃，一般量程范围为 0℃～100℃、0℃～250℃、0℃～360℃等。

b．精密温度计。刻度以 0.1℃为间隔，每支量程约为 50℃的精密温度计。这类温度计往往多支配套，所测温度范围交叉组成–10℃～+400℃的量程。也有刻度间隔为 0.02℃或 0.01℃，专供量热用。

c．贝克曼温度计。温度间隔为 0.01℃，量程一般为 0℃～5℃或 0℃～6℃。这种温度计的顶端有水银储槽，可以根据需要调节温度计下端水银球中的水银量。因此贝克曼温度计不能用来测量温度的绝对值，而可以用来测出物体在不同温度区间的精确变化值。

d．高温水银温度计。这种水银温度计用特殊配料的硬质玻璃或石英作管壁，并在其中充以氮气或氩气，因而温度最高可以测到 750℃。

8.1.2　玻璃水银温度计的测量误差与校正方法

（1）玻璃水银温度计的测量误差

在测量温度时，由于温度计本身的缺陷、环境条件或读数方法的原因，都会产生误差。玻璃温度计指示值与实际温度之间的偏差，称为示值误差。

玻璃温度计的玻璃虽然经过老化处理，但玻璃热后效仍难消除。长期放置或使用都会使得感温泡的体积收缩造成示值误差。因此测定示值误差是为了校正温度计本身的误差。

另外内标式温度计中的标尺位移和液柱断裂和挂壁现象，也会造成较大的测量误差。

温度计的使用方法也会造成测量误差。精密温度计大都是全浸式。水银温度计刻度的标定，一般是将其水银柱全部浸入恒温介质中进行的。因此，在测量温度时，只有当温度计的全部水银柱浸入待测体系时，温度计的读数才能真正地反映出体系的温度。但实际使用时，常有部分水银柱露出待测体系之外，这种误差需要通过露颈校正消除。

（2）玻璃水银温度计的校正方法

① 示值误差的校正　选用二级标准温度计与待测温度计作比较的方法进行校验。因为水银与管壁有摩擦力等作用，易在水银下降时造成读数失真，因此检验时必须采取升温校验的方法。温度上升的速度要足够缓慢，一般不超过 0.1℃/min。

② 读数校正　分为三步完成：零点校正，95℃以下的校正和 95℃～300℃的校正。

a．零点校正。作零点校正时可用冰点仪。

最简单的冰点仪（见图 8.6）是颈部接上一橡皮管的漏斗，漏斗内加入冰（用蒸馏水制成）与少量蒸馏水，冰要粉碎、压紧，被蒸馏水淹没，并从橡皮管放出多余的水。将已预冷的待校温度计（预冷到−2℃～−3℃）垂直插入冰中，使零线高出冰面，5mm、10min 后开始读数，每隔 1min～2min 读一次，直到温度计水银柱的可见移动停止，当连续三次顺序读数的数据相同时，测得的温度值即为零点校正值 $\pm\Delta t$ 。如发现零点位置有变化，则应把零点校正值 $\pm\Delta t$ 加到以后的所有读数上。

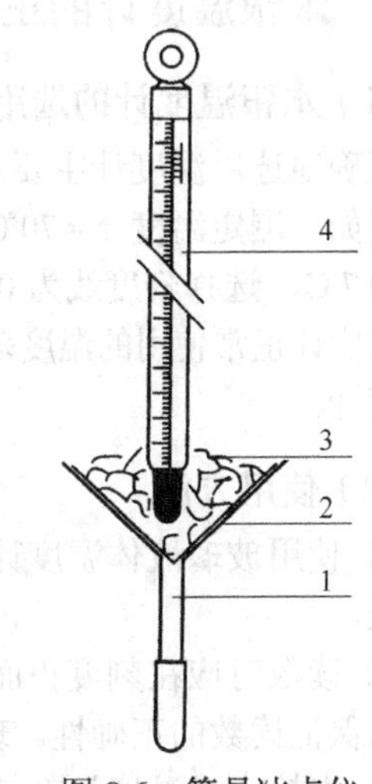

图 8.6　简易冰点仪

1—漏斗；2—滤纸；3—冰；4—温度计

b．95°C 以下的校正（比较法）。校正在玻璃水浴恒温槽中进行。

选择与待校正温度点的温度量程相适应的标准温度计。例如要校正待校温度计的 20℃，应选择 0℃～50℃的标准温度计；要校正待校温度计的 80℃，应选择 50℃～100℃的标准温度计。

将水银标准温度计与待校温度计液柱和感温泡浸入（全浸）浴槽中，两感温泡应悬挂在同一水平面上，槽温控制在被校温度上下不超过 0.1℃，待温度稳定 10min 后，记录两温度计的读数。测出 5～6 对校正数据，将被校温度计读数作横坐标，相应的标准温度计读数为纵坐标作图，即得被校温度计读数校正曲线。

使用校正曲线时采用内插法即可查得各校正的温度值。注意分段标定时所选温度计应是同一套。

c. 95℃～300℃的校正。在油浴恒温槽内进行。

与“比较法”所述方法相同，以相应的标准温度计作读数标准，注意随温度上升应及时放出适量的油，以免槽温升高时油因膨胀而溢出。

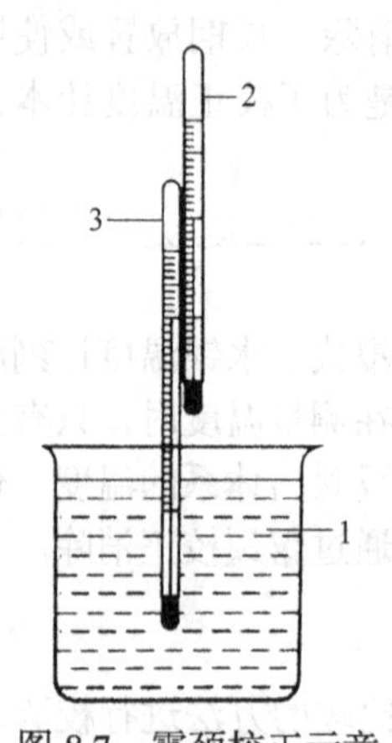

图 8.7　露颈校正示意
1—被测体系；2—辅助温度计；3—测量温度计

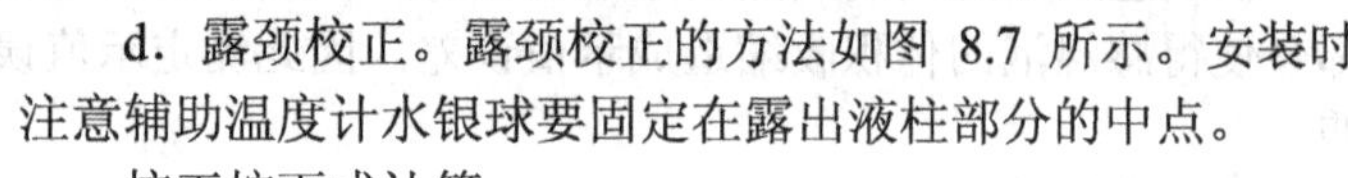

d. 露颈校正。露颈校正的方法如图 8.7 所示。安装时注意辅助温度计水银球要固定在露出液柱部分的中点。

校正按下式计算：

$$\Delta t = Kl(t_{观} - t_{环}) \tag{8.1}$$

式中　K——0.000157，是水银和一般玻璃的膨胀系数之差；

$t_{观}$——测量温度计（仅经过标准温度计校正）的读数；

$t_{环}$——附在测量温度计上辅助温度计的读数，即汞柱露出部分的平均温度，粗略地可看做室温；

l——露颈读数，即测量温度计汞柱露出部分所相当的读数，露颈校正后的温度为：

$$t_{校} = t_{观} + \Delta t \tag{8.2}$$

8.1.3　水银温度计的正确选用和使用注意事项

（1）水银温度计的选用

正确地选用温度计主要是根据实验要求选择温度计的测温精度和温度计的量程。

例如，测定温度 $t = 70℃$，要求测量精度为 1%，则测量的允许绝对误差为 70℃×1% = 0.7℃。选择刻度线为 0.5℃的温度计能够满足测量精度要求。

温度计正常使用的温度范围为全量程的 30%～90%，因此应选用量程为 0℃～100℃的温度计。

（2）使用方法

① 使用玻璃液体温度计时，应当由低温到高温逐渐升温，降温也应当由高到低逐渐降低。

② 读数时应在刻度正面读取，并保持视线、刻度线和工作液基准线在同一水平线上，以保证读数的正确性。玻璃液体温度计读数示意如图 8.8 所示。

③ 电接点式温度计在转动调节帽时，要松开固定螺丝，调好后固定好螺丝，避免因震动引起温度接点的变化。

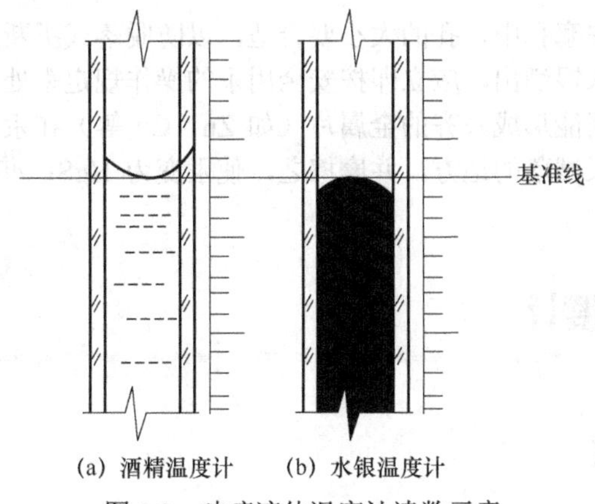

图 8.8　玻璃液体温度计读数示意

④ 工作状态应避免剧烈的震动或移动。

⑤ 测量正在加热的液体温度时，最好把温度计悬挂起来，并使水银球完全浸没在液体中。应使温度计在液体内处于适中的位置。

⑥ 测量气体的温度时，同样应使水银球位于气流之中，不可靠在容器的壁上。

（3）使用注意事项与维护

① 由于工作液体夹杂气泡或搬运不慎等原因造成的毛细管中液柱断裂，如不注意将引起极大的误差，因此在使用温度计前必须检查有无液柱断裂现象[1]。

② 根据需要对温度计做读数校正或露颈校正。

③ 温度计应尽可能垂直浸在被测体系内，测量溶液的温度一般应将温度计悬挂起来，并使水银球处于溶液中的一定位置，不要靠在容器壁上或插到容器底部。

④ 测量温度时，必须等温度计与被测物体间达到热平衡、水银柱液面不再移动后方可读数。达到热平衡所需要的时间与温度计水银球的直径、温度的高低以及被测物质的性质等有关。一般情况下温度计浸在被测物体中需 1min～6min 才能达到平衡。若被测温度是变化的，则会因温度计的热惰性而使测温精度大为降低。

⑤ 使用水银温度计时，为防止水银在毛细管上附着，发生液柱断裂或挂壁影响读数，读数前应用手指轻轻弹动温度计，这一点在使用精密温度计时必须注意。

⑥ 读数时水银柱液面、刻度和眼睛应保持在同一水平面上，精密测量可用测高仪。

⑦ 防止骤冷骤热（以免引起温度计破裂），还要防止强光及射线直接照射到水银球上。

⑧ 水银温度计是易碎玻璃仪器，且毛细管中的水银有毒，故绝不允许作搅拌、支柱等他用；要十分小心，避免与硬物相碰。

---

[1] 如有断裂现象，则可采用下列办法修复。

a. 加热法。如温度计毛细管的上端有安全泡，则可热法修复。将温度计直立并将感温泡浸入温水中徐徐加热直到中断的液柱全部进入安全泡。注意液柱只能升至安全泡的 1/3 处，不能全部充满安全泡以免破裂。在上升过程中应轻轻振动温度计，以帮助全体气泡上升。加热后将温度计慢慢冷却，最好是浸在原来热水中自然冷却至室温。冷却后一定要垂直放置数小时，以使管壁的液体都下降至液柱中。

b. 冷却法。如液柱断在温度计中、下部或高温用的温度计，则可将温度计浸入冷却剂中（冰+纯水），使温度逐渐降低，一直到液柱的中断部缩入玻璃泡内。然后取出，再使温度计慢慢升高回至原来的读数。如果进行一次不行，则需进行几次，直至故障消失。

如果温度计需插在塞孔中，孔的大小要合适，以防脱落或折断。

如果温度计破损水银洒出，应立即按安全用汞的操作规定来处理：尽可能地用吸管将汞珠收集起来，再用能形成汞齐的金属片（如 Zn、Cu 等）在汞的溅落处多次扫过。最后用硫黄覆盖在有汞溅落的地方，并摩擦之，使汞变为 HgS；亦可用 $KMnO_4$ 溶液使汞氧化。

8.2 贝克曼温度计

8.2.1 结构及特点

贝克曼温度计属于移液式内标温度计，如图 8.9 所示。主要由感温泡、毛细管、主标尺、副标尺、备用泡等组成。

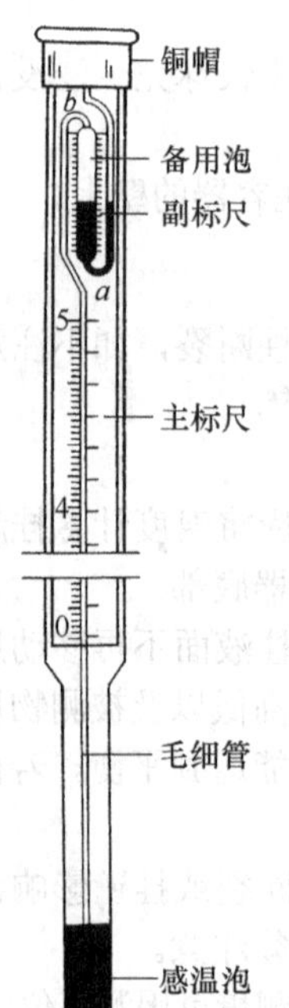

图 8.9　贝克曼温度计构造

贝克曼温度计的感温泡与一般玻璃温度计感温泡的作用（即储存感温液及感受温度）相同，但亦有其特殊之处。

① 该温度计的感温泡远大于一般水银温度计的感温泡，储存水银量多，而且感温泡的水银量能随测温范围不同进行增减。若所测温度范围属较高温度，则可将感温泡中超过测温范围之水银量通过毛细管转移至备用泡中。反之，可将备用泡所储水银经毛细管移回感温泡中。

② 贝克曼温度计的主标尺与一般温度计不同，其测量范围一般只有 0℃～5℃与 0℃～6℃两种，最小分度值为 0.01℃，如用放大镜读数，可估计到 0.002℃。

因此，该温度计的主尺标只用于指示被测介质的温度变化值 ΔT（°C 或 K），而不能指示被测介质的实际温度值（0 不表示 0℃，5 也不表示 5℃）。

③ 在贝克曼温度计的上部有一个回纹状的储液泡，称为备用泡。备用泡与毛细管上端连接，其作用是储存感温泡在测温范围条件下多余或不足的水银量，使毛细管内水银面在所测温度范围内的温度差均能落在主尺标范围内。另外，在备用泡的背面上有一固定的副标尺，标尺的刻度范围是-20℃～125℃，其主要作用是在调整感温泡中水银量时指示是否达到所要求的温度。

根据上述贝克曼温度计结构，可知该温度计的特点为：测定精度较高，能准确读至 0.01℃，估计到 0.002℃，是专用于温差的精密测量仪器；测量温度范围可以调节，一只温度计就能满足-20℃～125℃范围内温差测量的需要。

8.2.2 贝克曼温度计的调节方法

由于贝克曼温度计是用于测温差，而且测量范围只有 0℃～5℃（或 6℃）范围，所以调节操作应首先明确所需调节温差的范围以及是升温还是降温的过程。如测定燃烧热、中和热或沸点升高时，应将水银柱液面参照反应过程中的下限温度值调整；测冰点降低时，应将水银柱液面参照实验过程中的上限温度值。这样才能在测量时使毛细管中的水银柱液面处在合适的位置，以保证实验顺利进行。

（1）恒温水浴调节法

① 用手握住贝克曼温度计的感温泡，使毛细管内水银柱升至 *b* 处（图 8.9）并在球形口处形成滴状（如果升不到 *b* 处，表明感温泡内水银太少，可用热水浴促其上升）。

② 用手握住贝克曼温度计的中部，并将温度计倒置，利用重力使备用泡中的水银与毛细管内的水银柱相连接，当接上后，应立即小心缓慢地将温度计重新恢复到原来的状态，垂直放在专用木架上。注意此时备用泡的水银与毛细管的水银一定相接，如断开，则重新操作至连接。

③ 根据实验测量要求，调节毛细管内水银柱的水银面至适宜读数。例如，测量 20℃的水中加入无机盐后降温（约为 2.5℃）的温差精确值。也就是说，开始测量时初始温度为 20℃，而且为降温过程，这样，当将贝克曼温度计插入 20°C 系统中时，其毛细管水银面在刻度“3”以上处为宜，因为只要温度下降不超过 3℃，均能处于主尺标读数范围。但如选在刻度“1”就不能满足要求了。如何将水银柱面处于“3”处以上？

④ 此时应将完成步骤 ① 的温度计轻插入水温已调节到需要的恒温浴中。恒温浴水温是这样确定的：当贝克曼温度计水银柱面设定在刻度“3”处时，则从刻度“3”至毛细管水银与备用泡相接处的水银柱相当于 4.5℃，即刻度“3”至“5”为 2℃，而刻度“5”至水银柱与备用泡相接处，即图中 *b* 点处为 2.5℃（亦偶有 1.5°C 的），亦即恒温浴的水温需调至 24.5℃（20℃+2℃+2.5℃）。温度计在恒温浴中恒温 5min 以上，迅速将温度计取出。

⑤ 按图 8.10 所示，用左手掌拍右手腕（*注意：应离开桌子，以免碰坏温度计水银柱*），靠振动的力量使水银柱与备用泡中水银在 *b* 点处断开（如图 8.9 所示）。将水银断开的温度计插入 20℃的水中，观察水银柱面是否处在刻度“3”的位置。如低于 3℃，则应重新调整水浴温度再进行调节。

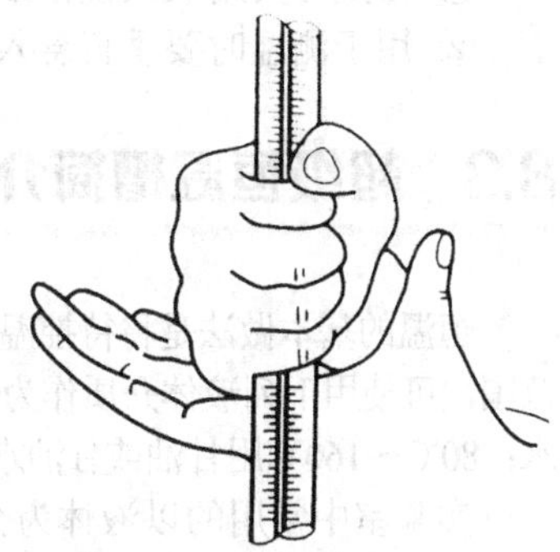

图 8.10　贝克曼温度计断开水银柱的手法

（2）标尺读数法

标尺读数法是利用贝克曼温度计的副标尺（−20℃～125℃）直接调节实验中感温泡与毛细管中需要水银的体积。此法简单，不必用恒温水浴，但调节的误差较大。当能够熟练使用贝克曼温度计时，使用标尺读数法调节比较方便。调节步骤如下：

① 根据待测体系温度变化范围，按照上文所述确定恒温水浴温度的方法，确定测量开始时温度计毛细管水银柱面应表示的实际温度 *T*。

② 先将贝克曼温度计倒置，让水银球中的水银依靠重力作用沿着毛细管下降，并与水银储槽中的水银相连接。

③ 轻轻放正温度计，注意不要让水银柱断开。此时贝克曼温度计顶端备用泡中的水银可慢慢流入感温泡。注意观察水银液面在副标尺上的位置，当到达①中设定温度 *T* 的时刻时，按照图 8.10 所示正确的敲击手法使水银柱断开。

④ 若待测定温度 *T* 低于室温，则需将温度计放入低温浴中，水银液面才能慢慢下

降到所要求的标尺位置，然后按照同样的方法使水银柱断开。

⑤ 将调节过的温度计放入待测体系。一般来说，按照上法调节所得的水银柱的高度总在标尺范围内，但由于各支贝克曼温度计的差异，其高度也有不同。如果此时水银柱高度太高或太低，则可以按照同样的方法进行修正，直到符合要求。

（3）调节贝克曼温度计时的注意事项

① 贝克曼温度计是精密贵重而又易碎的，操作时应轻拿轻放，而且要握在该温度计的中部（即重心处）才安全并不易折断。

② 用左手掌拍右手腕时，温度计要尽量保持垂直，否则毛细管容易发生折断。

③ 温度计一定要插在温度计架上，不能横放在桌上，否则会因温度计滚动而掉在地上破碎。

④ 调节完毕，将贝克曼温度计上端垫高放稳，特别是勿令已调节好的温度计中的毛细管水银柱与备用泡内水银相连，否则要重新进行调节；若室温太高，则需放入冷水中。

⑤ 使用时，温度计切忌骤冷骤热，以免温度计炸破、炸裂。

（4）贝克曼温度计的使用注意事项

除要遵守普通水银温度计使用规则外，还要注意以下两点：

① 读数时要用放大镜仔细估计读数到 0.002℃；

② 用于测温时要垂直悬入或插入待测体系内，否则将引入较大的测量误差。

8.3　超级恒温槽简介

恒温的基本做法是将待控温体系置于热容比它大得多的恒温介质浴中。根据温度的控制范围，可使用下列液体介质作为恒温介质：−60℃～30℃用乙醇或乙醇水溶液；0℃～90℃用水；80℃～160℃用甘油或甘油水溶液；70℃～300℃用液体石蜡、汽缸润滑油或硅油。

实验室中常用的以液体为介质的恒温装置是恒温槽，构造如图 8.11 所示。

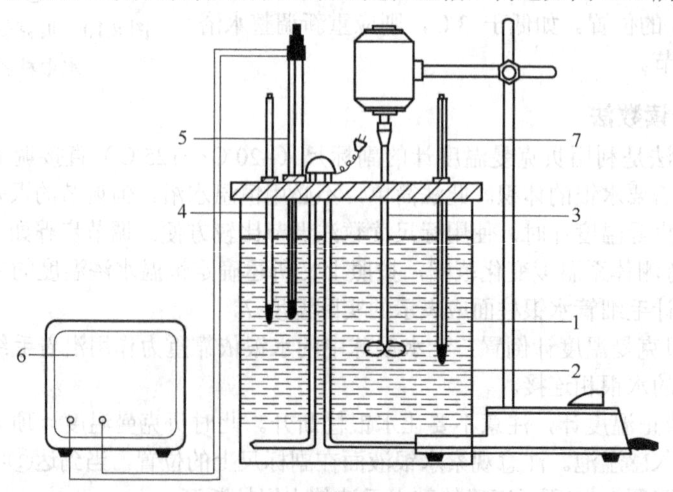

图 8.11　恒温槽的构造

1—浴槽及恒温介质；2—加热器；3—搅拌器；4—温度计；5—温度调节器；6—恒温控制器；7—贝克曼温度计

恒温槽由浴槽（内放恒温介质）、温度调节器（感温元件）、继电器、加热器、搅拌器和温度计等部件组成。恒温槽各部件简介如下。

（1）浴槽和恒温介质

通常选用 10L～20L 的玻璃槽（市售超级恒温槽浴槽为金属筒，并用玻璃纤维保温），恒温温度在 100℃以下大多采用水浴，使用前加入蒸馏水至浴槽容积的 3/4 左右；为了防止水分蒸发，恒温在 50℃的，水浴面上可加一层石蜡油；恒温超过 100℃的，用石蜡作恒温介质。

（2）加热器

如果恒温的温度高于室温，则需不断向槽中供给热量以补偿其向四周散失的热量，如恒温的温度低于室温，则需不断从恒温槽取走热量，以抵消环境向槽中传热。在前一种情况下，通常采用电加热器间歇加热来实现恒温控制。对电加热器的要求是热容量小，导热性好，功率适当。加热炉丝的功率大小是根据恒温槽的容积和所需温度高低确定的，为改善控温、恒温的灵敏度，组装的恒温槽可用调节变压器改变炉丝的加热功率，502 型超级恒温槽有两组不同功率的加热炉丝温度计。

（3）搅拌器

搅拌器是恒温槽不可缺少的部件，利用电动搅拌器剧烈的搅拌使恒温槽内温度趋于均匀。搅拌器的功率、安装的位置和桨叶的形状，对搅拌效果有很大影响。恒温槽越大，搅拌功率也该相应增大。搅拌器应装在加热器上面或靠近加热器，使加热后的液体及时混合均匀再流至恒温区。搅拌桨叶应是螺旋式或涡轮式，且有适当的片数、直径和面积，以使液体在恒温槽中用循环流代替搅拌，效果仍然很好。

（4）温度计

通常用 1/10 或 1/5 刻度的温度计测量恒温槽内温度，在测试恒温槽的灵敏度曲线时，还要使用贝克曼温度计。

（5）温度调节器（感温元件）

它是恒温槽的感觉中枢，是提高恒温槽精度的关键部件。感温元件的种类很多，如接点温度计（或称水银定温计，导电表）、热敏电阻感温元件等。为了限制汞的用量，水银温度计将逐渐为热敏电阻感温元件所代替。这里仅以接点温度计为例说明它的控温原理。

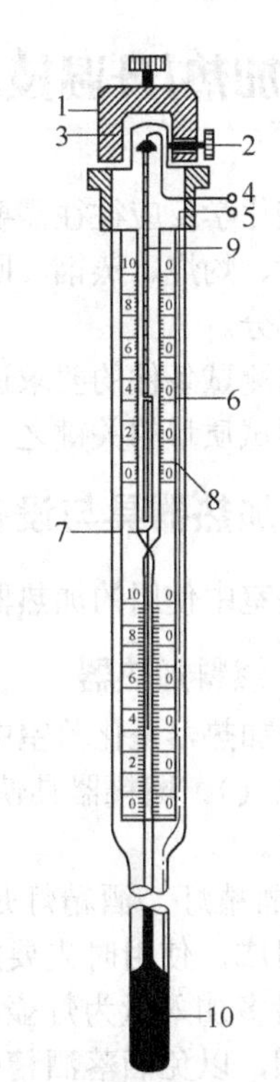

图 8.12　电接点式温度计的构造

1—调节器；2—固定螺丝；3—磁铁；4—螺丝杆引出线；5—水银槽引出线；6—指示铁；7—触针；8—刻度板；9—调节螺丝杆；10—水银槽

接点温度计的构造如图 8.12 所示。其结构与普通水银温度计不同，它的毛细管中悬有一根可上下移动的金属丝，从水银槽也引出一根金属丝，两根金属丝再与温度控制系统连接。在定温计上部装有一根可随管外永久磁铁旋转的螺杆。螺杆上有一指示金属片（指示铁），金属片与毛细管中金属丝（触针）相连。螺杆转动时，金属片上下移动即带动金属丝上升或下降。调节温度时，先移动调节磁帽，使螺杆转动，带着金属片移动至所需温度（从温度刻度板上读出）。加热器加热后，水银柱上升与金属丝相接，线路接通，加热器电源被切断，停止加热。反之，若温度未达到欲恒温温度，上、下部引出的导线断开，通过继电器作用使加热器加热。由于水银定温计的温度刻度很粗糙，恒温槽的精确温度应该由另一精密温度计指示。当所需的控温温度稳定时，将磁帽上的固定螺丝旋紧，使之不发生移动。水银定温计的控温精度通常为±0.1℃，甚至可达±0.05℃，对一般实验来说是足够精密的了。水银温度计允许通过的电流很小，为几个毫安以下，不能同加热器直接相连。因为加热器的电流约为 1A，所以在定温计和加热器中间加一个中间媒介，即电子管继电器。

（6）电子管继电器

继电器与接点温度计、加热器配合使用，才能使恒温槽的温度得到控制。实验室恒温槽常用的是电子管继电器和晶体管继电器。

8.4 加热/升温技术

有些化学反应往往需要在较高温度下才能进行。分析测试中的许多基本操作，如溶解、蒸发、灼烧、蒸馏、回流等过程也都需要加热。因此，加热是分析测试中基本操作的重要部分。

根据测试条件的要求选择适当的加热器具和加热方法，正确进行加热操作往往是决定分析测试质量的关键之一。

8.4.1 加热器具与设备

化验室中使用的加热器具通常分为燃料加热器、电加热器和微波加热器。

（1）燃料加热器

燃料加热器是化验室中最传统的加热器具，使用的燃料一般多为酒精或煤气、天然气（液化气）。燃料器具使用明火加热，不适宜在有较高蒸气压、易燃、易爆的有机气氛中使用。

① 酒精灯　酒精灯是最常用、最方便的一种加热器具，它由灯罩、灯芯和灯壶三部分组成，使用时先要加酒精，即在灯熄灭的情况下，牵出灯芯，借助漏斗将酒精注入，最多加入量为灯壶容积的 2/3。必须用火柴点燃，绝不能用另一个燃着的酒精灯去点燃，以免洒落酒精引起火灾。熄灭时，用灯罩盖上即可，不可用嘴吹。熄灭后应将灯罩提起重盖一次，以便空气进入，以免冷却后盖内产生负压造成以后打开困难。酒精灯的使用见图 8.13。

酒精灯的加热温度通常为400℃～500℃，适用于不需太高加热温度的加热过程。

注意：酒精是易燃品，使用时一定要规范操作，切勿洒溢在容器外面，以免引起火灾。

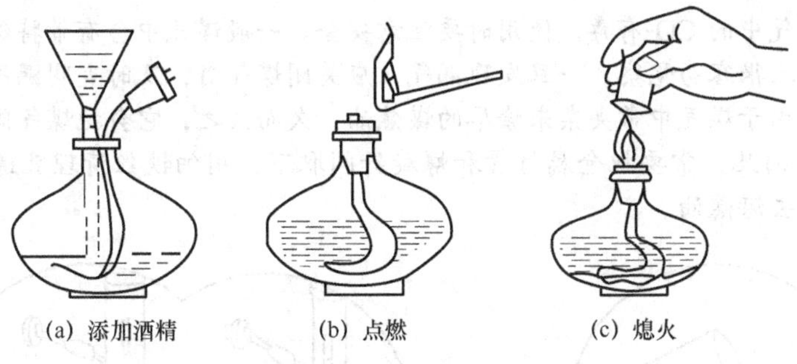

(a) 添加酒精　(b) 点燃　(c) 熄火

图 8.13　酒精灯的使用

② 酒精喷灯　酒精喷灯有挂式和座式两种，见图 8.14。它们的使用方法相同，见图 8.15。

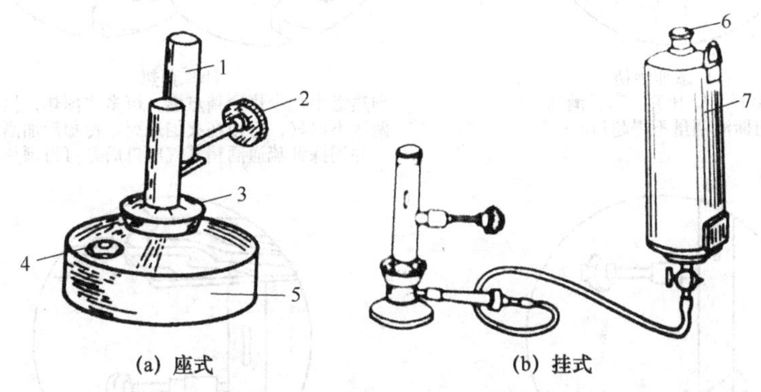

(a) 座式　(b) 挂式

图 8.14　酒精喷灯的类型和构造

1—灯管；2—空气调节器；3—预热器；4—铜帽；5—酒精壶；6—盖子；7—酒精储罐

使用时，应先在酒精灯壶或储罐内加酒精，注意在使用过程中不能续加，以免着火。预热盘中加满酒精并点燃（挂式喷灯应将储罐下面的开关打开，从灯管口冒出酒精后再关上；在点燃喷灯前先打开），等酒精燃烧完将灯管灼热后，打开空气调节并用火柴将灯点燃。酒精喷灯是靠汽化和酒精燃烧，所以温度较高，可达 700℃～900℃。用完后关闭空气调节器，或用石板盖住灯口即可将灯熄灭；挂式喷灯不用时，应将储罐下面的开关关闭。

若需继续使用，应将喷灯熄灭，冷却，添加酒精后再次点燃。

③ 煤气灯　煤气灯也是化验室中最常用的加热装置之一。它通过调节煤气量的大小，可以控制加热的强度，使用范围较广。但由于受煤气源供应的限制，不可能随意使用。

煤气灯样式虽多，但构造原理相同，主要由灯管和灯座组成，灯管下部有螺旋与灯座相连，并开有作为空气入口的圆孔。旋转灯管，可关闭或打开空气入口，以调节空气进入量。灯座侧面为煤气入口，用橡皮管与煤气管道相连；灯座侧面（或下面）有螺旋形针阀，可调节煤气的进入量。

使用煤气、天然气和石油液化气的灯具略有差别，主要表现在空气入口的空气通入量不同，因此要改用不同燃料时，要改造或重购相应的灯具。

提示：煤气中的CO有毒，使用时要注意安全。一般煤气中含有带特殊臭味的报警杂质，漏气时人很容易觉察。一旦发现漏气，应关闭煤气灯，及时查明漏气的原因并加以处理。另外由于煤气中常夹杂未除尽的煤焦油，久而久之，它会把煤气阀门和煤气孔内孔道堵塞，因此，常要把金属灯管和螺旋针阀取下，用细铁丝清理孔道。堵塞严重时，可用苯洗去煤焦油。

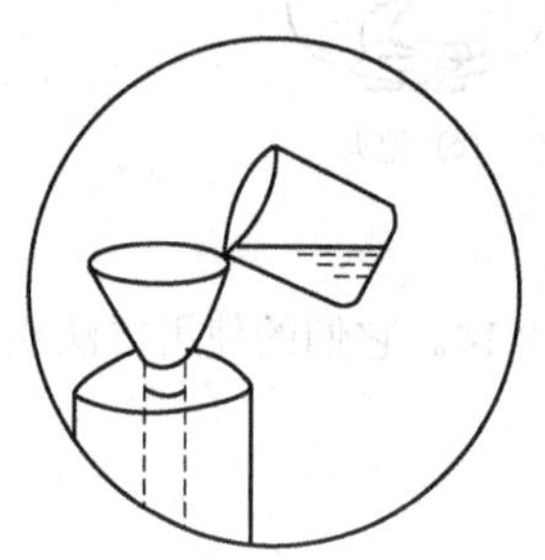

(a) 添加酒精
注意关好下口开关，座式酒精喷灯内储酒精量不得超过2/3壶

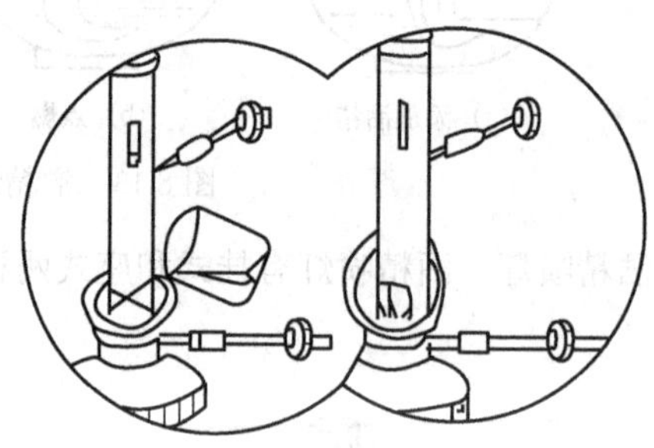

(b) 预热
预热盘中加少量酒精点燃，可多次预热，但若两次不出气，必须在火焰熄灭、冷却后加酒精并用探针疏通酒精蒸气出口后方可再预热

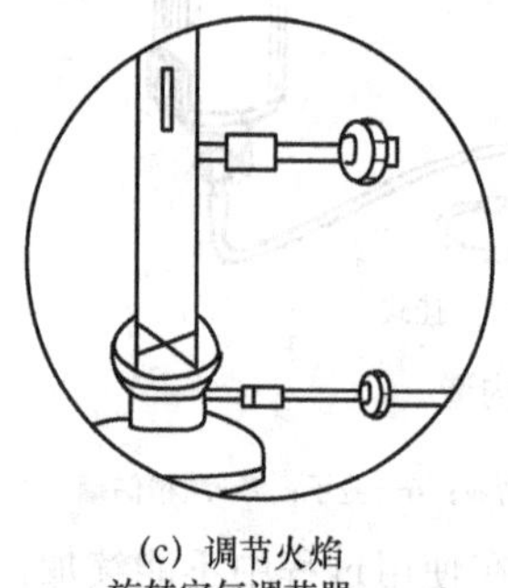

(c) 调节火焰
旋转空气调节器

(d) 火焰熄灭
可盖灭，也可旋转空气调节器熄灭

图8.15　酒精喷灯的使用

（2）电加热器

实验室中常用的电加热器主要有电炉、电加热套以及高温炉等。

① 电炉　电炉按功率大小有500W、800W、1000W等规格（见图8.16），使用时一般应在电炉上放一块石棉网，在它上面再放需要加热的仪器，这样不仅可以增大加热面积，而且可使加热更加均匀。同时也可避免炉丝受到化学品的侵蚀。电炉温度的高低可以通过调节电阻来控制。

提示：勿把碱性物质洒落在炉盘上，应经常清除炉盘内灼烧焦糊的物质，以保证炉丝传热良好，延长电炉使用寿命。

② 电加热套　电加热套是由玻璃纤维包裹着电炉丝织成的“碗状”电加热器（见图8.17）。温度高低由控温装置调节，最高温度可达400℃左右。它的容积大小一般与烧瓶的容积相匹配，从50mL起，各种规格都有，加热有机物时，由于它不是明火，因此具有不易引起火灾且热效率高的优点。

图 8.16　电炉

图 8.17　电加热套

电加热套在有机实验中常用作蒸馏、回流等操作的热源。在蒸馏或减压蒸馏时，随着瓶内物质的减少，容易造成瓶壁过热，使蒸馏物烤焦炭化。

为避免上述情况的发生，使用时宜选用稍大一号的电热套，并将电热套放在升降架上，必要时使它能向下移动。随着蒸馏的进行，可降低电热套的高度来防止瓶壁过热。

③ 高温炉　化验室中进行高温灼烧反应时，除用电炉外，还常常用到高温炉。

高温炉利用电阻丝或硅碳棒加热。用电阻丝加热的高温炉最高使用温度为 950℃，使用硅碳棒加热的高温炉温度可以高达 1300℃～1500℃。

高温炉根据形状可分为箱式和管式。箱式炉又称“马弗炉”，见图 8.18。

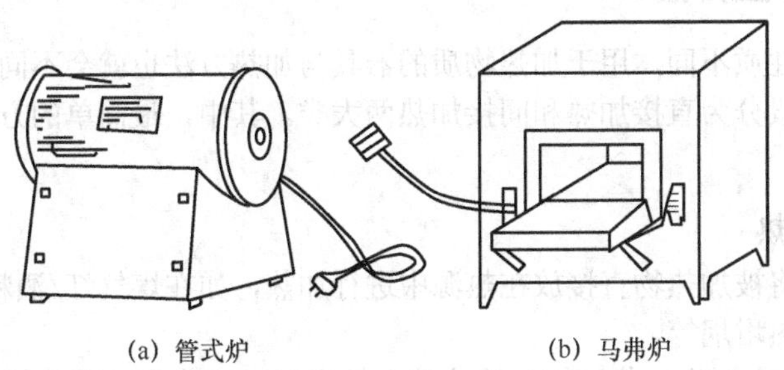

(a) 管式炉　　(b) 马弗炉

图 8.18　高温炉

高温炉的炉温由高温计测量，高温计由一对热电偶和一只毫伏表组成。

使用高温炉时要注意以下几点。

a．查看高温炉所接电源是否与电炉所需电压相符，热电偶是否与测量温度相符，热电偶正、负极是否接反。

b．调节温度控制器的定温调节按钮使定温指针指在所需温度处。打开电源开关升温，当温度升至所需温度时即能恒温。

c．灼烧完毕，先关电源，不要立即打开炉门，以免炉膛骤冷碎裂，一般温度降至 200℃以下时方可打开炉门，用坩埚钳取出样品。

d．高温炉应放置在水泥台上，不可放置在木质桌面上，以免引起火灾。

e．炉膛内应保持清洁，炉周围不要放置易燃物品，也不可放置精密仪器。

（3）微波加热器

家用微波炉也可以用作实验室中的加热热源。目前家用微波炉的使用频率都是 2450MHz 或 915MHz，功率为 500W～1000W。

微波加热原理基本上属于介电加热效应，与灯具和电炉加热的热辐射机理不同。实验表明：非极性溶剂几乎不吸收微波能，升温很小；水、醇类、羧酸类等极性溶剂被迅速加热。有些固体物质能强烈吸收微波能而迅速被加热升温，而另一些物质几乎不吸收微波能。

影响微波加热速率的因素除了物质本身的性质以外，还与下列因素有关：

➢ 密度较大的样品升温速率通常比密度较小的样品慢。

➢ 样品的热容越大，升温速率越慢。

➢ 样品量越多，加热速率越慢；但样品量也不能太少，样品量太少，可能引起对磁控管的损害，因此，选择适宜的样品量是必要的。

由于玻璃、陶瓷和聚四氟乙烯等非极性材料可以透过微波，因此常常作为微波加热容器。金属材料反射微波，其吸收的微波能为零，因此不能够作为微波加热容器。在实验中，可以将加热吸收微波能量弱的物质盛入一刚玉坩埚中，再把坩埚放入 CuO 浴或活性炭浴中，将其置于微波炉中，利用 CuO 或活性炭能强烈吸收微波，瞬时达到更高温度的性质，来加热吸收微波能量较弱的物质。

目前，家用微波炉主要通过控制加热时间和微波功率来调整反应条件。因此，微波加热在化学反应和化学实验中的运用还是一个活跃的研究领域。

8.4.2　加热/升温方法

由于物质的性质不同，用于加热物质的器具与加热方法也就会不同。化验室中常采用的加热方法一般分为直接加热和间接加热两大类。其中，最简单的方法是使用加热器具直接加热。

（1）直接加热

直接加热是将被加热物直接放在热源中进行加热，如在煤气灯/酒精灯/电炉上加热或在马弗炉内加热坩埚等。

① 液体的直接加热　若被加热的液体在较高温度下稳定且不分解，并且也无着火危险时，可把盛有液体的器皿放在石棉网上用酒精灯/煤气灯直接加热，少量液体可放在试管中加热。液体的直接加热如图 8.19 所示。

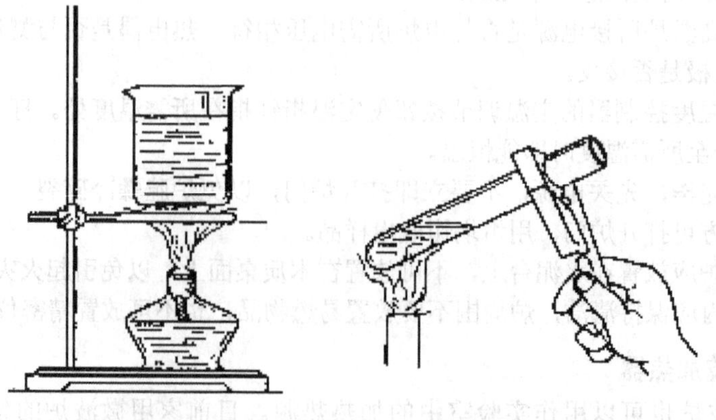

(a) 加热烧杯内的液体　　(b) 加热试管中的液体

图 8.19　液体的直接加热

② 固体物质的灼烧　需要在高温下加热固体物质时，可把固体放在坩埚内，将坩埚置于泥三角上，用氧化焰灼烧。不要让还原焰接触坩埚底部，以免坩埚底部结上炭黑。如图 8.20 所示。

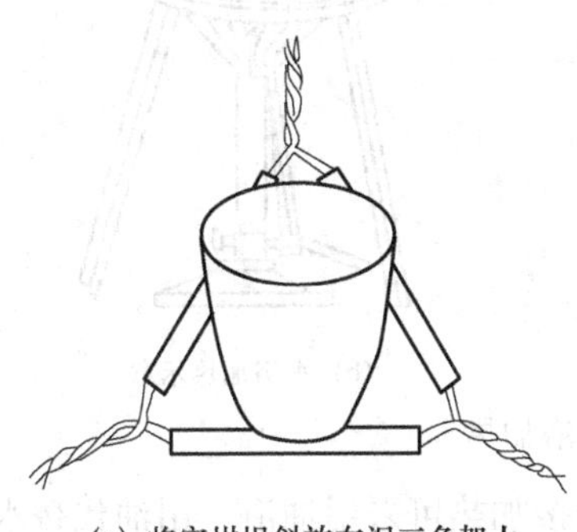

(a) 将空坩埚斜放在泥三角架上　(b) 在坩埚底部灼烧　(c) 用氧化焰火焰加热

图 8.20　坩埚的加热方法

灼烧开始时，先用小火烘烤坩埚，使坩埚受热均匀；然后加大火焰，根据实验要求控制灼烧温度与时间。停止加热时，要首先关闭煤气开关或熄灭酒精灯。

夹取高温下的坩埚时，必须用干净的坩埚钳。用前先在火焰上预热钳的尖端，再去夹取。坩埚钳用后应平放在桌上或石棉网上，尖端朝上，保证坩埚钳的尖端干净。

若需要使用更高的温度灼烧，可以使用马弗炉。用马弗炉可以准确地控制灼烧温度与时间，但使用时要注意根据温度选择合适的反应容器。

直接加热的最大缺点是容易造成受热仪器受热不匀。有产生局部过热的危险，且难以控制温度。

（2）间接加热

有些物质的热稳定性较差，过热时容易发生氧化、分解或大量挥发逸散，这类物质不宜直接加热，可采用间接加热法。

间接加热是先用热源将某些介质加热，介质再将热量传递给被加热物，这种方法又被称为“热浴”。常见的热浴方法有水浴、油浴、沙浴和空气浴等。

间接加热/热浴的优点是受热面积大、加热均匀、升温平稳，并能使被加热物保持一定的温度。

① 水浴　加热温度在 90℃以下的可采用水浴。水浴加热方便、安全。但不适于需要严格无水操作的实验。

水浴加热的专用仪器是水浴锅，常用铜或铝制成，锅盖是由一组由大到小的同心圆水浴环组成的。根据受热器皿底部受热面积的大小选择适当口径的水浴环。水浴锅中的盛水量不得超过其容积的 2/3。水浴锅和水浴加热见图 8.21。

水浴的操作要领：

a．先在水浴锅（或烧杯、提勒管、圆底烧瓶等）中加入洁净的水，再加热；

b．温度在 80℃以下时，可将受热容器浸入加热容器中，切勿使容器触及水浴锅壁和底部；

c．水浴加热一般为 98℃以下，若要加热到 100℃，可用沸水浴或水蒸气浴。

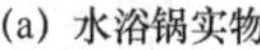
(a) 水浴锅实物　　(b) 水浴加热示意

图 8.21　水浴锅和水浴加热

② 油浴　加热温度在 90℃～250℃之间的间接加热可采用油浴。用油代替水浴中的水，将加热容器置于热浴中，即为油浴。常用的油类有甘油、硅油、食用油和液体石蜡等。

常用的液体（油浴）介质，见表 8.1。

表 8.1　常用油浴介质

名　称	乙二醇	三甘醇	甘油	有机硅油	石蜡油
使用温度范围 /℃	10～180	0～250	–20～260	–40～350	60～230

目前，被广泛使用的是有机硅油。其优点是无色透明、热稳定性好，对一般化学试剂稳定、无腐蚀性、比相同黏度的液体石蜡的闪点高、不易着火以及黏度在适当宽的温度范围内变化不大。

油浴的操作方法如下。

a．在加热容器中（油浴锅）加入油浴液，油量不宜过多，否则受热后容易溢出而引起火灾。

b．油浴中应挂一支温度计，随时观测油浴的温度，以便调节火焰。

注意：在油浴锅内使用电热卷加热要比明火加热更为安全。再接入继电器和接触式温度计，就可以实现自动控制油浴温度。

c．当受热冒烟时，应立即停止加热（还要注意不要让水滴溅入油浴锅内）。

d．加热结束后，取出受热容器，应仍用铁夹夹住使其离开液面悬置片刻，待容器上附着的油滴完后，用纸和干布擦干。

③ 沙浴　加热温度在 250℃～350℃之间的间接加热可用沙浴。沙浴是借助被加热的细沙进行间接加热的方法，如图 8.22 所示。

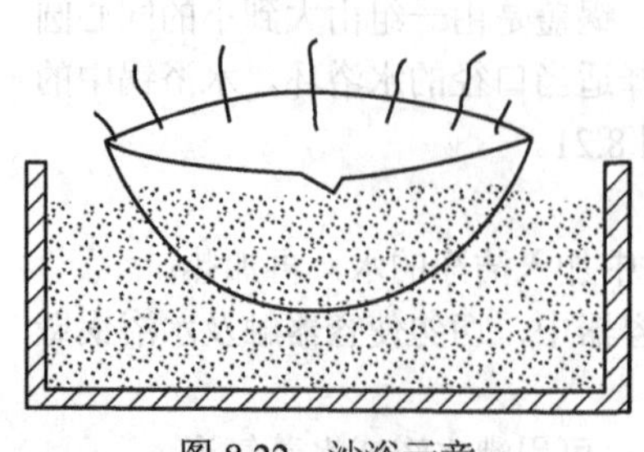
图 8.22　沙浴示意

目前使用的沙浴为电热沙浴，沙浴是一个铺有一层均匀细海沙或河沙（需先洗净并煅烧除去有机杂质）的铁盘，其结构同电热板。

使用前应先将盘内盛好热媒剂（如黄沙）。使用时，把待加热的容器埋入砂中，对盘中的沙加热。

沙中应插温度计以便控制温度，温度计的水银球要紧靠容器壁。

使用沙浴时应注意以下几点：

a．沙浴内不能直接放入液体或低温熔化的物品；

b．接通电源时，要确保接地良好，以免机壳带电危及人身安全；

c．连续使用不可超过 4h。

沙浴使用安全，但因沙子的热传导能力差，升温速度较慢，温度分布不均匀，停止加热后，散热也比较慢。故容器底部的沙要薄些，以使容器易受热，而容器周围的沙要厚些，以利于保温。

④ 空气浴/电热套、电热板

a．电热套。电热套是专为加热圆底容器而设计的，使用时要根据圆底容器的大小选用合适的型号。将受热容器旋置在电热套中央，不得接触内壁，形成一个均匀的空气浴加热环境。

目前，实验室中广为使用的电加热套（又称电热包），如图 8.23 所示。其实是一种以空气浴的形式加热的热源。它实际上是一种改装的封闭式电炉，其电阻丝被包在玻璃纤维中，为非明火加热，使用较为方便、安全。

提示：电热套应保持清洁，不得洒入或溅入化学药品。

b．电热板。电热板是一种均匀加热设备，对有机物和易燃物的加热尤为适用。

电热板升温速度较慢，且受热面是平面的，不适合加热圆底容器，多用作水浴和油浴的热源，也常用于加热烧杯、锥形瓶等平底容器，见图 8.24。

图 8.23　电热套加热

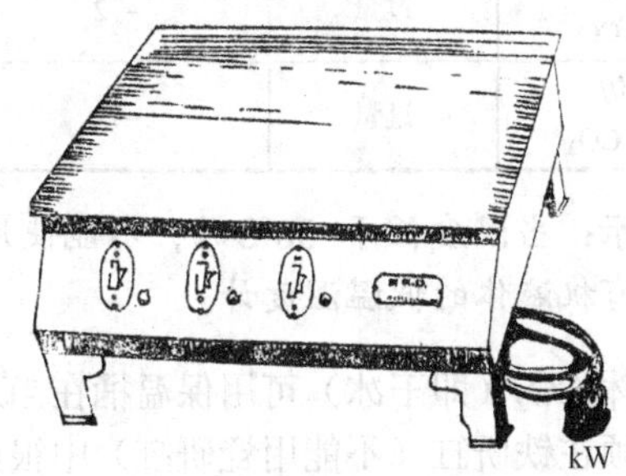

图 8.24　电热板

【电热板的使用与维护】

- 应放在有隔热材料的工作台面上；
- 使用时应先接通电源再开启开关；
- 保持发热铁板的清洁。

目前，又出现了一种新型热源——微波加热器，其安全可靠、温度可调，属非明火加热源，具有广泛的应用前景。

8.5　冷却/降温技术

使热物体的温度降低而不发生相变化的过程称为冷却。冷却的方法有直接冷却法和间接冷却法两种。在大多数情况下，使用间接冷却法，即通过玻璃壁，向周围的冷却介质自然散热，从而达到降低温度的目的。

冷却操作首选的冷却剂是水，它具有价廉、不燃、热容量大等优点。其次可选冰，使用前要敲碎，或使用碎冰和水，均可取得迅速冷却的效果。

为了获得更低的冷却温度，可按表 8.2 的方法配制更强的冷却剂。

表 8.2　冰盐冷却剂配方

盐类	盐/（g/100g 碎冰）	冰浴最低温度/℃	盐类	盐/（g/100g 碎冰）	冰浴最低温度/℃
NH_4Cl	25	−15	$CaCl_2\cdot 6H_2O$	100	−29
$NaCl$	30	−20	$CaCl_2\cdot 6H_2O$	143	−55
$NaNO_3$	50	−18			

为了使冰-盐混合物能达到预期的冷却温度，按表 8.2 配方在配制冷却剂时要将盐类物质与冰块分别仔细地粉碎，然后仔细地混合均匀，在盛装冷却剂的容器外面，用保温材料仔细地加以保护，使之较长时间地维持在低温状态。如果在配制时粉碎的冰块过大，混合不均匀，保温措施差，则所配制的冷却剂不可能达到预期的低温。

如需使用更低温度的冷却剂，可使用表 8.3 的配方配制冷却剂。

表 8.3　冷却剂配方

冷　却　剂	质量/g	冷却剂温度/℃	冷　却　剂	质量/g	冷却剂温度/℃
酒精 雪（或碎冰）	77 73	−30	乙醚 固体 CO_2	过量	−77
酒精 固体 CO_2	过量	−72	氯乙烷 固体 CO_2	过量	−60
氯仿 固体 CO_2	过量	−77	氯甲烷 固体 CO_2	过量	−82

提示： 当温度低于−38℃时，不能使用水银温度计（水银在−38℃时凝固），而应使用内装有机液体的低温温度计。

固体 CO_2（即干冰）可用保温桶在当地购买，也可用二氧化碳钢瓶中的二氧化碳。干冰必须在铁研缸（不能用瓷研缸）中很好地粉碎，操作时应戴护目镜和手套。

由于有爆炸的危险，如用保温瓶盛装时，外面应当用石棉绳或类似材料，也可以用金属丝网罩或木箱等加以防护。瓶的上缘是特别敏感的部位，使用时要特别小心避免碰撞。在配制时，将干冰加入到工业酒精（或其他溶剂）中并进行搅拌，两者用量并无严格规定，干冰应当过量。用低温温度计进行浴温的测量。

如果使用更低温的冷却剂，可使用液态氮，温度可冷却至 −195.8℃。液态空气随其存放时间的长短，温度可以在 −193℃～−186℃之间变化。排除蒸汽可以使液体的温度更为降低。在适当的液体（戊烷）中滴入或通过液态空气可以得到任意给定的温度。

第9章 溶液酸度的测量与控制

酸度是保障化学反应顺利进行的一个重要条件之一。在分析测试中，基于测试方法的要求，一些相关的化学反应需要在一定的酸度条件下或酸度范围内进行。因此，如何测量溶液酸度并使溶液酸度在反应过程中基本保持不变，也就是说，掌握溶液酸度的测量及控制方法对分析工作者来说是非常有必要的。

9.1 基础知识

9.1.1 酸度

酸度指的是溶液中 H^+活度的大小。与之对应的还有溶液的碱度，即指溶液中 OH^-活度的大小。

溶液酸度大小可以直接用$[H^+]$表示（单位：mol/L），也可以采用 pH 值表示。

9.1.2 pH 值[1]

pH 值，也称酸碱值，它是溶液中 H^+活度的一种标度，也就是通常意义上的溶液酸碱程度的衡量标准。其定义式为：

$$pH = -\lg[H^+]$$

pH 值的范围一般为 0～14。对水溶液而言，当 $pH < 7$ 时，溶液呈酸性；$pH = 7$ 时，溶液呈中性；而当 $pH > 7$ 时，溶液呈碱性。

pH 值越小，溶液的酸性就愈强；反之，pH 值越大，则溶液的碱性愈强。

提示：对非水溶液或在非标准压力和温度条件下，$pH = 7$ 时，并不代表溶液呈中性，这就需要通过计算该溶剂在此条件下的电离常数来决定 pH 为中性的值。如，373 K（100℃）的温度下，$pH = 6$ 为中性溶液。

需要指出的是，pH 值多用于稀溶液，即$[H^+]$≤1mol/L 的溶液，如果溶液中$[H^+] >$ 1mol/L，可直接采用$[H^+]$来表示溶液的酸碱度。

[1] pH 值（亦称酸碱值、氢离子浓度指数）这个概念是由丹麦生物化学家 Søren Peter Lauritz Sørensen 于 1909 年提出的。

9.1.3　缓冲溶液

缓冲溶液是指能抵抗外加少量强酸、强碱或稍加稀释，其自身 pH 值不发生显著变化的溶液。缓冲溶液一般是由浓度较大的弱酸（或弱碱）及其共轭碱（或共轭酸）组成的。如 HAc - NaAc、NH_3 - NH_4^+ 等。这种类型的缓冲溶液除了具有抗外加强酸碱的作用外，还有抗稀释的作用。

在高浓度的强酸或强碱溶液中，由于 H^+或 OH^-的浓度本身就很高，外加少量酸或碱不会对溶液酸碱度产生太大影响。在这种情况下，强酸（pH<2）、强碱（pH>12）也是缓冲溶液，但这类缓冲溶液不具有抗稀释的作用。

（1）缓冲溶液的 pH 值

分析测试中使用的缓冲溶液，多数用来控制溶液的 pH 值，称为一般缓冲溶液；还有一类是测量溶液 pH 时用作参照标准，称为标准缓冲溶液。

缓冲溶液的缓冲作用主要依靠弱酸（碱）的解离平衡。作为一般控制酸度用的缓冲溶液，当它与其共轭酸（碱）共存时，其 pH 取决于下列关系：

$$\mathrm{pH} = \mathrm{p}K_\mathrm{a} + \lg\frac{[\mathrm{A}^-]}{[\mathrm{HA}]} \tag{9.1}$$

或

$$\mathrm{pOH} = \mathrm{p}K_\mathrm{b} + \lg\frac{[\mathrm{HB}^+]}{[\mathrm{B}]} \tag{9.2}$$

（2）缓冲能力与缓冲范围

缓冲溶液的缓冲作用并不是无限的。也就是说，缓冲溶液只能在加入一定数量的酸碱条件下，才能保持溶液的 pH 基本保持不变。所以，每种缓冲溶液只具有一定的缓冲能力。

缓冲溶液的缓冲能力大小与缓冲溶液的总浓度及组分比有关。总浓度愈大，缓冲容量愈大；总浓度一定时，缓冲组分的浓度比愈接于 1∶1，缓冲容量愈大。当组分浓度比为 1∶1 时，缓冲溶液的缓冲能力最大。两组分浓度相差越大，缓冲能力越小，直到丧失缓冲能力。

因此，任何缓冲溶液的缓冲作用都有一个有效的缓冲范围。缓冲作用的有效 pH 范围称作“缓冲范围”。这个范围大概在 $\mathrm{p}K_\mathrm{a}$（或 $\mathrm{p}K_\mathrm{a}'$）两侧各一个 pH 单位之内。即

$$\mathrm{pH} = \mathrm{p}K_\mathrm{a} \pm 1 \tag{9.3}$$

9.2　酸度的测量

9.2.1　采用 pH 试纸

在分析测试工作中，常常会遇到使用试纸代替试剂来表征溶液某些性质的情况。这种方法虽然在精密度上受到一些限制，但在操作中却极为方便。在各种常用的试纸中，pH 试纸最常用，也是最重要的一种试纸。

pH 试纸用于快速测量溶液酸碱度（pH 值大小），它采用多色阶混合酸碱指示剂溶液浸渍滤纸后制备而成。当遇到酸碱性强弱不同的溶液时，pH 试纸会显示出不同的颜

色，通过与标准比色卡进行颜色对照即可确定溶液的 pH 值。

（1）pH 试纸的分类

国产 pH 试纸通常分为两种，即广泛 pH 试纸和精密 pH 试纸。广泛 pH 试纸取值保留个位（见表 9.1），而精密 pH 试纸则保留小数点后一位（见表 9.2）。

表 9.1 广泛 pH 试纸

pH 变色范围	1～10	1～12	1～14	9～14
显色反应间隔	1	1	1	1

表 9.2 精密 pH 试纸

pH 变色范围	显色反应间隔	pH 变色范围	显色反应间隔
0.5～5.0	0.5	5.3～7.0	0.2
1～4	0.5	5.4～7.0	0.2
1～10	0.5	5.5～9.0	0.2
4～10	0.5	6.4～8.0	0.2
5.5～9.0	0.5	6.9～8.4	0.2
9～14	0.5	7.2～8.8	0.2
0.1～1.2	0.2	7.6～8.5	0.2
0.8～2.4	0.2	8.2～9.7	0.2
1.4～3.0	0.2	8.2～10.0	0.2
1.7～3.3	0.2	8.9～10.0	0.2
2.7～4.7	0.2	9.5～13.0	0.2
3.8～5.4	0.2	10.0～12.0	0.2
5.0～6.6	0.2	12.4～14.0	0.2

（2）pH 试纸的使用

① 检验溶液的酸碱度　取一小块试纸放在表面皿或玻璃片上，用洁净的玻璃棒蘸取待测液点滴于试纸的中部，观察变化稳定后的颜色，与标准比色卡对比，判断溶液的酸碱度。

② 检验气体的酸碱度　先用蒸馏水把试纸润湿，粘在玻璃棒的一端，再送到盛有待测气体的容器口附近，观察颜色的变化，判断气体的性质（试纸不能触及器壁）。

（3）pH 试纸在使用中需注意的问题

① 试纸不可直接插入溶液中。

② 试纸不可接触试管口、瓶口以及导管口等。

③ 测定溶液的 pH 时，试纸不可事先用蒸馏水润湿，因为润湿试纸相当于稀释被检验的溶液，这会导致测量不准确。

正确的方法是用蘸有待测溶液的玻璃棒点滴在试纸的中部，待试纸变色后，再与标准比色卡比较来确定溶液的 pH。

④ 取出试纸后，应将盛放试纸的容器盖严，以免被实验室的一些气体沾污。

9.2.2 采用酸度计（又称“pH 计”）

酸度计又称“pH 计”，用于精密测量溶液的 pH 值大小。酸度计根据 pH 的实用定义设计而成。它是一种高阻抗的电子管或晶体管式的直流毫伏计，它既可用于测量溶液的酸度，又可以用作毫伏计测量电池电动势。

利用酸度计测量酸度的方法，其突出优点是测量结果的准确度高，但缺点是测试过程较复杂。

根据测量要求不同，酸度计分为普通型、精密型和工业型三种，读数值精度最低为0.1pH，最高为0.001pH，使用者可根据测试需要合理选择适当类型的酸度计。

（1）酸度计的使用

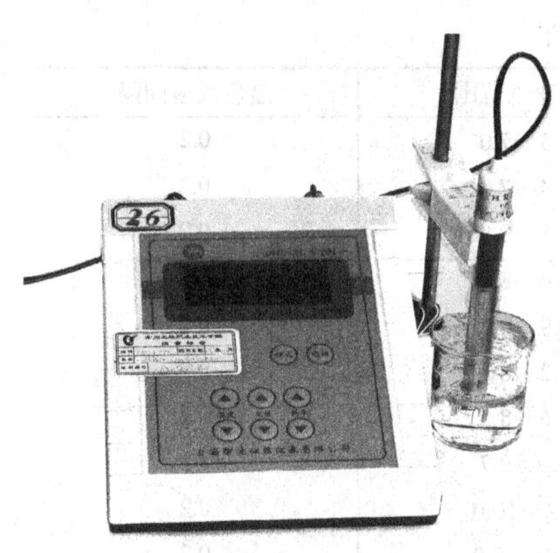

图 9.1 pHS-3F 型酸度计

以 pHS-3F 型酸度计为例，见图 9.1。

目前使用的酸度计型号繁多，不同型号的酸度计，其旋钮、开关位置、仪器配件和附件会有所不同，但仪器的功能都基本一致。因此，使用酸度计时首先要认真阅读仪器使用说明书。

① 仪器使用前的准备　打开仪器电源开关预热 20min。将处理好的电极夹在电极架上，接上电极导线。用蒸馏水清洗电极需要插入溶液的部分，并用滤纸吸干电极外壁上的水。将仪器选择按键置于“pH”位置。

② 仪器的校正（二点校正法[❶]）　将电极插入一 pH 值已知且接近 7 的标准缓冲溶液中。将功能选择按键置“pH”位置，调节“温度”调节器使所指的温度刻度为该标准缓冲溶液的温度值。将“斜率”钮顺时针转到底（最大）。轻摇试杯，电极达到平衡后，调节“定位”调节器，使仪器读数为该缓冲溶液在当时温度下的 pH 值。

取出电极，移去标准缓冲溶液，清洗电极后，再插入另一接近被测溶液 pH 值的标准缓冲液中。旋动“斜率”旋钮，使仪器显示该标准缓冲液的 pH 值（此时“定位”旋钮不可动）。若调不到，应重复上面的定位操作。

③ 测量溶液的 pH 值　移去标准缓冲溶液，清洗电极后，将其插入待测试液中，轻摇试杯，待电极平衡后，读取被测试液的 pH 值。

④ 测量结束　关闭酸度计电源开关，拔出电源插头。取出电极，用蒸馏水清洗干净，再用滤纸吸干外壁水分，套上小帽存放在盒内。清洗试杯，晾干后妥善保存。

用干净抹布擦净工作台，罩上仪器防尘罩，填写仪器使用记录。

（2）复合电极的使用与维护

将 pH 玻璃电极与参比电极组合在一起的电极就是 pH 复合电极。复合电极的突出优点就是使用方便。

使用复合电极时应注意以下几个问题：

❶ 根据 GB 9724—2007《化学试剂　pH 值测定通则》的规定：校正酸度计的方法有“一点校正法”和“二点校正法”两种。二点校正法是先用一种接近 pH 7 的标准缓冲溶液“定位”，再用另一种接近被测溶液 pH 的标准缓冲溶液调节“斜率”调节器，使仪器显示值与第二种标准缓冲溶液的 pH 相同（此时不动定位调节器）。经过校正后的仪器就可以直接测量待测试液。

① 初次使用或久置重新使用时，应将电极球泡及砂芯浸入 KCl 溶液（3mol/L）中活化 8h。

② 使用前，应检查玻璃电极前端的球泡。正常情况下，电极应该透明而无裂纹；球泡内要充满溶液，不能有气泡存在。

③ 不用时，电极应浸泡于饱和氯化钾溶液中，切忌用洗涤液或其他吸水性试剂浸洗。清洗电极后，不要用滤纸擦拭玻璃膜，而应用滤纸吸干，以避免损坏玻璃薄膜，防止交叉污染，影响测量精度。

④ 电极不能用于强酸、强碱或其他腐蚀性溶液，严禁在脱水性介质如无水乙醇、重铬酸钾等介质中使用。

9.3　酸度的控制

在分析测试中，由于有些化学反应需要在一定的酸度范围内进行，将溶液酸度调整到所需要的 pH 值再进行反应是比较容易的。若在反应中需要维持溶液的酸度值保持恒定，则需要用“缓冲溶液”来承担控制溶液酸度恒定的任务。

分析化学中用于控制溶液酸度的缓冲溶液很多。通常根据实际情况，选用不同的缓冲溶液。在选用缓冲溶液时，应考虑缓冲能力较大的溶液。

9.3.1　缓冲溶液的选择原则

① 缓冲溶液对测量过程无干扰。

② 测量所需的 pH 应在缓冲溶液的缓冲范围内，且尽量使 pK_a 值与所需控制的 pH 值一致，即 $pK_a \approx pH$。

③ 缓冲溶液的缓冲能力应足够大，以满足实际工作的需要。

④ 缓冲物质应价廉易得，避免污染。

在实际工作中，强酸强碱主要用来控制高酸度（pH≤2）或高碱度（pH≥12）时溶液的酸度。例如，在配位滴定中，采用 HCl（1+1）调节试样溶液的 pH 值为 1.8～2.0 来测定 Fe_2O_3 含量；采用 KOH（20%）溶液调节试样溶液 pH≥13 来测定 CaO 含量。

9.3.2　重要的缓冲溶液

在一些分析测试中，有时需要具有广泛 pH 范围的缓冲溶液。这时可采用多元酸及其共轭碱组成的缓冲体系。这种缓冲体系中存在多种 pK_a 值不同的共轭酸碱，因而能在广泛的 pH 范围内起缓冲作用。

例如，将柠檬酸（$pK_{a1} = 3.13$，$pK_{a2} = 4.76$，$pK_{a3} = 6.40$）和磷酸二氢钠（H_3PO_4 的 $pK_{a1} = 2.12$，$pK_{a2} = 7.20$，$pK_{a3} = 12.36$）两种溶液按不同比例混合，可得到 pH = 2～8 的系列缓冲溶液。

表 9.3 列出了若干常用于控制溶液酸度（pH = 2～11）的缓冲溶液。根据他们的 pK_a 值的大小，皆可知道最恰当的 pH 缓冲范围。

表 9.4 列出的是常用的几种标准缓冲溶液，它们的 pH 是经过准确的实验测得的，目前已被国际上规定作为测定溶液 pH 时的标准溶液。

表 9.3 常用的缓冲溶液

缓冲溶液	酸	共轭碱	pK_a
氨基乙酸-HCl	$^{+}NH_3CH_2COOH$	$^{+}NH_3CH_2COO^-$	2.35 (pK_{a1})
一氯乙酸-NaOH	$CH_2ClCOOH$	CH_2ClCOO^-	2.86
邻苯二甲酸氢钾-HCl	邻苯二甲酸氢钾（苯环邻位 —COOH、—COOK）	邻苯二甲酸根（苯环邻位 $—COO^-$、—COOK）	2.95 (pK_{a1})
甲酸-NaOH	HCOOH	$HCOO^-$	3.76
HAc-NaAc	HAc	Ac^-	4.74
六亚甲基四胺-HCl	$(CH_2)_6N_4H^+$	$(CH_2)_6N_4$	5.15
NaH_2PO_4-Na_2HPO_4	$H_2PO_4^-$	HPO_4^{2-}	7.20 (pK_{a2})
三乙醇胺-HCl	$^{+}HN(CH_2CH_2OH)_3$	$N(CH_2CH_2OH)_3$	7.76
Tris[①]-HCl	$^{+}NH_3C(CH_2OH)_3$	$NH_2C(CH_2OH)_3$	8.21
$Na_2B_4O_7$-HCl	H_3BO_3	$H_2BO_3^-$	9.24 (pK_{a1})
$Na_2B_4O_7$-NaOH	H_3BO_3	$H_2BO_3^-$	9.24 (pK_{a1})
NH_3-NH_4Cl	NH_4^+	NH_3	9.26
乙醇胺-HCl	$^{+}NH_3CH_2CH_2OH$	$NH_2CH_2CH_2OH$	9.50
氨基乙酸-NaOH	$^{+}NH_3CH_2COO^-$	$NH_2CH_2COO^-$	9.60 (pK_{a2})
$NaHCO_3$-Na_2CO_3	HCO_3^-	CO_3^{2-}	10.25 (pK_{a2})

① 三（羟甲基）氨基甲烷。

表 9.4 pH 标准溶液

pH 标准溶液	pH 标准值（25℃）
饱和酒石酸氢钾（0.034mol/L）	3.56
邻苯二甲酸氢钾（0.05mol/L）	4.01
KH_2PO_4(0.025mol/L)-Na_2HPO_4(0.025mol/L)	6.86
硼砂（0.01mol/L）	9.18

第10章 溶液的制备

在化验室的日常分析工作中，常常需要制备各种溶液来满足不同测试的要求。如果分析测试项目对溶液浓度的准确度要求不高，即制备普通溶液，一般利用台秤、量筒、带刻度的烧杯等低准确度的仪器制备就能满足需要。如果测试工作对溶液浓度的准确性要求较高，如定量分析试验，就须使用分析天平、移液管、容量瓶等高准确度的仪器来制备溶液。

注意：对易水解的物质，在制备溶液时还要考虑先以相应的酸溶解易水解的物质，再加水稀释。

10.1 基础知识

10.1.1 溶液的一般概念

（1）相关术语

① 溶质与溶剂

a．溶质。就是溶液中被溶剂溶解的物质。溶质可以是固体、液体或气体。

b．溶剂。溶质分散于其中的介质即为溶剂。换句话说，溶剂是一种可以溶化固体、液体或气体溶质的液体，继而成为溶液。

溶剂分极性溶剂（高介电常数）和非极性溶剂（低介电常数）两大类。水是应用最广泛、也是最重要的极性溶剂。非极性溶剂如烃类，芳香烃（如苯）的溶解能力要强于脂肪烃（如汽油）。此外，很多有机物也常常作为溶剂使用，称为“有机溶剂”，如醇、醚、酮、卤代烃等。

溶剂通常有比较低的沸点且容易挥发，或可以通过蒸馏去除，从而留下被溶物。所以，溶剂不可以与溶质发生化学反应，它们必须为惰性。溶剂通常都为透明、无色的液体。

实际上，溶质和溶剂只是一组相对概念。当两种液体互相溶解时，相对较多的那种物质通常被称为“溶剂”，而相对较少的物质则称为“溶质”。

② 溶液　溶液是指由至少两种物质组成的均一、稳定的混合物，被分散的物质

（溶质）以分子或更小的质点分散于另一物质（溶剂）中。

③ 溶解度与溶解性

a. 溶解度。在一定温度下，某固体物质在 100g 溶剂中达到饱和状态时所溶解的质量，称为该物质在这种溶剂中的溶解度。若没有指明溶剂，通常都理解为溶解度就是物质在水里的溶解度。

气体的溶解度通常指的是该气体（其压强为 1 标准大气压）在一定温度下溶解在 1 体积水中的体积数。常用“g/100g 溶剂”作单位（也可用体积，mL/100mL）。

物质溶解与否，其溶解能力的大小，一方面取决于物质（溶质和溶剂）的本性；同时也与外部条件如温度、压强、溶剂种类有关。

b. 溶解性。某一物质溶解在另一物质中的能力称为“溶解性”。

溶解度是溶解性的定量表示。是衡量物质在某一溶剂中溶解性大小的尺度。常见无机化合物的溶解度见附录 11。

④ 溶液的浓度　溶液的浓度指的是一定量溶液或溶剂中所含溶质的量。溶质含量越多，溶液的浓度就越大。

⑤ 溶液的稀释　稀释就是在溶液中再加入溶剂使溶液浓度变小，亦指通过添加溶剂于溶液中以减小溶液浓度的过程。

溶液的稀释问题可概括为两种情况。一种是向浓溶液中加入水进行稀释，另一种是向浓溶液中加入稀溶液进行稀释。溶液稀释过程中的两个核心要素：一是溶质在稀释前后物质的量不变；二是溶液的体积在稀释前后发生了改变。

⑥ 基准物质　用于直接配制标准滴定溶液或标定溶液浓度的物质称为“基准物质”。

基准物质应符合以下条件：

a. 试剂必须是易于制成纯品的物质，其纯度一般要求在 99.9%以上，且杂质含量应低于滴定分析允许的误差限度；

b. 试剂的实际组成应与化学式完全相符，含结晶水的试剂，其结晶水的数目也应与化学式相符；

c. 化学性质稳定，如加热干燥不挥发、不分解，称量时不吸收空气中的 CO_2 和水分，不被空气氧化等；

d. 具有较大的摩尔质量，摩尔质量越大，称取的量越多，称量的相对误差就越小。

基准物质在使用前都要经过烘干处理，烘干的方法和条件随基准物质的性质及杂质的种类不同而异。

（2）定量分析中的溶液类型

进行定量分析需要使用各种类型的化学试剂及其溶液。定量分析中所用的溶液类型可分为以下几种。

① 一般溶液　对浓度要求不很准确的溶液。如：调节 pH 值用的酸、碱溶液，用作掩蔽剂、指示剂的溶液，缓冲溶液等。

② 标准滴定溶液　确定了准确浓度并用于滴定分析的溶液。如：NaOH 标准滴定溶液，EDTA 标准滴定溶液等。

③ 基准溶液　由基准物质制备或用多种方法标定过的溶液，用于标定其他溶液。

如：氧化还原滴定法中的重铬酸钾基准溶液，配位滴定法中的碳酸钙基准溶液。

④ 标准溶液 由用于制备溶液的物质而准确知道某种元素、离子、化合物或基团浓度的溶液。如离子选择性电极法测定氟含量时所用的氟离子标准溶液，火焰光度分析所用的钾离子标准溶液、钠离子标准溶液等。

⑤ 标准比对溶液 已准确知道或已规定有关特性（如色度、浊度）的溶液，用来评价与该特性有关的试验溶液。如：分光光度法测定铁时所用的铁离子系列标准比色溶液。

10.1.2 溶液浓度的表示方法

溶液的浓度是指一定量溶液中所含溶质的量。通常以 A 代表溶剂，B 代表溶质。

（1）一般溶液浓度的表示方法

① 物质 B 的体积比（ψ_B） 物质 B 的体积比（ψ_B）是指 B 的体积与溶剂 A 的体积之比：

$$\psi_B=V_B/V_A \tag{10.1}$$

例如，稀硫酸溶液ψ（H_2SO_4）= 1∶4，稀盐酸ψ（HCl）= 3∶97，其中的 1 和 3 是指市售浓酸的体积，约定俗成地 4 和 97 是指水的体积。

这种表示方法十分简单，溶液的制备也十分方便，常用来表示稀酸溶液、稀氨水溶液的浓度。

② 物质 B 的质量分数（w_B） 物质 B 的质量分数（w_B）的定义是物质 B 的质量与混合物的质量$\sum_A m_A$之比，即

$$w_B = m_B/\sum_A m_A \tag{10.2}$$

凡是以质量比表示的组分 B 在混合物中的浓度或含量，都属于质量分数（w_B）。

注意：以前所用的“质量百分比浓度［%（m/m）］”以及表示分析结果的“质量百分数”、“百分比含量”等旧的量名称及其表示方法应予以废除，均应表示为“质量分数w_B”。

若物质 B 有所指时，应将代表该物质的化学式写在与主符号 w 平排的圆括号内，如 w（NaCl）、w（SiO_2）等。

例如，水泥试样中的二氧化硅含量为 21.25%。

以前表示为：二氧化硅的质量分数 X（SiO_2）= 21.25%、X_{SiO_2} = 21.25%或 SiO_2% = 21.25 等。这些表示方法都不规范。

按照国家标准，应表示为 w（SiO_2）= 0.2125，或 w（SiO_2）=21.25%。

③ 物质 B 的体积分数（φ_B） 物质 B 的体积分数（φ_B）指 B 的体积与相同温度（T）和压力（p）时的混合物体积之比。

例如，无水乙醇，含量不低于 99.5%，应表示为φ（C_2H_5OH）≥99.5 %，即100 mL 此种乙醇溶液中，乙醇的体积大于或等于 99.5 mL。

注意：同理，以前分析化学中常用的“体积百分比浓度［%（V/V）］”的表示方法应予以废除。

④ 物质B的质量浓度（ρ_B） 物质B的质量浓度（ρ_B）的定义是：溶液中物质B的质量除以混合物的体积，即

$$\rho_B = m_B/V \qquad (10.3)$$

ρ_B的单位为kg/m^3，在分析化学中常用其分倍数g/cm^3（g/L）或g/mL、mg/mL表示。

化学分析中以质量浓度表示由固体试剂配制的一般溶液或标准溶液的浓度是十分方便的。例如，氢氧化钠溶液（200g/L），是指将200g NaOH溶于少量水中，冷却后再加水稀释至1L，存与塑料瓶中。

此外，有时也用密度来表示浓度。例如：15℃时36.5%的HCl溶液，ρ = 1.19g/L。工业上习惯用密度表示浓度。

（2）标准溶液的浓度表示

在滴定分析中，不论采取何种滴定方法，都离不开标准溶液，否则就无法计算分析结果。

① 物质的量浓度（c_B）

物质的量浓度，是指单位体积溶液所含溶质B的物质的量n_B，单位mol/L，以符号c_B表示，即

$$c_B = \frac{n_B}{V} \qquad (10.4)$$

由于c_B是包含n_B的一个导出量，所以，使用c_B时也必须指明物质的基本单元。如果溶液中物质的基本单元已经有所指，则应将所指基本单元的符号写在与主符号c平排的圆括号内，如$c(NaOH)$、$c(\frac{1}{5}KMnO_4)$、$c(\frac{1}{2}H_2SO_4)$等。

② 质量浓度（ρ_B） 以单位体积的溶液中所含的溶质的质量所表示的浓度为质量浓度。如1L溶液中含有1g溶质，其浓度为1g/L。

在某些情况下，标准溶液或基准溶液的浓度也可表示为质量浓度，其浓度单位可用克每毫升（g/mL）表示。

标准比对溶液常用c或质量浓度表示。单位为g/L，g/mL等（色度、浊度的溶液）。

③ 滴定度$T_{B/A}$ 在企业化验室中，分析常作为控制正常生产的手段，在进行整批试样的常规分析时，为了快速方便地报出分析结果，常使用“滴定度”来表示标准滴定溶液的浓度。

滴定度是指每毫升标准溶液相当于被测物质的质量，以符号$T_{B/A}$表示。单位为g/mL。其中，B表示被测物质，A表示标准溶液。$T_{B/A}$称为标准溶液A对被测组分B的滴定度。如滴定消耗体积为V（mL）标准溶液，则被测物质的质量为：

$$m_B = T_{B/A} V_A \qquad (10.5)$$

使用滴定度进行计算时，只要知道所消耗的标准滴定溶液的体积，就可以很方便地求得被测物质的质量。

例如，用来测定Fe^{2+}的$K_2Cr_2O_7$标准滴定溶液的滴定度$T_{Fe^{2+}/K_2Cr_2O_7}$=0.005628g/mL，若在滴定终点消耗23.56 mL上述$K_2Cr_2O_7$标准滴定溶液，则被测试样中铁的质量为：

$$m = TV = (0.005628 \times 23.56)\text{g} = 0.1326\text{g}$$

例如，水泥厂化验室用来测定水泥及其原材料试样中的 CaO、MgO、Fe_2O_3、Al_2O_3 含量的 EDTA 标准滴定溶液，通常在标定好其浓度后，再将其对 CaO、MgO、Fe_2O_3、Al_2O_3 的滴定度算出来，标示于 EDTA 标准滴定溶液试剂瓶上，使用起来十分方便。比如，$T_{CaO/EDTA} = 0.8412\text{mg/mL}$，即表示滴定时，每消耗 1.00 mL 此 EDTA 标准滴定溶液，就相当于被滴定的溶液中含有 0.8412 g CaO，或者说，每毫升此 EDTA 标准滴定溶液能与 0.8412 g 氧化钙中的钙离子完全配位。

提示：滴定度并不是溶液浓度的表示方法，而是代表标准滴定溶液对被测定物质的反应强度，是指每毫升标准滴定溶液相当于被测物质的质量（g 或 mg）。

此外，滴定度（T）和质量浓度（ρ_B）的单位形式很类似，但不能将滴定度看成质量浓度。因为滴定度中的质量是被滴定物质的质量；而质量浓度中的质量是溶液中溶质自身的质量。

10.2　与浓度相关的计算

无论是简单制备还是准确制备一定体积、一定浓度的溶液，都要首先计算所需试剂的用量，包括固体试剂的质量或液体试剂的体积，然后再进行制备。

10.2.1　由固体试剂制备溶液

（1）质量浓度

$$\rho_B = \frac{m_B}{V} \tag{10.6}$$

式中 ρ_B——固体试剂的质量浓度，g/L，mg/mL，μg/mL；

m_B——溶质的质量，g，mg，μg；

V——溶液的体积，L，mL。

（2）物质的量浓度

$$c_B = \frac{n_B}{V} = \frac{m_B}{M_B V} \tag{10.7}$$

式中 c_B——物质的量浓度，mol/L；

V——溶液体积，L；

n_B——溶质 B 的物质的量，mol；

m_B——溶质的质量，g，mg，μg；

M_B——溶质 B 的摩尔质量，g/mol。

10.2.2　由液体试剂或浓溶液制备溶液

（1）质量分数

① 混合两种已知浓度的溶液制备所需浓度溶液　把所需的溶液浓度放在两条直线交叉点即中间位置上，已知溶液浓度放在两条直线左端，较大的在上，较小的在下。每

条直线上两个数字相减，差值写在同一直线的另一端，即右边的上、下方，这样就得到所需的已知浓度溶液的份数。

例如，由85%和40%的溶液混合，制备60%的溶液：

85　　20
　60
40　　25

可见，需取用20份的85%溶液和25份的40%溶液混合。

② 用溶剂稀释原溶液制备所需浓度的溶液　在计算时，只需将左下角较小的浓度写成零表示是纯溶剂即可。

例如，用水把35%的水溶液稀释成25%的溶液：

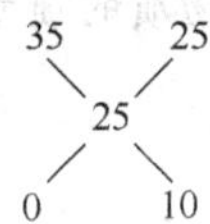

因此，取25份35%水溶液加入10份的水，就得到25%的溶液。

制备时应先加水或稀溶液，后加浓溶液，搅动均匀，将溶液转移到试剂瓶中，贴上标签备用。

（2）物质的量浓度

① 由已知物质的量浓度的溶液进行稀释：

$$V_A = \frac{c_B V_B}{c_A} \tag{10.8}$$

式中　c_B——稀释后溶液的物质的量浓度，mol/L；

V_B——稀释后溶液的体积，L；

c_A——原溶液的物质的量浓度，mol/L；

V_A——取原溶液的体积，L。

② 由已知质量分数（w）的溶液制备：

$$c_A = \frac{\rho w}{M} \times 1000 \qquad V_A = \frac{c_B V_B}{c_A} \tag{10.9}$$

式中　M——溶质的摩尔质量，g/moL；

ρ——液体试剂（或浓溶液）的密度，g/mL。

10.3 溶液制备的基本原理

10.3.1 由固体试剂制备溶液

（1）粗略制备

首先计算出制备一定体积溶液所需固体试剂的质量，然后用托盘天平称取所需固体试剂，置于带刻度的烧杯中，加入少量水，在搅拌下固体完全溶解后，转移至试剂瓶中，用水稀释至一定的体积，摇匀，贴标签备用。

（2）准确制备

先计算制备给定体积和准确浓度溶液所需固体试剂的用量，在分析天平上准确称取该试剂的质量，置于烧杯中，用适量水使其完全溶解。将溶液转移至与所配溶液体积相应的容量瓶中，用少量水洗涤烧杯 2 次～3 次，冲洗液一并转入容量瓶中，用水稀释至刻度，摇匀，即为所配溶液，然后将溶液移入试剂瓶储存，贴标签备用。

10.3.2　由液体试剂或浓溶液制备溶液

（1）粗略制备

先用密度计测量液体（或浓溶液）试剂的相对密度，从有关表中查出相应的质量分数，计算出制备一定物质的量浓度的溶液所需液体（或浓溶液）用量，用量筒量取所需的液体（或浓溶液），倒入装有少量水的有刻度烧杯中混合，如果溶液放热，需冷却至室温后，再用水稀释至刻度。搅动使其均匀，然后移入试剂瓶中，贴上标签备用。

（2）准确制备

用较浓的准确浓度的溶液制备较稀的准确浓度的溶液时，先计算，然后用处理好的移液管吸取所需溶液注入给定体积的洁净的容量瓶中，用水稀释至刻度，摇匀后，转移至试剂瓶，贴上标签备用。

10.4　溶液的制备方法

10.4.1　一般溶液的制备方法[1]

一般溶液的制备方法有水溶法、溶剂法和稀释法三种。

（1）水溶法

对一些易溶于水而又不易水解的固体试剂，如 KCl、NaCl、KNO_3 和 $BaCl_2$ 等，用托盘天平称取一定量的固体试剂，置于烧杯中，加少量水搅拌使其溶解后，稀释至所需体积。若试剂溶解时有放热现象，或以加热促使其溶解的，应待其冷却后，再移至试剂瓶中，摇匀。

（2）溶剂法

对一些易水解的固体物质，如 $FeCl_3$、$SbCl_3$、$BiCl_3$ 和 $SnCl_2$ 等，首先称取一定量的固体试剂，加入适量的酸或碱使其溶解，然后用水稀释至所需体积，混匀后转移至试剂瓶，摇匀。

对在水中溶解度较小的固体试剂，如固体 I_2，可选用 KI 溶液溶解；对难溶于水而溶于乙醇溶液的试剂，可制备成相应的乙醇溶液。

---

[1] 参见 GB/T 603—2002《化学试剂　试验方法中所用制剂及制品的制备》。

（3）稀释法

对液体试剂，如 HCl、H_2SO_4、HNO_3、H_3PO_4、HAc 和 $NH_3 \cdot H_2O$ 等，制备其稀溶液时，应先用量筒量取一定量的市售酸或碱试剂，再用适量水稀释至所需体积。

提示：

➢ 制备 H_2SO_4 溶液时，应在不断搅拌下将硫酸沿容器的内壁缓慢倒入已盛水的容器中，切不可颠倒顺序！

➢ 对易发生氧化还原反应的溶液，如 Sn^{2+}和 Fe^{3+}等溶液，应在制备时放少许 Sn 粒或 Fe 丝于相应的溶液中，以防止该类溶液在使用期内失效。

➢ 对见光易分解的溶液，应注意避光保存，如 AgCl、$KMnO_4$ 以及 KI 等，应储存于适宜的棕色试剂瓶中。

10.4.2　标准溶液的制备

标准溶液是指已确定其主体物质浓度或其他特性量值的溶液。

化验室中常用的标准溶液主要包括：滴定分析用的标准滴定溶液、仪器分析用的标准溶液和 pH 测量用的标准缓冲溶液。

（1）制备标准溶液时的例句解读

① 称量　“称取 0.20g KI”、“称取 0.0100g NaCl”，写到几位就要称准到几位。“称取 0.5g 样品，精确到 0.0001g”。其含义是称准至小数点后第几位，称量范围控制在［0.5×（1±5%）］g 之内，即可在 0.4750g～0.5250g 之间。

② 体积测量　“量取 25.00mL 溶液”或“准确量取××.××mL 的溶液”，其含义是指用单标线移液管或吸量管量取溶液，要准确至 0.01mL；“加 10mL”溶液，是指用分度值为 1mL 的量筒量取。

稀释溶液时，如未指明用容量瓶稀释，一般是指用量筒计量体积；如指明采用容量瓶，则要用合格的容量瓶，准确稀释至刻度。稀释时，如未指明溶剂，即指采用水稀释。

③ 溶液　凡溶液的名称中未指明溶剂时，均指水溶液。当未指明浓度时，均指原浓度的化学试剂。如“加 10mL 盐酸”，指的是 ω（HCl）= 36%～38%的市售盐酸。

（2）制备标准溶液所需仪器

① 容量瓶简介　容量瓶主要是用来把准确称量的物质配制成准确浓度的溶液，或是将准确溶剂及浓度的浓溶液稀释成准确浓度及溶剂的稀溶液。

容量瓶是一种细颈梨形平底玻璃瓶，带有磨口塞，瓶颈上有环形标线，表示在所指温度下（一般为 20℃）液体充满至标线时的容积。这种容量瓶一般都是“量入式”的容量瓶。但也有刻有两条标线的，上面一条表示量出的溶剂。

常用的容量瓶有 25mL、50mL、100mL、250mL、500mL、1000mL 等规格。如图 10.1 所示。

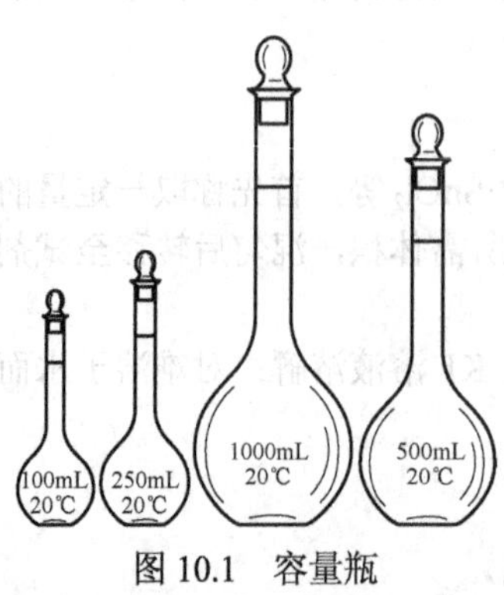

图 10.1　容量瓶

② 容量瓶的校准　我国现行生产的容量器皿的精确度可以满足一般分析工作的要求，无需校准。但是在要求精确度较高的分析测量工作中则需要对所用的量器校准。

a．容量瓶和移液管的相对校准。移液管和容量瓶经常配套使用，因此它们容积之间的相对校准非常重要。经常使用的 25mL 移液管，其容积应该等于 250mL 容量瓶的 1/10。

【校准方法】 将容量瓶洗干净，使其倒挂在漏斗架上自然干燥。若为 250mL 容量瓶，用移液管移取蒸馏水 10 次放入干燥的容量瓶中，若液面与容量瓶上的刻度不相吻合，则用黑纸条或透明胶布作一个与弯月面相切的记号。在以后的实验中，经相对校准的容量瓶与移液管配套使用时，则以新的记号作为容量瓶的标线。

提示：用移液管向容量瓶内放水时不要沾湿瓶颈。

b．容量瓶的绝对校正方法。将容量瓶洗净、晾干，在分析天平上称定质量，加水，使弯月面至容量瓶的标线处，再称定质量，两次称量的差即为瓶中水的质量。查出水在该温度下的密度，即可计算出容量瓶的容积。实际容积与标示容积之差应小于允差。

根据 JJG 196—2006《常用玻璃量器检定规程》中所述，A 级容量瓶 100mL 的允差为 0.10mL，50mL 的允差为 0.05mL，25mL 的允差为±0.03mL，均约为容积的千分之一。

提示：校正容量瓶时,在瓶颈内壁标线以上不能挂有水珠，否则会影响校正的结果。若挂有水珠，应用滤纸片轻轻吸去。

③ 容量瓶的使用

a．使用前的检漏。检漏方法：注入自来水至标线附近，盖好瓶塞，用右手的指尖顶住瓶底边缘，将其倒立 2min，观察瓶塞周围是否有水渗出；如果不漏，再把塞子旋转 180°，塞紧、倒置，如仍不漏水，则可使用。使用前必须把容量瓶按容量器皿洗涤要求洗涤干净。

容量瓶与瓶塞要配套使用，标准磨口或塑料塞不能调换。瓶塞须用尼龙绳把它系在瓶颈上，以防掉下摔碎。系绳不要很长（2cm～3cm），以可启开塞子为限。

b．溶液的制备。将准确称量的固体试剂放在小烧杯中，加入适量水，搅拌使其溶解，沿玻璃棒将溶液转移入容量瓶中，烧杯中的溶液转移完后烧杯不要直接离开玻璃棒，而应在烧杯扶正的同时将烧杯嘴沿着玻璃棒向上提 1cm～2cm，随后烧杯即离开玻璃棒，这样可避免杯嘴与玻璃棒之间的一滴溶液流到烧杯外面。然后用少量水淋洗烧杯壁 3 次～4 次，每次的淋洗液按同样的操作转移入容量瓶中。

当溶液达容量瓶容积的 2/3 时，应将容量瓶沿水平方向摇晃使溶液初步混匀（不能倒转容量瓶），加水至接近标线时，最后用滴管从刻线以上 1cm 处沿颈壁缓缓滴加蒸馏水至弯月面最低点恰好与标线相切。盖紧瓶塞，用食指压住瓶塞，另一只手托住容量瓶底部，倒转容量瓶，使瓶内气泡上升到顶部，边倒转边摇动，如此反复倒转摇动多次，使瓶内溶液充分混合均匀。见图 10.2。

若是将浓溶液定量稀释，则用移液管吸取一定体积的浓溶液移入容量瓶中，按上述方法用蒸馏水稀释至标线，摇匀。

热溶液应冷却至室温后，再稀释至标线，否则会造成体积误差。需要避光的溶液应选用棕色容量瓶制备。

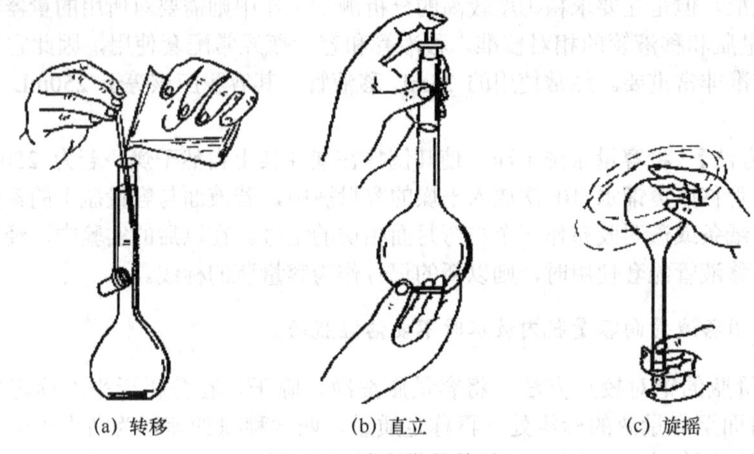

(a) 转移　　(b) 直立　　(c) 旋摇

图 10.2　容量瓶的使用

容量瓶是量器而不是容器，不宜长期存放溶液！如溶液需使用一段时间，应将溶液移入试剂瓶中储存，试剂瓶应先用该溶液润洗 2 次～3 次，以保证转移过程中溶液浓度不变。

容量瓶用毕后，立即洗净，在瓶口与瓶塞之间垫上纸片，以防下次使用时塞子打不开。

提示：容量瓶不得在烘箱中烘烤，也不许以任何方式对其加热。

（3）标准滴定溶液的制备[1]

标准滴定溶液的制备方法有两种：直接制备法和间接制备法（或标定法）。

① 直接制备法　用分析天平或电子天平准确称取一定量的基准试剂，溶于适量的水中，再定量转移到容量瓶中，用水稀释至刻度。根据称取试剂的质量和容量瓶的体积，计算该溶液的准确浓度。

这种方法简单，但符合基准试剂条件的物质有限，很多试剂都不是基准物质，因此无法直接制备。

② 间接制备法（又称“标定法”）　标定法是最普通的制备标准滴定溶液的方法。很多不符合基准试剂条件的物质的标准溶液都采用此法制备。

先采用分析纯试剂制备成接近所需浓度的溶液，再用适当的基准试剂或其他标准物质标定其准确浓度。

在滴定分析中常用来直接制备和标定标准滴定溶液的基准试剂见表 10.1。

（4）制备标准滴定溶液时需注意的问题

① 要选用符合要求的纯水　配位滴定和沉淀滴定所用标准溶液对纯水要求较高，一般不低于三级水规格。制备 NaOH、$Na_2S_2O_3$ 等溶液时，应使用临时煮沸并冷却的水。制备 $KMnO_4$ 标准滴定溶液时，要煮沸 15min 并保持微沸约 1h，放置约一周（或 2d～3d）以除去水中微量的还原性物质，过滤后再标定。

[1] 参见 GB/T 601—2002《化学试剂　标准滴定溶液的制备》。

表 10.1　常见的直接制备和标定标准滴定溶液的基准试剂

滴定方法	标准滴定溶液	基 准 试 剂	烘干条件/℃	优 缺 点
酸碱滴定	HCl	Na_2CO_3	270～300	便宜，易得纯品，易吸潮
		$Na_2B_4O_7 \cdot 10H_2O$	盛有 NaCl 的蔗糖饱和溶液的密闭容器中	易得纯品，不易吸湿，摩尔质量大，湿度小时，易失去结晶水
	NaOH	COOH COOK	105～110	易得纯品，不吸潮，摩尔质量大
配位滴定	EDTA	$H_2C_2O_4 \cdot 2H_2O$	室温空气干燥	便宜，结晶水不稳定，纯度不理想
		金属 Zn 或 ZnO	Zn：室温干燥器 ZnO：900～1000	纯度高，稳定，既可在 pH 3～6 使用又可在 pH 9～10 应用
		$CaCO_3$	110±2	易得纯品，稳定
氧化还原滴定	$KMnO_4$	$Na_2C_2O_4$	105±5	易得纯品，稳定，无显著吸湿
	$K_2Cr_2O_7$	$K_2Cr_2O_7$	120±2	易得纯品，非常稳定，可直接制备基准溶液
	$Na_2S_2O_3$	$K_2Cr_2O_7$	120±2	易得纯品，非常稳定，可直接制备基准溶液
	I_2	As_2O_3	室温干燥器	能得到纯品，不吸湿，剧毒
	$KBrO_3$	$KBrO_3$	180±2	易得纯品，稳定
	$KBrO_3^+$过量 KBr	$KBrO_3$	180±2	易得纯品，稳定
沉淀滴定	$AgNO_3$	$AgNO_3$	280～290	易得纯品，防止光照及有机物沾污
		NaCl	300～550	易得纯品，易吸湿

② 基准试剂要预先按规定方法进行干燥　经热烘或灼烧干燥过的易潮解的试剂（如 Na_2CO_3 等）放一周后再使用时，应重新干燥。

③ 当一种溶液可用多种基准物质或指示剂标定时（如 EDTA 溶液），原则上应使标定和测定试样的实验条件相同或相近，以避免可能产生的系统误差。

④ 基准溶液均应密闭存放　有些还需避光。溶液的标定周期长短除了与溶质本身的性质有关外，还与制备方法、保存方法有关。浓度低于 0.01mol/L 的基准溶液不宜长时间存放，在使用前用浓的基准溶液稀释。

（5）关于标准滴定溶液制备的基本规定

① 标准滴定溶液的浓度　一律采用物质 B 的浓度 c_B 表示。浓度值均指 20℃时的浓度值。若标定和使用时温度有差异，应按规定方法进行补正（不同温度下标准滴定溶液的体积的补正值见附录 8）。

② 溶液浓度的测定方法　标准规定有两种。凡规定同时采用"标定"和"比较"两种方法的，不得略去其中任何一种。而且用两种方法测得的浓度之差与平均值之比（$\Delta c_B \sqrt{c_B}$）不得大于 0.2%，最终结果以标定法为准。

a．标定法。指直接用容量工作基准试剂测定所配溶液的浓度。计算公式又分为不做空白试验（A）和做空白试验（B）两种情况。

A

$$c_B = \frac{m}{VM} \tag{10.10}$$

B
$$c_B = \frac{m}{(V - V_0)M} \quad (10.11)$$

式中 c_B——标准滴定溶液的浓度；

m——容量工作基准试剂的质量；

M——容量工作基准试剂的摩尔质量；

V——标定时所用标准滴定溶液的体积；

V_0——空白试验用标准滴定溶液的体积。

b．比较法。是指用另一种已知准确浓度的标准滴定溶液（称为基准溶液）进行测定的方法。比较结果的计算也分为不做空白试验（C）和做空白试验（D）两种。

C
$$c_B = \frac{V_1 c_1}{V} \quad (10.12)$$

D
$$c_B = \frac{(V_1 - V_0)c_1}{V} \quad (10.13)$$

式中 c_B——标准滴定溶液的浓度；

V——待测标准滴定溶液的体积；

c_1——滴定用基准溶液的浓度；

V_1——滴定用基准溶液的体积；

V_0——空白试验用基准溶液的体积。

在正文叙述中，一般不再列出计算式和式注，只指明用哪个公式和基本单元 B 的摩尔质量 M_B。如有特殊情况，则列出算式和式注。

③ 标准滴定溶液在常温（15℃～25℃）条件下，保存时间一般不得超过 60d。

④ 配制浓度小于 0.02mol/L 的标准滴定溶液，可在使用时将较高浓度的标准滴定溶液用新煮沸并冷却的水稀释。

⑤ 在常规分析中，标准滴定溶液的制备方法可适当放宽要求。凡指明用“容量工作基准试剂”进行标定的，就可用同名的一级化学试剂，按规定处理后，用直接配制法配制标准滴定溶液。凡要求用比较法测定浓度的，可用单标线吸管直接移取 25.00mL 溶液，而不必取 30.00mL～35.00mL，既方便，准确度也可以保证。

⑥ 标定和使用时的温度有差异，需按附录 8 的体积补正值加以补正。

10.4.3 缓冲溶液的制备

缓冲溶液是指能够抵御少量强酸、强碱或水的稀释而保持体系酸度基本稳定的溶液。

缓冲溶液通常由弱酸及其共轭碱或者弱碱及其共轭酸所组成。缓冲溶液按照用途可分为普通缓冲溶液、标准缓冲溶液两大类。其中标准缓冲溶液又可分为：pH 标准缓冲溶液、pH 值测定用缓冲溶液、指示剂变色域测定用缓冲溶液以及一级标准缓冲溶液。一级标准缓冲溶液的 pH 值是由计量部门测定和传递的。

（1）普通缓冲溶液的制备

普通缓冲溶液多用于使溶液的 pH 值稳定在某一个范围，在定量分析中对其 pH 值要求并不非常严格，但却要求其具有较强的缓冲能力。

① 将缓冲组分均配成相同浓度的溶液，然后按一定比例混合。

例 10.1 欲配制 pH = 7.00 的 NaH_2PO_4–Na_2HPO_4 缓冲溶液 500 mL，如果该缓冲溶液的浓度为 1mol/L，应如何配制？

解： 设取 NaH_2PO_4 溶液 x L，则取 Na_2HPO_4 溶液（0.500 − x）L，则：

$$\text{pH} = pK_a - \lg\frac{n_{NaH_2PO_4}}{n_{Na_2HPO_4}}$$

$$7.00 = 7.20 - \lg\frac{1.0x}{(0.500-1.0x)\times 1.0}$$

$$x = 0.31\text{L}$$

【制备方法】 将 310mL 1.0mol/L NaH_2PO_4 溶液与 190mL 1.0mol/L Na_2HPO_4 溶液混合均匀，即可得到 pH = 7.00 的缓冲溶液 500mL。

② 在一定量的弱酸（或弱碱）中加入共轭碱（或共轭酸）。

例 10.2 欲配制 pH = 9.00 的缓冲溶液，应在 500mL 0.10mol/L $NH_3·H_2O$ 溶液中加入固体 NH_4Cl 多少克？假设加入固体后溶液的总体积不变。

解： 已知 $NH_3·H_2O$ 的 pK_b = 4.74，NH_4Cl 的摩尔质量为 53.5g/mol

根据
$$\text{pH} = \text{p}K_w - \text{p}K_b + \lg\frac{c_{NH_3·H_2O}}{c_{NH_4Cl}}$$

得
$$\lg\frac{c_{NH_3·H_2O}}{c_{NH_4Cl}} = \text{pH} + \text{p}K_b - \text{p}K_w = 9.00 + 4.74 - 14.00 = -0.26$$

$$\frac{c_{NH_3·H_2O}}{c_{NH_4Cl}} = 0.55$$

则
$$c_{NH_4Cl} = \frac{0.10}{0.55}\text{mol/L} = 0.18\text{mol/L}$$

因此，应加入固体 NH_4Cl 的质量为

$$m = c_{NH_4Cl}VM_{NH_4Cl} = \left(0.18\times\frac{500}{1000}\times 53.5\right)\text{g} = 4.8\text{g}$$

【配制方法】 应在 500mL 0.10mol/L $NH_3·H_2O$ 溶液中加入固体 NH_4Cl 4.8g。

③ 在一定量的弱酸或弱碱中加入一定量的强碱（或强酸），通过酸碱反应生成的共轭碱（或共轭酸）和剩余的弱酸（或弱碱）组成缓冲溶液。

例 10.3 欲配制 pH = 5.00 的缓冲溶液，需在 100mL 0.10mol/L HAc 溶液中加入 0.10mol/L NaOH 多少毫升？

解： 设应加入 NaOH x mL，则溶液的总体积为（100+x）mL。

	HAc +	NaOH ═══	NaAc +	H_2O
反应前的物质的量/mmol	100×0.10	0.10x	0	
反应后的物质的量/mmol	100×0.10x − 0.10x	0	0.10 x	

所以
$$c_{HAc} = \frac{100\times 0.10 - 0.10x}{V_{总}} = \frac{10 - 0.10x}{V_{总}}$$

$$c_{HAc}=\frac{0.10x}{V_{总}}$$

根据 $pH=pK_a-\lg\frac{c_{HAc}}{c_{NaAc}}$，将各个值带入后，得：

$$5.00=4.74-\lg\frac{10-0.10x}{0.10x}$$

$$x=64.5mL$$

【配制方法】 在 100mL 0.10mol/L HAc 溶液中加入 64.5mL 0.10mol/L NaOH 溶液，便可得到 pH＝5.00 的缓冲溶液。

（2）标准缓冲溶液的制备

a．pH 标准缓冲溶液。用 pH 工作基准试剂，经干燥处理，采用超纯水，在（20±5）℃条件下制备而成。其组成标度用溶质 B 的质量摩尔浓度 b_B 表示。可用于仪器的校正、定位。

b．pH 测定用缓冲溶液。可用优级纯或分析纯试剂，实验室三级纯水制备，其组成标度用物质的量浓度 c_B 表示。主要用于电位法测定化学试剂水溶液的 pH 值。测定范围 pH＝1～12。定量分析中常用缓冲溶液的配制方法见附录 14。常用标准缓冲溶液的制备方法见附录 13。

第 11 章 物质的分离与提纯

在定量分析中，当分析的对象比较简单时，可以直接进行测定。但在实际分析中，由于样品中组分的多样性与组分形式的复杂性，常常要对样品进行必要的分离和提纯。

分离的目的是使待测组分直接或间接成为可测量的状态。分离的对象可以是待测组分也可以是干扰组分。任何分离方法以及分离的操作过程，都必须基于物质的性质和相关测定方法。

提纯，实际上也是分离，只是多数情况下是指将杂质分离除去，而使主体成分的含量提高的过程。

化验室中，常采用的分离或提纯的方法有：挥发法、沉淀法、萃取法和色谱等。

11.1 固-固分离（挥发法）

固-固分离常采用挥发法，挥发法的原理是基于不同物质具有不同的挥发性，利用加热的方法，将待测组分或干扰组分从样品中分离出去。

有时，所谓挥发分离的过程也是某组分的测定过程。比如，煤质工业分析中灰分以及挥发分的测定，水泥烧失量的测定等。

11.2 固-液分离（沉淀法）

固-液分离通常采用沉淀分离法进行，沉淀分离法的应用通常有：倾析法、过滤法、离心分离法。

11.2.1 倾析法

倾析法又称“倾泻法”。当沉淀的相对密度较大或晶体的颗粒较大，静止后能很快沉降到容器底部时，常用倾析法进行分离和洗涤。

倾析法操作如图 11.1 所示。将沉淀上部的清液倾入另一容器中而使沉淀与溶液分离。需洗涤沉淀时，只要向盛有沉淀的容器内加入少量洗

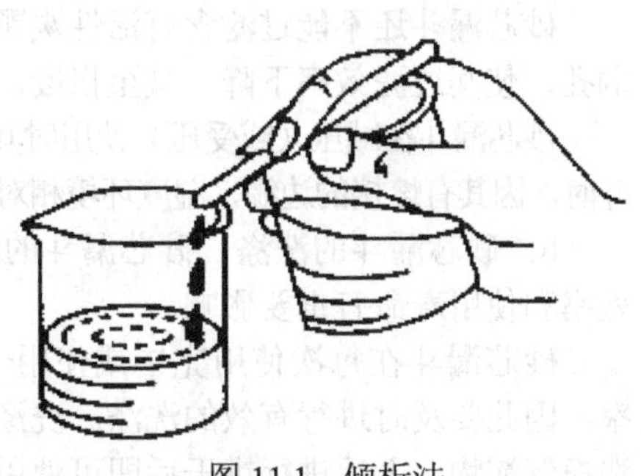

图 11.1 倾析法

涤液，将沉淀和洗涤溶液充分搅拌均匀，待沉淀沉降到容器底部后，再用倾析法，倾去溶液，如此反复操作 2～3 次，即能将沉淀洗净。

11.2.2　过滤法

分离悬浮在液体中的固体颗粒的操作称为“过滤”。

过滤法是最常用的沉淀分离方法之一。沉淀经过过滤器时留在过滤器上，溶液通过过滤器而进入容器中，所得溶液称为“滤液”。

（1）过滤介质

过滤时采用的过滤介质应选择恰当，所选择的过滤介质的孔径应正好小于过滤沉淀中最小颗粒的直径，可起到拦阻颗粒的作用。

图 11.2　砂芯漏斗（坩埚）

化验室中常用的过滤器材有漏斗、滤纸和膜材料等。

① 砂芯漏斗　砂芯漏斗又称“玻璃烧结漏斗”。它是由玻璃粉末烧结制成多孔性滤片，再焊接在相同或相似膨胀系数的玻壳或玻璃上所形成的一种过滤容器（见图 11.2）。

如果滤液呈碱性，或者有酸性物质、酸酐、有氧化物存在，对普通滤纸有腐蚀作用，过滤（或吸滤）时滤纸易破损，使待滤物穿透滤纸产生泄漏，从而导致过滤失败。采用玻璃砂芯漏斗可代替普通漏斗，进行有效分离。

砂芯漏斗有如下规格，见表 11.1。

表 11.1　玻璃砂芯漏斗的规格

滤板代号	滤板孔径/μm	一般用途
G1	20～30	过滤胶状沉淀
G2	10～15	滤除较大颗粒沉淀物
G3	4.5～9	滤除细小颗粒沉淀物
G4	3～4	滤除细小颗粒或较细颗粒沉淀物

a．砂芯漏斗的使用要求。砂芯漏斗在使用前，应当用热盐酸或铬酸洗液进行抽滤，随即用蒸馏水洗净，除去砂芯漏斗中的尘埃等外来杂质。

砂芯漏斗不能过滤浓氢氟酸、热浓磷酸、热（或冷）浓碱液。因为这些试剂可以溶解砂芯中的微粒，有损于玻璃器皿，使滤孔增大，并有使芯片脱落的危险。

砂芯漏斗还不能过滤含有活性炭颗粒的溶液，因为细小颗粒的炭粒容易堵塞滤板的洞孔，使其过滤效率下降，甚至报废。

砂芯漏斗在减压（或受压）使用时其两面的压力差不允许超过 101.3kPa。在使用砂芯漏斗时，因其有熔接的边缘，湿度环境相对要稳定些，防止温度急剧升降，以免容器破损。

b．砂芯漏斗的洗涤。砂芯漏斗的洗涤工作非常重要。洗涤效果对砂芯漏斗的过滤效率和使用寿命有重要影响。

砂芯漏斗在每次使用完毕或使用一段时间后都会因沉淀物堵塞滤孔而影响过滤效率，因此要及时进行有效的洗涤。洗涤时，可将砂芯漏斗倒置，用水反复进行冲洗，以洗净沉淀物，之后进行烘干后即可使用。

此外，还可根据不同性质的沉淀物，有针对性地进行“化学洗涤”。例如：

- 对脂肪、脂膏、有机沉淀物等沉淀，可采用四氟化碳等有机溶剂进行洗涤。
- 碳化物沉淀可采用重铬酸盐的温热浓硫酸浸泡过夜。
- 经碱性沉淀物过滤后的砂芯漏斗，可用稀酸溶液洗涤。
- 经酸性沉淀物过滤后的砂芯漏斗，可用稀碱溶液洗涤。

上述洗涤过程完成之后再用清水冲洗，烘干后备用。

基于砂芯漏斗的价格较贵，且难于彻底洗净滤板，同时还要防范强碱、氢氟酸等的腐蚀作用，故其使用范围有限。

② 长颈漏斗　长颈漏斗多用于重量分析。其颈长为 15cm～20cm，颈口处磨成 45°，过滤用玻璃漏斗锥体角应为 60°，颈的直径一般为 3mm～5mm，漏斗在使用前应洗涤干净（见图 11.3）。

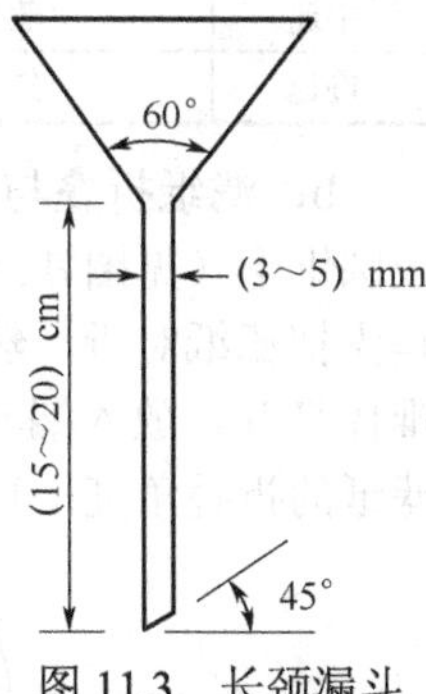

图 11.3　长颈漏斗

③ 滤纸　滤纸是化验室中最常用的过滤介质。

注：有关滤纸的相关内容将在“常压过滤”部分系统介绍。

④ 膜材料　化验室中常用到的膜材料有两种：高分子膜材料和无机陶瓷膜材料。

高分子膜材料是一种新型的过滤材料。通常有聚砜、聚醚砜、亲水性的三醋酸纤维素、聚丙烯腈等。这些高分子膜材料在溶剂脱水、饮用水处理、油水分离、工业水处理等行业已得到广泛应用。

无机陶瓷膜材料也是一种新型过滤材料，其耐酸碱、耐有机溶剂和耐大多数化学品腐蚀的能力较强，并且机械强度高，可经受蒸汽、氧化剂消毒，易清洗再生，抗污染、易储存，使用寿命长。

⑤ 其他过滤材料　棉织布：质地致密，强度比滤纸高，可代替滤纸。

毛织物（或毛毡）：可用于过滤强酸性溶液。

涤纶布、氯纶布：可用于强酸性或强碱性溶液的过滤。

玻璃棉：可用于过滤酸性介质。因其空隙大，所以只适用于分离颗粒较粗的试样。

（2）过滤方法

过滤时，溶液的温度、黏度、压力、沉淀状态和颗粒大小都会影响过滤速度。因此要根据不同的影响因素选用不同的过滤方法。

常用的过滤方法有：常压过滤（普通过滤）、减压过滤（抽/吸滤）和热过滤三种。

① 常压过滤（普通过滤）　此法最为简单、常用。选用的漏斗大小应以能容纳沉淀为宜。

a．滤纸的选择。滤纸有定性滤纸和定量滤纸两种，应根据需要加以选择使用。在定量分析中常用定量滤纸。定量滤纸又称为无灰滤纸，灼烧后其灰分的质量应小于或等于常量分析天平的感量。定量滤纸一般为圆形，按直径分有 11cm、9cm、7cm 等几种；滤纸按孔隙大小分为“快速”、“中速”和“慢速”三种。应根据沉淀的性质选择滤纸的类型，根据沉淀量的多少选择滤纸的大小，一般要求沉淀的总体积不得超过滤纸锥体高度的 1/3。滤纸的大小还应与漏斗的大小相适应，一般滤纸上沿应低于漏斗上沿约 1 cm。表 11.2 和表 11.3 分别为国产滤纸的灰分质量及类型。

表 11.2 国产定量滤纸的灰分质量

直径/cm	7	9	11	12.5
灰分/（g/张）	3.5×10^{-5}	5.5×10^{-5}	8.5×10^{-5}	1.0×10^{-4}

表 11.3 国产定量滤纸的类型

类　型	滤纸盒上色带标志	滤速/（s/100mL）	适 用 范 围
快速	白色	60～100	无定形沉淀，如 $Fe(OH)_3$
中速	蓝色	100～160	中等粒度沉淀，如 $MgNH_4PO_4$
慢速	红色	160～200	细粒状沉淀，如 $BaSO_4$、$CaC_2O_4\cdot2H_2O$

b．滤纸折叠与放置。折叠滤纸前应先把手洗净擦干，以免弄脏滤纸。按四折法折成圆锥形（见图 11.4）。如果漏斗正好为 60°角，则滤纸锥体角度应稍大于 60°。做法是先把滤纸对折，然后再对折。为保证滤纸与漏斗密合，第二次对折时不要折死，先把锥体打开，放入漏斗（漏斗应干净而且干燥）。如果上边缘不十分密合，可以稍微改变滤纸的折叠角度，直到与漏斗密合，此时可以把第二次的折边折死。

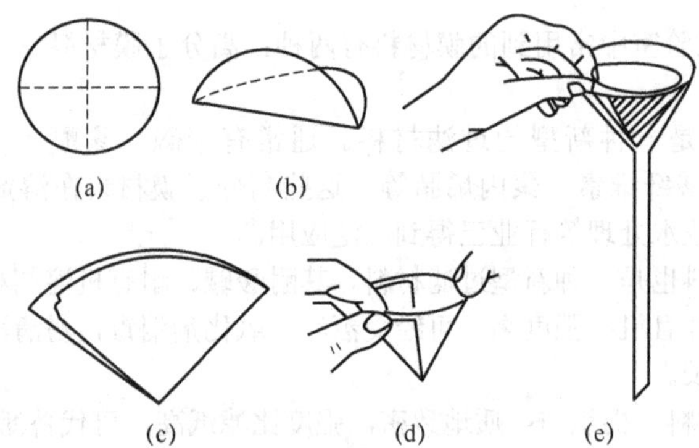

图 11.4 漏斗与滤纸的折叠方法（a→b→c→d→e）

展开滤纸锥体，一边为三层，另一边为一层，且三层的一边应放在漏斗的出口短的一边。为了使滤纸和漏斗内壁贴紧而无气泡，常在三层厚的外层滤纸折角处撕下一小块，此小块滤纸保存在洁净干燥的表面皿上，以备擦拭烧杯中残留的沉淀用。

滤纸应低于漏斗边缘 0.5cm～1cm。滤纸放入漏斗后，用手按紧使之密合。然后用洗瓶加少量水润湿滤纸，轻压滤纸赶去气泡，加水至滤纸边缘。这时漏斗颈内应全部充满水，形成水柱。由于液体的重力可起抽滤作用，从而加快过滤速度。

若不能形成完整的水柱，可用手指堵住漏斗下口，稍掀起滤纸的一边，用洗瓶向滤纸和漏斗的空隙处加水，使漏斗充满水，压紧滤纸边，慢慢松开堵住下口的手指，此时应形成水柱。如仍不能形成水柱，可能是漏斗形状不规范。如果漏斗颈部不干净也影响形成水柱，这时应重新清洗。

c．过滤操作。过滤操作多采用倾析法，见图 11.5。

即先倾出静置后的清液，再转入沉淀。首先将准备好的漏斗放在漏斗架上，漏斗下面放一承接滤液的洁净烧杯，其容积应为滤液总量的 5 倍～10 倍，并斜盖一表面皿。

漏斗颈口斜处紧靠杯壁（一靠），使滤液沿烧杯壁流下。漏斗放置位置的高低，以漏斗颈下口不接触滤液为度。在同时进行几份平行测定时，应把装有待滤溶液的烧杯分别放在相应的漏斗之前，按顺序过滤，不要弄错。

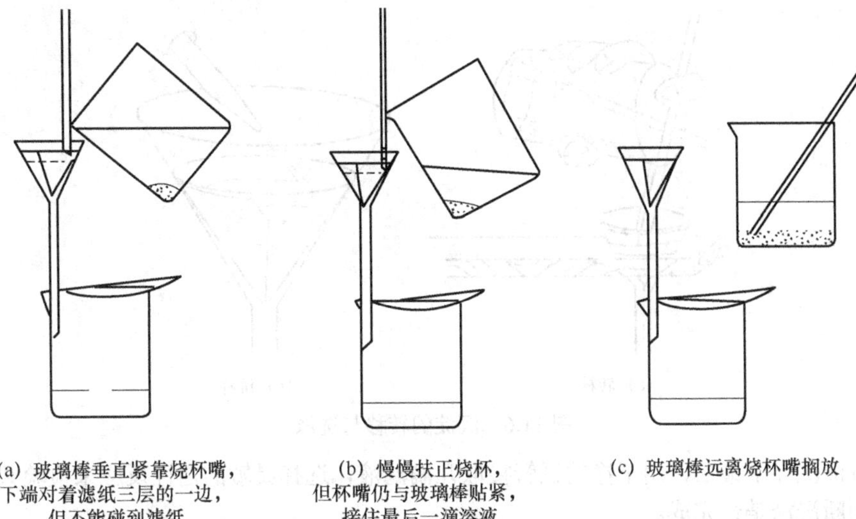

(a) 玻璃棒垂直紧靠烧杯嘴，下端对着滤纸三层的一边，但不能碰到滤纸　(b) 慢慢扶正烧杯，但杯嘴仍与玻璃棒贴紧，接住最后一滴溶液　(c) 玻璃棒远离烧杯嘴搁放

图 11.5　过滤法的操作

将经过倾斜静置后的清液倾入漏斗中时，要注意烧杯嘴紧靠玻璃棒（**二靠**），让溶液沿着玻璃棒缓缓流入漏斗中；而玻璃棒的下端要靠近三层滤纸处（**三靠**），但不要接触滤纸。一次倾入的溶液一般最多只充满滤纸的 2/3，以免少量沉淀因毛细作用越过滤纸上沿而损失。

当倾入暂停时，小心扶正烧杯，玻璃棒不离烧杯嘴，烧杯向上移 1cm～2cm，靠去烧杯嘴的最后一滴液体后，将玻璃棒收回并直接放入烧杯中，但玻璃棒不要靠在烧杯嘴处，因为此处可能沾有少量沉淀。

倾析完成后，在烧杯内将沉淀作初步洗涤，再用倾析法过滤，如此重复 3～4 次。

注意：过滤和洗涤一定要一次完成，因此必须事先计划好时间，不能间断，特别是过滤胶状沉淀时。

d. 沉淀转移与洗涤。为了把沉淀转移到滤纸上，先用少量洗涤液把沉淀搅起，将悬浮液立即按上述方法转移到滤纸上，如此重复几次，一般可将绝大部分沉淀转移到滤纸上。残留的少量沉淀，按图 11.6（a）所示的方法可将沉淀全部转移干净。左手持烧杯倾斜着拿在漏斗上方，烧杯嘴向着漏斗。用食指将玻璃棒横架在烧杯口上，玻璃棒的下端向着滤纸的三层处，用洗瓶吹出洗液，冲洗烧杯内壁，沉淀连同溶液沿玻璃棒流入漏斗中。

沉淀全部转移到滤纸上以后，仍需在滤纸上洗涤沉淀，以除去沉淀表面吸附的杂质和残留的母液。其方法是从滤纸边沿稍下部位开始，用洗瓶吹出的水流，按螺旋形向下移动，如图 11.6（b）所示。并借此将沉淀集中到滤纸锥体的下部。洗涤时应注意，切勿使洗涤液突然冲在沉淀上，这样容易溅失。

为了提高洗涤效率，通常采用“少量多次”的洗涤原则：即用少量洗涤液，洗后尽量沥干，多洗几次。

注意：过滤和洗涤沉淀的操作必须不间断地一气呵成。否则，搁置较久的沉淀干涸后，结成团块，就难以洗净了。

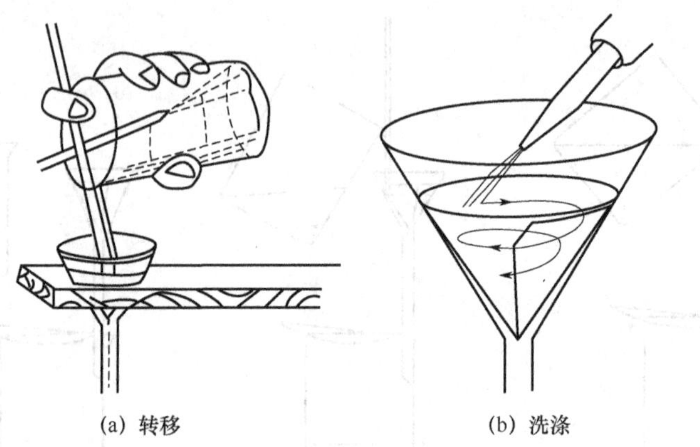

图 11.6 沉淀的转移与洗涤

沉淀洗涤至最后，用干净的试管接取几滴滤液，选择灵敏的定性反应来检验共存离子，判断洗涤是否完成。

② 减压过滤 减压过滤也称“吸滤或抽滤”，是指在与过滤漏斗密闭连接的接收器中造成真空，过滤表面的两面发生压力差，从而使过滤加速的过程。减压过滤是一种在化验室和企业生产中广泛应用的操作技术之一，其装置如图 11.7 所示。

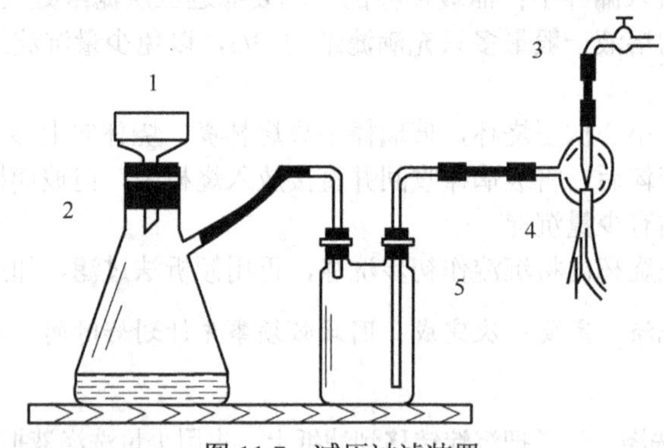

图 11.7 减压过滤装置

1—布氏漏斗；2—吸滤瓶；3—自来水龙头；4—水泵；5—安全瓶

减压过滤法可加速过滤，并使沉淀抽吸得较干燥。但不宜用于过滤胶状沉淀和颗粒太小的沉淀。因为胶状沉淀在快速过滤时易透过滤纸；颗粒太小的沉淀易在滤纸上形成一层密实的沉淀，溶液不易透过。

水泵起着带走空气使吸滤瓶内压力减小的作用。瓶内与布氏漏斗液面上的负压，加快了过滤速度，吸滤瓶用来承接滤液。

布氏漏斗上有许多小孔，漏斗颈插入单孔橡皮塞，与吸滤瓶连接，需注意：

- 橡皮塞插入吸滤瓶内的部分不得超过塞子高度的 2/3。
- 漏斗颈下方的斜口要对着吸滤瓶的支管口。

当要求保留溶液时，需要在吸滤瓶和抽气泵之间装上一个安全瓶，以防止关闭水泵或水的流量突然变小时自来水回流入吸滤瓶内（此现象称为反吸或倒吸），把溶液弄脏。安装时应注意安全瓶长管和短管的连接顺序，不要连错。

减压过滤（吸滤）操作步骤如下。

a．按图 11.7 组装好实验装置。

b．滤纸放置：减压装置使用布氏漏斗，将滤纸放入漏斗内，其大小以略小于漏斗内径又能将全部小孔盖住为宜。用蒸馏水润湿滤纸，微开水泵，抽气使滤纸紧贴在漏斗瓷板上。

c．倾析法转移溶液：一是注意溶液量不应超过漏斗容量的 2/3，逐渐加大抽滤速度，待溶液快流尽时再转移沉淀；二是注意观察吸滤瓶内液面高度，当快达到支管口位置时，应拔掉吸滤瓶上的橡皮管，从吸滤瓶上口倒出溶液，不要从支管口倒出，以免弄脏溶液。

d．洗涤沉淀：使用布氏漏斗洗涤沉淀时，应停止抽滤，让少量洗涤液缓慢通过沉淀物，然后抽滤。

e．抽滤过程中不得突然关掉水泵。吸滤完毕或中间需停止吸滤时，应注意先拆掉连接水泵和吸滤瓶的橡皮管，然后关闭水龙头或循环水泵开关，以防反吸。

如果过滤的溶液具有强酸性或是强氧化性，溶液会破坏滤纸，此时可用玻璃砂芯漏斗。

过滤强碱性溶液可使用玻璃纤维代替滤纸。过滤时应将洁净的玻璃纤维均匀铺在布氏漏斗内，与减压操作步骤相同。由于过滤后，沉淀在玻璃纤维上，故此法只适用于弃去沉淀只要滤液的分离物质。

③ 热过滤　某些溶质在溶液温度降低时，易成晶体析出，为了滤除这类溶液中所含的其他难溶性杂质，通常使用热滤漏斗进行过滤。热过滤装置如图 11.8 所示。

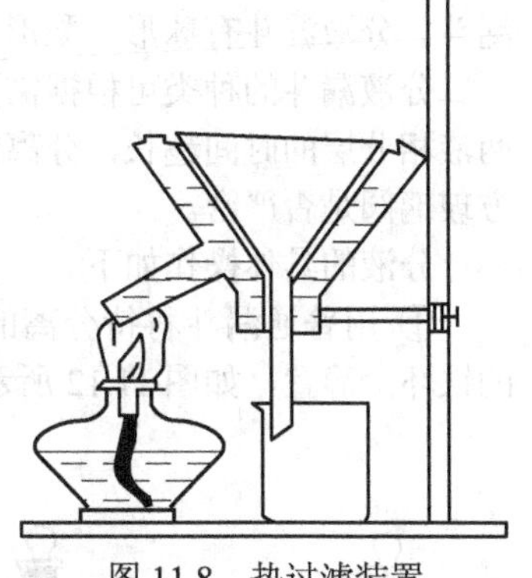

图 11.8　热过滤装置

过滤时，将玻璃漏斗置于铜质的热滤漏斗内，热滤漏斗内装有热水（热水不要太满，以免水加热至沸后溢出）以维持溶液的温度。也可以事先把玻璃漏斗在水浴上用蒸汽加热，再使用。热过滤选用的玻璃漏斗颈越短越好。

进行热过滤时，需注意以下几个要点：

- 热过滤时，一般不用玻璃棒引流，以免加速降温。
- 接受滤液的容器内壁不要贴紧漏斗壁，以免滤液迅速冷却析出晶体，晶体沿器壁向上堆积，堵塞漏斗口，使之无法过滤。
- 热过滤操作要求准备充分，动作迅速。

④ 离心分离法　当被分离的沉淀量很少时，使用一般的方法过滤后，沉淀会粘在滤纸上，难以取下，这时可以用离心分离。其操作简单而迅速。化验室中常用电动离心机进行分离，装置如图 11.9 所示。

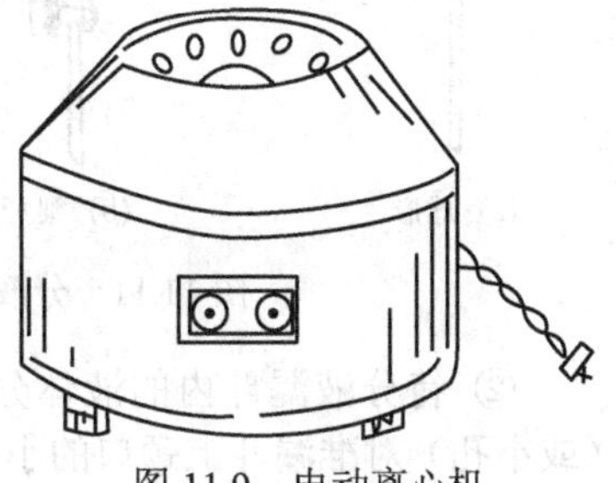

图 11.9　电动离心机

操作时，把盛有混合物的离心管（或小试管）放入离心机的套管内，在该套管的相对位置上的空套管内放一同样大小的试管，内装与混

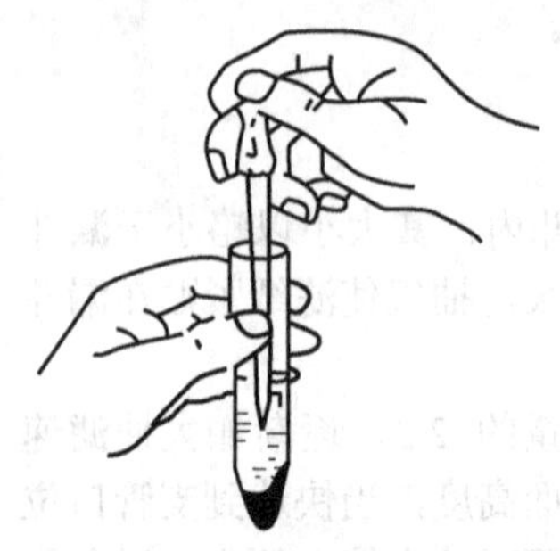

图 11.10　用滴管吸出上层清液

合物等体积的水，以保持转动平衡。然后缓慢启动离心机，再逐渐加快，1min～2min 后，旋转按钮至停止位置，离心机自然停下。在任何情况下，启动离心机都不能太猛，也不能用外力强制停止，否则会使离心机损坏且易发生危险。

由于离心作用，沉淀紧密聚集于离心管的尖端，上方的溶液是澄清的。可按图 11.10 所示操作。用滴管小心吸出上方清液，也可将其倾出。如果沉淀需要洗涤，可以加入少量的洗涤液，用玻璃棒充分搅动，再进行离心分离，如此重复操作 2 次～3 次即可。

11.3　液-液分离

11.3.1　分液

把两种互不相溶的液体分离开的方法称为“分液”。分液所使用的主要仪器是分液漏斗。分液漏斗有球形、梨形和圆筒形三种形状，如图 11.11 所示。

分液漏斗的种类可根据需要进行选择。一般来说，分液漏斗的形状越细长，振摇后两液相分层的时间越长，分离越彻底。使用分液漏斗前，首先要检查其上口玻璃塞、下方玻璃阀是否严密。

分液的具体操作如下。

① 用普通漏斗将待分离的液体注入分液漏斗内盖好塞子，将分液漏斗置于铁架台的铁环上静置，如图 11.12 所示。

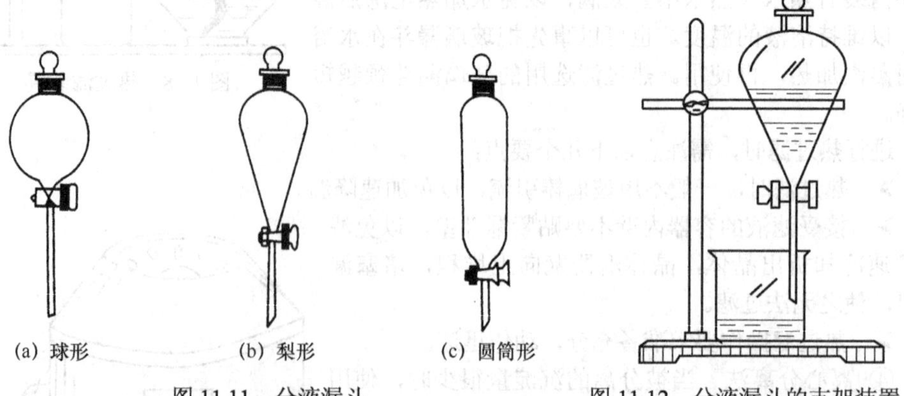

图 11.11　分液漏斗

图 11.12　分液漏斗的支架装置

② 待分液漏斗内的液体分为两层后，旋转漏斗上口的磨砂塞子使塞子上的凹槽（或小孔）对准漏斗上颈口的小孔，使分液漏斗与大气相通（否则由于大气压的作用，漏斗内的液体流不出来），旋开活塞，下层液体流出。待下层液体流完，立即关闭活塞，从漏斗上口把上层液体倒出。

11.3.2　萃取

萃取就是用一种溶剂将某溶质从其溶解或悬浮的相中转移到另一相中的过程。它是利用物质在不同溶剂中溶解度的差异使其达到分离的目的。萃取既可以从固体或液体混合物中提取出所需要的物质，也广泛应用于有机产品的纯化。

用一定量的溶剂进行萃取时，多次萃取比一次萃取效率高。

萃取效率与萃取溶剂的性质有关。萃取溶剂的选择要求是：纯度高、沸点低、毒性小，对萃取物的溶解度大且与原溶剂不相溶。通常水溶性较小的物质用石油醚作萃取剂；水溶性较大的用苯或乙醚；水溶性极大的用乙酸乙酯（使用有机溶剂时应注意安全，不要接触明火）。

稀酸、稀碱的水溶液也常用作萃取剂洗涤有机物，一般有：5%氢氧化钠、5%或10%碳酸钠、碳酸氢钠溶液、稀硫酸、稀盐酸溶液等。

金属离子还可以选用适合的配位剂作萃取剂，通过反应生成螯合物、配合物、离子缔合物、溶剂化合物，由亲水性转化为疏水性，来实现无机离子由水相向有机相中的转移。

常用的萃取方法有两种：液-液萃取、液-固萃取。

（1）液-液萃取

此法就是利用与水不相溶的有机物与含有多种金属离子的水溶液在一起振荡，使某些金属离子由亲水性转化为疏水性，同时转移到有机相中，而另一些金属离子仍留在水相中，从而达到分离的目的。

液-液萃取通常采用分液漏斗进行。在萃取前应选择大小合适、形状适宜的漏斗（接入液体的总体积不应超过其容量的 3/4）。

① 分液漏斗的使用

a. 检查玻璃塞和旋塞芯是否与分液漏斗配套：分液漏斗内装少量水，检查旋塞处是否漏水；将漏斗倒转过来，检查玻璃塞是否漏水，待确认不漏水后方可使用。

b. 在旋塞芯上薄薄地涂上一层凡士林，将塞芯塞进旋塞内，旋转数圈，凡士林均匀分布后将旋塞关闭，再在塞芯的凹槽处套上一个直径合适的橡皮圈，以防旋塞在操作过程中松动。

c. 分液漏斗中全部液体的总体积不得超过其容量的 3/4。盛有液体的分液漏斗应正确地放在支架上，如图 11.12 所示。

分液漏斗与氢氧化钠或碳酸钠等碱性溶液接触后，必须清洗干净。若长时间不用，玻璃塞与活塞需用薄纸包好后再塞入，否则易粘在漏斗上打不开。

使用分液漏斗时，应防止以下几种错误的操作方法：

- 用手拿住分液漏斗继续液体的分离；
- 上层液体经漏斗的下端放出；
- 上口玻璃塞未打开就旋开活塞。

② 萃取的操作方法

a. 在分液漏斗内加入溶液和一定量的萃取溶剂后，塞上玻璃塞（玻璃塞上若有侧槽必须将其与漏斗上端颈部上的小孔错开）。

b. 用左手握住漏斗上端颈部，将其从支架上取下，再按图 11.13 所示的特殊手势握住。惯用右手的操作者常用左手食指末节顶住玻璃塞，再用大拇指和中指夹住漏斗上端颈部；右手的食指和中指蜷握在旋塞柄上，食指与拇指要握住旋塞柄并能将其自由地旋转。

c．将漏斗由外向内或由内向外旋转振摇 3 次～5 次，使两种不相混溶的液体尽可能充分混合（也可将漏斗反复倒转进行缓和地振摇）。

d．将漏斗倒置，漏斗下颈导管向上并朝向无人处，慢慢开启旋塞，排放可能产生的气体以解除超压。如图 11.14 所示。待压力减小后，关闭旋塞。振摇和放气应重复几次，振摇完毕，将漏斗如图 11.12 所示放置，静置分层。

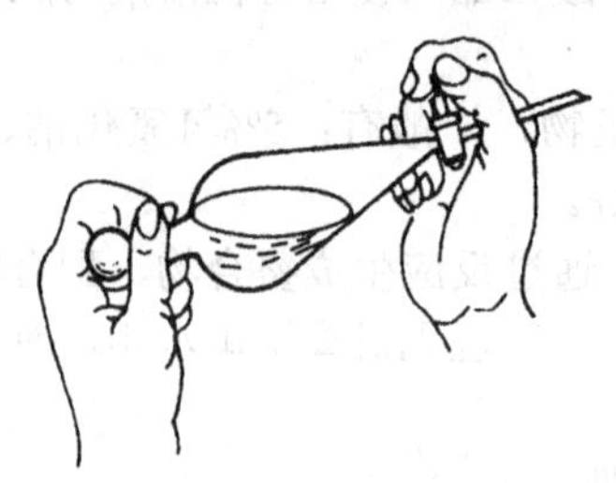

图 11.13 分液漏斗的振荡方法

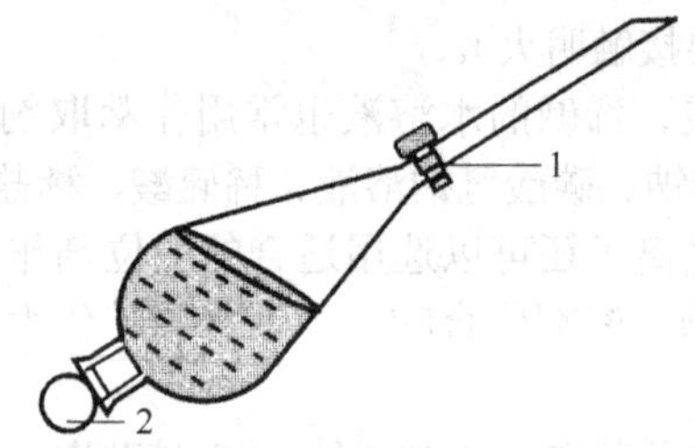

图 11.14 解除漏斗内超压的操作

1—旋塞，用拇指和食指缓慢打开；2—玻璃塞，用食指顶住

e．待两相分层明显，且界面清晰时，移开玻璃塞或旋转带侧槽的玻璃塞，使侧槽对准上口颈的小孔。开启旋塞，放出下层液体，收集在适当的容器中。液层接近放完时要放慢速度，一旦放完就要迅速关闭旋塞（注意：一定不要倒洒了）。

f．倘若一次萃取不能满足分液的要求，可采取多次萃取的方法，但一般不超过 5 次，将每次的有机相都归并到一个容器中。萃取时，若因容器呈碱性而产生乳化现象，可采用少量稀酸或过滤等方法除去。

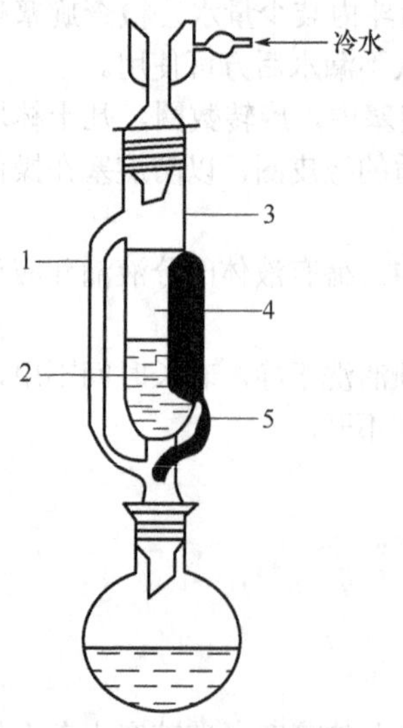

图 11.15 索氏提取器

1—蒸气上升管；2—样品；3—抽提筒；4—滤纸套管；5—虹吸管

（2）液-固萃取

实验室中常用索氏（Soxhlex）提取器进行液-固萃取。索氏提取器由烧瓶、抽提筒、回流冷凝管三部分组成，装置如图 11.15 所示。

索氏提取器是利用溶剂的回流及虹吸原理使固体物质连续不断地被纯的溶剂所萃取，减少了溶剂用量，缩短了提取时间，具有萃取效率高的特点。

操作方法如下。

a．研细：将固体物质研细，以增加溶剂浸润面积。

b．将粉末状固体装入事先卷好的滤纸筒中，并置入提取器中。

c．装配装置：提取器的下端与盛装溶剂的烧瓶连接，上端接冷凝管。

d．加热：加热溶剂至沸腾，蒸气通过玻璃管上升，冷凝成液体后滴入提取器中，液面超过虹吸管的最高处时，虹吸流回烧瓶，如此循环，直至物质大部分被提出，并富集到烧瓶中，再将提取液浓缩、结晶、重结晶，得到纯品。

提示：

➢ 利用此法可以提取天然产物，如中草药有效成分的浸渍，茶叶中提取咖啡因等。

➢ 滤纸筒的直径要略小于抽取筒的内径，其高度一般要超过虹吸管，若是样品则不得高于虹吸管。

如无现成的滤纸筒，可自行制作，其方法是：取脱脂滤纸一张，卷成圆筒状，底部折起且封闭（必要时可用线扎紧）装入样品，上口盖以滤纸或脱脂棉，以保证回流液均匀地浸透待萃取物。

11.3.3 蒸发（浓缩）

蒸发（浓缩）是借助加热的方法来减少或除去溶液中的溶剂，使溶液浓度增大或使溶液从不饱和状态过渡到饱和或过饱和状态，从而析出晶体的过程。

蒸发通常在蒸发皿中进行。因为蒸发皿的表面积较大，有利于加速蒸发（注意：加入蒸发皿中液体的量不得超过其容量的 2/3，以防液体溅出）。条件温和的蒸发也可在烧杯中进行。若液体量过多，蒸发皿一次盛不下，可随溶剂的不断蒸发逐步添加液体。溶液浓缩的程度视蒸发的目的而异，通常取决于最终溶液的浓度或结晶的析出和物料的性质。对溶解度随温度变化不大的溶质，需蒸发（浓缩）到溶液表面出现晶膜或析出一定量晶体为止（若仅有一种溶质也可蒸发至接近蒸干）。对于溶解度随温度降低且下降幅度较大的溶质，则可浓缩到一定浓度时即停止蒸发，使其冷却析晶。

蒸发（浓缩）可视溶质的热稳定性决定加热方式和热源温度。热稳定性好的溶质，蒸发时采用电炉或灯具对蒸发皿直接加热。为使受热均匀，也可用沙浴或油浴加热。热稳定性较差的溶质（热分解温度低于 100℃）则要用水浴或水蒸气加热来进行浓缩（注：也可用真空浓缩的方法来降低溶剂蒸发的温度，加快溶剂蒸发的速度）。

蒸发（浓缩）操作中，还需注意以下几点：

➢ 不要使蒸发皿骤冷，以防止炸裂；

➢ 温度较高或有晶体析出时，要随时搅拌溶液；

➢ 水浴时容器浸泡于水中，蒸汽浴则将容器置于水面上方，借水蒸气来加热。

11.3.4 结晶与重结晶

（1）结晶

结晶是指溶液经过蒸发浓缩达到饱和或过饱和后，从溶液中析出晶体的过程。结晶法常用来分离提纯固体物质。

① 蒸发法 蒸发法是指把溶液放在敞口容器（蒸发皿）中，使溶剂缓慢地蒸发，由于溶剂减少，溶液变为饱和溶液，当溶剂继续蒸发，过剩的溶质以晶体形式从溶液中析出。这种结晶法较慢，主要用于溶解度随温度改变而变化不大的物质。

② 冷却法 冷却法是指先加热溶液使溶剂蒸发，成为饱和溶液，再冷却，溶质以结晶形式从溶液中析出。析出的晶体大小与溶液冷却速度有关。冷却速度快，析出的晶体小；反之，冷却速度慢，则析出的晶体较大。

当冷却饱和溶液并无晶体时（如冷却速度过快），可放入晶种（即晶体小颗粒），搅拌溶液或用玻璃棒摩擦器皿来诱导物质结晶，以加速晶体的析出。

（2）重结晶

如果第一次结晶所得物质的纯度不符合要求，可进行重结晶。重结晶是提纯固体物质常用的一个重要方法。它利用待提纯物中各组分在某溶剂中的溶解度不同，或在同一溶剂中不同温度时的溶解度不同，达到使其相互分离的目的。

重结晶提纯的一般过程：选择溶剂→溶解固体→除去杂质→晶体析出。

如果析出的晶体纯度还不符合要求，可再次反复操作，直至符合提纯要求。

选择适宜的溶剂是重结晶操作的关键，通常应根据“相似相溶”的一般原理，但所选的溶剂必须具备以下条件：

① 不与被提纯物质反应；

② 待提纯物质的溶解度随温度的变化有明显差异；

③ 杂质的溶解度较大（结晶时留在母液中）或很小（趁热过滤时可除去）；

④ 溶剂沸点应低于待提纯物质的熔点，但不可太高，因为如果沸点太高，附着于晶体表面的溶剂不易除去；

⑤ 溶剂的价格低廉，毒性低，回收率高。

11.3.5 蒸馏

蒸馏是分离和提纯液态有机化合物最常用的一种方法。

液体在一定的温度下，具有一定的蒸气压。通常，液体的蒸气压随温度的升高而增大，直至达到沸点，这时有大量的气泡从液体中逸出，这就是液体的沸腾。

蒸馏就是利用了液体的这一性质，将液体加热至沸使其变成蒸气，再使蒸气通过冷却装置冷凝并将冷凝液收集在另一容器中。由于低沸点化合物先蒸出，高沸点化合物后蒸出，不挥发的留在蒸馏器内，因此，通过蒸馏就能将沸点相差较大的两种或两种以上的液体混合物逐一分开，达到纯化的目的，也可以把易挥发物质和不挥发物质分开，达到纯化的目的。

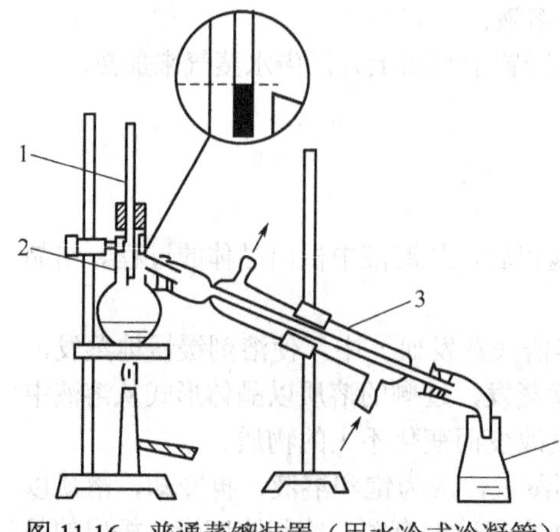

图 11.16 普通蒸馏装置（用水冷式冷凝管）

1—温度计；2—蒸馏烧瓶；3—冷凝管；4—接受器

（1）蒸馏装置

蒸馏装置主要包括三部分（如图 11.16 所示）。

① 蒸馏烧瓶　液体在瓶内汽化，蒸气经支管或蒸馏头的侧管馏出，引入冷凝管。

提示：a. 蒸馏烧瓶的大小应根据所蒸馏的液体的体积来决定，通常所蒸馏液体的体积不应大于烧瓶体积的 2/3，也不应少于其 1/3；b. 温度计应为水银单球内标式，分度值为 0.1℃，量程应适合被蒸馏物的温度范围。

② 冷凝管　蒸气在冷凝管内冷凝为液

体。液体的沸点高于140℃时采用空气冷凝管，低于140℃时采用水冷凝管。

注：一般不采用球形冷凝管，因为球的凹部会有馏出液，使不同组分的分馏变得困难。

③ 接受器 最常用的是锥形瓶或磨口烧瓶，收集冷凝后的液体。

（2）装配蒸馏装置

根据液体的沸点，选择好热源、冷凝管和温度计；根据液体的体积，选择好蒸馏烧瓶和接受器。按图11.16组装仪器。

① 用铁三脚架、升降台或铁圈，定下热源的高度和位置。

② 调节铁支架台上持夹的位置，将蒸馏烧瓶固定在合适的位置上，夹持烧瓶的单爪夹应夹在烧瓶支管以上的瓶颈处（远离热源的位置）且不宜夹得太紧。

③ 将配有温度计的塞子塞在蒸馏烧瓶口上，调节温度计的位置，使水银球的上沿恰好位于烧瓶支管口下沿所在的水平线上。

④ 根据蒸馏烧瓶支管的位置，用另一铁架台，夹稳冷凝管，通常用双爪夹夹持冷凝管（双爪夹不能夹得太紧，夹在冷凝管的中间部位）。

如选择的是水冷凝管，需将其进出水口处套上橡皮管，进水口橡皮管接在自来水龙头上，出水口橡皮管通入水槽中。

⑤ 将接液管与冷凝管接上，再在接液管下口端安放好接受器并注意接液管口应伸入接受器中（如图11.17所示）。

注：接液管不应高悬在接受器上方！更不要在只有一个开口的接受器上塞上塞子，因为这样整套装置中无一处与大气相通，成了封闭体系！

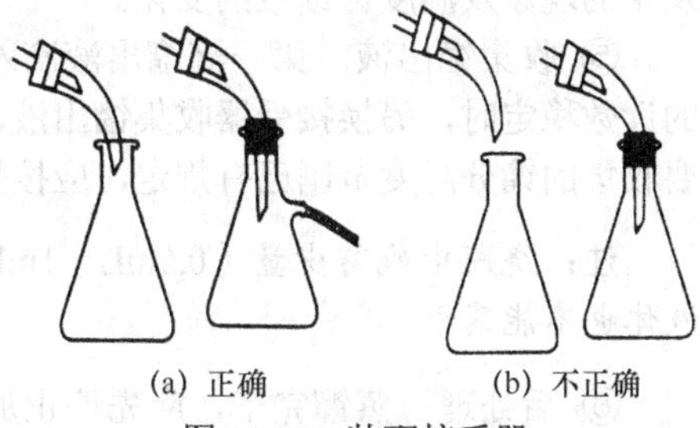

图11.17 装配接受器

总之，蒸馏装置的装配顺序一般是由下（从加热器）而上，从左（从蒸馏烧瓶）向右，依次连接。即热源→烧瓶→冷凝管→接液管→接受器。

上述装配方法既适用于普通玻璃仪器，也适用于标准磨口组合玻璃仪器（简称磨口仪）。

蒸馏装置安装完毕后，应从三方面检查：首先从正面看，温度计、蒸馏烧瓶、热源的中心轴线在同一条线上，简称为“上下一条线”，不要出现装置歪斜现象。其次从侧面看，接受器、冷凝管、蒸馏烧瓶的中心轴线在同一平面上，可简称为“左右同一面”，不要出现装置的扭曲或曲折现象。安装过程中使夹蒸馏烧瓶、冷凝管的铁夹伸出的长度大致一样，可使装置符合规范。最后是装置要稳定、牢固，各磨口接头要相互连接、严密，铁夹要夹牢，装置不要出现松散或稍一碰就晃动的现象。能符合这些要求的装置将具有实用、整齐、美观、牢固的特点。

提示：如被蒸馏物质易吸湿，应在接受管的支管上连接一个氯化钙管。若蒸馏易燃物质（如乙醚等），应在接受器的支管上连接一个橡皮管引出室外，或引入水槽和下水道内。

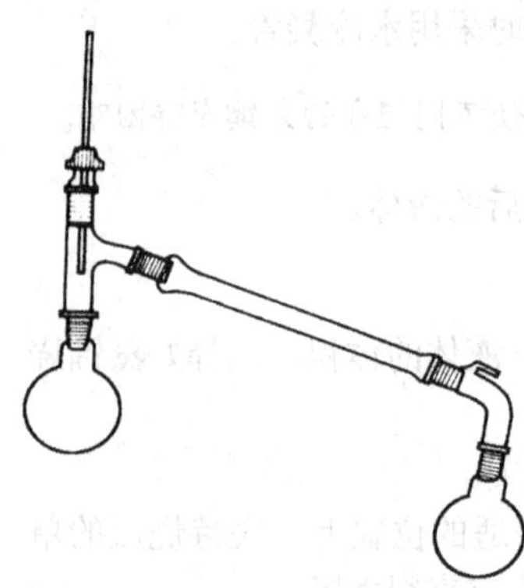
图 11.18　普通蒸馏装置（空气冷凝管）

蒸馏沸点高于 140℃的有机物时，不能用水冷凝管，而要采用空气冷凝管。如图 11.18 所示。

（3）蒸馏操作

① 待蒸馏液体的加入　用长颈漏斗将要蒸馏的液体倒入蒸馏烧瓶中。漏斗颈须能伸到蒸馏烧瓶的支管下面。

提示： 若用短颈漏斗并用玻璃棒转移液体，应将液体沿着支管口对面的瓶颈壁，慢慢加入，不能让液体流入支管。若液体中有干燥剂或其他固体物质，应在漏斗上放滤纸或一小团松软的脱脂棉、玻璃棉等，以滤除固体。

② 放入沸石或毛细管　往蒸馏烧瓶中投入 2 粒～3 粒沸石。沸石通常可用未上釉的瓷片敲成米粒大小的碎片制得。也可以在蒸馏烧瓶中放入毛细管，毛细管的一端封闭，开口的一端朝下，其长度应足以使其上端能贴靠在烧瓶的颈部而不应横在液体中。沸石和毛细管的作用是防止液体暴沸，保证蒸馏能平稳进行。

③ 检查气密性　加热前，应认真检查仪器的气密性，使用水冷凝管，应先通冷却水，然后再加热。

④ 加热　开始加热时，加热速度可稍快些，待接近沸腾时，应密切关注烧瓶中所发生的现象及温度计读数的变化。

⑤ 收集馏出液　第一滴馏出液滴入接受器时，记录此时的温度计读数。当温度计的读数稳定时，另换接受器收集馏出液，记录每个接受器内馏分的温度范围和质量。若要收集的馏分温度范围已有规定，应按规定收集。馏分的沸点范围越小，纯度越高。

注： 烧瓶中残留少量（0.5mL～1mL）液体时，应停止蒸馏。即使是半微量操作，液体也不能蒸干。

⑥ 后处理　蒸馏完毕，应先停止加热，撤去热源，后停止通冷却水，再按照与安装顺序相反的顺序拆卸仪器。为安全起见，最好在拆卸仪器前小心地将热源或热浴移开，放在适当的地方。

提示：

➢ 在整个蒸馏过程中，温度计水银球下端应始终附有冷凝的液滴，以确保汽-液平衡。

➢ 蒸馏低沸点易燃液体时（例如乙醚），不得使用明火加热，附近也不得有明火，最好的办法是用预先热好的水浴。为确保水浴温度，可以不时地向水浴中添加热水。

11.3.6　分馏

分馏是液体有机物分离提纯的一种方法。主要用于分离和提纯沸点相接近的有机液体混合物。在实验室中，使用分馏柱进行分馏操作。分馏又称“精馏”。

（1）分馏装置

分馏装置由蒸馏部分、冷凝部分与接受部分组成。蒸馏部分由蒸馏烧瓶、分馏柱与分馏头组成，比蒸馏装置要多一根分馏柱。分馏装置的冷凝与接受部分与蒸馏装置的相应部分并无差异。简单的分馏装置见图 11.19。

分馏装置的安装方法与安装顺序与蒸馏装置的相同。在安装时，同样要注意烧瓶与分馏柱的中心轴上下对齐，即“上下一条线”，不要出现倾斜状态。同时，将分馏柱用石棉绳、玻璃布或其他保温材料进行包扎，外面可用铝箔覆盖以减少柱内热量的散发，削弱风与室温的影响。保持柱内适宜的温度梯度，提高分馏效率。

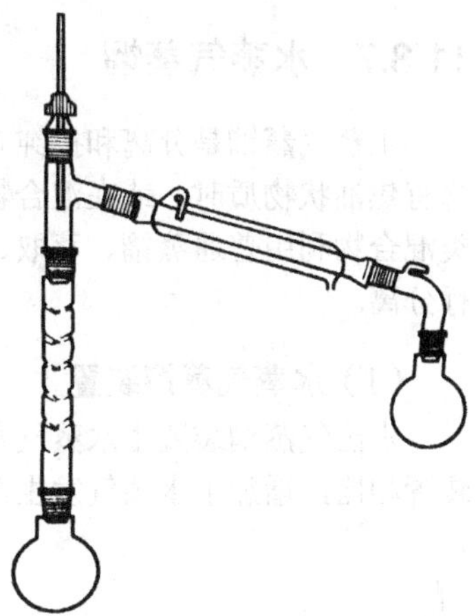

图 11.19　简单的分馏装置

（2）对分馏柱的要求

分馏柱有多种类型，能适用于不同的分离要求。但对于任何分馏系统，要得到满意的分馏效果，必须具备以下条件：

① 在分馏柱内蒸气与液体之间可以相互充分接触；

② 分馏柱内，自下而上，保持一定的温度梯度；

③ 分馏柱要有一定的高度；

④ 混合液内各组分的沸点有一定的差距。

因此，在分馏柱内装入具有大表面积的填充物，填充物之间要保留一定的空隙，可以增加回流液体和上升蒸气的接触面。分馏柱的底部往往放一些玻璃丝，以防止填充物坠入蒸馏瓶内。分馏柱效率的高低与柱的高度、绝热性能和填充物的类型等均有关系。

（3）分馏操作

① 将待分馏混合物装入蒸馏烧瓶中，加入沸石颗粒，选用适宜的热浴加热。

注：烧瓶中的液体沸腾后要注意调节浴温，使蒸气缓慢上升并升至柱顶。

② 在开始有馏出液滴出时，记录时间与温度，调节浴温使蒸出液体的速率控制在 2s～3s 流出 1 滴为宜。待低沸点组分蒸完后，更换接受器。此时温度可能有回落，逐渐升高温度，直到温度稳定，此时的馏分称为“中间馏分”。

③ 再换第三个接受器，在第二个组分蒸出时有大量的馏液蒸馏出来，温度已恒定，直至大部分蒸出后，柱温又会下降（注意：不要蒸干，以免发生危险）。这样的馏分体系有可能将混合物的组分进行了严格的分馏。

如果分馏柱的效率不高，就会使中间馏分大大增加，这样馏出的温度是连续的，没有明显的阶段性区分。对此，就要重新选择分馏效率高的分馏柱，重新进行分馏。

提示：

➢ 进行分馏操作，一定要控制好分馏的速度，维持恒定的馏速。要使有相当数量的液体自分馏柱流回烧瓶，即选择好合适的回流比，尽量减少分馏柱的热量散发和柱温的波动。

➢ 分馏柱中的蒸气（或称蒸气环）在未上升到温度计水银球处时，温度上升得很慢（此时也不可加温过猛）。一旦蒸气环升到温度计水银球处，温度迅速上升。

➢ 由于分馏柱有一定的高度，只靠烧瓶外面的加热提供的热量，不进行绝热保温操作，分馏操作是难以完成的。因此，操作人员也可选择其他适宜的保温材料进行保温操作，以达到分馏柱的保温目的。

11.3.7　水蒸气蒸馏

水蒸气蒸馏是分离和提纯有机物的一种方法。当混合物中含有大量的不挥发固体或含有焦油状物质时，或在混合物中某种组分沸点很高，进行普通蒸馏时会发生分解，此类混合物利用普通蒸馏、萃取、过滤等方法难以进行分离，可采用水蒸气蒸馏的方法进行分离。

（1）水蒸气蒸馏装置

水蒸气蒸馏装置由水蒸气发生器、蒸馏部分、冷凝部分和接受部分组成。它和蒸馏装置相比，增加了水蒸气发生器。如图 11.20 所示。

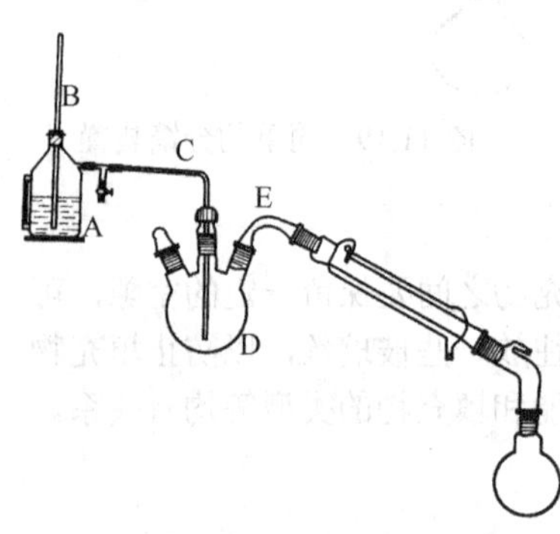

图 11.20　水蒸气蒸馏装置

水蒸气发生器 A 是铜质容器，中央的橡皮塞上插有一根接近容器底部的长度为 400mm～500mm 的长玻璃管 B，作为安全管。

➢　当蒸气通道受阻时，器内的水沿着玻璃管上升，起到报警作用，应立即检修。

➢　当器内压力太大时，水会从管内喷出，以释放系统内压。

➢　当管内喷出水蒸气时，表示发生器内水位已接近器底，应立即添加水，否则发生器要烧坏。

发生器还装有液面计，可直接观察器内水面高度，适时增加水量。操作时，通常盛装占其容量 3/4 的水量为宜，过量的水沸腾时水会冲入烧瓶。

水蒸气发生器的蒸气导出管经 T 形玻璃管与三口烧瓶 D 的蒸气导入管 C 相连。T 形管的一个垂直支管连接夹有螺旋夹的橡皮管，可以放掉蒸气冷凝的积水，当蒸气量过猛或系统内压力骤增或操作结束时，可以旋开螺旋夹，释放蒸气，调节压力。

三口烧瓶上的蒸气导入管要尽量接近瓶底。其余的瓶口一个用瓶塞塞住，另一个用蒸馏弯头（75°）E 连接，依次连接冷凝管、接引管、接受器。在必要时，可从蒸气发生管的支管开始，至三口烧瓶的蒸气通路用保温材料包扎，以便保温。

注：若不进行包扎，当加热强度不够或室内气温过低时，在支管至三口烧瓶间的通路中可以观察到有冷凝水，从而阻碍蒸气通行。这种情况下，可打开 T 形管的螺旋夹放水，加大升温强度，进行保温操作。

（2）水蒸气蒸馏操作

将待蒸馏物倒入三口烧瓶中，瓶内液体不超过其容积的 1/3。松开 T 形管螺旋夹，加热水蒸气发生器，开通冷凝管的进水管。待水接近沸腾，T 形管开始冒气时才加紧螺旋夹，使水蒸气通入三口烧瓶中，烧瓶内出现水泡翻滚，表明系统内蒸气通路畅通、正常。

为使蒸气不至于在烧瓶内冷凝而积聚过多，必要时可在烧瓶下置一石棉网，用小火加热（注：用灯火加热，加快蒸发速度，维持烧瓶内容积恒定为宜。不宜加热过猛，使烧瓶内的混合物蒸发过度，瓶内存物过少）。不久，在冷凝管内出现蒸气冷凝后的乳浊液，流入接受器内。

调节火焰强度，使馏出速度为每秒 2 滴～3 滴。如冷凝管内出现固体凝聚物（被蒸馏物有较高的熔点）则应调小冷凝水的进水量，必要时可暂时放空冷凝水，凝聚物熔化为液态后，再调进水量的大小，使冷凝液保持通畅无阻。

注意：在调节冷却水的进水量时，要缓慢进行，不要操之过急。防止冷凝管因骤冷、骤热而破裂。

待馏出液变得清澈透明，没有油滴时（可用小试管盛接馏液仔细观察，没有油滴，表示被蒸馏物已全部蒸出），便可停止操作。

先打开 T 形管螺旋夹，放掉系统内蒸气压力，与大气保持相通后，再停止水蒸气发生器的加热（以免发生蒸馏烧瓶残存液向水蒸气发生器发生倒灌的现象），关闭进水龙头。

按照与装配时相反的顺序，拆卸装置，清洗与干燥玻璃仪器。

在接受器内收集的馏液为两相，底层为油层，上层为水相。将馏液进行分液操作，油层分出后，进行干燥、蒸馏，即得纯品。

11.3.8　旋转蒸发

旋转蒸发操作是分离有机溶剂常用的方法。旋转蒸发操作是在旋转蒸发器内完成的。旋转蒸发器的结构示意见图 11.21。

旋转蒸发器由一台电动机带动可旋转的蒸发器、冷凝管、接受瓶。它可在常压或减压下使用。可一次进料，也可分批进料。由于蒸发器在不断旋转，可免加沸石而不会暴沸。同时，液体附于壁上形成一层液膜，加大了蒸发面积，使蒸发速度加快。

停止蒸发时，应先停止加热，停止抽真空，最后再切掉电源。

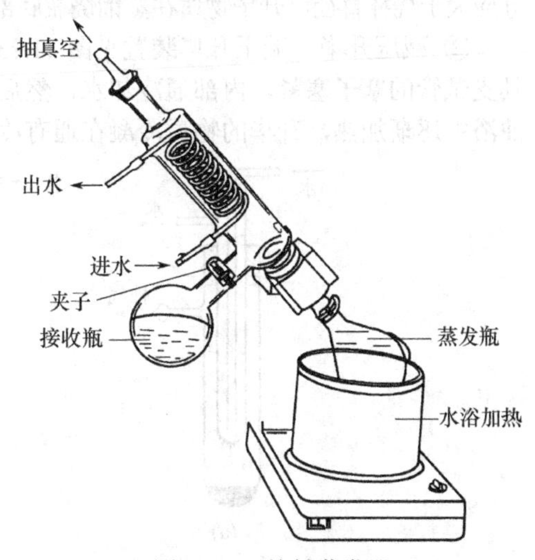

图 11.21　旋转蒸发器

11.3.9　升华

固态物质不经过液态而直接转变为气态的现象称为升华。

升华可以得到很纯的化合物，所以升华也是提纯物质的方法之一。用升华法提纯所得的产品纯度高，含量可达 98%～99%，适宜于制备无水物或分析用试剂。

升华是利用固体不同的蒸气压，将不纯的物质在其熔点温度以下加热。它不会熔化，当固体的蒸气压等于大气压时，它就能够由固体表面挥发而发生升华现象。因此，只有具有相当高（大于 2.64kPa）蒸气压的物质，才可用升华来提纯。

升华可以在常压或减压下操作，也可根据物质的性质在大气气氛或惰性气体瓶中操作。

（1）样品的制备

将待升华样品经过充分干燥后，仔细粉碎并研细，置于干燥器内备用。

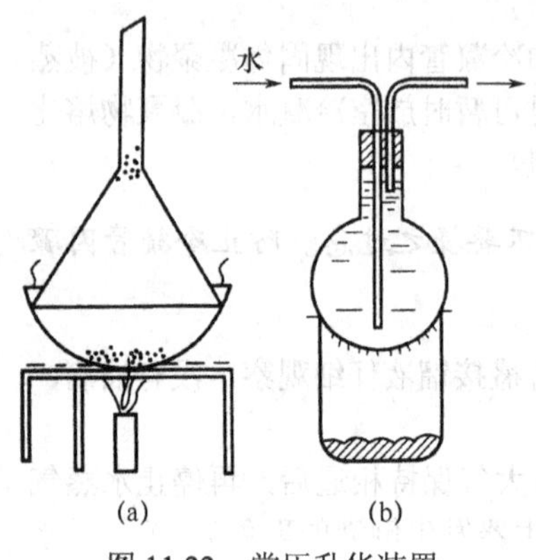

图 11.22　常压升华装置

（2）升华方式与操作

① 常压升华　最简单、方便的升华方式是常压升华，常压升华的装置如图 11.22 所示。

一种常压升华方式是：在蒸发皿中放入处理好的样品，在其上面覆盖一张穿有一些小孔的圆形滤纸，滤纸直径应比漏斗口大。再倒置一个漏斗，漏斗的长颈部分塞一团疏松的棉花。在石棉网（或沙浴）上加热蒸发皿（要控制加热温度，此温度应低于被升华物的熔点），蒸气通过滤纸小孔，在器壁上冷凝，由于有滤纸阻挡，不会落回器皿底部。收集漏斗的内壁与滤纸上的晶体，即为经升华提纯的物质［装置见图 11.22（a)］。

另一种常压升华方式是：在烧杯上放一内部通冷水的蒸馏烧瓶，该烧瓶的最大直径部分应大于烧杯直径，升华物质在蒸馏烧瓶底部外壁冷凝成晶体［装置见图 11.22（b)］。

② 减压升华　减压升华装置见图 11.23。将待升华物质放在吸滤管中，然后将装有具支试管的塞子塞紧，内部通冷却水，然后开动水泵或真空泵减压，吸滤管浸在水浴或油浴中逐渐加热，升华的物质冷凝在通有冷水的管壁上。

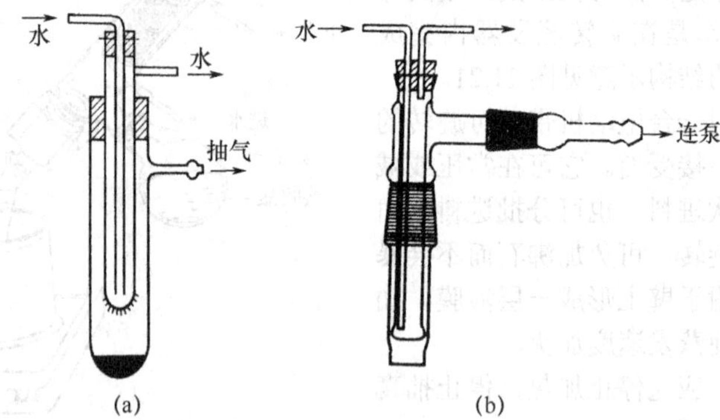

图 11.23　减压升华装置

11.4　色谱法

色谱法是分离、纯化和鉴定有机物的重要方法之一，具有广泛的用途。该方法是利用混合物各组分在固定相和流动相中分配平衡常数的差异来达到分离目的的。也就是说，流动相经固定相时，由于固定相对各组分的吸附或溶解性能不同，吸附力较弱或溶解度较小的组分在固定相中移动速度较快，经过多次反复平衡，各组分在固定相中形成分离层，从而实现分离。

色谱法的分类：

➢ 按照组分在固定相中的作用原理不同，可分为：吸附色谱、分配色谱、离子交换色谱、排阻色谱等。

➢ 按照操作条件的不同，可分为：柱色谱、纸色谱、薄层色谱、气相色谱和高效液相色谱等类型。

以下着重介绍柱色谱、纸色谱和薄层色谱。

11.4.1 柱色谱

（1）装置

图 11.24 所示为一般柱色谱装置。通常由分液漏斗、色谱柱、承接器（锥形瓶等）组成。柱内装的固体称为“固定相”。液体样品从柱顶加入，流经吸附柱时，即被吸附在柱的上端，然后加入洗脱溶剂冲洗，由于固定相对各组分的吸附能力不同，各组分以不同速度沿柱下移，形成若干色带，如图 11.25 所示。再用溶剂洗脱，吸附能力最弱的组分随溶剂首先流出。分别收集各组分物，达到分离的目的。

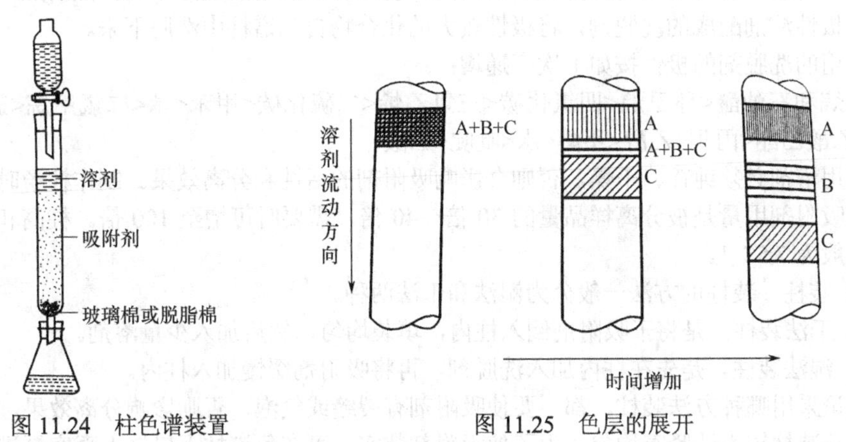

图 11.24　柱色谱装置　　　图 11.25　色层的展开

因此，柱色谱法主要用于分离。柱色谱法最重要的是选择好吸附剂和溶剂。

（2）操作

① 吸附剂　常用的吸附剂有氧化铝、硅胶、氧化镁、碳酸钙和活性炭等。选择吸附剂的首要条件是：它与被吸附物以及展开剂均无化学作用。吸附剂的吸附能力与其颗粒大小有关：颗粒太大，则流速快导致分离效果不好，颗粒太细则流速慢。

色谱用的氧化铝可分酸性、中性和碱性三种。

a．酸性氧化铝是用 1%盐酸浸泡后，用蒸馏水洗至悬浮液 pH 为 4～4.5，用于分离酸性物质。

b．中性氧化铝 pH 为 7.5，用于分离中性物质，应用最广。

c．碱性氧化铝 pH 为 9～10，用于分离生物碱、碳氢化合物等。

吸附剂的活性与其含水量有关，含水量越低，活性越高，氧化铝的活性分 5 级。其含水量分别为 0、3%、6%、10%、15%。将氧化铝放在高温炉（350℃～400℃）烘 3h，得无水氧化铝，加入不同量的水，得活性程度不同的氧化铝，见表 11.4，一般常用为Ⅱ级～Ⅲ级，硅胶可采用此法处理。

表 11.4　吸附剂的活性和含水量的关系

活性	I	II	III	IV	V
氧化铝含水量/%	0	2	6	10	15
硅胶含水量/%	0	5	15	25	38

化合物的吸附性还与它们的极性有关，吸附性与极性成正比。化合物分子中含有极性较大的基团时，其吸附性也较强，氧化铝对各种化合物的吸附性按以下次序递减：

酸和碱>醇、胺、硫醇>芳香族化合物>卤代物、醚>烯>饱和烃

② 溶剂　溶剂的选择通常考虑被分离物中各种成分的极性、溶解度和吸附剂的活性等因素。首先将待分离的样品溶于一定体积的溶剂中，选用的溶剂极性低，分子体积小。如有的样品在极性低的溶剂中溶解度很小，则可加入少量极性较大的溶剂，使溶液体积不至于太大。

色谱的展开首先是使用极性较小的溶剂，使最容易脱附的组分分离。然后加入不同比例的极性溶剂配成的洗脱剂，将极性较大的化合物自色谱柱中洗脱下来。

常用的洗脱剂的极性按如下次序递增：

己烷和石油醚<环己烷<四氯化碳<三氯乙烯<二硫化碳<甲苯<苯<二氯甲烷<氯仿<乙醚<乙酸乙酯<丙酮<乙醇<甲醇<水<吡啶<乙酸

所用溶剂必须纯粹、干燥，否则会影响吸附剂的活性和分离效果。制作柱子时要求柱中的吸附剂用量是被分离样品量的 30 倍～40 倍，需要时可增至 100 倍。柱高和直径之比一般为 7.5∶1。

③ 装柱　装柱的方法一般分为湿法和干法两种。

a．干法装柱。是将干吸附剂倒入柱内，填装均匀，然后加入少量溶剂。

b．湿法装柱。是先在柱内加入洗脱剂，再将吸附剂缓慢加入柱内。

无论采用哪种方法装柱，都不要使吸附剂有裂缝或气泡，否则影响分离效果，一般来说湿法装柱较干法紧密均匀。为了使吸附剂装实，可在色谱柱下口接上真空泵进行抽实或在色谱柱的上口用高压气体压实。

提示：色谱柱填装紧密与否，对分离效果影响很大，若柱中留有气泡或各部分松紧不匀（更不能有断层或暗沟），会影响渗滤速度和显色的均匀。但如果填装时过分敲击，又会因太紧密而流速过慢。

11.4.2　纸色谱

（1）原理

纸色谱分离法的分离原理属于分配色谱的范畴。纸色谱法可视为溶质在固定相和流动相之间的连续分配（萃取）的过程。由于组分在两相间的分配系数不同，因而随展开剂迁移的速度不同，进而达到分离的目的。其中固定相为滤纸上的吸湿水分，流动相为有机溶剂（展开剂），载体为滤纸。

与薄层色谱相同，纸色谱也常用比移值（R_f）来表示各组分在色谱中位置。即

$$R_f = \frac{\text{溶质的最高浓度中心至原点中心距离}}{\text{溶剂前沿至原点中心距离}} \tag{11.1}$$

当温度、滤纸等实验条件固定时，比移值就是一个特有的常数，因而可作为定性分析的依据。基于影响 R_f 值的因素较多，实验数据往往与文献记载有出入，因此在鉴定时常常要采用标准样品作为对照。此法一般适用于微量（5mg～500mg）有机物质的定性分析。分离出来的色点也可用比色法定量。

（2）展开方法

纸色谱法要在密闭的展开室中展开，且方式多样。展开的方法主要有上升法、下降法（包括圆形纸色谱法和双向纸色谱法等）。纸色谱装置见图 11.26。

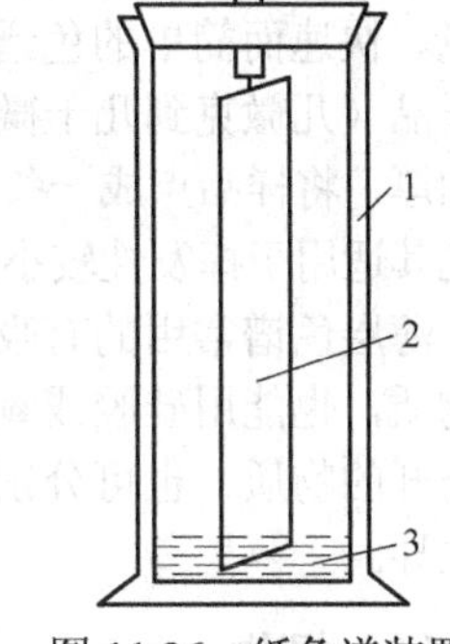

图 11.26　纸色谱装置

1—层析缸；2—滤纸；3—展开剂

（3）操作

① 点样　在滤纸的一端 2cm～3cm 处用铅笔按图 11.27 所示画记号，用直尺（如干净塑料尺）将滤纸条对折成图 11.27（b）所示，剪好悬挂该纸条用的小孔。

必须注意：整个过程不得用手接触纸条中部，因为皮肤表面沾着的脏物碰到滤纸时会出现错误的斑点。

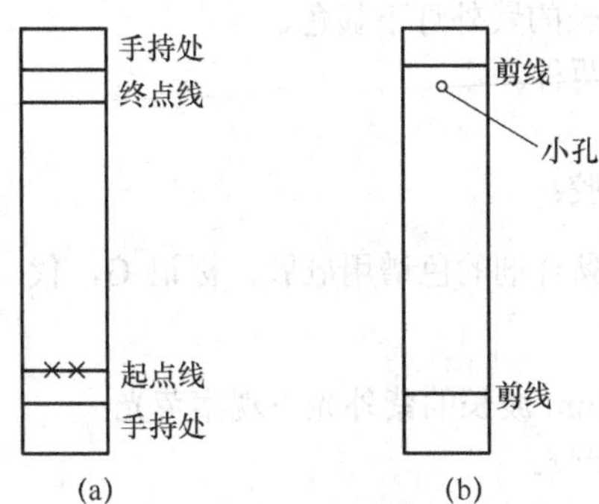

图 11.27　纸色谱滤纸条点样

将样品溶于适当的溶剂中，用毛细管吸取样品溶液点于起点线的 x 处，点的直径不超过 0.5cm，然后剪去纸条上下手持的部分。

② 展开　用带小钩的玻璃棒钩住滤纸，使滤纸条下端浸入展开剂中约 1cm，展开剂即在滤纸上上升，样品中组分随之而展开，待展开剂上升至终点线时，取出纸条，挂在玻璃棒上，晾干、显色，习惯上测量斑点前缘与起点的距离，求出比移值（R_f）。

③ 色谱用纸　色谱用纸的选择要求：

a．滤纸质地均匀，且具有一定的机械强度；

b．纸纤维的松紧要适宜，过于疏松则易使斑点扩散，而太紧密则会使流速过慢；

c．滤纸的纸质要纯，不应有明显的荧光斑点。

在选用滤纸的型号时，应结合分离对象加以考虑，R_f 值相差很小的化合物宜采用慢速滤纸。常用色谱用滤纸的型号与性能见表 11.5。

表 11.5　新华牌常用色谱用滤纸的型号与性能

型号	标重/（g/m²）	厚度/mm	吸水性（30min 内水上升的高度）/mm	灰分/%	性能
1	90	0.17	150～120	0.08	快速
2	90	0.16	120～91	0.08	中速
3	90	0.15	90～60	0. 08	慢速
4	180	0.34	151～121	0.08	快速
5	180	0.32	120～90	0.08	中速
6	180	0.32	90～50	0.08	慢速

11.4.3 薄层色谱

（1）原理

薄层色谱（Thin Layer Chromatography）常用 TLC 表示，是近年来发展起来的一种微量、快速而简单的色谱法。其特点是兼备了柱色谱和纸色谱的优点，一方面适用于少量样品（几微克到几十微克，甚至 0.01μg）的分离，另一方面若在制作薄层板时把吸附层加厚，将样品点成一条线，则可分离多达 500mg 的样品，因此又可用来精制样品。此法尤其适用于挥发性较小或在较高温度易发生变化而不能用气相色谱分析的物质。

薄层色谱常用的有吸附色谱和分配色谱两类。一般能用硅胶或氧化铝薄层色谱分开的物质，也能用硅胶或氧化铝柱色谱分开。凡用硅藻土和纤维素作支持剂的分配柱色谱能分开的物质，也可分别用硅藻土和纤维素薄层色谱展开，因此薄层色谱常用作柱色谱的先导。

（2）操作

薄层色谱是在洗涤干净的玻璃板上均匀地涂一层吸附剂或支持剂，待干燥、活化后将样品溶液用管口平整的毛细管滴加于离薄层板一端约 1cm 处的起点上，晾干或吹干后置薄层板于盛有展开剂的展开槽内，浸入深度为 0.5cm，待展开剂前沿离顶端约 1cm 时，将色谱板取出，干燥后喷以显色剂，或在一定波长的紫外灯下显色。

① 吸附剂 常用的 TLC 吸附剂有硅胶和氧化铝两种。

a．硅胶。常用的商品薄层色谱用硅胶有：

硅胶 H——不含黏合剂和其他添加剂的色谱用硅胶；

硅胶 G——用煅烧过的石膏（$CaSO_4 \cdot \frac{1}{2}H_2O$）作黏合剂的色谱用硅胶，标记 G，代表石膏（Gypsum）；

硅胶 HF_{254}——含荧光物质色谱用硅胶，可在 254nm 波长的紫外光下观察荧光；

硅胶 GF_{254}——含煅烧石膏、荧光物质的色谱用硅胶。

b．氧化铝。与硅胶相似，商品氧化铝也有 Al_2O_3-G、Al_2O_3-HF_{254}、Al_2O_3-GF_{254}。

上述吸附剂中最常见的是硅胶 G 和氧化铝 G。

② 薄层板的制备与活化

a．制备薄层载片。如果是新的玻璃片，根据用途切割成 150mm×30mm×2.5mm、100mm×30mm×2.5mm、200mm×200mm×2.5mm 的载玻片，水洗至洁净，干燥。若是重新使用的载玻片，要用洗衣粉水溶液洗涤，用水淋洗，用 50%的甲醇溶液淋洗，使玻璃片完全干燥。取用时应让手指接触片的边缘，因为指印沾污片的表面上将使吸附剂难以铺在片上。

硬质塑料膜也可作为载片。

b．制备浆料。1g 硅胶 G 需要 0.5% CMC（色谱用羧甲基纤维素钠）清液 3mL～4mL 或 3mL 氯仿；1g 氧化铝 G 需要 0.5% CMC 清液 2mL。不同性质的吸附剂所用溶剂量不同，应根据实际情况予以增减。

在高型烧杯或带螺旋盖的广口瓶中，将吸附剂慢慢加入溶剂中，边加边搅拌，制成的浆料应均匀、不带团块、黏稠适当。

将浆料采取下列三种方法铺层，薄层的厚度为 0.25mm～1mm，厚度尽量均匀。否则，在展开时溶剂前沿不齐。

【平铺法】 可用自制的涂布器涂布，见图 11.28。将洗净的几块玻璃片在涂布器中间摆好，上下两边各夹一块比前者厚 0.25mm～1mm 的玻璃板，将浆料倒入涂布器的槽中，然后将涂布器自左向右推去即可将浆料均匀铺于玻璃板上。若无涂布器，也可将浆料倒在左边的玻璃板上，然后用边缘光滑的不锈钢尺或玻璃片将浆料自左向右刮平，即得一定厚度的薄层。

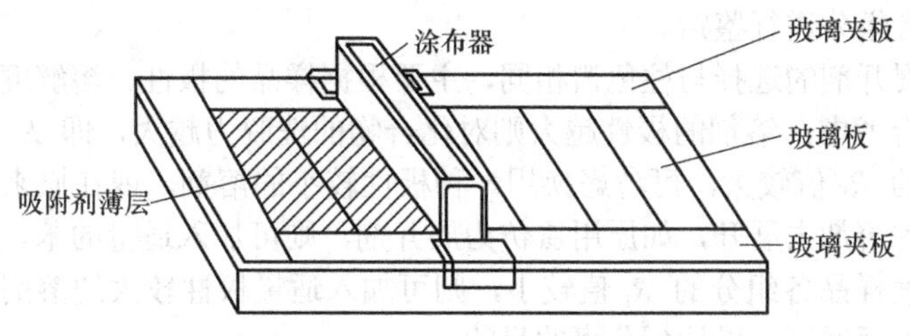

图 11.28　载玻片平铺涂浆

【倾注法】 将调好的浆料倒在玻璃板上，用手左右摇晃，使表面均匀光滑（必要时可于平台处让一端触台面，另一端轻轻跌落数次并互换位置）。然后，把薄层板放于已校正水平面的平板上晾干。

【浸涂法】 将载玻片浸入盛有浆料的容器中，浆料高度约为载玻片长度的 5/6，使载玻片涂上一层均匀的吸附剂，既不应有纹路、带团粒，也不应有能看到玻璃的薄涂料点。

操作方法是：在带有螺旋盖的瓶子中盛满浆料［1g 硅胶 G 需要 3mL 氯仿，或 3mL 氯仿-乙醇混合物（体积比 2∶1），在不断搅拌下慢慢将硅胶加入氯仿中，盖紧，用力振摇，使之成均匀糊状］，选取大小一致的两块载玻片紧贴在一起，两块同时浸涂。因为浆料在放置时会沉积，故浸涂前应将其剧烈振摇。用拇指和食指捏住载玻片上端（见图 11.29）缓慢地、均匀地将其浸入浆料中并取出，多余的浆料任其自动滴下，直至大部分溶剂已蒸发后将两块分开，放在水平板上晾干。若浆料太稠，涂层可能太厚，甚至不均匀；若浆料太稀，涂层有可能较薄，若出现上述两种情况，均需调整黏稠度。

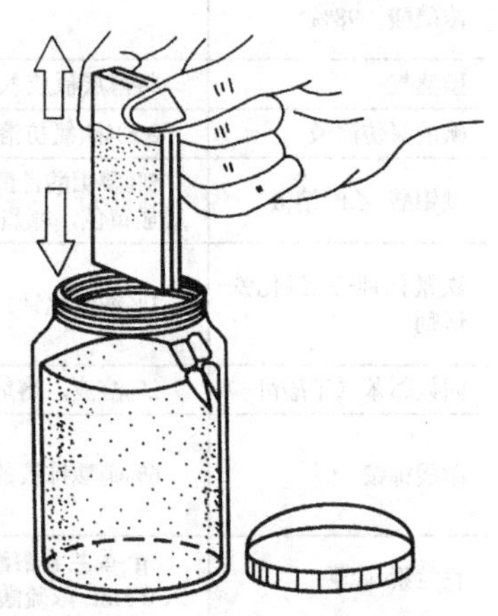

图 11.29　载玻片浸渍涂浆

c．薄层的活化。硅胶板于 105℃～110℃烘 30min，氧化铝板于 150℃～160℃烘 4h，可得Ⅲ～Ⅳ活性级的薄层，薄层板的活性与含水量有关，其活性随含水量的增加而下降，因此，活化后的薄层板放在干燥器内保存备用。

③ 点样　在距离薄层长端 8cm～10cm 处，用铅笔画一条线，作为起点线。用毛细管（内径小于 1mm）吸取样品溶液（一般以氯仿、丙酮、甲醇、乙醇、苯、乙酸乙酯、乙醚或四氯化碳等作溶剂，配成 1%的溶液），垂直地轻轻接触到薄层的起点线上。若溶液太稀，一次点样往往不够，如需重复点样，则应待前次点样的溶剂挥发后方可重新点样，以防样点的面积过大，造成拖尾、扩散等现象，影响分配效果。若在同一

板上点几个样，样点间距应为 0.5cm～1cm。点样结束待样点干燥后，方可进行展开。点样要轻，不可刺破薄层。

④ 展开 薄层的展开需在密闭的容器中进行。先将配好的展开剂放在展开室中，使展开室内空气饱和 5min～10min，再将点好试样的薄层板放入展开室中进行展开。点样的位置必须在展开剂液面之上。当展开剂上升到薄层的前沿（离顶端 5cm～10cm）或各组分已明显分开时，取出薄层板放平晾干，用铅笔划前沿的位置即可显色。根据 R_f 值的不同对各组分进行鉴定。

薄层色谱展开剂的选择与柱色谱相同，主要根据样品的极性、溶解度和吸附剂的活性等因素来综合考虑。溶剂的极性越大则对化合物的洗脱力越大，即 R_f 值越大。如发现样品各组分的 R_f 值较大，可考虑换用一种极性较小的溶剂，或在原来的溶剂中加入适量极性较小的溶剂去展开，如原用氯仿为展开剂，则可加入适量的苯。相反，如果所用展开剂的量使样品各组分的 R_f 值较小，则可加入适量极性较大的溶剂，如氯仿中加入适量的乙醇进行展开，以达到分离的目的。

⑤ 显色 展开完毕，取出薄层板，划出前沿线，若化合物本身有色，可直接观察其斑点。若化合物本身无色，可先在紫外灯下观察有无荧光斑点，用铅笔划出斑点的位置。也可在溶剂蒸发前用显色剂喷雾显色。不同类型的化合物需选用不同的显色剂，见表 11.6。

表 11.6 常用显色剂的配制及使用方法和检出对象

显色剂	配制及使用方法	检出对象
浓硫酸（98%）		大多数有机化合物在加热后可显出黑色斑点
碘蒸气	将薄层板放入缸内被碘蒸气饱和数分钟	很多有机物显黄棕色
碘的氯仿溶液	0.5%碘氯仿溶液	很多有机物显黄棕色
碘钼酸-乙醇溶液	5%磷钼酸乙醇溶液，喷后 120℃烘，还原性物质显黄色，氨熏，背景变为无色	还原性物质显蓝色
铁氰化钾-三氯化铁试剂	1%铁氰化钾，1%三氯化铁使用前等量混合	还原性物质显蓝色，再喷 2mol/L 盐酸，蓝色加深，可检验酚、胺、还原性物质
四氯邻苯二甲酸酐	2%溶液，溶剂：丙酮-氯仿（体积比 10∶1）	芳烃
硝酸铈铵	6%硝酸铈铵的 2mol/L 硝酸溶液	薄层板在 105℃烘 5min，喷显色剂，多元醇在黄色底色上有棕黄色斑点
香兰素-硫酸	3g 香兰素溶液溶于 100mL 95%乙醇中，再加入 0.5mL 浓硫酸	高级醇及酮呈绿色
茚三酮	0.3g 茚三酮溶于 100mL 乙醇，喷后，110℃加热至斑点出现	氨基酸、胺、氨基糖、蛋白质

凡能用于纸色谱的显色剂均可用于薄层色谱。薄层色谱还可使用腐蚀性的显色剂如浓硫酸、浓盐酸和浓硝酸等。此外也可用卤素斑点试验法来使薄层色谱斑点显色，方法是：将几粒碘置于密闭容器内，待容器充满碘的蒸气后，将展开后的色谱板放入，碘与展开后的有机化合物能可逆结合，在几秒到数十秒内化合物斑点位置呈黄棕色。当色谱板上仍含有溶剂时，碘蒸气亦能与溶剂结合，致使色谱板显浅棕色，而展开后的有机化合物则呈现较暗的斑点。色谱板自容器内取出后，呈现的斑点一般在 2s～3s 内消失。因此必须立即用铅笔标出化合物的位置。

第12章 样品的采取与制备

进行定量化学分析时，一般称取的试样量均为几克或零点几克。也就是说在分析测试中，不可能将“整体”拿来做分析测定，也不能任意抽取一部分来做分析。这就要求相关的分析测试结果要能够充分代表整批物料的平均组成，因此，所采用的实验室样品就必须要具备较高的代表性。否则，无论分析工作者在测试中做得多么认真、准确，其所得结果仍然是毫无意义的，甚至可能导致错误结论，从而给实际工作造成严重混乱。

因此，在分析测试前慎重审查试样来源，正确采取实验室样品极为重要！而且常常地，采样要比比分析操作本身更重要。

12.1 基础知识

样品是从大量物质中选取的一部分物质。确切地说它是采用一定的科学方法从整体抽出可代表整体平均组成状况的少量物料。这一操作过程称为“取样”。样品的组成和整体物料的平均组成相符合的程度，称为“代表性”。符合程度越大，代表性就越好。

在任何分析过程中，取样是最为关键的步骤。取样的关键是要有代表性！在取样过程中，应严格控制样品的必要量。样品的多少取决于所要求的精密度、材料的不均匀性和颗粒的大小等。

12.1.1 采样的目的与原则

采样的基本目的是从被检测的总体物料中取得有代表性的样品。通过对样品的检测，得到在允许误差范围内的数据，从而求得被检测物料的某一或某些特性平均值及其变异性。

（1）采样的具体目的

采样的具体目的可以分为技术目的、商业目的、法律目的和安全目的四个方面。

① 技术目的　确定原材料、半成品及成品的质量；控制生产工艺过程；确定未知物；确定被污染物的性质、程度和来源；验证物料的特性；测定物料随时间和环境的变化；鉴定物料的来源等。

② 商业目的　确定销售价格；验证是否符合合同的规定，保证产品销售质量满足用户的要求。

③ 法律目的　检查物料是否符合法令要求；检查生产过程中泄露的有害物质是否超过允许极限；为了法庭调查、确定法律责任，为了进行仲裁等。

④ 安全目的　确定物料是否安全或物料的危险程度，分析发生事故的原因，按危险性进行物料的分类等。

（2）采样原则

在明确了采样的具体目的后，就可以根据不同的目的和要求以及所掌握的被采物料的所有信息，设计具体的采样方案。但无论是什么目的，采用什么方案采样，都必须遵循一个基本原则，那就是采得的样品必须具有充分的代表性，即它能代表总体物料的特性[1]。

12.1.2　采样方案

（1）影响采样方案的因素

设计采样方案时，需要考虑采样误差和采样费用（物料费用及作业费用等）两个因素。其中首先要满足采样误差的要求，因为采样误差是无法用样品的检测来补偿的。当样品不能很好地代表总体时，用样品的检测数据来估计被检测总体，就会导致错误的结论。

此外，若样品的采集费用较高，在确定采样方案时，也要考虑这个因素。另外，也要考虑被采集总体物料的性质、物理状态和范围（范围指买卖双方协议的某交货批，或间断生产的某生产批，连续生产时可以是某时间间隔内生产的物料），被检物料的规格，物料判定标准的特性定义，物料在生产时或产出后被污染或变质的可能性，检测方法和精密度，简化采样操作的可能性。

（2）采样方案的具体内容

① 确定总体物料的范围。

② 确定采样单元和二次采样单元。

所谓采样单元是指具有界限的一定数量物料。其界限可能是有形的，如一个容器；也可能是假想的，如物料流的某一时间或时间间隔。

所谓二次采样单元是指与估计品质波动有关的实际或假想划分的一种采样单元。

③ 确定样品数、样品量和采样部位。

④ 制定采样方法、采样工具和容器，规定所取样品的存放地点和存放时间。

⑤ 制定样品的加工方法。

⑥ 制定采样的各项细则，包括技术规程和安全措施。

（3）采样技术

① 采样误差　采样误差是由采样方案中已知的和允许的不够完善所导致的。一般分为三种。

a．采样随机误差。采样随机误差是指采样过程中的一些无法控制的偶然因素所引起的误差。这是无法避免的。但是，通过增加采样的次数可以缩小这种误差。

b．采样系统误差。采样方案不完善、采样设施的缺陷、操作者不按照规定进行操

[1] 特性是指可确定的物料性质，可分为定性和定量两种。

作以及环境因素的影响所引起的误差。这种误差是定向的，应极力避免。增加采样次数不能缩小这种误差。

c. 试验误差。采得的样品都可能包含随机误差和系统误差。因此，通过测定样品所得的特性数值也有误差，不过，这个误差中既包含采样误差，又包含试验误差，所以在应用样品的检测数据来研究采样误差时，必须考虑试验误差的影响。

② 物料类型　分析检测用的固体物料通常分为均匀物料和不均匀物料两大类。其中不均匀物料还可再细分为随机不均匀物料和非随机不均匀物料。

a. 均匀物料样品的采集。均匀物料的采集，原则上可以在物料的任何部位进行。但需注意，采样过程中不得带进杂质，以防引起物料变化（如氧化、吸水等）。

b. 不均匀物料样品的采集。对不均匀物料样品的采集，通常采用随机取样的方法。对随机采集的样品分别进行测定，再汇总所有的检测结果，可以得到总体物料的特性平均值和变异性的估计量值。对随机不均匀物料（指总体物料中任意部分的特性平均值与相邻部分的特性平均值无关的物料）的采取可以随机选取也可以非随机选取。

③ 样品量　分析测定过程中，在满足下列要求的前提下，样品量应该越少越好。

a. 至少满足三次重复测定的需要。

b. 如需留存备用样品，必须充分考虑满足备用样品的需要。

所谓备用样品是指与送达实验室供检测的样品（实验室样品）同时同样自备的样品。在有争议时，该样品可被有关方面接受用作实验室样品。

c. 如需对采得的样品物料进行制样处理，必须满足加工处理的需要。

④ 采样安全　采样时，必须注意安全，要遵循采样操作的一切规定。

a. 采样地点要有出入安全的通道和符合要求的照明、通风设施。

b. 在固定装置上采样要防止掉入容器或货物倒塌。

c. 如物料本身是危险品，采样时不应使该物料受损害。

d. 当需要用待测样品清洗样品容器时，应准备适当的装置去处理清洗用的物料。

e. 采样次数和采样量应不超过试验需要量；采样设备（工具和容器）要与待采物料的性质适应并符合使用要求。

f. 采样前要在容器上做好标记，标明物料的性质和危险性，采样者要了解样品的危险性和防护措施，并受过灭火器、防护服、防护眼镜等的使用训练。

g. 采样者要有第二者陪伴，以保护采样者的安全。陪伴者应处于能清楚地看到采样点的位置并观察全部采样操作过程，陪伴者应受过处理紧急情况的训练，如发出警报等。

h. 无论在何处接触化学品，都要使用保护眼睛的装备；采样工作的指导者必须防止可能发生的如溅出、阀门失灵等事故，要对采样者和陪伴者进行处理事故的训练。

i. 对易燃易爆物质、氧化性物质、可燃物质、毒物、腐蚀性和刺激性物质、放射性物质和由于物理状态（尤其是压力、温度）而引起危险的物料的采集都有其各自的安全规定，在采样前务必要认真学习，采样时要认真执行，不可有丝毫疏忽，否则将引起严重后果。

⑤ 采样记录与采样报告　采用时，应认真、如实记录被采集物料的状况和采样操作。

记录内容有：物料名称、来源、编号、数量、包装情况、存放环境、采样部位、所采样品数和样品量、采样日期、采样者姓名。必要时应写采样报告。

⑥ 样品容器与样品的保存 盛样品的容器应符合以下要求：具有符合要求的容器盖、塞和阀门，使用前必须洗净并干燥，材质不能有渗透性，并且不可与被采样品发生作用。光敏性物料的盛放容器不可以透光。

样品装入容器后，应在容器上贴上标签。标签上应有以下内容：样品编号和名称、总体物料编号及数量、生产单位、采样部位、样品量、采样日期、采样人姓名。

样品采集后，其保存量（作为备用样品）、保存环境、保存时间以及撤销方法等都应做明确规定，对剧毒和危险样品的保存、撤销方法要遵循其特殊的规定。

12.1.3 基本术语

（1）采样批

指待检物料总体的范围。在实际采样工作中，常根据物料状况或生产过程采用不同的采样批。常用的有以下三种。

① 生产批（batch） 指一定量的物料。它可以是一个采样单元，也可以是按相同生产条件制得的堆放在一起的若干个采样单元。

② 交货批（comdignment） 指由特定的交货或装货单据所指明的一定数量的物料。

③ 商品批（lot） 按一定采样方案进行采样的物料总量，它可由几个交货批、生产批或采样单元组成。

（2）采样单元

采样单元（sampling unit）是指具有界限的一定数量的物料。其界限可以是有形的，如一个容器，也可以是设想的，如物料流的某一时刻或时间间隔。

（3）份样

份样（increment）是指用采样器从一个采样单元中一次取得的一定量物料。

份样应该是代表样（representative sample），即与被采物料具有相同组成的样品。

（4）样品

样品（sample）是指从数量较大的采样单元中取得的一个或几个采样单元，或从一个采样单元中取得的一个或几个份样。在某些情况下，样品也称作“样本（specimen）”。

由于从物料中采集时选择的部位不同，样品又可分别赋予不同的名称。如：部位样品、表面样品、底部样品、上部样品、中部样品、下部样品、连续样品、间断样品等。

（5）原始样品

原始样品（primary sample）是指采集的保持其个体本性的一组样品。

（6）缩分样品

缩分样品（reduced sample）是指将采集的样品经过缩分，缩减了数量，但不改变其组成所得的样品。

（7）实验室样品

实验室样品（laboratory sample）是指送往实验室供检验或测试而制备的样品。

（8）备份样品

备份样品（reference sample）指与实验室样品同时同样制备的样品。一般用于对检验结果有争议时，可为有关方面接受作为实验室样品。

（9）存样

存样（storage sample）是与实验室样品同时、同样制得的样品，以备以后有可能用作实验室样品。

（10）试样

试样（test sample）是由实验室样品制得的样品，并从它取得试料。通常，试样常与实验室样品相同。

（11）试料

试料（rest portion）是从试样中取得的一定量的物料，用以进行检验或观察。

12.2　固体样品的采集与制备

12.2.1　采样工具

采集固体样品，应根据固体物料的不同种类和不同状态而采用不同的方法，采样的方法不同所使用的采样工具也不同。

采集固体样品的工具有试样桶、试样瓶、舌形铲、采样探子、采样钻、气动和真空采样探针以及自动采样器。

（1）采样探子

采样探子适用于从包装桶或包装袋内采集粉末、小晶体及小颗粒等固体物料。

采样探子从构造上可分为末端开口的采样探子（见图 12.1）、末端封闭的采样探子（见图 12.2）、可封闭的采样探子（见图 12.3）等几种。

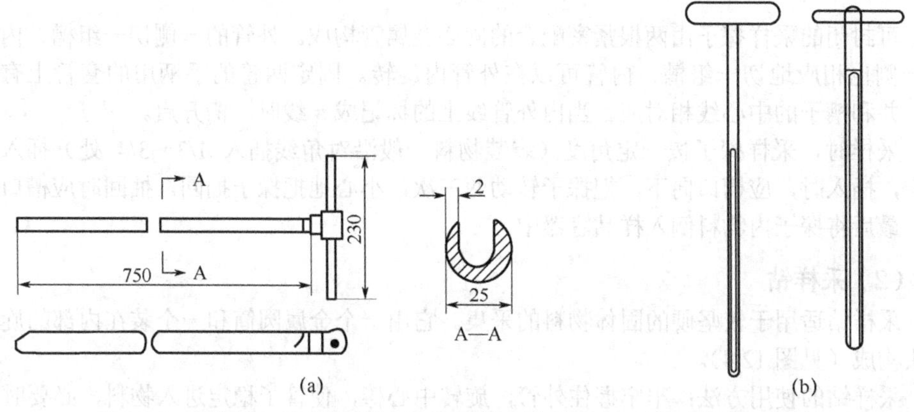

图 12.1　末端开口的采样探子（a）及其改进型（b）（尺寸单位：mm）

末端开口或封闭的采样探子由一根金属管构成，材质为钢、铜或合金等。管子的一端有一个 T 形手柄，另一端有一个锥形的钝点，管子的一侧切掉，使金属管呈“U”形，长度根据需要而定。

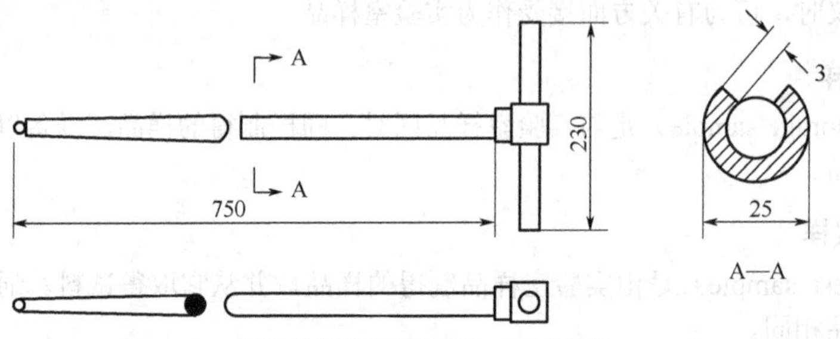

图 12.2 末端封闭的采样探子（尺寸单位：mm）

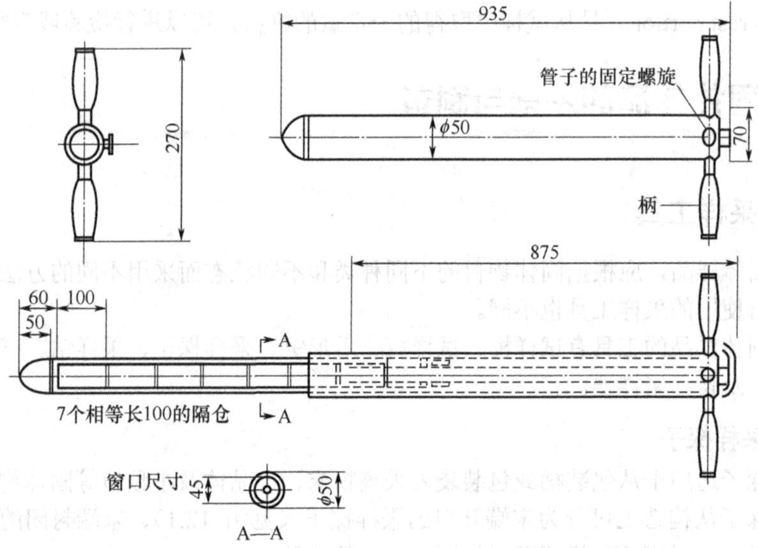

图 12.3 可封闭的采样探子（尺寸单位：mm）

可封闭的采样探子由两根紧密配合的同心金属管构成。外管的一侧切一组槽，内管的一侧也相应地切一组槽，内管可以在外管内旋转。固定两管的手柄用的套管上有标记，并和槽子的中心线相对应。当内外管线上的标记成一线时，槽开启。

采样时，采样探子按一定角度（袋装物料一般沿对角线插入 1/3～3/4 处）插入物料中，插入时，应槽口向下，把探子转动两三次，小心地把探子抽回，抽回时应槽口向上，最后将探子内物料倒入样品容器中。

（2）采样钻

采样钻适用于较坚硬的固体物料的采集。它由一个金属圆筒和一个装在内部的旋转钻头构成（见图 12.4）。

采样钻的使用方法：牢牢握住外管，旋转中心棒，使管子稳定进入物料，必要时可稍加压力，以保持均匀的穿透速度。到达指定部位后，停止转动，提起钻头，反转中心棒，将所取样品移入样品容器中。

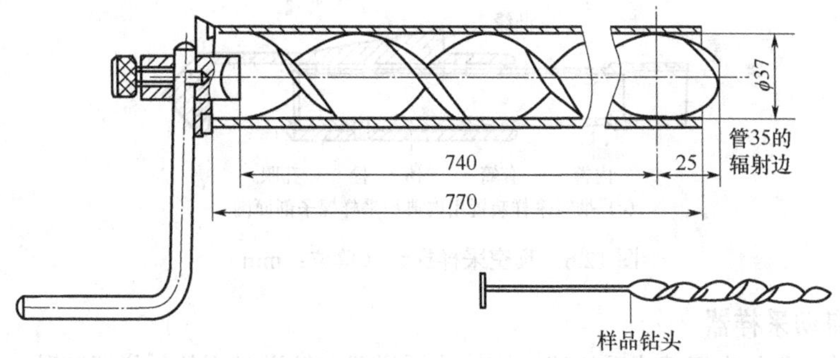

图 12.4 关闭式采样钻（尺寸单位：mm）

（3）气动和真空采样探针

气动和真空采样探针适用于粉末和细小颗粒等松散物料的采取。其构造分别见图 12.5 和图 12.6。

气动采样探针是一个用软管将一个装有电动空气提升泵的旋风集尘器和一个由两个同心管组成的探子连接而成的采样工具。

使用时开动空气提升泵，使空气沿着管之间的环形通路流至探头，在探头产生气动而带起样品并从中心管提起至旋风集尘器收集，同时使探针不断插入物料。

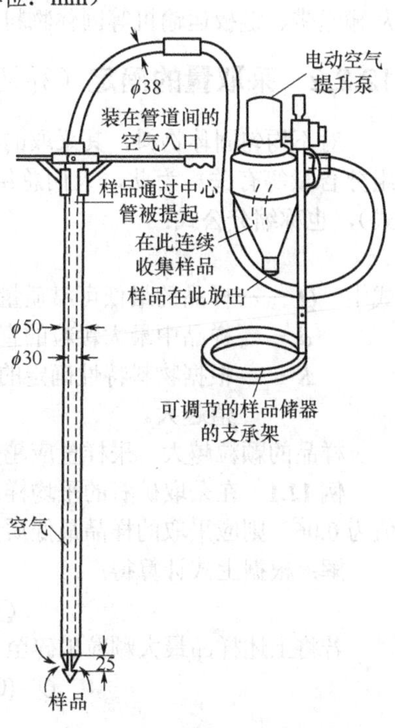

图 12.5 典型的气动采样探针
（尺寸单位：mm）

真空探针是由一个真空吸尘器通过装在采样管上的采样探针把物料抽入采样容器中的。容器的盖上装有一个金属网过滤器，阻止空气中的飞尘浸入真空吸尘器。探针是由内管和一节套筒构成的，一端固定在采样管上，另一端开口。套筒可以在内管上自由滑动，但受套筒上伸入内管的销子的限制，套筒的允许行程恰能使其上面的孔完全开启或关闭。套筒的上部带一个凸缘，采样时由于物料的阻力，探针处于关闭状态，提取采样管，内管后滑，由于物料堵住凸缘，套筒不动，使孔开启，把采样管上端连接到玻璃样品容器上，使用真空吸尘器，把样品吸入容器中。

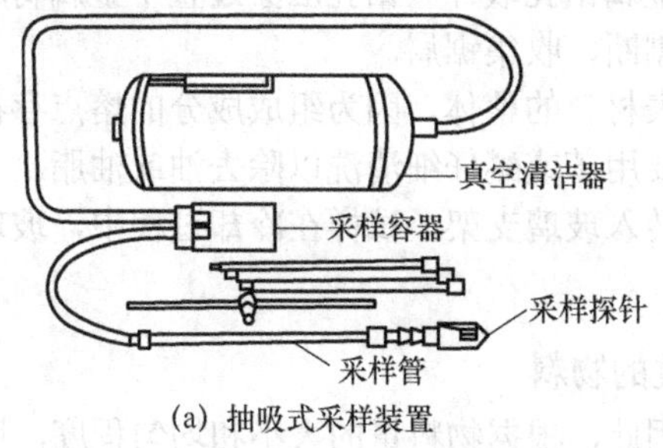

(a) 抽吸式采样装置

(b) 容器上的空气过滤器的分布图

图 12.6

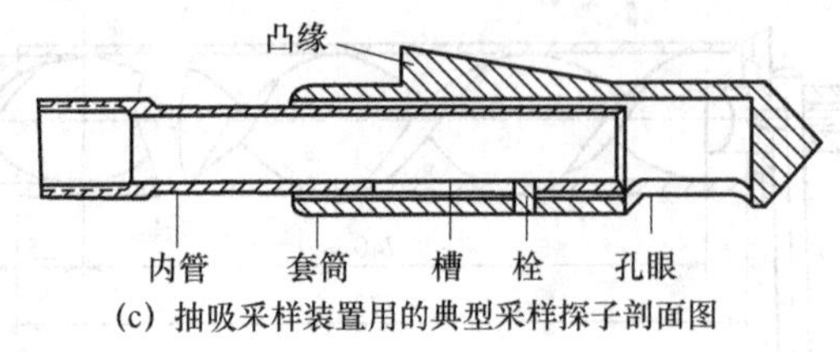

(c) 抽吸采样装置用的典型采样探子剖面图

图 12.6　真空采样探针（单位：mm）

（4）自动采样器

自动采样器分为间隙式采样器、连接式采样器和输送带用的采样器三种。主要用于从输送带、链板运输机等固体物料流中采样（此处不作详细介绍）。

12.2.2　采取量的确定（乔切特公式）

对不均匀固体物料，其采取的样品数量与物料性质、不均匀程度、颗粒大小和待测组分含量等有关。为此，人们总结出一个平均样品最小质量的经验公式（即乔切特公式），也称缩分公式：

$$Q = K d^2 \tag{12.1}$$

式中　Q ——样品的最低可靠质量（即平均试样的最小质量），kg；

d ——样品中最大颗粒的直径，mm；

K ——根据物料特性确定的缩分系数，一般在 0.02～1 之间；样品越不均匀，K 值越大。

样品的颗粒越大，采样量应越多；样品越不均匀，应采集的样品就越多。

例 12.1　在采取矿石的平均样品时，若此矿石最大颗粒的直径为 20 mm，矿石的 K 值为 0.06，则应采取的样品最低质量是多少？

解：根据上式计算得：

$$Q = 0.06 \times 20^2 \text{kg} = 24 \text{kg}$$

若将上述样品最大颗粒破碎至 4mm，则：

$$Q = (0.06 \times 4^2) \text{kg} = 0.96 \text{kg} \approx 1 \text{kg}$$

12.2.3　采集方法

（1）金属材料

可用对各边等距的间隔布点方式对金属钻孔取样。钻孔应穿过整个金属材料厚度的全部或一半，或将金属材料从不用部位锯断，收集锯屑。

单一金属材料的表面碎片并不能代表材料的整体，因为组成成分的熔点存在差异，应尽可能采用干法取样，若需要润滑，要用苯或醚仔细清洗以除去油或油脂。

对熔融金属而言，用试样枪将试样转入玻璃支架，试样在冷却过程中，玻璃破碎而获得试样。

（2）原料、矿石、煤炭等露天堆放的物料

由于密度不同的物料易出现分层，因此，根据物料量的大小和均匀程度，用勺、铲或采样探子从物料的一定部位或沿一定方向进行采样。

（3）桶、袋、柜和瓶装固体物料

一般用采样探子或其他合适的工具。在采样单元中按一定方向、插入一定深度进行。每个采样单元中采集样品的方向和数量依容器中物料的均匀程度确定。

在捆包、盒子和类似容器中采样，要使用裂口取样器。方法是将管道插入容器中心，反复旋转以获得中心部分的物料。

（4）传送带或斜道上的物料

用手铲在流动的物料横截面取样，或用自动采样器、勺或其他合适的工具从皮带运输机或物料流中随机或按一定时间间隔采集样品。

（5）要求特殊处理的固体物料

这类物料是指同周围环境中一种或多种成分有反应的固体及活泼或不稳定的固体。这类样品在采样时要进行特殊处理，目的是保持样品和总体物料的特性不因采样技术而发生变化。

这类物料包括能和氧气、水、二氧化碳等起反应的物料，能被灰尘（或其他气体）、细菌（或真菌）污染的物料；见光易分解的物料；组成随温度而变化的物料；活泼或不稳定的物料；有毒、有放射性的物料等。

这些物料的采样需在特殊条件下进行。如在隔绝氧气、二氧化碳和水的情况下采样（或快速采样以消除这些物质的影响），在清洁空气中或在无菌条件下采样，或在隔绝空气的条件下采样，或在物料正常组成所要求的温度下进行采样，或按有关规定和标准进行采样。

12.2.4　平均样品的制备

由于固体物料采样量较大，其粒度与组成也不甚均匀，因此采集的原始平均样品是不可以直接用于分析测试的。从大量的原始平均样品中取出少部分能够代表总体物料特性，且能用于分析测定的试样，就必须将原始平均样品进行处理，这个处理的过程就是平均样品的制备。

（1）平均样品的制备原则

① 原始样品的各部位应有相同的概率进入最终样品。

② 在制备过程中，不破坏样品的代表性。

③ 为了不加大采样误差，在检验允许的情况下，应在缩减样品的同时缩减粒度。

④ 应根据待测特性、原始样品的量和粒度以及待采物料的性质确定样品制备的步骤和技术。

（2）固体平均样品的制备过程与技术

固体平均试样的制备通常要经过：烘干、（干燥）、破碎、过筛、混合、缩分等步骤。试样的制备可用手工或机械方式完成。

① 烘干　若试样过于潮湿（如煤、黏土等样品），会给研细、过筛带来困难，因此在破碎前必须要首先烘干。少量样品的烘干可在烘箱中进行，通常在 105℃～110℃下烘干 2h，易分解样品则应在 55℃～60℃下烘干 2h。大量样品的烘干可在空气中进行。

② 试样的干燥　如果固体物质的熔点高于 110℃且在这一温度下不分解，则可加热到 110℃或更高的温度来干燥试样。此操作将除去与固体表面结合的水分。

a．干燥方法

➢ 在称量瓶中装入不超过一半容量的待干燥试样；

➢ 将称量瓶的盖打开，放入烘箱（也称干燥箱），并在所需温度下干燥 2 h；

➢ 从烘箱中取出称量瓶，稍冷后盖上称量瓶盖，放入干燥器中。

b．干燥器的使用。干燥器是具有磨口盖子的密闭厚壁玻璃器皿，常用以保存坩埚、称量瓶、试样等物。常在它的磨口边缘涂一薄层凡士林，使之能与盖子密合，如图 12.7 所示。

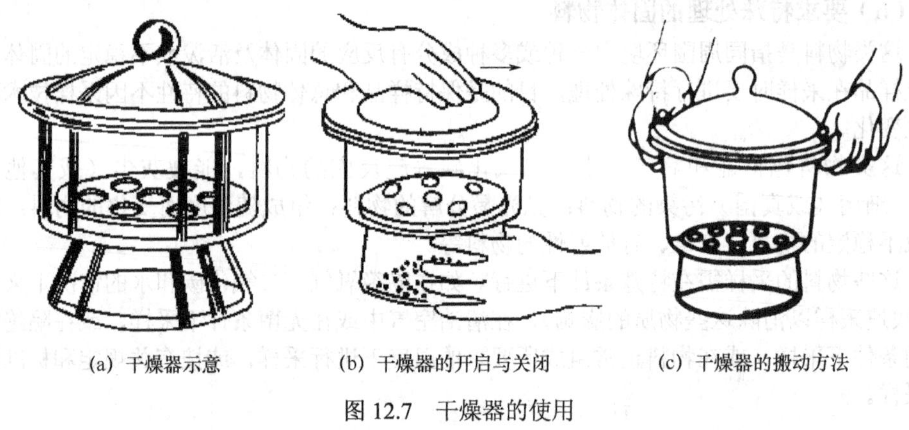

(a) 干燥器示意　(b) 干燥器的开启与关闭　(c) 干燥器的搬动方法

图 12.7　干燥器的使用

干燥器底部盛放干燥剂，最常用的干燥剂是变色硅胶和无水氯化钙，其上搁置洁净的带孔瓷板。坩埚等即可放在瓷板孔内。

提示： 干燥器中干燥剂吸收水分的能力都是有一定限度的。干燥器中的空气并不是绝对干燥的，只是湿度较低而已。

使用干燥器时应注意下列事项：

➢ 干燥剂不可放得太多，以免玷污坩埚底部。

➢ 搬移干燥器时，要用双手拿着，用大拇指压紧盖边，以防盖子滑落打碎［图 12.7（c)]。

➢ 打开干燥器时，不能往上掀盖，应用左手按住干燥器，右手小心地把盖子稍微推开，等冷空气徐徐进入后，才能完全推开，盖子必须仰放在桌子上［图 12.7（b)]。

➢ 不可将太热的物体放入干燥器中。

➢ 有时较热的物体放入干燥器后，空气受热膨胀会把盖子顶起来，为了防止盖子被打翻，应当用手按住，不时把盖子稍微推开（不到 1s），以放出热空气。

➢ 灼烧或烘干后的坩埚和沉淀，在干燥器内不宜放置过久，否则会因吸收一些水分而使质量略有增加。

➢ 变色硅胶干燥时为蓝色（无水 Co^{2+}的颜色），受潮后变粉红色（水合 Co^{2+}的颜色）。可以在 120℃烘受潮的硅胶待其变蓝后反复使用，直至破碎不能用。

真空干燥器是一种盖上带有磨口活塞的干燥器（如图 12.8 所示）。它装有侧臂以便

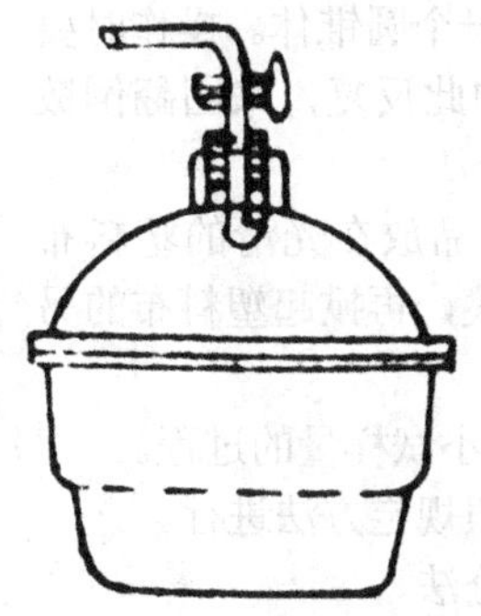
图 12.8 真空干燥器

与真空连接。这类干燥器通常用于干燥被有机溶剂润湿的晶体，不适用于干燥易升华的物质。

使用时应将干燥器内的气体抽出，减压到 1.33×10^3Pa～1.33×10Pa。

③ 破碎和研磨 将原始试样破碎并研磨成精细粉末是处理固体试样的首要步骤（在破碎过程中要防止试样组成的改变）。破碎包括粗碎、中碎、细碎和粉磨四个环节。

粗碎：用颚式破碎机将样品碎至 d<4mm。

中碎：采用磨盘式破碎机或辊式破碎机将样品碎至 d<0.8mm。

细碎：用磨盘式破碎机将样品碎至 d<0.2mm。

粉磨：用球磨机或密封式化验用碎样机将样品碎至 d < 0.08 mm。

破碎/研磨过程需注意的问题：

➢ 防止水分含量的变化（如煤的水分测定）；

➢ 破碎机表面的磨损量引入杂质（铁含量的测定）；

➢ 研磨过程中发热，易挥发组分逸去（钢中硫含量测定），或由于空气氧化使组分改变；

➢ 坚硬组分易飞溅，软组分成粉末易损失。

因此，粉碎的粒度要能保证组分均匀并易分解，不必过分研细。

④ 筛分 在样品破碎过程中，每次碎后都要过筛，未通过筛孔的粗粒物料应再次破碎，直到样品全部通过指定的筛子。见图 12.9、图 12.10 和图 12.11。

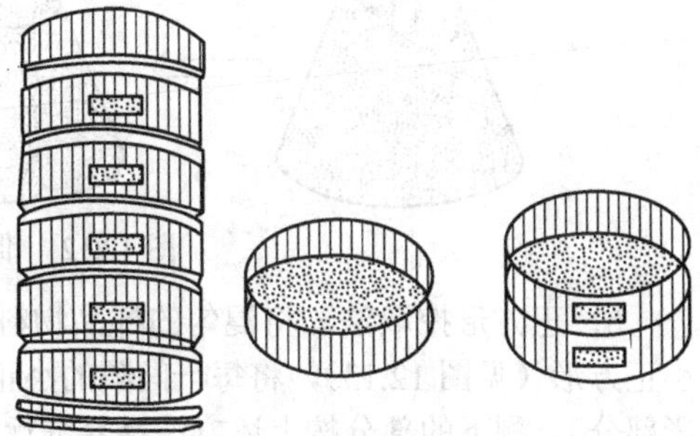
图 12.9 金属丝编织网试验筛

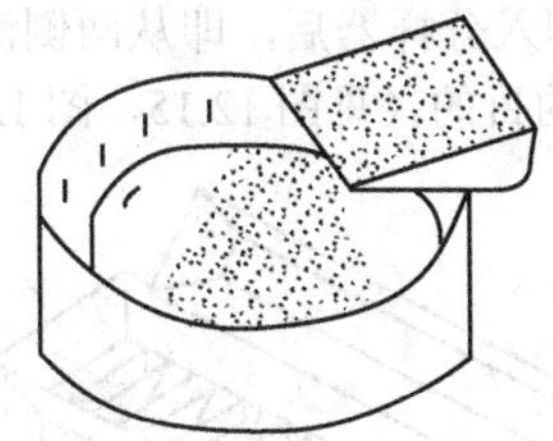
图 12.10 将物料铲入试验筛

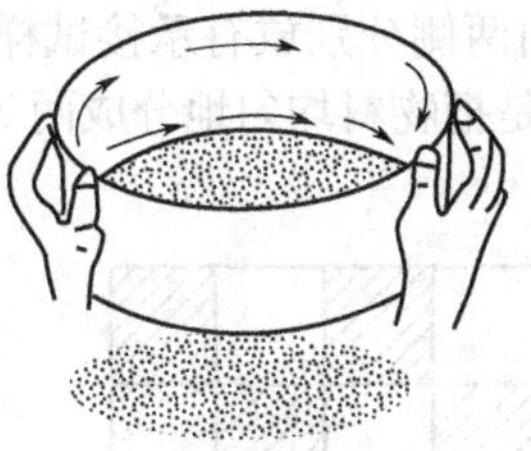
图 12.11 筛分操作示意

提示：

➢ 不能强制过筛或丢弃筛余。

➢ 总试样筛分时不应产生灰尘。

⑤ 混合 混合的方法一般有锥堆法和掀角法。

a．锥堆法。此法适用于大量物料。方法是：将样品在干净、光滑的地板上堆成一个圆锥体，用平铲交互地从样品堆相对的两边贴底铲起，堆成另一个圆锥体。操作时要注意每铲铲起的样品不应过多，并且要撒在新堆锥体的顶部。如此反复，来回翻倒数次，即可混合均匀。

b．掀角法。此法用于少量细碎样品的混匀。方法是：将样品放在光滑的塑料布上，先提起塑料布的两个对角，使样品沿塑料布的对角线来回翻滚，再掀起塑料布的另外两个对角进行翻滚，如此调换，翻滚多次，直至样品混合均匀。

⑥ 缩分　缩分是在不改变物料的平均组成的情况下，逐步缩小试样量的过程。

缩分是整个样品制备过程中非常重要的一个环节，应严格按照规定方法进行。

常用的缩分方法有：锥形四分法、正方形挖取法和分样器缩分法。

a．锥形四分法。将混匀的样品物料堆成圆锥体，然后用铲子或木板将锥体顶部压平，使其成为圆锥台，通过圆心将圆锥台分为四等份。去掉任意相对的两等份，剩下的两等份再混匀成圆锥体，如此反复进行，直至达到规定的试样数量（如图 12.12 所示）。

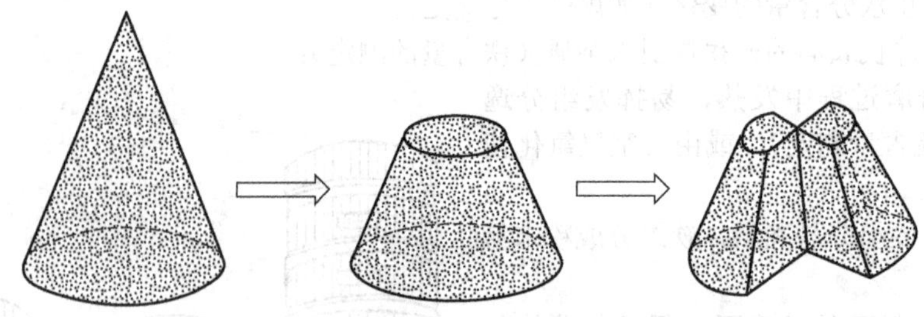

图 12.12　锥形四分法示意

b．正方形挖取法。将混匀的样品物料铺成正方形的均匀薄层，用铲子划成若干个小正方形（见图 12.13），将每一间隔的小正方形中的物料全部取出（图中的阴影或无阴影部分），剩下的部分按上述方法反复进行，直到所需的试样量。

c．分样器缩分法。分样器的种类很多，最简单的是槽型分样器，如图 12.14 所示。分样器中有若干左右交替的用隔板分开的小槽（一般不少于 10 个，且必须是偶数），在下面两侧分别放有承接试样的样槽，样品倒入分样器后，即从两侧流入两边的样槽内，于是把物料均匀地分成两等份，达到缩分的目的（见图 12.15、图 12.16）。

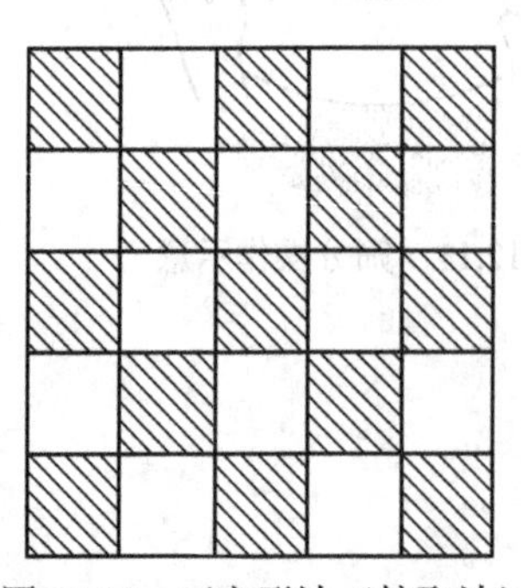

图 12.13　正方形法（挖取法）

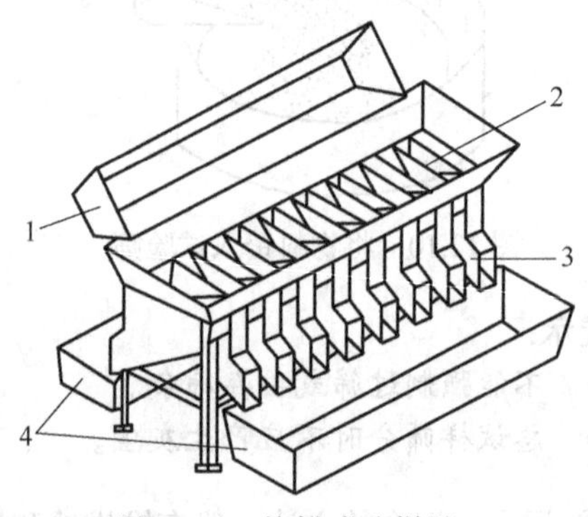

图 12.14　格槽式分样器

1—加料斗；2—进料口；3—格槽；4—收集槽

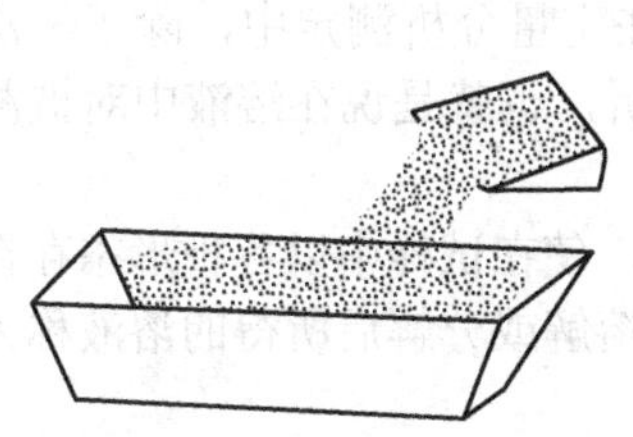

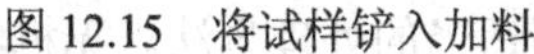

图 12.15　将试样铲入加料

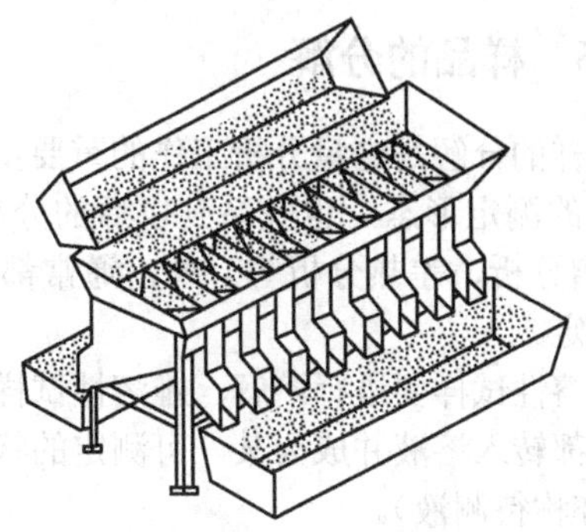

图 12.16　试样流入收集槽

提示：用分样器缩分样品，可不必预先将样品混匀而直接进行缩分。样品的最大直径不应大于格槽宽度的 1/2～1/3。

（3）样品制备过程中应注意的问题

① 在破碎、磨细样品前，每一件设备和用品，如药碾子、磨盘、乳钵、鄂板、铁锤等都要用刷子刷净，不应有其他样品粉末残留，最好用少量待磨细的样品清洗 2 次～3 次后再使用。

② 应尽量防止样品小块和粉末飞散。

③ 磨细过筛后的筛余一律不许弃去，需继续进行粉碎，直至全部样品通过筛子。

④ 要避免试样在制备过程中被玷污，因此要避免机械、器皿污染，试样和试样之间的交叉污染。

⑤ 制备好的合格试样应及时封存保管，要贴上试样标签，以便识别。标签应注明试样名称、检验项目、取样日期、制样人等项目。试样交实验者时应有签收手续。

（4）制备分析试样的要求

供化学分析用的试样必须要求颗粒细而均匀，在制备过程中除严格遵守上述规则外，还需做到以下几点：

① 试样必须全部通过 80μm 方孔筛，并充分均匀，装入带有磨口塞的试剂瓶中；

② 在分析前，试样需在 105℃～110℃的电热烘箱中烘干 2h 左右，以除去附着的水分；

③ 采用锰钢磨盘研磨的试样，必须要用磁铁将其引入的铁尽量吸掉，以减少玷污。

（5）制备供测定化学成分及工业分析用的煤样时应注意的事项

评价煤炭质量是以煤样的分析结果为依据的。采样、制样和分析是获得可靠结果的三个重要环节。任何一环有差错，都将会得到错误的结果。制备供测定化学成分及工业分析的煤样时应达到下列几点要求：

① 采样应严格按照前述的方法进行；

② 将在 70℃～80℃下测定外在水分的煤样磨碎至全部通过筛孔为 0.2mm 的筛子；

③ 过筛的试样应放在盘中置于 40℃～45℃的烘箱中烘干。

12.2.5 样品的分解

试样的分解是定量分析工作的重要步骤之一。它不仅直接关系到待测组分是否转变为适合的测定形态，也关系到以后的分离和测定。在定量分析测定中，除了干法分析（如光谱分析、差热分析等）外，通常都是用湿法分析，也就是说在溶液中对被测组分进行测定。

可溶性试样要进行溶解，难溶性试样要进行分解，使在试样中以各种形态存在的被测组分都转入溶液并成为某一可测定的状态。试样经溶解或分解后所得的溶液称为“试液”（亦称待测液）。

在溶解或分解试样时，应根据试样的化学性质采用适当的处理方法。无机物的试样分解常采用湿法（酸溶或碱溶）及熔融法（酸性物质熔融或烧结）；有机物或生物样品则常需进行湿法或干法分解（亦称“消化”）。

（1）试样分解的一般要求

① 溶解或分解应完全，被测组分全部转入溶液。

② 在溶解或分解过程中，被测组分不能损失。

③ 不能从外部混进预测定组分，并尽可能避免引进干扰物质。

④ 所用试剂及反应物不应对后续测定产生干扰。

（2）无机试样的分解

① 湿法（溶解法） 湿法分解时将试样与溶剂相互作用，样品中待测组分转变为可供分析测定的离子或分子存在于溶液中，它是一种直接分解法。

分解试样时总希望尽量少引入盐类，以免给测定带来困难和误差。因此，分解试样应尽量采用湿法，即溶解法。

在湿法中选择溶剂的原则是：能溶于水的先用水溶解，不溶于水的酸性物质用碱性溶剂，碱性物质用酸性溶剂，还原性物质用氧化性溶剂，氧化性物质用还原性溶剂。

a．水溶法。以水做溶剂，只能用于溶解一般可溶性盐类。

b．酸溶法。酸溶法是利用酸的氢离子效应、氧化还原性以及配位性使试样中的被测组分转入溶液中。

常用作溶剂的酸有：盐酸、硝酸、硫酸、氢氟酸、高氯酸和磷酸以及它们的混合酸等。

➢ 盐酸（HCl）

浓盐酸（约 12mol/L）是众多金属氧化物和电动势在氢以下的金属的极好溶剂。它能溶解大多数常见金属的磷酸盐（铌、钽、钍、锆的磷酸盐除外），并能分解含高比例的强碱或中等强度碱的硅酸盐，但对酸性硅酸盐无能为力。它还能溶解锑、镉、铟、铁、铅、锰、锡、锌、铋的硫化物，部分溶解钴和镍的硫化物。

➢ 氢氟酸（HF）

氢氟酸的主要应用是测定除二氧化硅以外的硅酸盐样品中的其他组成。硅以四氟化硅的形式逸出，分解完全后，过量的氢氟酸再与硫酸一起蒸发至冒烟或与硝酸一起蒸发近干被赶去。

提示：

● 加入硫酸的作用是防止试样中的钛、锆、铌等元素与氟形成挥发性化合物而损失，同时利用硫酸的沸点（338℃）高于氢氟酸沸点（120℃）的特点，加热除去剩余的氢氟酸，以防止铁、铝等形成稳定的氟配合物而导致无法对相关组分进行测定。

● 氢氟酸与皮肤接触会造成严重伤害，带来伤痛。氢氟酸渗入皮肤或手指甲下，有极强的腐蚀作用。

● 由于氢氟酸能与玻璃作用，因此用氢氟酸处理试样时，不能在玻璃器皿中进行，应选用铂皿或聚四氟乙烯器皿。

➢ 硝酸（HNO_3）

硝酸是具有强氧化性的酸，作为溶剂，它兼具酸的作用和氧化作用，溶解能力强而且快。浓硝酸是广泛用于分解金属的氧化性溶剂，它能溶解大多数常见金属元素。铝、铬、镓、铟、钍因形成保护性氧化物膜而溶解十分缓慢。硝酸不能溶解金、钽、锆和铂族金属（钯除外）。硝酸一般用于单项测定中的溶样，在系统分析中很少采用硝酸，其主要原因是硝酸在加热蒸发过程中易形成难溶性的碱式盐而干扰测定。

硝酸和盐酸的混合物能很好地溶解铌、钽、锆，也溶解锑、锡、钨、钼、钛和锆的碳化物、氮化物和硼化物。

➢ 硫酸（H_2SO_4）

热的浓硫酸经常用作溶剂，其有效作用主要归因于硫酸的高沸点（338℃），在这一温度下物质的分解和溶解都进行得相当迅速，且大多数有机物也在这样的条件下脱氢被氧化。热硫酸能溶解多数金属与合金。浓硫酸的强氧化性和脱水性在硅酸盐分析中也应用较多。

➢ 高氯酸（$HClO_4$）

热的浓高氯酸（72%）具有强氧化性和脱水性，也是极有效的溶剂。它能溶解其他无机酸无法溶解的许多铁合金和不锈钢，事实上，它是不锈钢的最佳溶剂，能将铬和钒分别氧化至Ⅵ价、Ⅴ价，可以无损失的完全氧化普通钢铁中的磷，氧化硫和硫化物至硫酸盐，二氧化硅依旧无法溶解。高氯酸不能溶解铌、钽、锆和铂族金属。

提示：所有用高氯酸对试样的处理多在加热条件下进行，高氯酸遇到有机物时会发生爆炸，因此操作时应特别小心，操作者在进行相关操作时应佩戴防爆头盔在防爆屏后进行。

➢ 磷酸（H_3PO_4）

磷酸是无氧化性的不挥发性酸，具有较强的配位能力，它能与许多金属离子形成可溶性的配合物。在高温下磷酸的分解能力很强，可以溶解一般不被盐酸分解的铌铁矿、铬铁矿、钛铁矿、金红石等矿物。钨、钼、铁等在酸性介质中都能与磷酸形成无色配合物。因此，磷酸又常常用作合金钢的溶剂。

➢ 混合酸

使用混合酸或在无机酸中加入氧化剂可以获得更加快速的溶解作用。最常用的混合溶剂是王水（浓盐酸和浓硝酸以 3+1 的比例混合而成）。逆王水（浓盐酸和浓硝酸以

1+3 的比例混合）主要用于分解硫化物矿石。此外，还有硫酸和磷酸组成的混合溶剂、硫酸和氢氟酸、盐酸与高氯酸、盐酸与双氧水等混合溶剂。

c．碱溶法。一般用 20%～30%（300～400）g/L 的 NaOH 溶液作溶剂，主要溶解铝和铝合金以及某些以酸性为主的两性氧化物（如 Al_2O_3）。

② 干法（熔融法） 干法主要用于那些不能完全被溶剂所分解的样品，将它们与熔剂混匀在高温下作用使之转变为易被水或酸溶解的新的化合物。然后以水或酸溶液浸取，使样品中待测组分转变为可供分析测定的离子或分子进入溶液中。因此，干法分解是一种间接分解法。

干法按照熔融的程度不同分为熔融法（全熔法）和烧结法（半熔法）两大类。

a．全熔法。全熔法是指在高于熔剂熔点的温度下熔融分解，熔剂与样品之间的反应（复分解反应）在液相或固-液两相之间进行，反应完全之后形成均匀熔融体。

b．半熔法。半熔法是指在低于熔剂熔点的温度下烧结分解，熔剂与样品之间的反应发生在固相之间。

此外，也可按照使用熔剂性质的不同，分为碱熔法和酸熔法两种。常用的碱性熔剂主要有无水碳酸钠、碳酸钾、氢氧化钠、氢氧化钾、过氧化钠等；而常用的酸性熔剂主要有焦硫酸钾、硼砂、偏硼酸锂等。

选择熔剂的基本原则是：酸性试样用碱性熔剂，碱性试样用酸性熔剂。使用时还可加入氧化剂、还原剂助熔。能够与试样完全反应的最低熔点的溶剂，通常都是最佳溶剂。

表 12.1 所示为常用熔剂的使用范围及使用条件。

表 12.1 常用熔剂

熔 剂	熔融温度/℃	所用的坩埚类型	被分析物质的类型
Na_2CO_3(mp 851℃)	1000～1200	Pt	硅酸盐（黏土、玻璃、矿物、岩石、炉渣）；含 Al_2O_3/BeO 和 ZrO_2 的试样，石英、难溶性磷酸盐和硫酸盐
K_2CO_3(mp 901℃)	1000	Pt	氧化铌
$Na_2CO_3+Na_2O_2$		Pt，Ni，Zr，Al_2O_3 陶瓷	需要氧化剂的试样（硫化物，铁合金，钼基、钨基材料，一些硅酸盐和氧化物，蜡、污泥、Cr_3C_2）
NaOH 或 KOH（mp 320～380℃）		Au（最佳），Ag, Ni (<500℃)	硅酸盐、碳化硅
Na_2O_2	600	Ni，Ag，Au，Zr	硫化物，不溶于酸的 Fe、Ni、Cr、Mn、W、Li 合金；Pt 合金，Cr、Sn、Zn 矿物
$K_2S_2O_7$（mp 300℃）	至红热	Pt，瓷	难溶氧化物和含氧化物，特别是含铝、铍、钽和钛氧化物试样
KHF_2（mp 239℃）	900	Pt	硅酸盐和含铌、钽和锆的矿物，形成氟配合物
B_2O_3（mp 239℃）	1000～1100	Pt	硅酸盐、氧化物和难溶矿物
$CaCO_3+NH_4Cl$		Ni	所有硅酸盐矿物，主要用于测定碱金属
$LiBO_2$（mp 845℃）	1000～1100	Pt	除硫化物和金属外的所有物质
$Li_2B_4O_7$（mp 920℃）	1000～1100	Pt	与 $LiBO_2$ 相同

注：mp 指熔点。

使用熔融法的过程中，为使试样能够被完全熔融并分解，固体试样通常应研磨成精细粉末，以得到较大的比表面积，然后将试样与溶剂以适当比例［(1∶2)～(1∶20)］充分混合，必要时还需加入非浸润试剂以防溶剂在坩埚壁上黏结。熔融操作应在坩埚中进行，但熔剂用量一般不宜过多，以免引起坩埚的损耗。

坩埚简介：坩埚［图 12.17（a）］是用来进行高温灼烧的器皿，分析工作中常用坩埚来灼烧沉淀或熔融试样。坩埚的材质不尽相同，实验室常用瓷质材质的坩埚。为了便于识别瓷坩埚，可在干燥的坩埚上书写编号。

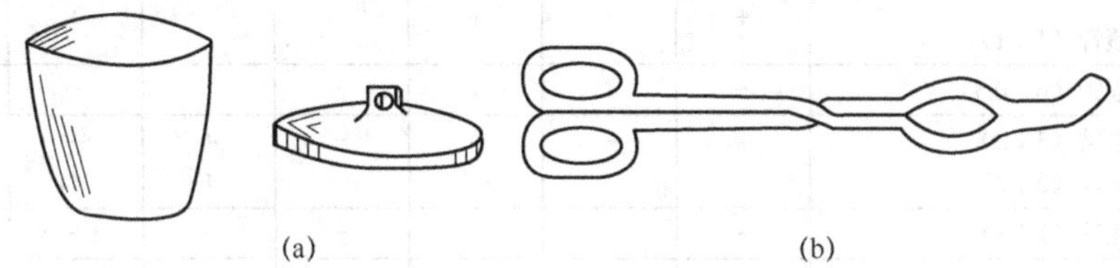

(a)　　　　(b)

图 12.17　坩埚（a）和坩埚钳（b）

坩埚钳常用铜合金或不锈钢制作，表面镀以镍和铬等，用来移取热的坩埚。用坩埚钳［图 12.17（b）］夹持或托拿灼热坩埚时，应将坩埚钳前部预热，以免坩埚因局部受热不均而破裂。钳尖用于夹持坩埚盖，曲面部分用于托住坩埚本体。

化学分析中常用坩埚的使用及维护见表 12.2。常用熔剂所适用的坩埚见表 12.3。

表 12.2　常用坩埚的使用及维护

坩埚类型	使用与维护
瓷坩埚	耐热温度在 1200℃左右；适用于以焦硫酸钾（$K_2S_2O_7$）等酸性物质作熔剂熔融样品；一般不能用于以 NaOH、Na_2O_2、Na_2CO_3 等碱性物质作熔剂熔融样品，以免腐蚀坩埚，不能与 HF 接触；一般用稀盐酸煮沸清洗
聚四氟乙烯坩埚	耐热温度接近 400℃，但通常控制在 200℃左右使用，最高不超过 280℃；能耐酸、碱，不受 HF 侵蚀，主要用于含 HF 的熔剂熔样；突出优点是熔样时不会带入金属杂质
银坩埚	由纯银加工而成，常以此坩埚代替铂、镍坩埚，但不适于作灼烧沉淀用；使用时要严格控制温度，使用温度不得超过 700℃；银坩埚一经加热，其表面会形成一层氧化膜，可以用 NaOH、Na_2O_2、Na_2CO_3 等作熔剂以烧结法分解样品，但熔融时间不宜过长（一般不超过 30min）；不得在其中分解或灼烧含硫的物质，也不可在其中使用碱性硫化物熔剂；在熔融状态下，铝、锌、锡、铅、汞等金属盐都能使银坩埚变脆，汞盐、硼砂等也不能在银坩埚中灼烧或熔融；刚从火焰或电炉上取下的热坩埚，不得立即用水冷却，以免产生裂纹；银易溶于酸，在浸取熔融物时，应尽量少用酸，尤其不可接触浓硝酸
铁坩埚	使用前应先进行钝化处理，即先用稀盐酸清洗，后用细砂纸将坩埚擦净，再用热水清洗，然后放入 5% H_2SO_4 和 1% HNO_3 混合液中浸泡数分钟，再用水洗净，烘干后，在（300～400）℃高温炉内灼烧 10min；价廉；在铁的存在不影响分析测试时，建议尽量使用铁坩埚；清洗时用冷的稀盐酸即可
镍坩埚	使用纯镍加工而成，使用时应严格控制温度，不得超过 800℃；由于镍在高温下易被氧化，因此不能用于沉淀的灼烧或称量，但对各种碱性熔剂有良好的耐蚀性，使用前应先在水中煮沸数分钟，以除去其污物，必要时可加入少量盐酸煮沸片刻，新坩埚使用前应先在高温炉内烧 2min～3min，以除去油污，并使其表面氧化，延长使用寿命；镍易溶于酸，故浸取熔融物时，不得使用酸；铝、锌、锡、铅、汞等金属盐都能使镍坩埚变脆，硼砂也不能在镍坩埚中灼烧熔融
铂坩埚	由纯铂加工制成，质软，导热性能好；使用时不能用手捏，更不能用玻璃棒捣（或刮）坩埚内壁，以免变形和损伤；加热和灼烧时，应在垫有石棉板或陶瓷板的电炉或电热板上进行，也可在煤气灯的氧化焰上进行，不能与电炉丝、电热板或还原焰接触；热的坩埚要用包有铂尖的坩埚钳夹取，红热的铂坩埚不可放入冷水中骤冷；组分不明的试样不能使用铂坩埚加热或熔融，对铂坩埚有侵蚀、损坏作用及与铂能形成合金的物质不能在铂坩埚内灼烧或熔融；坩埚内外壁应经常保持清洁和光亮，使用过的铂坩埚可用盐酸（1+1）溶液煮沸清洗；坩埚变形时，可放在木板上，一边滚动，一边用牛角匙压坩埚壁整形

表 12.3　常用熔剂所适用的坩埚

熔剂名称	适用坩埚						
	铂坩埚	铁坩埚	镍坩埚	银坩埚	瓷坩埚	刚玉坩埚	石英坩埚
碳酸钠	+	+	+	−	−	+	−
碳酸氢钠 碳酸钠-碳酸钾（1∶1）	+	+	+	−	−	+	−
碳酸钾-硝酸钾（6∶0.5）	+	+	+	−	−	+	−
碳酸钠-硼酸钠（3∶2） 碳酸钠-氧化镁（2∶2）	+ +	− +	− +	− −	+ +	+ +	+ +
碳酸钠-氧化锌（2∶1）	+	+	+	−	+	+	+
碳酸钠钾-酒石酸钾钠（4∶1） 过氧化钠	+ −	− +	− +	− −	+ −	+ +	− −
过氧化钠-碳酸钠（4∶1） 氢氧化钠（钾）	− −	+ +	+ +	+ +	− −	+ −	− −
氢氧化钠（钾）-硝酸钠（6∶0.5）	−	+	+	+	−	−	−
碳酸钠-硫黄（1∶1）	−	−	−	−	+	−	+
硫酸氢钾	+	−	−	−	+	−	+
焦硫酸钾 焦硫酸钾-氟化钾（10∶1）	+ +	− −	− −	− −	+ −	− −	+ −
氧化硼	+	−	−	−	−	−	−
硫代硫酸钠（212℃烘干）	−	−	−	−	+	−	+

注：“+”表示可以使用；“−”表示不宜使用；碳酸钠、碳酸钾均为无水。

③ 溶解法与熔融法特点比较　湿法尤其是酸分解法的优点表现在：酸容易提纯，分解时不致引入除氢以外的阳离子；除了磷酸外，过量的酸也较易采用加热的方法除去；一般的酸分解法温度低，对容器腐蚀小；操作简便，便于成批生产。其不足之处在于：分解能力有限，对某些试样分解不完全；有些易挥发组分在加热分解试样时可能会挥发损失。

干法尤其是熔融法的最大优点在于：只要溶剂及处理方法选择适当，许多难分解的试样均可完全分解。但此法的局限性在于：熔融温度高，操作不如湿法方便；器皿腐蚀及其对分析结果可能带来的影响往往不可忽视。

（3）有机试样的分解

有机样品的处理方法取决于检测目的。检测无机组分与检测有机组分对样品的处理方法是完全不同的。

① 检测无机组分——分解法　有机样品，如粮食、饲料、植物、动物组织、毛发等，其中所含的矿物元素多以结合形式存在，检测这些元素时，首先要破坏掉其中的有机化合物，将无机元素游离出来。分解有机样品的方法通常有三种，即灰化法、消化法和燃烧法。

a. 灰化法。也称为“干法”。就是将有机样品置于坩埚中，先在电炉上炭化，然后将坩埚移入高温炉内，于 500℃～600℃灰化 2h～4h。将灰化后的残留物冷却后，加入盐酸或硝酸（50%）溶解，供检测使用。

灰化法常用于有机样品中铜、铅、镉、钙、镁等元素测定时的样品处理。

b．消化法。亦称“湿法”。采用不同的酸消化，常用的消化法有以下三种。

➢ HNO_3-H_2SO_4 消化

先加 HNO_3，后加 H_2SO_4，防止炭化，一旦炭化，很难消化完全。此法适用于有机样品中铅、砷、汞、铜、锌等测定时样品的处理。

➢ H_2SO_4-$HClO_4$ 或 HNO_3-$HClO_4$ 消化

适用于含铁、铜、锡的有机样品的消化。例如，粮食样品中铜含量的测定，样品常采用 HNO_3- $HClO_4$ 消化。

➢ H_2SO_4-H_2O_2 消化

适合于含铁和高脂肪的有机样品的消化。

c．燃烧法。是在充满氧气的密闭瓶中，用电火花引燃样品，瓶内装有适当的吸收剂，用于吸收燃烧产物，以供测定待检元素之用。

燃烧法常用于有机样品中卤素等非金属元素测定时的样品处理。此法只适用于小体积的干燥样品的处理。

② 检测有机组分——提取法　检测样品中的有机组分时，无论是有机样品，如动植物、粮食、药材等，还是无机样品，如土壤等，样品处理的第一步都是提取（也称萃取）。需要时还要进行皂化、分离、浓缩等处理，最后得到用于测试的试液。

从样品中提取待测有机组分的方法有分次提取法和连续提取法两种，提取方法的选择要根据测试要求、组分性质、样品状态等因素而定。

a．分次提取。固体样品置于具塞锥形瓶中，液体样品则盛于分液漏斗中。加入适当的提取溶剂，振荡，静置，待分层后滤出或由分液漏斗中放出提取液。根据要求再加入提取剂，重复操作。合并提取液，再进行下一步的处理，如皂化、浓缩等。

b．连续提取。分层提取法每操作一次仅提取一次，操作费时费事，效率不高。故对比较难提取的样品，多采用连续提取法。

连续提取法常在索氏提取器中进行。将粉碎好的样品装入索氏提取器的渗滤筒中，渗滤筒由滤纸卷制而成。取方形滤纸，卷成圆筒状，粗细以恰能装入提取器中为宜，一端用线扎紧，装入样品后，上端再填塞少许玻璃棉，以免样品漂出堵塞虹吸管口。提取器下端接烧瓶，由渗滤筒上端加入需要量的提取剂，装上冷凝管，管口上端盖一短颈玻璃漏斗，加热回流。回流时间视提取物提取难易程度而定，由数小时至数十小时。

提取完毕，取下烧瓶，根据需要再作后续处理，如皂化、分离、浓缩等。

③ 检测可挥发组分——蒸馏法　检测样品中的可挥发组分时，往往采用提取-蒸馏相结合的方式对样品进行处理。例如，检测样品中的挥发性酚，对固体样品，如土壤、谷类、蔬菜等，通常首先用水提取，再进行蒸馏以获得检测试液。

具体做法是：将粉细的样品（土壤、谷类）或匀浆样品（蔬菜、水果）置于具塞锥形瓶中，加水，振荡，过滤。滤液转入蒸馏烧瓶，用少量水洗涤滤渣及锥形瓶，洗涤液也并入烧瓶，用稀硫酸溶液酸化，加入少量 $CuSO_4$ 溶液，以及数粒玻璃珠，加热蒸馏，收集馏出液，作为检测用试液。

对于水样，则在加入 $CuSO_4$ 溶液后调至酸性即可蒸馏。馏出液供检测用。

注：蒸馏前提取液中加 $CuSO_4$、调 pH 至酸性都是为了减少酚类的挥发、氧化和受微生物作用而损失。

④ 微波分解技术 除了常温和加热溶解外，近来微波溶解技术的应用也日渐受到关注。微波溶样最具创新之处是其简易性，相对于采用传统的火焰、电炉和高温炉等的熔样技术，它能实现自动化。微波消化的突出优点还表现在：它更清洁、重现性更好、准确度更高、可能受到的外部污染更少。

采用微波分解试样一般要在密闭环境中进行。因此，可将可能由外部引入的杂质降至最低程度，在分解试样时造成的酸的损失几乎没有，以至于可以无须再加酸，同时也降低了空白校正值，气囊微粒也不可能进入到密闭容器中，还同时消除了溅射引起的试样交叉污染。许多试样可直接采用微波消化而不必先熔融或灰化，从而大大加快了分析速度，并且降低了来自熔融的背景干扰和挥发元素的可能损失。

总之，分解试样时要根据试样的性质、分析项目的要求和上述原则，选择一种合适的分解方法。

12.3 液体样品的采集与制备

液体样品的来源主要有两大类：液体原料与产品、水。这些物料按其所处的状态又可分为静态和动态两种。不同类型的液体样品有不同的采样方法。

12.3.1 采集液体样品的一般问题

（1）液体样品的代表性

为了保证液体样品的代表性，在采集液体样品时，必须将液体物料混合均匀。

① 小容器（如瓶、罐等）可用手摇。

② 中等容器（如桶、听等）可用滚动倒置或用手工搅拌。

③ 大容器（如储罐、槽车、船舱等）则要用机械搅拌器、喷射循环泵等进行混匀。

（2）采集液体样品的容器、设备要求

液体样品的采集容器、设备必须清洁、干燥、严密且不与物料发生化学反应。物料不受所处环境的污染并导致变质。采样过程必须安全。

（3）液体样品的储存

液体样品采集装瓶后，必须马上贴标签。其储存要按规定进行。

① 对易挥发的物质，容器应有预留空间，且需密闭并定期检查是否有泄露。

② 对温度敏感的物质，样品应储存在规定的温度下。

③ 光敏感的物质，样品应装入棕色玻璃瓶中，并置于避光处。

④ 易和周围环境起作用的物质，应隔绝 O_2、H_2O 和 CO_2。

⑤ 高纯物质应防潮、防尘。

⑥ 危险物质应专门储存，并由专人管理。

12.3.2　采样工具

根据不同的采用目的和液体样品的不同类型，采集液体样品所用的采样工具也不同。

（1）采样勺/杯

采样勺采用不与被采集的液体物料发生化学反应的金属或塑料制成。通常分为表面样品采样勺、混合样品采样勺和采样杯（见图 12.18）三种。表面样品采样勺主要用于采集表面样品，混合采样勺/杯则用于均匀液体样品的随机采取。

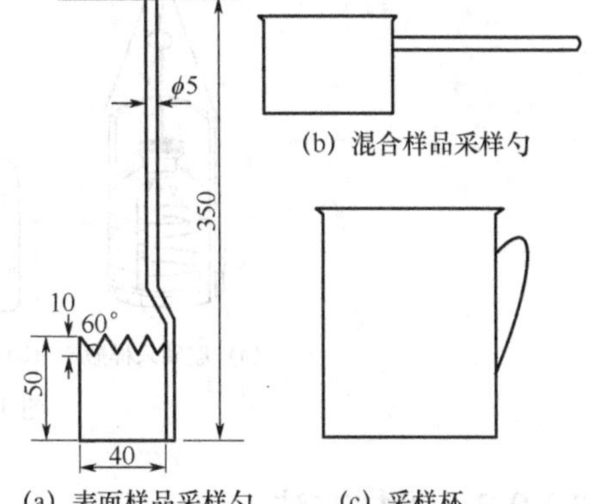

图 12.18　采样工具（尺寸单位：mm）

（2）采样管

采样管采用玻璃、塑料或金属制成，两端开口，主要用于桶、罐、槽车等容器中液体物料的样品采集。采样管按材质又分为以下几种。

① 玻璃或塑料采样管　这种采样管的管长一般在 750mm，管的上口收缩到拇指能按紧的尺寸（约 6mm），小端的直径有 1.5mm、3mm、5mm 等几种（见图 12.19）。如何选择要视所采集的液体物料的黏度而定。黏度越大，管的直径越大。

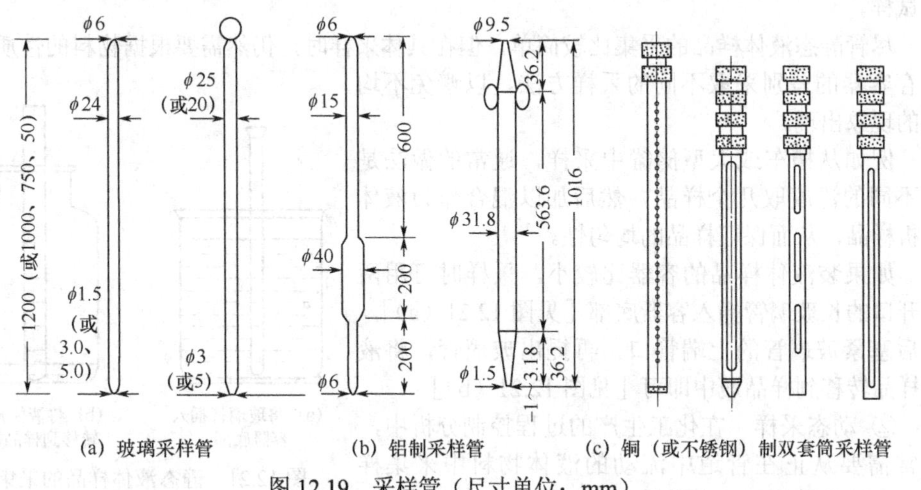

图 12.19　采样管（尺寸单位：mm）

② 金属采样管　这种采样管分铝（或不锈钢）制的采样管和铜（或不锈钢）制双套筒采样管。前者适于采集储罐或槽车中的低黏度液体样品，后者适于采集桶装黏度较大的液体和黏稠液、多相液。双套筒采样管还配有电动搅拌器和清洁器。

（3）采样瓶（罐）

常见的采样瓶有玻璃采样瓶（罐）、铜质采样瓶、可卸式采样瓶三种（图 12.20）。此外还有加重型采样瓶、底阀型采样瓶等。

这些采样瓶（罐）均适用于从储罐、槽车、船舱等容器内采样，同时也适用于江、河、湖、海中水样的采集。液化气的采样常用采样钢瓶和金属杜瓦瓶。

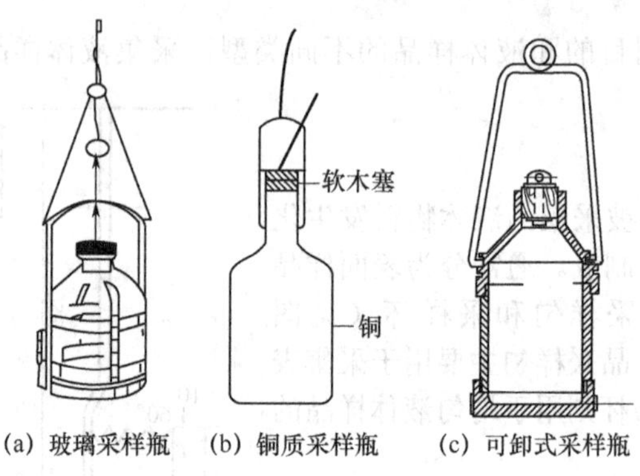

图 12.20　采样瓶

12.3.3　采样方法

（1）液态化工产品/原料样品的采集

① 静态采样　由于静态液体物料（如处于静态的水、酸、碱、盐的溶液、石油产品以及有机溶剂）本身通常都属于组成比较均匀的体系，因此对这类物料的样品采集，只需从物料中任意采集一部分或稍加混合后采集其中一部分，即可成为具有代表性的分析试样。

尽管静态液体样品的采集比较简单，但在具体采样时，仍然需要根据物料的性质和储存容器的差别采取不同的采样方法，以避免不均匀的现象出现。

例如从槽车或大型储罐中采样，通常的做法是在不同的深度取几个样品，然后加以混合作为液体分析样品，从而保证样品的均匀性。

如果装液体样品的容器比较小，采样时可用两端开口的长玻璃管插入容器底部［见图 12.21（a)］，然后塞紧玻璃管的上端管口，再提出玻璃管，将液体样品转移到样品瓶中即可［见图 12.21（b)］。

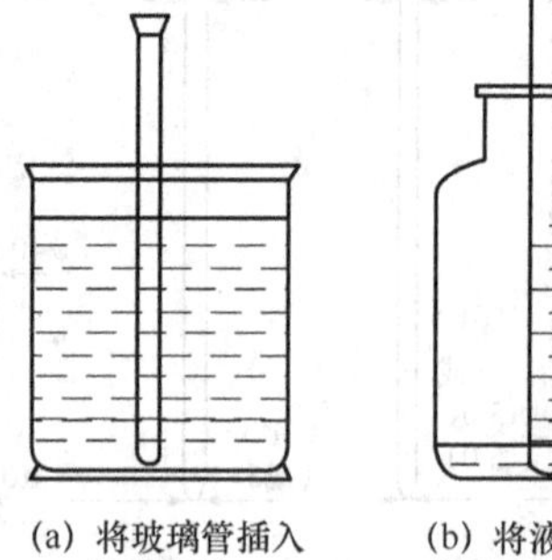

图 12.21　静态液体样品的采集

② 动态采样　在化工生产的过程控制分析中，常常需要从正在管道中流动的液体物料中采集样品，这种取样就是动态采样。

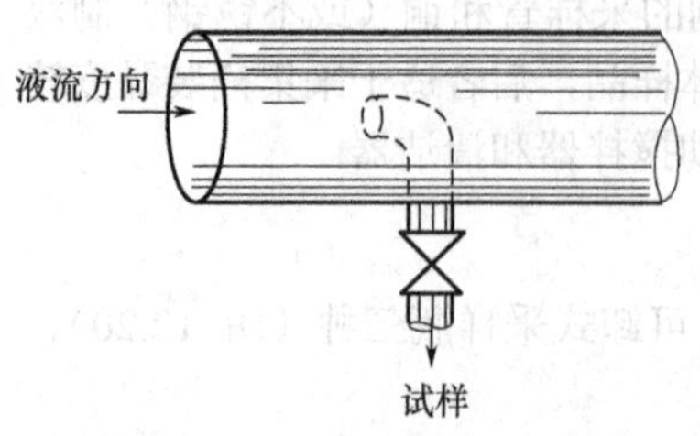

图 12.22　装在管道上的采样阀

动态采样一般是通过安装在管道上的采样阀进行采样（见图 12.22)。按照分析目的，根据有关规程每隔一段时间打开采样阀，把最初流出的液体弃去，然后采样即可。至于采集的样品量，要根据规定或按照实际需要确定。

提示：不管是静态采样还是动态采样，采样容器必须干净！在采样前，应将洗净的采样容器用少量待采集的液体物料润湿冲洗几次，以保证采样容器不致污染样品，以减少采样误差，从而保证分析结果的准确性。

（2）水样的采集与保存

在工业生产和环境监测中，水质对生产过程、产品以及环境质量的好坏有着非常重要的影响。因此，水样的采集就显得十分重要。

① 水样的类型

a．瞬时水样。某一时间和地点从水体中随机采集的分散水样。

b．混合水样。同一采样点于不同时间所采集的瞬时水样混合后得到的水样。有时也称“时间混合水样”，用于考察平均浓度。

c．综合水样。不同采样点同时采集的各个瞬时水样混合后得到的水样。

② 地表水和地下水水样的采集

a．表层水样。在河流、湖泊等可以直接汲水的场合，可用适当的容器如水桶采样。从桥上等地方采样时，可将系着绳子的聚乙烯桶或带着坠子的采样瓶投入水中汲水。

注意：不能混入漂浮于水面上的物质。

b．一定深度的水样。在湖泊、水库等处采集一定深度的水时，可用直立式或有机玻璃采水器。这类装置是在下沉过程中，水流从采样器中流过。当达到预定的深度时，容器能够闭合而汲取水样。在河水流动缓慢的情况下，采用上述方法时，最好在采样器下系上适当重量的坠子，当水深流急时，要系上相应重的铅鱼，并配备绞车。

c．泉水、井水。对于自喷的泉水，可在涌口处直接采样。采集不自喷的泉水时，将停滞在抽水管的水汲出，新水更替之后，再进行采样。

从井水中采样，必须在充分抽汲后进行，以保证水样能具有代表性。

d．自来水或抽水设备中的水。采取这类水样时，应先放水数分钟，使积蓄在水管中的杂质及陈旧水排出，然后再取样。

注意：采取水样前，要用水样洗涤采样容器、盛样瓶及塞子 2 次～3 次（油类除外）。

③ 采集地表/地下水样时的注意事项

a．先水质后底质，由浅入深。

b．避免剧烈搅动水体，任何时候都要避免搅动底质，防止漂浮物进入采样器。

c．多次采集完成采样时，各次采得的水样先集中在大容器中，再摇匀分装。

注意：测定 DO（溶解氧）、BOD_5、油类、细菌学指标、悬浮物等指标时，要单独采样；采集油类样品时，不能用采集的水样冲洗采样瓶。

d．样品分装和添加保存剂时，要防止玷污。

e．测定 DO、BOD_5、pH 值等项目的水样，采样时必须充满。

f．从采样器向样品瓶注入水样时，应沿瓶内壁注入，除特殊要求外，放水管不要插入液面下。

g．除现场测定的项目外，样品采集后应立即按保存方法采取措施，加保存剂的操作应在采样现场进行。加保存剂时，除碘量法测定溶解氧的样品要求移液管插入液面下外，一般项目应靠瓶口内壁，并防止溅出。

h. 最好用专用的检测船或采样船。

i. 采样结束前应核对采样计划、记录与水样，如有错误或遗漏，应立即补采或重采。

12.4 气体样品的采集

气体试样主要是从气体储存容器（气样瓶、储罐）、管道和大气中进行采集。由于气体分子的扩散作用，气体非常容易混合均匀，因此一般可将气体样品视作均匀样品。但基于气体物料的存在状态有常压、正压和负压之分，有静态、动态之分，还有常温、高温之分，所以对不同状态下的气体样品的采集方法也有不同。

此外气体还具有一定的压力，且易于渗透、易被污染、难储存等，所以在实际采样时，需考虑的因素也比较多。

12.4.1 采集气体样品的设备与器具

（1）对采样设备与器具的要求

对样品气体不吸收、不渗透，在采集温度下无化学活性，不起催化剂作用，力学性能良好，容易加工、连接。

通常采集气体样品需用的设备与器具主要有：采样器、导管、样品容器、预处理装置、调节压力或流量的装置、吸气器、抽气泵等。

（2）采样器和采样装置

① 采样器　气体采样器是一类由专用材料制成的采样设备。常见的有硅硼玻璃采样器、金属采样器和耐火采样器等。

硅硼玻璃采样器价格低廉、容易制造，但温度超过450℃时不可使用。

耐火采样器通常用透明石英、瓷、富铝红柱石或重结晶的氧化铝制成。其中石英采样器可在900℃以下长期使用，在1100℃时石英有失去透明的趋势，但仍可使用。其他几种材质的耐火采样器可分别在1100℃～1990℃的温度范围内使用。

应用最广泛的是金属采样器。其材质有低碳钢和合金钢两大类。但由于低碳钢在温度高于 300℃时易受气体腐蚀和渗透氢气，所以在高温时，一般采用合金钢材质的采样器，如不锈钢、铬铁、镍合金等采样器。不锈钢和铬铁采样器可在 950℃时使用，而镍合金采样器在1150℃时用于无硫样品气体的采集。

② 采样装置　在使用气体采样器时，如气体温度较高，常使用水冷却以减少采样时发生化学反应和爆炸的可能性。尤其是可燃气体的采集。这种带水冷却的气体采样装置如图12.23所示。

这种气体采样装置由采样管、过滤罐、冷却器、气体取样容器（未画出）四部分组成。其中，采样管一般用玻璃管、瓷或金属制成，可根据不同的采样要求进行选择。采样管上有开关旋钮。采样时，采样管插入静止或流动物料的一定部位。

导气管的主要作用是将过滤后的气体导入取样容器。若气体温度较高，则在导气管外部安装一个水冷凝管，以降低气体温度。冷凝管有玻璃和金属两种材质，分别用于采集较低温度下和较高温度下的气体试样。

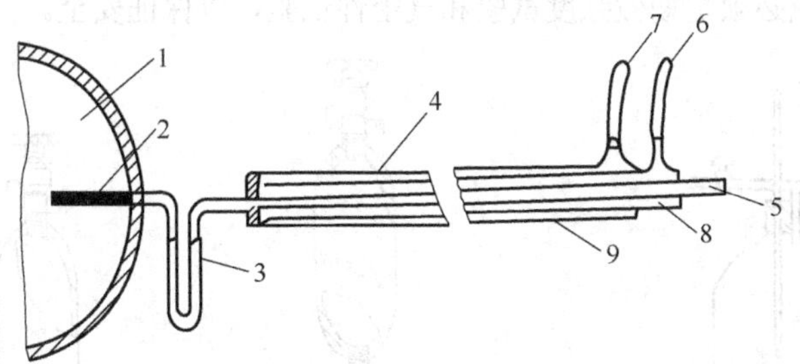

图 12.23　水冷却气体采样装置

1—气体管道；2—采样管；3—过滤管；4—冷却器；5—导气管；6—冷却水入口；7—冷却水出口；8，9—冷却管

在采样管和导气管之间安装一个过滤管，内装玻璃纤维，用于过滤气体中的粉尘和其他机械杂质，以净化气体。在导气管后连接一个取样容器，用于储存气体样品。

若气体物料的温度不高且无杂质，可直接把采样管和采样器（或分析仪器）用橡胶管连接，而无需过滤器和冷却器。

（3）导管

采集气体试样所用的导管有不锈钢管、碳钢管、铜管、铝管、特制金属软管、玻璃管、聚四氟乙烯管、聚乙烯管和橡胶管等。塑料管和橡胶管不能用于高纯气体的采集和输送，而只能用于要求不高的气体采集和输送。高纯气体的采集和输送应使用不锈钢管或铜管。

（4）样品容器

样品容器常见的有玻璃容器、金属钢瓶、吸附剂采样管、球胆、塑料袋、复合膜气袋等。

① 玻璃容器　常见的玻璃容器有两头带活塞的采样管（见图 12.24）、带三通的玻璃注射器（见图 12.25）和真空采样瓶（见图 12.26）。

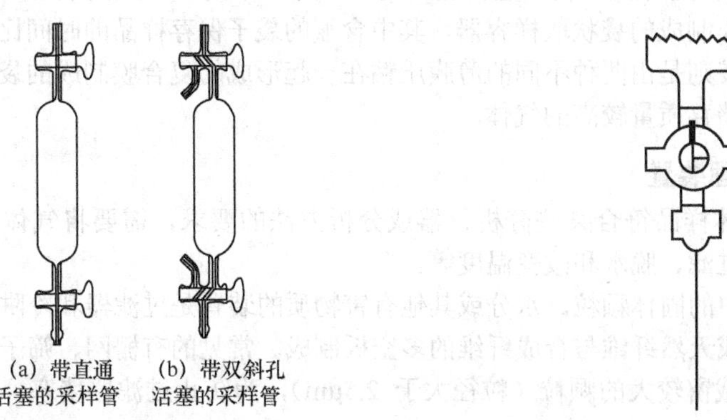

图 12.24　两头带活塞的玻璃采样管　　图 12.25　带三通的玻璃注射器

② 金属钢瓶　按材质分，金属钢瓶（见图 12.27）有碳钢瓶、不锈钢瓶和铝合金瓶等。常用的小钢瓶，其容积一般为 0.1L～5L，这种钢瓶又可分为耐中压和耐高压两

类。如果按照结构来分，金属钢瓶又有带双阀的和带单阀的两类，前者比后者使用起来要方便。金属钢瓶必须定期做强度试验和气密性试验，以保证安全。

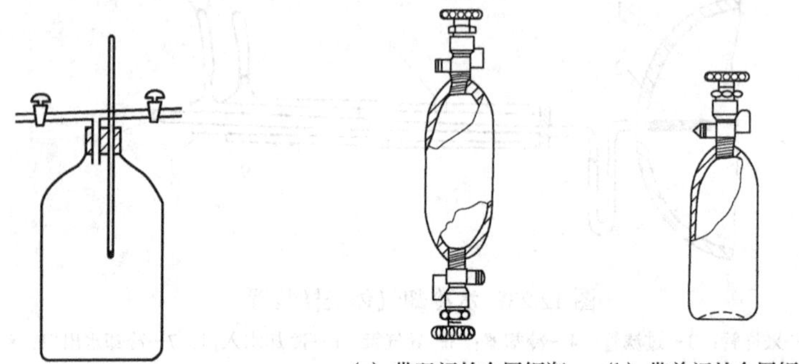

图 12.26　真空采样瓶　　图 12.27　金属钢瓶

③ 吸附剂的采样管　吸附剂的采样管根据吸附剂的不同，分活性炭采样管（见图 12.28）和硅胶采样管。活性炭采样管多用于吸收并浓缩有机气体和蒸气。

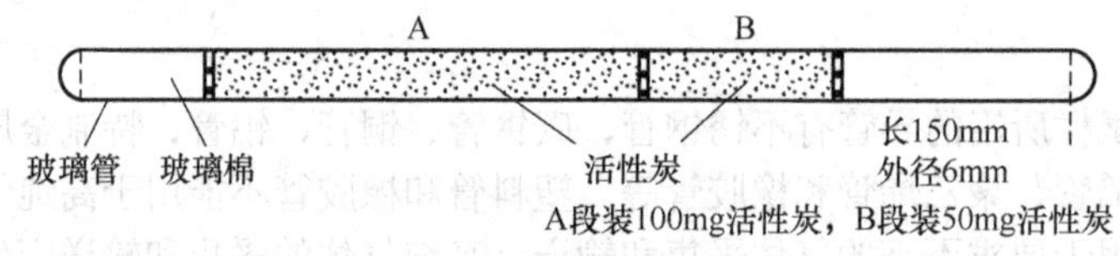

图 12.28　活性炭采样管

④ 球胆　用橡胶制成的球胆可以用来采集气体样品，其优点是价廉易得、使用方便，测量要求不高时可以使用。但由于球胆易吸附烃类气体，且易渗透氢气等小分子气体，故气体放置后其成分会发生改变。

在用球胆采样前，要用样品气体吹洗球胆三次以上，待吹洗干净后，方可采样。采样结束后要立即进行分析。同时应固定球胆以专取某种样品。

⑤ 塑料袋和复合膜气袋　塑料袋是用聚乙烯、聚丙烯、聚四氟乙烯、聚全氟乙丙烯和聚酯等薄膜制成的袋状取样容器，其中含氟的袋子保存样品的时间比球胆要长。

复合膜气袋则是由两种不同的薄膜压粘在一起形成的复合膜制成的袋状取样容器。它适用于采集储存质量较高的气体。

（5）预处理装置

为了使气体样品符合某些分析仪器或分析方法的要求，需要将气体样品加以预处理。主要包括过滤、脱水和改变温度等。

分离气体中的固体颗粒、水分或其他有害物质的装置是过滤器和冷阱。过滤器一般由金属、陶瓷或天然纤维与合成纤维的多空板制成。常见的有栅网、筛子或粗滤器等，它们能机械地截留较大的颗粒（粒径大于 2.5μm），为防止过滤器堵塞，常采用滤面向下的过滤装置。

脱水的方法有化学干燥剂法、吸附剂法、冷阱法三种。其中，冷阱法所用的装置是冷阱（见图 12.29），冷阱是一些几何形状各异的容器，其温度控制在 0℃以上几度，当难凝气体在冷阱中缓慢通过时，水分被脱去。

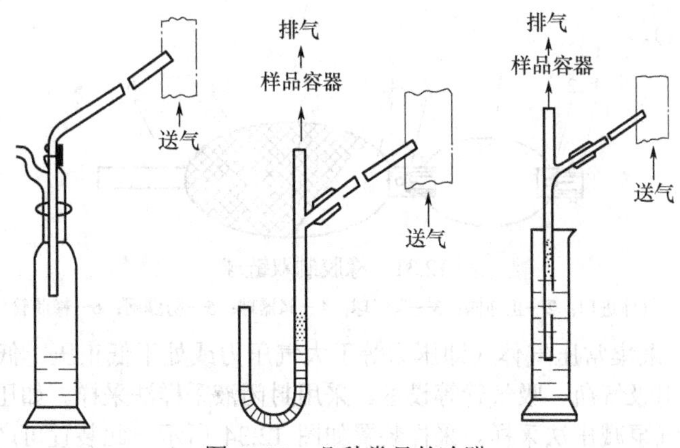

图 12.29　几种常见的冷阱

（6）调节压力和流量的装置

气体采样时，由于气体本身压力就比较高，因此必须要减压，同时气体流速的变化也会引起采样误差，所以要对气体的流速加以调节。

高压采样时，一般可以通过安装两级形式的减压调节器来达到减压的目的。高压或中压采样时，可在采样导气管和采样器之间安装一个三通，将三通的一端连接一个合适的安全装置或放空装置以达到降压和保证安全的目的。流量的调节是采用图 12.30 所示的装置进行的。

图 12.30（a）中爱德华兹瓶能在内压起伏约 10^3Pa 的情况下，保证气体有一个基本稳定的流速，以保证一个稳定的流量。液封稳压管［图 12.30（b）］则是通过装有三通管的一个液封放空装置来达到稳压、提供稳定气流的目的。

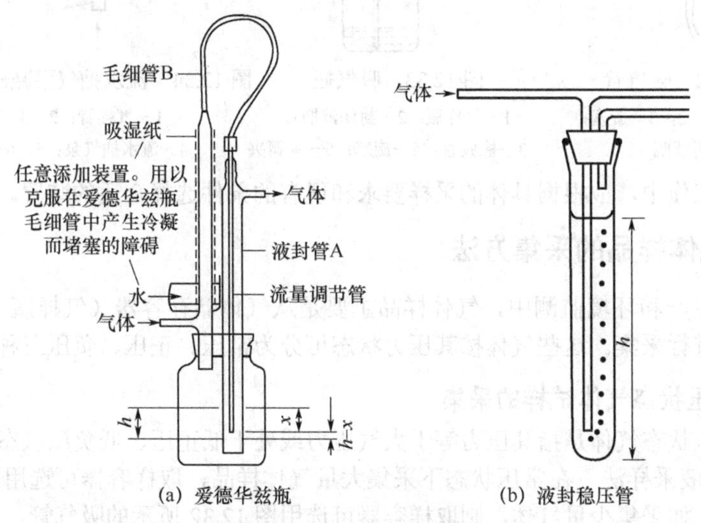

图 12.30　流量调节装置

（7）吸气器和抽气泵

① 吸气器　常用的吸气器有常压采样用的橡胶制双链球（图 12.31）、配有出口阀的手动橡胶球、取少量气样的吸气管（图 12.32）和由玻璃瓶（或聚乙烯瓶）组成的吸

气瓶（见图 12.33）。

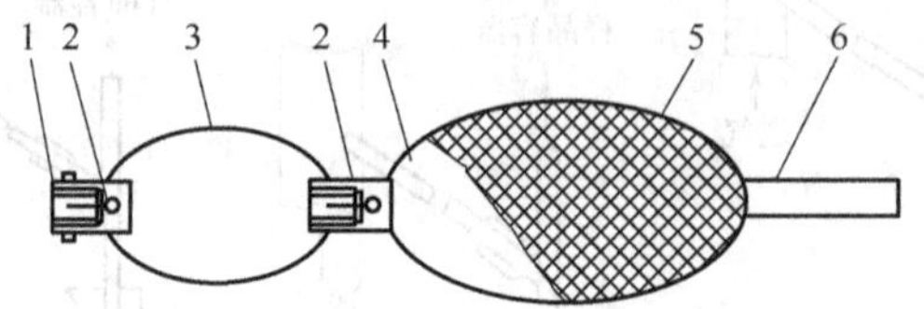

图 12.31 橡胶制双链球

1—气体进口；2—止逆阀；3—吸气球；4—储器球；5—防爆网；6—橡胶管

② 抽气泵 采集常压气体（即压力等于大气压力或处于低正压、低负压状态的气体）时，通常使用吸气瓶、吸气管等设备。采用封闭液采样法采样。如压力仍感不足，则可采用流水抽气泵减压法采样。采样装置如图 12.34 所示。此装置可产生中度真空，加大气体流量，如欲产生较高度真空，可采用机械式真空泵。

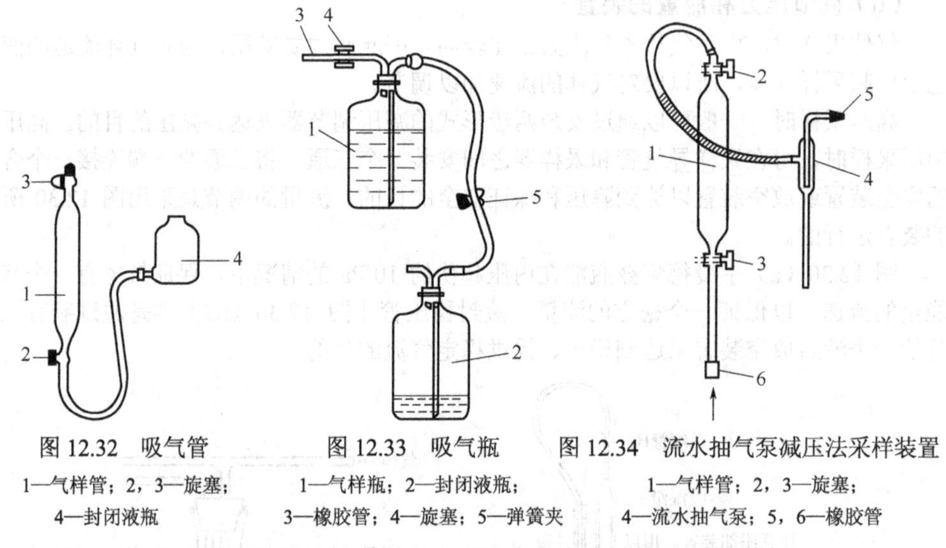

图 12.32 吸气管

1—气样管；2，3—旋塞；4—封闭液瓶

图 12.33 吸气瓶

1—气样瓶；2—封闭液瓶；3—橡胶管；4—旋塞；5—弹簧夹

图 12.34 流水抽气泵减压法采样装置

1—气样管；2，3—旋塞；4—流水抽气泵；5，6—橡胶管

在实际工作中，应根据具体的采样要求和现有的条件选择合适的装置。

12.4.2 气体样品的采集方法

在工业生产和环境监测中，气体样品主要是从气体储存容器（气样瓶、储罐）、管道和大气中进行采集。这些气体按其压力状态可分为常压、正压、负压三种。

（1）常压状态气体试样的采集

所谓常压状态气体是指其压力等于大气压力或处于低正压、低负压状态的气体。

① 封闭液采样法 在常压状态下采集大量气体样品，取样容器可选用图 12.33 所示的吸气瓶。如采集少量气体，则取样容器可选用图 12.32 所示的吸气管。

a. 用吸气瓶采集大量气体试样的操作。采集大量常压气体试样一般采用如图 12.35 的装置，其中瓶 1 为气样瓶，用以产生真空负压。

采样步骤如下：

➢ 向封闭液瓶 2 中注满封闭液（常用水、稀酸和盐的水溶液作封闭液），旋转旋塞，使气样瓶 1 与大气相通。打开弹簧夹 5，提高封闭液瓶 2 的位置，使封闭液进入并充满气样瓶 1，将瓶 1 内的空气通过旋塞 4 排到大气中（见图 12.35）。

➢ 旋转旋塞 4，使气样瓶通过旋塞 4 及橡胶管 3 和采样管相连。降低封闭液瓶 2 的位置，气样进入气样瓶 1，用弹簧夹 5 控制气样瓶 1 中的封闭液流向封闭液瓶 2 的速度，使在一定时间内气样瓶 1 内所采试样达到需要量。然后关闭旋塞 4，夹紧弹簧夹 5，从采样管上取下橡胶管 3 即可（见图 12.36）。

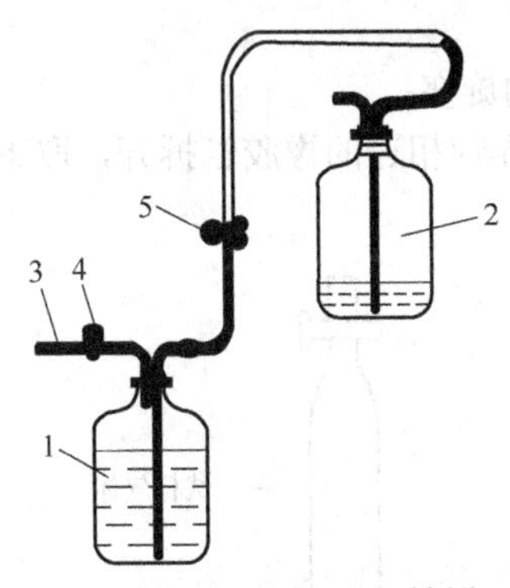

图 12.35　封闭液进入采样瓶

1—气样瓶；2—封闭液瓶；3—橡胶管；4—旋塞；5—弹簧夹

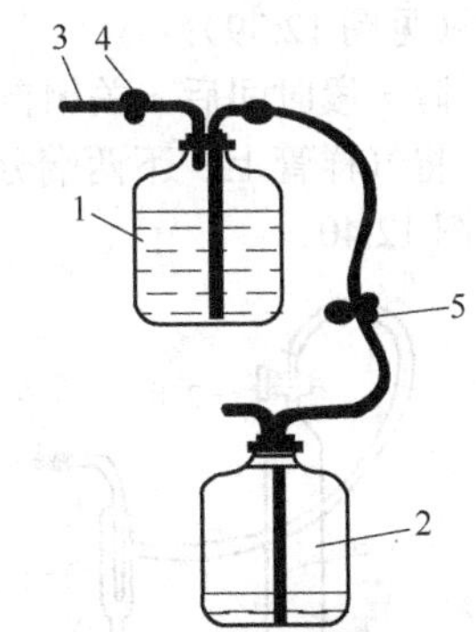

图 12.36　采集所需的气体

1—气样瓶；2—封闭液瓶；3—橡胶管；4—旋塞；5—弹簧夹

b．用吸气管采集少量气体试样的操作。采集少量常压气体，一般采用如图 12.32 所示的装置，其中 1 为两端带旋塞的气样管，4 为封闭液瓶。

采样操作步骤如下：

➢ 向封闭液瓶 4 中注满封闭液，开启旋塞 2 和 3，使气样管 1 与大气相通。

➢ 提高封闭液瓶的位置，使封闭液进入并充满气样管，气样管内的空气被排入大气中（见图 12.37）。

➢ 将气样管经旋塞 3 及橡胶管与采样管相连。降低封闭液瓶的位置，试样气体进入气样管，直至气样管内的封闭液面降到旋塞 2 以下（见图 12.38）。

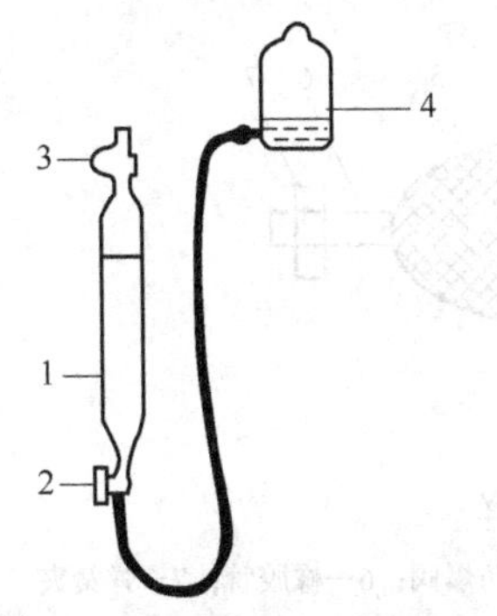

图 12.37　封闭液充满气样瓶

1—气样管；2,3—旋塞；4—封闭液瓶

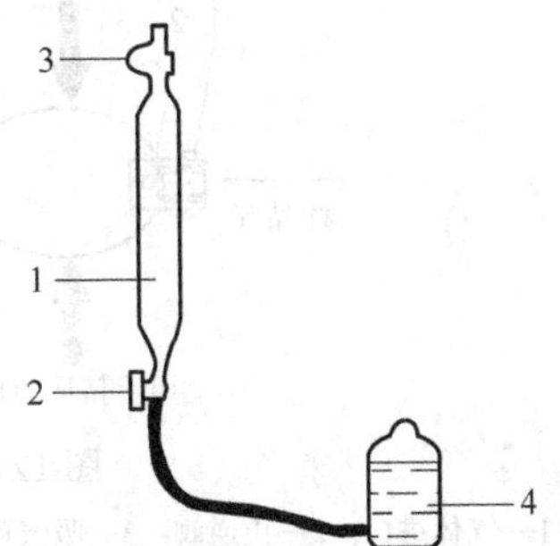

图 12.38　气体试样进入气样瓶

1—气样管；2,3—旋塞；4—封闭液瓶

➢ 关闭旋塞 2 和 3，从采样管上取下气样管。

对低负压气体，若用封闭液采样法采样仍感压力不足，则可改用流水抽气泵减压法采样。

② 流水抽气泵减压采样法

操作步骤如下：

a．把气样管和采样管用橡胶管连接起来；

b．把流水抽气泵和自来水龙头用橡胶管连接起来；

c．打开自来水龙头和气样管上的旋塞，用流水抽气泵产生的负压将试样气体抽入气样管（见图 12.39）；

d．隔一段时间后，关闭自来水龙头及气样管上的旋塞；

e．将气样管上、下两端分别和流水抽气泵、采样管相连的橡胶管拆开，取下气样管（见图 12.40）。

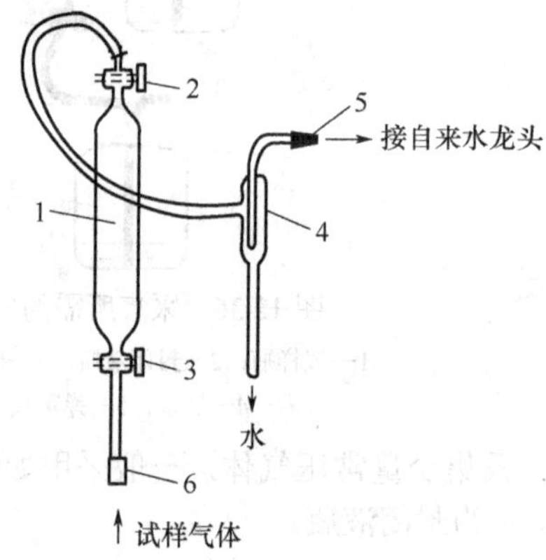

图 12.39　将试样气体抽入气样管

1—气样管；2,3—旋塞；4—流水抽气泵；5,6—橡胶管

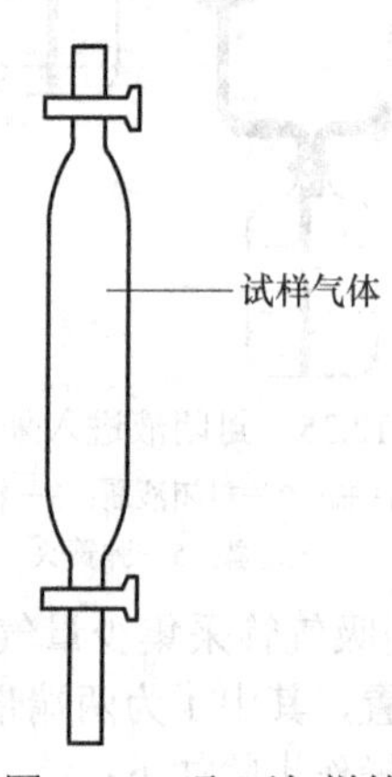

图 12.40　取下气样管

③ 用双链球采样

a．所需气体样品量不大的采样操作。先用弹簧夹加紧橡胶管 6，使之封闭，在采样点用手反复挤压吸气球 3，使样品气体通过气体进口管和止逆阀 2 进入吸气球，再通过第二个止逆阀进入储气球，如图 12.41 所示。

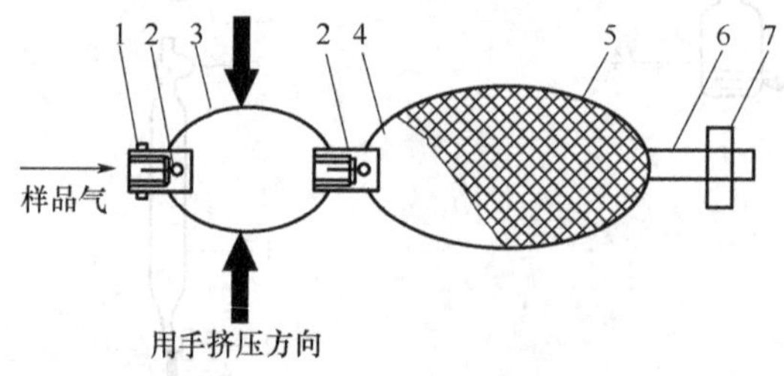

图 12.41　用双链球采样

1—气体进口；2—止逆阀；3—吸气球；4—储气球；5—防爆阀；6—橡胶管；7—弹簧夹

b．需气体样品量较大时的采用操作。可在橡胶管 6 处用玻璃管再连接一个球胆，用上述同样的方法采样，如图 12.42 所示。

c．在气体容器或气体管道中采样。只需将和气体容器或管道相连的采样管与双链球的进口连接起来，即可采样。

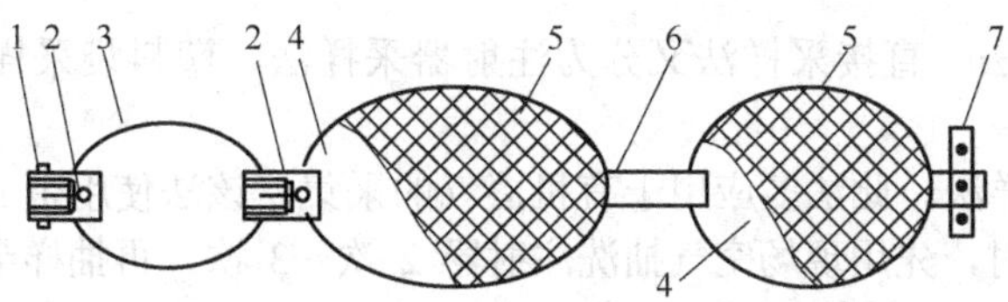

图 12.42　加球胆采样

1—气体进口；2—止逆阀；3—吸气球；4—储气球；5—防爆阀；6—橡胶管；7—弹簧夹

（2）正压状态气体试样的采集

压力远高于大气压力的气体称为正压力状态气体。

正压力状态气体由于压力较高，很容易进入取样容器，所以其采样操作比较简单，只需打开采样管或采样阀上的活塞，气体就可进入取样容器（如气袋、球胆等）。

若气体压力过大，则可通过调整采样管上的活塞的开启程度进行控制，或者在采样装置和气样容器之间连接缓冲瓶以减小压力。

在工业生产中，经常通过采样管把正压力气体和气体分析仪器直接连接，进行分析，而不进行独立的采样操作。

（3）负压状态气体试样的采集

压力远低于大气压力的气体称为负压状态气体。负压状态气体的采样比正压状态气体的采样要复杂一些。一般负压不太高的气体，可用抽气泵减压法采样（见常压气体试样的采样），如负压较高，则必须用抽真空容器采样法进行采样。

① 抽空容器　抽空容器一般是容积为 0.5L～5L 带活塞的厚壁优质玻璃管或玻璃瓶，如图 12.43 所示。

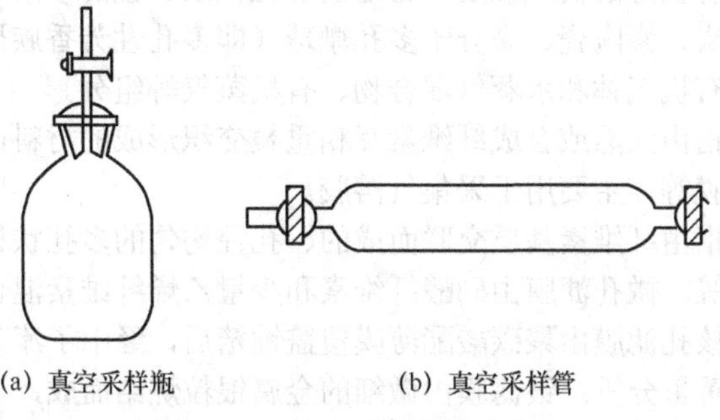

(a) 真空采样瓶　　(b) 真空采样管

图 12.43　负压采样抽空容器

② 采样操作

a. 采样前，先用真空泵抽出玻璃瓶或玻璃管中的空气，使压力降到 1.33kPa 左右，关闭瓶或管上的活塞。

b. 取样时，把采样管（或阀）和抽空容器用橡胶管连接起来，再开启采样管（或阀）和抽空容器上的活塞，被采样品气体由于抽空容器内呈负压而被吸入其中。

c. 关闭采样管（或阀）和抽空容器上的活塞，取下连接用的橡胶管，采样完毕。

（4）大气样品的采集

大气样品的采集有直接采样法和富集采样法两种。

① 直接采样法 直接采样法又分为注射器采样法、塑料袋采样法和真空瓶采样法几种。

a．注射器采样法。此法多应用于有机蒸气的采集。该法使用带三通的玻璃注射器（图 12.25）。采样时，先用现场空气抽洗注射器 2 次～3 次，再抽样至 100μL，密封进样口，带回实验室，当天进行分析即可。

b．塑料袋采样法和真空瓶采样法。此法见常压状态气体试样的减压采样法（双链球法）和负压状态气体试样采样法。

② 富集采样法 当空气中被测物质的浓度很低（$1mg/m^3$～$1\times10^{-3}mg/m^3$），而所用的分析方法不能直接测出其含量时，必须用富集采样法进行采样。此法所用时间较长，所以分析结果是在富集采样时间内的平均值，因此，从环境保护角度看，它更能反映环境污染的真实情况，因而此法在环境监测中很重要。

富集采样法又可分为溶液吸收法和固体吸收法等。采用何种方法要视具体情况而定。

a．溶液吸收法。所谓溶液吸收法是指用水、水溶液、有机溶剂等吸收液采集空气中气态、蒸气态样品组分以及某些气溶胶的方法。

溶液吸收法对吸收液的要求是：理化性质稳定，挥发性小，能选择性吸收，吸收率高，能迅速溶解被测物质或不与被测物质起化学反应。最理想的吸收水溶液是含有显色剂的，边采样边吸收，不仅采样后即可比色定量，而且可以控制采样的时间，使显色强度恰好在测定范围内。

b．固体吸收法。所谓固体吸收法是指用固体吸附剂采集空气中被测物质的方法。

固体吸附剂主要有颗粒状吸附剂、纤维状滤料和筛孔状滤料。

颗粒状吸附剂有良好的机械强度、稳定的理化性质、强的吸附能力和容易解吸的性能。如硅胶、活性炭、素陶瓷、高分子多孔微球（即多孔性芳香族聚合物）等，分别用于采集极性物质、有机气体和水蒸气混合物、有机蒸气等组分。

纤维状滤料是指由天然或合成纤维素互相重叠交织形成的材料，如滤纸、玻璃纤维滤膜、过氯乙烯滤膜等，主要用于采集气溶胶。

筛孔状滤料是指由纤维素基质交联而成的、孔径均匀的多孔状材料，如微孔滤膜、核孔滤膜、银滤膜等。微孔滤膜由硝酸纤维素和少量乙烯纤维素混合而成，主要用于采集金属性气溶胶；核孔滤膜由聚碳酸酯薄膜覆盖铀箔后，经中子流轰击并经化学腐蚀而成，适用于做精密重量分析；银滤膜由微细的金属银粒烧结而成，适用于采集酸、碱气溶胶及带有机溶剂性质的有机物样品。

第三部分
化学分析基础理论

第13章 滴定分析法

滴定分析法是化学分析法中最重要的分析方法。它利用滴定管将标准溶液滴加到被测物质的溶液中，直到所加试剂与被测物质按化学计量定量反应完全，然后根据所用试剂溶液的浓度和体积即可求得被测组分的含量。

滴定分析法适用于质量分数在 1%以上各物质的测定，有时采用微量滴定管也能进行微量分析。该方法的特点是：快速、准确；仪器设备简单、价廉；操作简便。一般情况下，其滴定的相对误差为±0.1%，并且可应用多种化学反应类型进行广泛的分析测定。所以滴定分析法在生产和科研上具有很高的实用价值。

滴定分析法因其主要操作是滴定而得名，又因为它是以测量溶液体积为基础的分析方法，所以又被称为容量分析法。

13.1 基础知识

13.1.1 常用术语/基本概念

（1）化学计量点与滴定终点

当滴入的标准滴定溶液与被测定的物质定量反应完全时，即两者的物质的量正好符合化学反应式所表示的化学计量关系时，称反应达到了“化学计量点”（亦称计量点，以 sp 表示）。

在滴定分析中，化学计量点一般根据指示剂的变色来确定。实际上滴定是进行到溶液中的指示剂变色时停止的，停止滴定的这一点称为“滴定终点”（或简称终点，以 ep 表示）。

（2）滴定误差

滴定误差是指实验终点与理论终点不一致而带来的测定误差，因此又称为“终点误差”，以 E_t 表示。

以指示剂作为检测终点的手段，终点误差就是指示剂的变色点与计量点不一致所引起的误差。因此，它属于系统误差。如果所选指示剂的变色点恰为计量点，则终点误差为零。

滴定误差的大小，不仅取决于滴定反应的完全程度，还与指示剂使用是否恰当有关。它是滴定分析中误差的主要来源之一。因此，必须选择适当的指示剂才能使滴定的终点尽可能地接近化学计量点。

终点误差只是从理论上定量地表示所选指示剂能否保证滴定准确度的一种方法，并不包括在滴定分析中可能产生的其他误差。因此，它不应理解为滴定分析的误差，因为后者除包括滴定误差外，还有仪器误差、试剂纯度带来的试剂误差和操作误差等。

理论上视指示剂的变色点为滴定的实验终点，以此估算滴定误差为系统误差。具体实验时个别滴定所确定的实验终点含有不确定性，因此滴定误差也有随机误差。考察滴定误差时则主要考察的是理论上的滴定误差（即系统误差）和单次滴定所造成的滴定误差（个别误差），以及与精密度相关的随机误差。

（3）滴定反应

滴定反应指的是滴定剂（即标准滴定溶液）与试液中的被滴组分在滴定过程中所发生的反应。

按照滴定剂与被滴组分间建立的化学平衡类型，滴定反应又分为酸碱反应、氧化还原反应、配位反应和沉淀反应四种。

（4）滴定曲线

滴定曲线是以滴定过程中加入的标准滴定溶液体积为横坐标，以反映滴定过程中被测物质含量变化的特征参数为纵坐标所绘制的图形曲线。

按滴定反应类型的不同，作为滴定曲线纵坐标的特征参数也不同，可绘制出不同类型的滴定曲线。

滴定曲线可以由实验测得，也可以通过理论计算求得。

（5）滴定的突跃范围

滴定剂加入量在化学计量点前后产生相对误差为-0.1%～+0.1%的范围，所引起的溶液被测物质含量特征参数变化的突跃范围称为“滴定的突跃范围”，在滴定曲线上表现为垂直部分。

在滴定分析中，要求滴定的突跃范围越宽越好。

13.1.2　滴定分析法对滴定反应的要求

在滴定分析中，并不是任何一个化学反应都能用于滴定分析，只有符合以下要求的反应才能称为滴定反应。

① 反应要完全　被测物质与标准滴定溶液之间的反应要按一定的化学反应方程式进行，而且反应必须接近完全（通常要求达到99.9%以上）。这是定量计算的基础。

② 反应速度要快　滴定反应要求在瞬间完成，对速度较慢的反应，有时可通过加热或加入催化剂等办法来加快反应速度。

③ 要有简便、可靠的方法确定滴定的终点。

④ 反应要具有专一性　在滴定条件下，反应不受溶液中其他成分的影响，即没有干扰。

13.1.3 滴定分析方法与滴定方式

（1）滴定分析方法

按照滴定反应所依据的化学反应类型，滴定分析方法可分为四种（见表 13.1）。

表 13.1 滴定分析方法分类

滴定分析方法	滴定反应类型与反应实质	应 用 范 围
酸碱滴定法	酸碱反应 $H^{+}+OH^{-} \rightleftharpoons H_2O$	可测定酸、碱、弱酸盐、弱碱盐等
配位滴定法	配位反应 $M^{n+}+Y^{4-} \rightleftharpoons MY^{4-n}$	可用于对金属离子的测定
氧化还原滴定法	氧化还原反应 $Cr_2O_7^{2-}+6Fe^{2+}+14H^{+} \rightleftharpoons 2Cr^{3+}+6Fe^{3+}+7H_2O$	用于测定具有氧化性或还原性的物质，尤其是有机物的测定
沉淀滴定法	沉淀反应 $Ag^{+}+Cl^{-} \rightleftharpoons AgCl\downarrow$（白色） $Ag^{+}+SCN^{-} \rightleftharpoons AgSCN\downarrow$（白色）	常用来测定卤素离子和银含量等

（2）滴定方式

滴定分析法中常采用的滴定方式有以下四种。

① 直接滴定法　凡符合上述滴定分析条件的反应，就可以直接采用标准溶液对试样溶液进行滴定，这称为直接滴定。这是最常见和最常用的滴定方式，其特点是：简便、快速、引入的误差较小。

若某些反应不能完全满足以上条件，在可能的条件下，还可以采用以下其他滴定方式进行测定。

② 返滴定法　当滴定反应速率缓慢，滴定固体物质反应不能迅速完成或者没有合适的指示剂时，可采用返滴定法进行测定。

其原理是：先加入一定且过量的标准溶液，待其与被测物质反应完全后，再用另一种滴定剂滴定剩余的标准溶液，从而计算被测物质的量。

因此返滴定法又称“剩余量滴定法”或“回滴法”。例如：EDTA 滴定法测定 Al^{3+}，酸碱滴定法测定固体试样中的 $CaCO_3$ 含量等。

③ 置换滴定法　当被测物质所参加的滴定反应不按一定的反应式进行，或没有确定的化学计量关系时，不能用直接滴定法测定。

其原理是：先加入适当的试剂与待测组分定量反应，使它能被定量置换为另一种可被滴定的物质，再用标准溶液滴定该反应产物。这种方法称为“置换滴定法”。

例如：采用 $K_2Cr_2O_7$ 标定 $Na_2S_2O_3$ 溶液的浓度。

④ 间接滴定法　某些待测组分不能直接与滴定剂反应，但可通过其他化学反应间接测定其含量。如：没有氧化性的 Ca^{2+} 可用 $C_2O_4^{2-}$ 生成沉淀，过滤后加硫酸溶解沉淀，用 $KMnO_4$ 标准溶液滴定。

总之，合理采用以上各种滴定分析方法及滴定方式，将提高滴定分析的选择性，并扩展滴定分析法的应用范围。

13.1.4 滴定分析中的计算

滴定分析法中要涉及一系列的计算问题，如标准滴定溶液的配制和标定，标准滴定溶液和被测物质间的计算关系，以及测定结果的计算等等。现分别讨论如下。

（1）计算依据

滴定分析就是用标准溶液去滴定被测物质的溶液，根据反应物之间是按化学计量关系相互作用的原理，滴定到化学计量点时，化学方程式中各物质的系数比就是反应中各物质相互作用的物质的量之比。

$$aA + bB \rightleftharpoons P + Q$$

被测物质　滴定剂　　　产物

$$n_A : n_B = a : b$$

设体积为 V_A 的被滴定物质的溶液浓度为 c_A，在化学计量点时消耗浓度为 c_B 的滴定剂体积为 V_B，则：

$$c_A V_A = \frac{a}{b} c_B V_B$$

如果已知 c_B、V_B、V_A，则可求出 c_A：

$$c_A = \frac{\frac{a}{b} c_B V_B}{V_A}$$

通常在滴定时，体积以 mL 为单位来计量，运算时要换算为 L，即

$$m_A = \frac{c_B V_B M_A \times \frac{a}{b}}{1000} \tag{13.1}$$

（2）计算实例

① 标准溶液的制备与溶液的稀释　溶液稀释或增浓时，溶液中所含溶质的物质的量的总数不变。若 c_1、V_1 为溶液的初始浓度和体积，c_2 和 V_2 为稀释后溶液的浓度和体积，则：

$$c_1 V_1 = c_2 V_2$$

例 13.1　已知浓盐酸的密度为 1.19g/mL，其中 HCl 含量约为 37%。计算：

① 浓盐酸的物质的量浓度；

② 欲配制浓度为 0.10mol/L 的稀盐酸 500mL，需量取上述浓盐酸多少毫升？

解：① 设盐酸的体积为 1000mL，则

$$n_{HCl} = \frac{m}{M} = \frac{1.19 \times 1000 \times 0.37}{36.46} \text{mol} = 12\text{mol}$$

$$c_{HCl} = \frac{n_{HCl}}{V} = \frac{12}{1.0} \text{mol/L} = 12 \text{mol/L}$$

② 设 c_1、V_1 为浓盐酸浓度和体积，c_2、V_2 为稀释后盐酸的浓度和体积

根据：　$c_1 V_1 = c_2 V_2$

得： $$V_1=\frac{0.10\times500}{12}\text{mL}=4.2\text{mL}$$

例 13.2 在稀硫酸溶液中，用 0.02012mol/L $KMnO_4$ 溶液滴定某草酸钠溶液，如欲使两者消耗的体积相等，则草酸钠溶液的浓度为多少？若需配制该溶液 100.0mL，应称取草酸钠多少克？

解： $$5C_2O_4^{2-}+2MnO_4^-+16H^+ \rightleftharpoons 10CO_2+2Mn^{2+}+8H_2O$$

因此 $$n_{Na_2C_2O_4}=\frac{5}{2}n_{KMnO_4} \quad 即\ (cV)_{Na_2C_2O_4}=\frac{5}{2}(cV)_{KMnO_4}$$

由于 $$V_{Na_2C_2O_4}=V_{KMnO_4}$$

则 $$c_{Na_2C_2O_4}=\frac{5}{2}c_{KMnO_4}=(2.5\times0.02012)\text{mol/L}=0.05030\text{mol/L}$$

$$m_{Na_2C_2O_4}=cV\times M_{Na_2C_2O_4}=\frac{0.05030\times100.0\times134.00}{1000}\text{g}=0.6740\text{g}$$

② 计算标准滴定溶液的浓度

例 13.3 用 $Na_2B_4O_7\cdot10H_2O$ 标定 HCl 标准滴定溶液的浓度，称取 0.4815g 硼砂，滴定至终点时消耗 HCl 溶液 25.35mL，计算该 HCl 标准滴定溶液的浓度。

解： $$Na_2B_4O_7+2HCl+5H_2O \rightleftharpoons 4H_3BO_3+2NaCl$$

$$n_{Na_2B_4O_7}=\frac{n_{HCl}}{2}$$

$$\frac{m_{Na_2B_4O_7}}{M_{Na_2B_4O_7}}=\frac{(cV)_{HCl}}{2}$$

$$c_{HCl}=\frac{2\times0.4815}{381.4\times25.35\times10^{-3}}\text{mol/L}=0.09960\text{mol/L}$$

例 13.4 采用邻苯二甲酸氢钾基准物标定 NaOH 标准滴定溶液的浓度，要求在标定时用去 0.2mol/L NaOH 溶液 20mL～30mL，应称取基准试剂邻苯二甲酸氢钾（KHP）多少克？

解： 根据： $$n_{KHP}=n_{NaOH} \quad 且\ n_{KHP}=\frac{m_{KHP}}{M_{KHP}}$$

则： $$m=M_{KHP}(cV)_{NaOH}$$

$$m_1=(204.2\times0.2\times20\times10^{-3})\text{g}=0.816\text{g}$$
$$m_2=(204.2\times0.2\times30\times10^{-3})\text{g}=1.225\text{g}$$

需 KHP 称量范围为：0.82g～1.2g。

③ 物质的量浓度与滴定度间的换算

滴定度与物质的量浓度的关系为：

$$T_{B/A}=\frac{c_AM_B\times\frac{b}{a}}{1000} \tag{13.2}$$

式中，b 为滴定反应方程式中被测组分项的系数；a 为滴定剂项的系数；M_B 为被测组分的摩尔质量。

例 13.5 试计算 0.02000mol/L $K_2Cr_2O_7$ 溶液对 Fe^{2+} 和 Fe_2O_3 的滴定度。

解： $$Cr_2O_7^{2-} + 6Fe^{2+} + 14H^+ \rightleftharpoons 2Cr^{3+} + 6Fe^{3+} + 7H_2O$$

$$\frac{c_{K_2Cr_2O_7}}{1000} = \frac{T_{Fe^{2+}/K_2Cr_2O_7}}{6M_{Fe^{2+}}}$$

$$T_{K_2Cr_2O_7/Fe^{2+}} = \frac{c_{K_2Cr_2O_7} \times M_{Fe^{2+}} \times 6}{1000} = \frac{0.02000 \times 55.85 \times 6}{1000} \text{g/mL} = 0.006702 \text{ g/mL}$$

同理： $$\frac{c_{K_2Cr_2O_7}}{1000} = \frac{T_{Fe_2O_3/K_2Cr_2O_7}}{3M_{Fe_2O_3}}$$

$$T_{Fe_2O_3/K_2Cr_2O_7} = \frac{c_{K_2Cr_2O_7} \times M_{Fe_2O_3} \times 3}{1000} = \frac{0.02000 \times 159.69 \times 3}{1000} \text{g/mL} = 0.009581 \text{ g/mL}$$

④ 被测物质质量分数的计算

例 13.6 称取不纯碳酸钠试样 0.2642g，加水溶解后，用 0.2000mol/L 的 HCl 标准溶液滴定，消耗 HCl 标准溶液体积为 24.45mL。求试样中 Na_2CO_3 的质量分数。

解： 根据滴定反应式

$$2HCl + Na_2CO_3 \rightleftharpoons 2NaCl + CO_2 + H_2O$$

得 $$\omega(Na_2CO_3) = \frac{0.2000 \times 24.45 \times 10^{-3} \times 106.0}{2 \times 0.2642} \times 100\% = 98.10\%$$

即，试样中 Na_2CO_3 的质量分数为 98.10%。

13.1.5 滴定分析中的误差

滴定分析中的误差主要有测量误差、滴定误差和浓度误差。

（1）测量误差

在滴定分析中，测量误差主要是指测量溶液体积时产生的误差。其产生的原因有仪器不准、观察刻度不准确等。校准仪器、提高实验技能、加强责任心就可减免测量误差。

（2）滴定误差

滴定误差主要由以下因素导致。

① 滴定终点与化学计量点之间的不吻合，这是由指示剂的性质所致。应合理选择指示剂。

② 指示剂消耗标准滴定溶液，如酸碱指示剂，其本身也具有酸碱性，因此在滴定过程中也会消耗少量碱（酸）标准滴定溶液，从而造成误差。

③ 标准滴定溶液用量的影响，也就是说滴定终点最后一滴标准溶液的体积应尽量小，以免过量太多导致较大误差。通常终点时的标准溶液用量应控制在半滴（0.02mL）以内，若按照±0.1%的误差计算，此时消耗标准溶液的体积应在 20mL 以上。

即 $$\frac{\pm 0.02}{20} \times 100\% = \pm 0.1\%$$

因此，在滴定分析中常常要求标准滴定溶液的消耗量为20mL～40mL。

④ 杂质的影响，试液中如有消耗标准滴定溶液的杂质物质存在，应设法消除。

（3）浓度误差

浓度误差是指由于标准滴定溶液浓度变化而产生的误差。

① 标准滴定溶液的浓度不能过浓也不能过稀 过浓时相差一滴就会对结果造成较大的误差。而浓度过稀则会导致终点不灵敏，故通常规定标准滴定溶液的浓度为（0.1～0.2）mol/L。

② 标定与使用标准滴定溶液时温度不一致，会造成溶液浓度的变化 温度相差不超过 5℃时，水溶液浓度的改变可以忽略不计。若超出这一限度，可用水的膨胀系数校正。其他非水溶液受温度影响较大，不可忽略，必须要引起重视。例如 $HClO_4$、冰醋酸溶液应以其膨胀系数进行计算校正溶液的浓度。

13.2 滴定分析中的化学平衡

在滴定分析中，分析过程中的试样溶解、干扰元素的分离或掩蔽、测定前溶液的调整以及测定本身，无不涉及化学反应及化学平衡。因此，化学平衡是化学分析中至关重要的问题。通过研究化学平衡，可以对试样的溶解、元素的分离以及测定时的反应进行合理选择，并控制好各个环节的反应条件。

13.2.1 酸碱平衡

（1）酸碱概念与共轭酸碱对

酸碱质子理论认为，凡是能给出质子（H^+）的物质是酸，凡是能够接受质子的物质是碱。一种碱（B）接受质子后其生成物（HB^+）便成为 B 的共轭酸；同理，一种酸（HB）给出质子后剩余的部分（B^-）便成为 HB 的共轭碱。

酸与碱的这种关系可表示如下：

$$\underset{酸}{HB} \rightleftharpoons H^+ + \underset{碱}{B^-}$$

酸（HB）给出一个质子而形成碱（B），碱（B）得到一个质子便成为酸（HB），说明 HB 与 B 是共轭的，这种因一个质子的得失而互相转变的每一对酸碱称为“共轭酸碱对”。

所以，HB 是 B 的共轭酸，B 是 HB 的共轭碱，HB-B 称为共轭酸碱对。物质的酸性或碱性都要通过给出质子或接受质子来体现。可见，酸与碱是彼此不可分的，处于一种相互依存又相互对立的关系。例如：

共轭酸		质子		共轭碱	共轭酸碱对
H_2SO_4	$\rightleftharpoons$	H^+	+	HSO_4^-	H_2SO_4- HSO_4^-
HSO_4^-	$\rightleftharpoons$	H^+	+	SO_4^{2-}	HSO_4^- - SO_4^{2-}
NH_4^+	$\rightleftharpoons$	H^+	+	NH_3	NH_4^+ -NH_3
H_3PO_4	$\rightleftharpoons$	H^+	+	$H_2PO_4^-$	H_3PO_4- $H_2PO_4^-$

由上述酸碱间的共轭关系，酸碱质子理论指出：① 酸和碱可以是分子，也可以是阳离子或阴离子。例如：H_2S、NH_4^+、$H_2PO_4^-$。② 有的酸和碱在某对共轭酸碱对中是碱，但在另一对共轭酸碱对中是酸，这类酸碱称为两性物质。例如 HPO_4^{2-}、$H_2PO_4^-$ 等。③ 质子理论中不存在盐的概念，它们分别是离子酸或离子碱。如在下列两个酸碱半反应中：

$$H^+ + HPO_4^{2-} \rightleftharpoons H_2PO_4^-$$
$$H_2PO_4^- \rightleftharpoons H^+ + PO_4^{3-}$$

可见：HPO_4^{2-} 在 $H_2PO_4^-$-HPO_4^{2-} 共轭酸碱对中是碱，而在 HPO_4^{2-}-PO_4^{3-} 共轭酸碱对中是酸。这类物质为酸或为碱，取决于它们对质子的亲和力的相对大小和存在的条件。

（2）酸碱反应的实质

酸碱反应的实质是质子的转移。酸（HB）要转化为共轭碱（B），所给出的质子必须转移到另一种能接受质子的物质上，在溶液中实际上没有独立的 H^+，只可能在一个共轭酸碱对的酸和另一个共轭酸碱对的碱之间有质子的转移。因此，酸碱反应是两个共轭酸碱对之间共同作用的结果。

（3）酸碱解离常数

根据酸碱质子理论，当酸或碱加入溶剂后，就发生质子的转移，并产生相应的共轭碱或共轭酸。例如，HA 在水中发生水解反应：

$$HA + H_2O \rightleftharpoons H_3O^+ + A^-$$

$$K_a = \frac{[H^+][A^-]}{[HA]} \qquad K_b = \frac{[HA][OH^-]}{[A^-]} \tag{13.3}$$

就水溶液而言，根据酸碱质子理论，酸或碱的强弱取决于物质给出质子或接受质子的能力大小。这种能力的大小可以用酸碱解离常数或解离度的大小来衡量，物质的解离常数越大，或解离度越大，该物质的酸性（或碱性）就越强。酸碱解离常数只与温度以及溶剂有关，而与浓度无关。常见酸、碱的解离常数见附录 9。

根据酸碱的共轭关系，酸的解离常数与其共轭碱的解离常数之间具有一定的关系。

质子溶剂自身分子之间也能相互发生一定的质子转移。这类同种溶剂分子之间质子的转移过程称为质子的自递反应。根据酸碱质子理论，质子溶剂分子也是酸碱两性物质。

以 H_2O 为例：

$$H_2O + H_2O \rightleftharpoons H_3^+O + OH^-$$

（第二个 H_2O 与 H_3^+O 共轭；第一个 H_2O 与 OH^- 共轭）

在水的质子自递反应中，反应的平衡常数称为溶剂的质子自递常数。水的质子自递常数又称为水的离子积常数（K_w），即

$$[H_3O^+][OH^-] = K_w = 1.0\times10^{-14} \quad (25℃) \tag{13.4}$$

$$pK_w = 14.00$$

酸与碱既然是共轭的，K_a 与 K_b 之间必然有一定的关系，现以 NH_4^+-NH_3 为例说明它们之间的关系。

$$NH_3 + H_2O \rightleftharpoons NH_4^+ + OH^-$$

$$NH_4^+ + H_2O \rightleftharpoons NH_3 + H_3^+O$$

$$K_b = \frac{[NH_4^+][OH^-]}{[NH_3]} \qquad K_a = \frac{[H_3^+O][NH_3]}{[NH_4^+]}$$

因此，
$$K_a K_b = K_w \tag{13.5}$$

$$pK_w = pK_a + pK_b = 14 \quad (25℃)$$

对于其他溶剂 $K_a K_b = K_w$

上面讨论的是一元共轭酸碱对的 K_a 与 K_b 之间的关系。对于多元酸（碱），由于其在水溶液中是分级解离，存在着多个共轭酸碱对，这些共轭酸碱对的 K_a 和 K_b 之间也存在一定的关系，但情况较一元酸碱复杂些。

例如 H_3PO_4 共有三个共轭酸碱对：H_3PO_4- $H_2PO_4^-$；$H_2PO_4^-$ - HPO_4^{2-}；HPO_4^{2-} - PO_4^{3-}。

于是
$$K_{a1}K_{b3} = K_{a2}K_{b2} = K_{a3}K_{b1} = K_w \tag{13.6}$$

在判断物质水溶液的酸碱性时，可以根据相应解离常数的相对大小来判断，若酸式解离的平衡常数大于碱式解离的平衡常数，则该物质的水溶液将呈酸性。

13.2.2 氧化还原平衡

氧化还原反应的平衡常数，可以根据能斯特公式和有关电对的条件电极电位或标准电极电位求得。

通常，氧化还原反应式可表示为：

$$n_2Ox_1 + n_1Red_2 \rightleftharpoons n_2Red_1 + n_1Ox_2$$

氧化剂和还原剂电对的电极电位分别为：

$$Ox_1 + n_1e^- \rightleftharpoons Red_1$$

$$\varphi_1 = \varphi_1^\ominus + \frac{0.059}{n_1}\lg\frac{c_{Ox_1}}{c_{Red_1}} \tag{13.7}$$

$$Ox_2 + n_2e^- \rightleftharpoons Red_2$$

$$\varphi_2 = \varphi_2^\ominus + \frac{0.059}{n_2}\lg\frac{c_{Ox_2}}{c_{Red_2}} \tag{13.8}$$

当反应达到平衡时，$\varphi_1 = \varphi_2$，则：

$$\varphi_1^\ominus + \frac{0.059}{n_1}\lg\frac{c_{Ox_1}}{c_{Red_1}} = \varphi_2^\ominus + \frac{0.059}{n_2}\lg\frac{c_{Ox_2}}{c_{Red_2}}$$

$$\varphi_1^\ominus - \varphi_2^\ominus = 0.059\lg\left(\frac{c_{Ox_2}}{c_{Red_2}}\right)^{n_1}\left(\frac{c_{Red_1}}{c_{Ox_1}}\right)^{n_2}$$

由于
$$K = \frac{(c_{Red_1})^{n_2}(c_{Ox_2})^{n_1}}{(c_{Ox_1})^{n_2}(c_{Red_2})^{n_1}}$$

因此
$$\lg K=\frac{(\varphi^{\ominus}-\varphi^{\ominus})n_1n_2}{0.059} \tag{13.9}$$

由此可知：氧化还原反应的平衡常数 K 值的大小是直接由氧化剂和还原剂两电对的条件电极电位之差来决定的。两者差值越大，K 值也就越大，反应进行得越完全。对滴定反应而言，反应的完全程度应当在 99.9%以上。因此，根据式（13.9）就可以得到氧化还原反应定量进行的条件。

如果氧化还原反应要定量地进行，通常可以认为 $\lg K \geqslant 6$，$\varphi_1^{\ominus}-\varphi_2^{\ominus} \geqslant 0.4\text{V}$ 的氧化还原反应才能满足滴定分析的要求。

13.2.3　配位平衡

配位平衡所涉及的平衡关系较为复杂，为能定量处理各种因素对配位平衡的影响，引入了副反应系数的概念，并导出相应的条件稳定常数。

（1）配合物的稳定常数

配位平衡常数常用稳定常数（亦称“形成常数”）表示。在配位滴定中，金属离子与 EDTA（简单表示为 Y）的配位反应大多形成 1∶1 型配合物，在不表示酸度和电荷的情况下，其反应式可简写为：$M+Y \rightleftharpoons MY$。

其稳定常数记为 K_{MY}，根据平衡关系可表示为：
$$K_{MY}=\frac{[MY]}{[M][Y]} \tag{13.10}$$

K_{MY} 越大，表示相应配合物越稳定；反之，就越不稳定。配合物的稳定常数大多都较大，故常用其对数形式表示，即 $\lg K_{MY}$。常见金属离子与 EDTA 形成配合物的稳定常数见表 13.2。

表 13.2　EDTA 与一些常见金属离子的配合物的稳定常数（溶液离子强度 I=0.1，温度 20℃）

阳　离　子	$\lg K_{MY}$	阳　离　子	$\lg K_{MY}$	阳　离　子	$\lg K_{MY}$
Na^+	1.66	Ce^{3+}	15.89	Cu^{2+}	18.80
Li^+	2.79	Al^{3+}	16.3	Hg^{2+}	21.8
Ba^{2+}	7.86	Co^{2+}	16.31	Th^{4+}	23.2
Sr^{2+}	8.73	Cd^{2+}	16.46	Cr^{3+}	23.4
Mg^{2+}	8.69	Zn^{2+}	16.50	Fe^{3+}	25.1
Ca^{2+}	10.69	Pb^{2+}	18.04	U^{4+}	25.80
Mn^{2+}	13.87	Y^{3+}	18.09	Bi^{3+}	27.94

（2）配位反应的副反应及副反应系数

在化学反应中，通常把应用或考察的主体反应称为“主反应”，而其他相伴发生的能影响主反应中反应物或生成物平衡浓度的各种反应，则统称为“副反应”。

在配位滴定中，主反应是被测金属离子（M）与滴定剂 EDTA（Y）的配位反应。而在实际分析工作中，配位滴定是在一定条件下进行的。例如，为了控制溶液的酸度，需要加入某种缓冲溶液；为了掩蔽干扰离子，需要加入某种掩蔽剂等。这说明在一定条件下进行的配位滴定，除了被测金属离子 M 和 EDTA 之间进行的主反应外，还可能发生以下反应方程式所表达的各种重要的副反应：

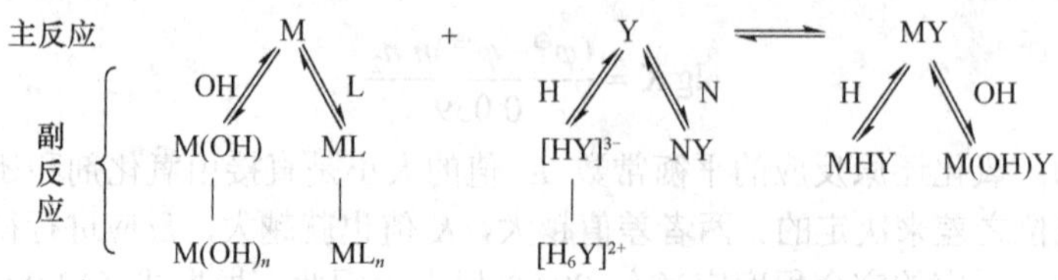

式中：L为辅助配位剂，N为干扰/共存离子。

上述各种副反应的发生都将影响主反应进行的完全程度。其中金属离子 M 和滴定剂 EDTA（Y）所发生的任何副反应均使主反应的反应平衡向左移动，不利于主反应的进行。而产物 MY 在强酸性（pH<3）或强碱性（pH>11）条件下所发生的各种副反应则有利于主反应的进行。然而，由于其产物 MHY 或 M(OH)Y 与 MY 相比较大多数都不太稳定，其影响可以忽略不计。M、Y、MY 的各种副反应进行的程度，均可由其副反应系数的大小来衡量。根据平衡关系计算副反应的影响，即求未参加主反应组分 M 或 Y 的总浓度与平衡浓度[M]或[Y]的比值，即可得到副反应系数（α）。其表达式为：

$$\alpha=\frac{[总浓度]}{[平衡浓度]} \tag{13.11}$$

① EDTA 的酸效应及酸效应系数$\alpha_{Y(H)}$　EDTA 与金属离子反应的本质是 Y^{4-}与金属离子 M 的反应。由 EDTA 的离解平衡可知，Y^{4-}只是 EDTA 各种存在型体中的一种，只有当 pH≥12 时，EDTA 才全部以 Y^{4-}形式存在。随着溶液 pH 值减小，则 Y^{4-}会被进一步质子化，发生 Y^{4-}与 H^+的副反应，从而逐级形成 HY，H_2Y，…，H_6Y 等一系列氢配合物，使 Y^{4-}减少，导致 EDTA 与 M 的反应能力降低，影响主反应进行的程度。

这种由于 H^+与 Y^{4-}作用而使 Y^{4-}参与主反应能力下降的现象称为 EDTA 的酸效应。表征这种副反应进行程度的副反应系数，称为酸效应系数，以$\alpha_{Y(H)}$表示。

$$\alpha_{Y(H)}=\frac{[Y']}{[Y]}=\frac{[Y]+[HY]+[H_2Y]+\cdots+[H_6Y]}{[Y]} \tag{13.12}$$

$\alpha_{Y(H)}$的物理意义在于：当反应达到平衡时，未参与主反应的 EDTA 的总浓度是其游离状态存在下的配位剂 Y 的平衡浓度的倍数。当无副反应时，[Y′] = [Y]，$\alpha_{Y(H)}$ = 1；而有副反应时，[Y′] > [Y], $\alpha_{Y(H)}$ > 1。

因此，EDTA 酸效应系数有意义的取值为$\alpha_{Y(H)}$ ≥1。无副反应只是有副反应时的一个特例。其他各种副反应系数的物理意义均与此相似。不同 pH 时 EDTA 的 lg$\alpha_{Y(H)}$ 见表 13.3。

② 金属离子的配位效应及其副反应系数α_M　在配位滴定中，金属离子常发生两类副反应。一类是金属离子在水中和 OH^-生成各种羟基化配离子，使金属离子参与主反应的能力下降，这种现象称为金属离子的羟基配位效应，也称金属离子的水解效应，其羟基配位效应系数可用$\alpha_{M(OH)}$表示。

金属离子的另一类副反应是金属离子与辅助配位剂的作用，有时为了防止金属离子在滴定条件下生成沉淀或掩蔽干扰离子等，在试液中需加入某些辅助配位剂(L)，使金属离子与辅助配位剂发生作用，产生金属离子的辅助配位效应。

这种由于配位体 L 与金属离子 M 的配位反应而使主反应能力降低的现象称为配位效应。配位效应进行的程度用配位效应系数$\alpha_{M(L)}$表示，它表示未与 Y 反应的金属离子

的各种型体的总浓度[M′]与游离金属离子的平衡浓度[M]的比值。即

$$\alpha_M = \frac{[M']}{[M]} \tag{13.13}$$

表 13.3 不同 pH 的 $\lg\alpha_{Y(H)}$

pH	$\lg\alpha_{Y(H)}$	pH	$\lg\alpha_{Y(H)}$	pH	$\lg\alpha_{Y(H)}$	pH	$\lg\alpha_{Y(H)}$
0.0	23.64	3.1	10.27	6.2	4.34	9.3	1.01
0.1	23.06	3.2	10.14	6.3	4.20	9.4	0.92
0.2	22.47	3.3	9.32	6.4	4.06	9.5	0.83
0.3	21.89	3.4	9.70	6.5	3.02	9.6	0.75
0.4	21.32	3.5	9.48	6.6	3.70	9.7	0.67
0.5	20.75	3.6	9.27	6.7	3.67	9.8	0.59
0.6	20.18	3.7	9.05	6.8	3.55	9.9	0.52
0.7	19.63	3.8	8.85	6.9	3.43	10.0	0.45
0.8	19.08	3.9	8.65	7.0	3.32	10.1	0.39
0.9	18.54	4.0	8.44	7.1	3.21	10.2	0.33
1.0	18.01	4.1	8.24	7.2	3.10	10.3	0.28
1.1	17.49	4.2	8.04	7.3	2.99	10.4	0.24
1.2	16.98	4.3	7.84	7.4	2.88	10.5	0.20
1.3	16.49	4.4	7.64	7.5	2.78	10.6	0.16
1.4	16.02	4.5	7.44	7.6	2.68	10.7	0.13
1.5	15.55	4.6	7.24	7.7	2.57	10.8	0.11
1.6	15.11	4.7	7.04	7.8	2.47	10.9	0.09
1.7	14.68	4.8	6.84	7.9	2.37	11.0	0.07
1.8	14.27	4.9	6.65	8.0	2.27	11.1	0.06
1.9	13.88	5.0	6.45	8.1	2.17	11.2	0.05
2.0	13.51	5.1	6.26	8.2	2.07	11.3	0.04
2.1	13.16	5.2	6.07	8.3	1.97	11.4	0.03
2.2	12.82	5.3	5.88	8.4	1.87	11.5	0.02
2.3	12.50	5.4	5.69	8.5	1.77	11.6	0.02
2.4	12.19	5.5	5.51	8.6	1.67	11.7	0.02
2.5	11.90	5.6	5.33	8.7	1.57	11.8	0.01
2.6	11.62	5.7	5.13	8.8	1.47	11.9	0.01
2.7	11.35	5.8	4.98	8.9	1.38	12.0	0.01
2.8	11.09	5.9	4.81	9.0	1.28	12.1	0.01
2.9	10.84	6.0	4.65	9.1	1.19	12.2	0.005
3.0	10.60	6.1	4.49	9.2	1.10	13.0	0.0008

（3）配合物 MY 的条件稳定常数

如果 M 和 Y 在形成配合物 MY 时存在副反应，那么 K_{MY} 的大小就不能完全反映主反应进行的完全程度。因为这时未参加主反应的 M 和 Y 的总浓度是[M′]和[Y′]，而不单单是各自游离状态下的平衡浓度[M]和[Y]，其配合物 MY 的浓度也不仅仅是[MY]，应该是包括 MY 发生副反应的产物在内的[(MY)′]。若以 K_{MY} 表示有副反应存在时主反应的平衡常数，其表达式为：

$$K'_{MY} = \frac{[(MY)']}{[M'][Y']} \tag{13.14}$$

由于 MY 生成的混合配合物大多数不稳定，因此它的混合配位效应副反应系数一般情况下可以忽略。

由前述副反应系数的定义可知：$[M']=\alpha_M[M]$，$[Y']=\alpha_Y[Y]$

则：
$$K'_{MY}=\frac{[MY]}{\alpha_M[M]\alpha_Y[Y]}=\frac{K_{MY}}{\alpha_M\alpha_Y}$$

即
$$\lg K'_{MY}=\lg K_{MY}-\lg\alpha_Y-\lg\alpha_M \tag{13.15}$$

式（13.15）表明：反应物发生副反应将导致主反应进行的完全程度降低。当各种副反应均不存在时，其各种副反应系数均为 1，即 $\lg K'_{MY}=\lg K_{MY}$。所以，K'_{MY} 有意义的取值范围是 $K'_{MY}\leqslant K_{MY}$。K'_{MY} 是定量表示有副反应发生时 MY 稳定性的重要参数。

在一定条件下 K'_{MY} 为常数，因此被称为“条件稳定常数”，也称“表观稳定常数”。显然，副反应系数越大，K'_{MY} 就越小。这说明酸效应和配位效应越大，配合物的实际稳定性就越小。

影响配位滴定主反应完全程度的因素很多，但一般情况下若系统中既无共存离子干扰也不存在辅助配位剂，并且金属离子不会形成羟基配合物时，影响主反应的因素就是 EDTA 的酸效应。这时，$\lg\alpha_M=0$，此时式（13.15）可简化为：

$$\lg K'_{MY}=\lg K_{MY}-\lg\alpha_{Y(H)} \tag{13.16}$$

可见，在配位滴定中，欲使配位滴定反应进行完全，控制适宜的 pH 条件非常重要！

13.2.4 沉淀平衡

（1）溶度积常数

难溶化合物 MA 在水溶液中的沉淀溶解平衡表示如下：

$$MA(s) \rightleftharpoons MA(aq) \rightleftharpoons M^{n+}(aq)+A^{n-}(aq)$$

在定量化学分析中所用沉淀多为强电解质，MA 在水溶液中几乎完全离解，因此难溶化合物在水溶液中的沉淀溶解平衡可简化表示如下：

$$MA(s) \rightleftharpoons M^{n+}(aq)+A^{n-}(aq)$$

$$\text{平衡常数}\ K=\frac{[M^{n+}][A^{n-}]}{[MA]}$$

[MA]是未溶解固体的浓度，视为常数并入 K 中，则有

$$K_{sp}=[M^{n+}][A^{n-}] \tag{13.17}$$

K_{sp} 称为溶度积常数，简称溶度积。溶度积随温度的变化而变化，与溶液的浓度无关。

对一般的难溶化合物 M_mA_n，其在水溶液中的沉淀溶解平衡为：

$$M_mA_n(s) \rightleftharpoons mM^{n+}(aq)+nA^{m-}(aq)$$

其溶度积常数可表示为：

$$K_{sp,M_mA_n}=[M^{n+}]^m[A^{m-}]^n \tag{13.18}$$

例如：

$$BaSO_4 \rightleftharpoons Ba^{2+} + SO_4^{2-} \qquad K_{sp,BaSO_4}=[Ba^{2+}][SO_4^{2-}]$$

$$Mg(OH)_2 \rightleftharpoons Mg^{2+} + 2OH^- \qquad K_{sp,Mg(OH)_2}=[Mg^{2+}][OH^-]^2$$

（2）溶度积与溶解度的关系

沉淀的溶解度是指难溶化合物溶于溶液中的浓度，对强电解质来讲，溶解度即为溶解离子的浓度，常用 s 表示。

在一定温度下，沉淀的溶解度可根据溶度积常数来计算，计算时要注意溶解度（s）的单位为 mol/L。

对 MA 型难溶化合物，其溶解度：$s = [M^{n+}] = [A^{n-}]$

而 $$[M^{n+}][A^{n-}] = K_{sp}$$

因此，MA 型难溶化合物的溶解度可按下式进行计算：

$$s = \sqrt{K_{sp,\,MA}} \tag{13.19}$$

对于 M_mA_n 型难溶化合物，若其溶解度为 s，则有

$$M_mA_n(s) \rightleftharpoons mM^{n+} + nA^{m-}$$

平衡时浓度： ms ns

$$[M^{n+}] = ms;\ [A^{m-}] = ns$$

$$K_{sp} = [M^{n+}]^m[A^{m-}]^n = (ms)^m \times (ns)^n = m^m n^n s^{m+n}$$

因此，M_mA_n 型难溶化合物溶解度可按式（13.20）进行计算：

$$s = \sqrt[m+n]{\frac{K_{sp,\ M_mA_n}}{m^m n^n}} \tag{13.20}$$

例如：$BaSO_4$ 沉淀溶解度 $s = \sqrt{K_{sp,\,BaSO_4}}$

$Mg(OH)_2$ 沉淀溶解度 $s = \sqrt[3]{\dfrac{K_{sp,\,Mg(OH)_2}}{4}}$

溶解度和溶度积都可以用来衡量难溶化合物的溶解能力。对同种类型（MA 型，MA_2 型等）的难溶化合物，在同一温度下，溶度积常数 K_{sp} 越小，沉淀溶解度也越小。但对不同类型的沉淀，不能简单地从溶度积的大小来判断溶解度的大小，需将溶度积换算成溶解度，然后再比较大小。

13.3 滴定分析中的指示剂

13.3.1 酸碱指示剂

（1）酸碱指示剂的作用原理

酸碱滴定过程本身不发生任何外观的变化，故常借助酸碱指示剂的颜色变化来指示滴定的化学计量点。酸碱指示剂自身是弱的有机酸或有机碱，其共轭酸碱对具有不同的结构，且颜色不同。当溶液的 pH 值改变时，共轭酸碱对相互发生转变，从而引起溶液的颜色发生变化。

例如，甲基橙（MO）

$$(CH_3)_2\overset{+}{N}{=}\langle\ \rangle{=}N{-}\underset{H}{N}{-}\langle\ \rangle{-}SO_3^- \underset{H^+}{\overset{OH^-}{\rightleftharpoons}}$$

红色（醌式） $pK_a = 3.4$

$$(CH_3)_2N-\langle\bigcirc\rangle-N=N-\langle\bigcirc\rangle-SO_3^-$$

黄色（偶氮式）

由上述平衡式可以看出，酸度增大，甲基橙以醌式结构的双极离子型体存在，溶液呈红色；而当酸度减小时，甲基橙以偶氮式结构的型体存在，溶液呈黄色。甲基橙是双色指示剂。

又如，酚酞（PP），它在酸性溶液中为无色，而在碱性溶液中转化为醌式结构后呈红色。酚酞是单色指示剂。单色指示剂与双色指示剂的显色原理不同，在实际工作中，如有可能，应尽可能选择使用双色指示剂。

可见，指示剂颜色的改变，是由于在不同 pH 的溶液中，指示剂的分子结构发生了变化，因而显示出不同的颜色。但是否溶液的 pH 值稍有改变我们就能看到它的颜色变化呢？事实并不是这样，必须是溶液的 pH 值改变到一定的范围，我们才能看得出指示剂的颜色变化。也就是说，指示剂的变色，其 pH 值是有一定范围的，只有超过这个范围我们才能明显地观察到指示剂的颜色变化。

（2）指示剂的变色范围

指示剂的变色范围可由指示剂在溶液中的解离平衡过程来解释。现以弱酸型指示剂（HIn）为例来讨论。HIn 在溶液中的解离平衡为：

$$\underset{\text{酸式色}}{HIn} \rightleftharpoons H^+ + \underset{\text{碱式色}}{In^-}$$

$$K_{HIn} = \frac{[H^+][In^-]}{[HIn]} \tag{13.21}$$

式（13.21）中 K_{HIn} 为指示剂的解离常数；$[In^-]$和$[HIn]$分别为指示剂的碱式色和酸式色的浓度。由上式可知，溶液的颜色是由$[In^-]/[HIn]$的比值来决定的，而此比值又与$[H^+]$和 K_{HIn} 有关。在一定温度下，K_{HIn} 是一个常数，比值$[In^-]/[HIn]$仅为$[H^+]$的函数，$[H^+]$发生改变时，$[In^-]/[HIn]$的比值随之发生改变，溶液的颜色也逐渐发生改变。

需要指出的是，不是$[In^-]/[HIn]$比值任何微小的改变人都能观察到溶液颜色的变化，因为人眼辨别颜色的能力是有限的。

➢ 当$[In^-]/[HIn]\leqslant 1/10$ 时，$pH\leqslant pK_a-1$，只能观察出酸式（HIn）颜色。

➢ 当$[In^-]/[HIn]\geqslant 10$ 时，$pH\geqslant pK_a+1$，观察到的是指示剂的碱式色。

➢ 当 $10>[In^-]/[HIn]>1/10$ 时，$pK_a-1\leqslant pH\leqslant pK_a+1$，观察到的是混合色，人眼一般难以辨别 。

当指示剂的$[In^-]=[HIn]$时，$pH=pK_{HIn}$，人们称此 pH 值为“指示剂的理论变色点”。理想的情况是滴定的终点与指示剂的变色点的 pH 值完全一致，实际上这是有困难的。

根据上述理论推算，指示剂的变色范围应是两个 pH 单位。即

$$pH = pK_{HIn} \pm 1 \tag{13.22}$$

式（13.22）意味着只有在 $pH = pK_{HIn} \pm 1$ 的范围内，人们才能觉察出由 pH 改变而引起的指示剂颜色变化。这个可以看到的指示剂颜色变化的 pH 区间，称为指示剂的变色范围。

但实际测得的各种指示剂的变色范围并不一致，而是略有上下。这是由人眼对各种

颜色的敏感程度不同，以及指示剂的两种颜色之间互相掩盖所致。

例如，甲基橙的 pK_{HIn}=3.4，理论变色范围应为 2.4～4.4，而实测变色范围是 3.1～4.4。这说明甲基橙要由黄色变成红色，碱式色的浓度[In^-]应是酸式色浓度[HIn]的 10 倍；而酸式色的浓度只要大于碱式色浓度的 2 倍，就能观察出酸式色（红色）。产生这种差异性的原因是人眼对红色较之对黄色更为敏感，所以甲基橙的变色范围在 pH 值小的一端就短一些（对理论变色范围而言）。

在滴定分析中，要求指示剂的变色范围越窄越好！因为 pH 值稍有改变，指示剂就可立即由一种颜色变成另一种颜色，即指示剂变色敏锐，有利于提高测定结果的准确度。人们观察指示剂颜色的变化为 0.2pH～0.5pH 单位的误差。

在酸碱滴定分析中，常用的酸碱指示剂列于表 13.4 中。

表 13.4 常用的酸碱指示剂

指示剂	酸色	碱色	pK_a	变色范围	用法
甲基黄	红色	黄色	3.3	2.9～4.0	0.1%的 90%乙醇溶液
甲基橙	红色	黄色	3.4	3.1～4.4	0.05%水溶液
溴甲酚绿	黄色	蓝色	4.9	3.8～5.4	0.1%水溶液，每 100mg 指示剂加 0.05mol/L NaOH 9mL
甲基红	红色	黄色	5.2	4.4～6.2	0.1%的 60%乙醇溶液
百里酚蓝	黄色	蓝色	8.9	8.0～9.6	0.1%的 20%乙醇溶液
酚酞	无色	红色	9.1	8.0～10.0	0.1%的 90%乙醇溶液
百里酚酞	无色	蓝色	10.1	9.4～10.6	0.1%的 90%乙醇溶液

（3）混合指示剂

表 13.4 所列指示剂都是单一指示剂，它们的变色范围一般都较宽，其中有些指示剂，例如甲基橙，变色过程中还有过渡颜色，不易于辨别颜色的变化，这给滴定终点的确定带来了困难。同时，对某些弱酸或弱碱的滴定，它们的滴定范围往往比较窄，这就要求选用变色范围较窄、色调变化敏锐的指示剂，否则将会造成较大的滴定误差。

因此，在实际测定中，常将 K 值相近的两种指示剂混配在一起，由于变色范围相互叠加，以及两种颜色的互补，从而形成一个鲜明的变色点或者是一个极窄的变色范围，以图解决上述问题，这种混合配制的指示剂即称为混合指示剂。混合指示剂具有变色范围窄、变色明显等优点。

13.3.2 金属指示剂

配位滴定与其他滴定一样，判断滴定终点的方法有多种，其中最常用的是以金属指示剂判断滴定终点的方法。金属指示剂可分为两类：一类是指示剂本身在不同酸度条件下具有明显的颜色，与金属离子配位后，又呈现出另一种与其本身不同的颜色，这种指示剂称为“金属显色指示剂”；另一类指示剂是指其本身无色或颜色很浅，与金属离子反应后形成有色配合物，称为“无色金属指示剂”。配位滴定中普遍使用的是金属显色指示剂。

（1）金属指示剂的性质和作用原理

金属指示剂与酸碱指示剂的作用原理不同。金属指示剂也是一种有机配位剂，同时也多为有机弱酸，存在着酸效应。在一定条件下它与金属离子形成一种稳定且颜色与其自身颜色显著不同的配合物，从而指示滴定过程中金属离子浓度的变化情况。

滴定前，加入的指示剂 In 与 M 形成配合物 MIn

$$\underset{\text{甲色}}{M+In} \rightleftharpoons \underset{\text{乙色}}{MIn} \quad \text{（显色反应）}$$

滴入 EDTA，金属离子 M 逐渐被配位。当接近化学计量点时，已与指示剂配位的金属离子被 EDTA 夺出，释放出指示剂，于是形成了溶液颜色的变化。

$$\underset{\text{乙色}}{MIn}+Y \rightleftharpoons MY+\underset{\text{甲色}}{In} \quad \text{（变色反应）}$$

可见，金属指示剂变色反应的实质是滴定剂与指示剂同金属离子形成配合物间的置换反应。

（2）金属指示剂必须要具备的条件

① 颜色的对比度要大 即在滴定条件下，指示剂本身颜色应与配合物颜色有明显不同。

② MIn 配合物的稳定性要适当 $\lg K_{MIn}$ 既不能太大，也不能太小。也就是说它既要有足够的稳定性，但又要比 MY 的稳定性小。$\lg K_{MIn}$ 太大，在终点时 EDTA 无法将指示剂 In 从 MIn 中置换出来，使终点滞后甚至有可能无法产生正常色变；反之，若 $\lg K_{MIn}$ 太小，则 MIn 易解离，导致终点变色不敏锐或终点提前。

这是配位滴定选择指示剂与滴定条件的一个重要原则！

③ MIn 的水溶性要好 若生成胶体或沉淀，会使变色不明显。

④ 显色反应要灵敏、迅速，且有良好的变色可逆性。

常用的金属指示剂使用条件及颜色变化见表 13.5。

表 13.5 常见金属指示剂

指示剂	适用条件（pH 范围）	颜色变化		直接滴定的金属离子	指示剂的制备方法	备注
		MIn	In			
铬黑 T（EBT）	8～10	蓝	红	pH＝10：Mg^{2+}，Zn^{2+}，Cd^{2+}，Pb^{2+}，Mn^{2+}，稀土元素离子	1∶100 NaCl（固体）	Fe^{3+}、Al^{3+}、Cu^{2+}、Ni^{2+}等离子封闭 EBT
酸性铬蓝 K	8～10	蓝	红	pH＝10：Mg^{2+}，Zn^{2+}，Mn^{2+} pH＝13：Ca^{2+}	1∶100 NaCl（固体）	
二甲酚橙（XO）	＜6	亮黄	红	pH＜1：ZrO^{2+} pH 1～3.5：Bi^{3+}，Th^{4+} pH 5～6：Tl^{3+}，Zn^{2+}，Pb^{2+}，Cb^{2+}，Hg^{2+}，稀土元素离子	0.5%水溶液（5g/L）	Fe^{3+}、Al^{3+}、Ni^{2+}、Ti^{4+}等离子封闭 XO
磺基水杨酸钠（Ssal）	1.5～2.5	无色	紫红	Fe^{3+}	5%水溶液（50g/L）	Ssal 本身无色，FeY^-呈黄色
钙指示剂（NN）	12～13	蓝	红	Ca^{2+}	1∶100 NaCl（固体）	Ti^{4+}、Fe^{3+}、Al^{3+}、Cu^{2+}、Ni^{2+}、Co^{2+}、Mn^{2+}等离子封闭 NN

续表

指示剂	适用条件（pH范围）	颜色变化		直接滴定的金属离子	指示剂的制备方法	备注
		MIn	In			
PAN	2～12	黄	紫红	pH 2～3：Th^{4+}，Bi^{3+} pH 4～5：Cu^{2+}，Ni^{2+}，Pb^{2+}，Cd^{2+}，Zn^{2+}，Mn^{2+}，Fe^{2+}	0.1%乙醇溶液（1g/L）	MIn在水中溶解度小，为防止PAN僵化，滴定时须加热

（3）使用金属指示剂时的几个常见问题

① 指示剂的“封闭”现象　在配位滴定中，如果指示剂与金属离子形成更稳定的配合物而不能被EDTA置换（即 $\lg K_{MIn} > \lg K_{MY}$），则到滴定终点时，即使加入过量的EDTA也无法置换出MIn中的In，导致在化学计量点附近没有颜色变化，这种状况称为指示剂的“封闭”现象。

消除指示剂的封闭现象常采用加入适当掩蔽剂的方法，使干扰离子与之形成更稳定的其他配合物，从而不再与指示剂作用。例如，在pH=10时，用EDTA滴定 Ca^{2+}、Mg^{2+}总量时，以铬黑T（EBT）作指示剂，溶液中的 Fe^{3+}、Al^{3+}等离子的存在就会封闭EBT，对此，加入适当的三乙醇胺和KCN或硫化物等掩蔽剂，即可消除上述封闭现象。若干扰离子含量较大，应进行分离处理。

此外，被测金属离子与指示剂的反应可逆性较差（即 $\lg K_{MIn}$ 太小）也能造成指示剂的封闭，对此，应更换指示剂或改变滴定方式（如采用返滴定法）。有时，使用的蒸馏水不合要求，其中含有微量的重金属离子，也能引起指示剂的封闭，因此，配位滴定要求蒸馏水有一定的质量指标。

② 指示剂的“僵化”现象　有些指示剂（In）或其金属离子配合物（MIn）在水中的溶解性太小，导致EDTA与MIn的置换反应进行缓慢，使终点变化拖长，这种现象称为指示剂的“僵化”。

消除指示剂僵化现象一般采用加热或加入与水互溶的有机溶剂以增大其溶解度的方法。加热还可以加快反应速率。例如，以PAN作指示剂时，在温度较低时容易发生僵化。因此在测定时，常加入酒精或丙酮或在加热下测定，从而消除指示剂的僵化现象。

在可能发生僵化时，接近终点时更要缓慢滴定，剧烈振摇。

③ 指示剂的氧化变质　金属指示剂大多数为含双键的有机化合物，易受日光、氧化剂、空气等作用而分解，有些在水溶液中不稳定，日久变质，导致在使用时出现反常现象。

为了防止指示剂的氧化变质，有些指示剂可以用中性盐（如NaCl、KNO_3）固体稀释后，配成固体指示剂使用，依次增强其稳定性。一般金属指示剂都不宜久放，最好是现用现配。

13.3.3 氧化还原指示剂

在氧化还原滴定中，除了用通常属于仪器分析方法的电位滴定法确定其终点外，通常是用指示剂来指示滴定终点。氧化还原滴定中常用的指示剂有以下三类。

（1）自身指示剂

在氧化还原滴定过程中，有些标准溶液或被测的物质本身有颜色，则滴定时就无须另加指示剂，它本身的颜色变化起着指示剂的作用，这称为“自身指示剂”。

例如，以 $KMnO_4$ 标准溶液滴定 $FeSO_4$ 溶液：

$$MnO_4^- + 5Fe^{2+} + 8H^+ \rightleftharpoons Mn^{2+} + 5Fe^{3+} + 4H_2O$$

由于 $KMnO_4$ 本身具有紫红色，而 Mn^{2+} 几乎无色，所以，当滴定到化学计量点时，稍微过量的 $KMnO_4$ 就使被测溶液出现粉红色，表示滴定终点已到。

实验证明，$KMnO_4$ 的浓度约为 2×10^{-6}mol/L 时，就可以观察到溶液的粉红色。

（2）专属指示剂

这类指示剂的特点是：指示剂本身并没有氧化还原性质，但它能与滴定体系中的氧化剂或还原剂结合而显示出与其自身不同的颜色。

例如，可溶性淀粉溶液作为指示剂常用于碘量法，被称为淀粉指示剂。它在氧化还原滴定中并不发生任何氧化还原反应，本身亦无色，但它与 I_2 生成的 I_2–淀粉配合物呈深蓝色，当 I_2 被还原为 I^- 时，蓝色消失；当 I^- 被氧化为 I_2 时，蓝色出现。这种可溶性淀粉与 I_2 生成深蓝色配合物的反应就称为专属反应。当 I_2 的浓度为 2×10^{-6}mol/L 时即能看到蓝色，反应极灵敏。因此淀粉是碘量法的专属指示剂。

另外，无色的 KSCN 也可以作为 Fe^{3+} 滴定 Sn^{2+} 的专属指示剂。化学计量点时，Sn^{2+} 全部反应完毕，再稍过量的 Fe^{3+} 即可与 SCN^- 结合，生成红色的 $Fe(SCN)_3$ 配合物，指示终点。

（3）氧化还原指示剂

这类指示剂本身就是具有氧化还原性质的有机化合物，在氧化还原滴定过程中能发生氧化还原反应，而它的氧化态和还原态具有不同的颜色，因而可指示氧化还原滴定终点。

现以 In(Ox)和 In(Red) 分别表示指示剂的氧化态和还原态，则其氧化还原半反应为：

$$In(Ox) + ne^- \rightleftharpoons In(Red)$$

根据能斯特公式得：

$$\varphi_{In} = \varphi_{In}^{\ominus} + \frac{0.059}{n}\lg\frac{c_{Ox}}{c_{Red}}$$

式中 $\varphi_{In}^{\ominus}$ 为指示剂的条件/标准电极电位，随着滴定体系电位的改变，指示剂氧化态和还原态的浓度比也发生变化，因而使溶液的颜色发生变化。

同酸碱指示剂的变色情况相似，氧化还原指示剂变色的电位范围是：

$$\varphi_{In}^{\ominus} \pm \frac{0.059}{n}(V) \qquad (13.23)$$

$\varphi_{In}^{\ominus}$ 是氧化还原指示剂的理论变色点。必须注意，指示剂不同，其 $\varphi_{In}^{\ominus}$ 不同，同一种指示剂在不同的介质中，其 $\varphi_{In}^{\ominus}$ 也不同。在选择指示剂时，应使氧化还原指示剂的条件电极电位尽量与反应的化学计量点的电位相一致，以减小滴定终点的误差。

表 13.6 所示为一些重要的氧化还原指示剂的条件电极电位。

表 13.6　一些重要氧化还原指示剂的 $\varphi^{\ominus}$ 及颜色变化

指示剂	$\varphi^{\ominus}$/V ($[H^+]$ = 1mol/L)	颜色变化	
		氧化态	还原态
亚甲基蓝	0.36	蓝色	无色
二苯胺	0.76	紫色	无色
二苯胺磺酸钠	0.84	紫红色	无色
邻苯氨基苯甲酸	0.89	紫红色	无色
邻二氮菲-亚铁	1.06	浅蓝色	红色
硝基邻二氮菲-亚铁	1.25	浅蓝色	紫红色

13.3.4　沉淀指示剂

在实际分析工作中，沉淀滴定法（亦称“银量法”）按照采用的指示剂类型分为莫尔法、佛尔哈德法和法扬斯法三种。

（1）以 K_2CrO_4 作指示剂

以 K_2CrO_4 作指示剂的银量法称为莫尔法。莫尔法主要是以 $AgNO_3$ 标准滴定溶液滴定 Cl^-。

在含有 Cl^-的中性溶液中，以 K_2CrO_4 作指示剂，用 $AgNO_3$ 标准溶液滴定。由于 AgCl 的溶解度比 Ag_2CrO_4 小，根据分步沉淀原理，溶液中首先析出 AgCl 沉淀（K_{sp}=1.8×10^{-10}）而非 Ag_2CrO_4 沉淀（K_{sp} = 2.0×10^{-12}）。因此，在进行莫尔法滴定 Cl^- 时，滴定终点是 AgCl 白色沉淀转化为 Ag_2CrO_4 砖红色沉淀，从而指示终点。

（2）用铁铵矾 $NH_4Fe(SO_4)_2$ 作指示剂

佛尔哈德法用铁铵矾 $NH_4Fe(SO_4)_2$ 作指示剂。此法是以 NH_4SCN 标准溶液滴定 Ag^+，到滴定终点时，Ag^+ 已被全部滴定完毕，稍过量的 SCN^- 就将与指示剂 Fe^{3+} 生成血红色配合物（$FeSCN^{2+}$），从而指示终点。

（3）吸附指示剂

法扬斯法采用了吸附指示剂来指示滴定终点。吸附指示剂分为两类：一类是酸性染料，如荧光黄及其衍生物，它们是有机弱酸，解离出指示剂阴离子；另一类是碱性染料，如甲基紫、罗丹明 6G 等，解离出指示剂阳离子。

例如荧光黄，它是一种有机弱酸（用 HFl 表示），在溶液中可解离为荧光黄阴离子 Fl^-，呈黄绿色。用荧光黄作为 $AgNO_3$ 滴定 Cl^-的指示剂时，在化学计量点以前，溶液中 Cl^-过量，AgCl 胶粒带负电荷，Fl^-也带负电荷，不被吸附。达到化学计量点后，AgCl 胶粒带正电荷，会强烈地吸附 Fl^-，使沉淀表面呈淡红色，从而指示滴定终点。

几种常用的吸附指示剂见表 13.7。

表 13.7　常用吸附指示剂

指示剂	被测离子	滴定剂	滴定条件
荧光黄	Cl^-, Br^-, I^-	$AgNO_3$	pH = 7 ～10
二氯荧光黄	Cl^-, Br^-, I^-	$AgNO_3$	pH = 4 ～10
曙红	SCN^-, Br^-, I^-	$AgNO_3$	pH = 2 ～10
甲基紫	Ag^+	NaCl	酸性溶液

13.4 酸碱滴定法及其应用

酸碱滴定法是以质子传递反应为基础的滴定分析方法，是利用酸或碱标准溶液来进行滴定的滴定分析方法，也称中和法，其反应实质是：

$$H^+ + OH^- \rightleftharpoons H_2O$$

一般的酸、碱以及能与酸、碱直接或间接发生质子传递反应的物质几乎都可以利用酸碱滴定法进行测定。所以，酸碱滴定法是滴定分析中的重要方法之一。

13.4.1 酸碱滴定原理

（1）酸碱滴定曲线

既然酸碱指示剂只是在一定的 pH 范围内才发生颜色的变化，那么，为了在某一酸碱滴定中选择一种适宜的指示剂，就必须了解滴定过程中，尤其是化学计量点前后±0.1%相对误差范围内（即滴定的突跃范围）溶液 pH 值的变化情况。

① 强碱（酸）滴定强酸（碱） 这一类型滴定的基本反应为：

$$H^+ + OH^- \rightleftharpoons H_2O$$

现以 0.1000mol/L NaOH 滴定 20.00mL，0.1000mol/L HCl 为例讨论这类滴定的规律。设 HCl 的浓度为 c_a，体积为 V_a，NaOH 的浓度为 c_b，滴定时加入的体积为 V_b。整个滴定过程可分为以下四个阶段来考虑，a．滴定前；b．滴定开始至化学计量点前；c．化学计量点时；d．化学计量点后。现分别讨论如下。

a．滴定前（V_b=0）

$$[H^+]=c_a=0.1000\text{mol/L}$$

$$pH=1.00$$

b．滴定开始至计量点前（$V_a > V_b$）

$$[H^+]=\frac{(V_a-V_b)c_a}{V_a+V_b} \tag{13.24}$$

若 V_b = 19.98mL （−0.1%相对误差）

$$[H^+] = 5.00\times10^{-5}\text{mol/L}$$

$$pH = 4.30$$

c．化学计量点时（V_a=V_b）

$$[H^+]=1.0\times10^{-7}\text{mol/L}$$

$$pH = 7.00$$

d．化学计量点后（$V_b > V_a$）

计量点之后，NaOH 再继续滴入便过量了，溶液的酸度决定于过量的 NaOH 的浓度。

$$[OH^-]=\frac{(V_b-V_a)c_b}{V_a+V_b} \tag{13.25}$$

若 V_b = 20.02mL（+0.1%相对误差）

$$[OH^-] = 5.00\times10^{-5}\text{mol/L}$$

$$pH = 9.70$$

将上述计算值列于表 13.8 中，以 NaOH 加入量为横坐标，pH 值为纵坐标，绘制 pH-V 关系曲线，即得酸碱滴定曲线，见图 13.1 中 a。

强酸滴定强碱与强碱滴定强酸的基本原理完全相同，它们的各对应公式也极相似，只需将强碱滴定强酸体系的各公式中的酸碱参数互换，即可得到强酸滴定强碱体系的各有关公式。由于其滴定过程中滴定液的 pH 是由大到小，故与相同条件的强碱滴定强酸的滴定曲线互成倒影。

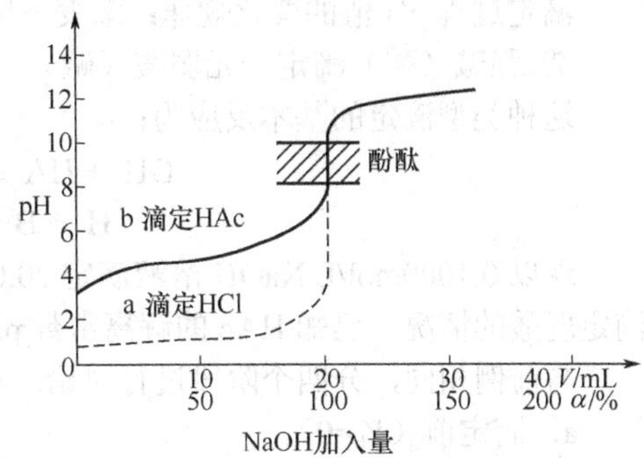

图 13.1　NaOH 溶液分别滴定 HCl 和 HAc 的滴定曲线

a—滴定 HCl；b—滴定 HAc

【讨论】 滴定曲线表示出在滴定过程中的不同阶段加入单位体积的滴定剂时，被滴定液 pH 的改变程度是有差异的。这是因为在滴定过程中，被滴定液的缓冲容量在不断发生变化。

由图 13.1 中 a 可以看出：

➢ 滴定开始时，曲线比较平坦。这是因为溶液中还存在着较多的 HCl，酸度较大。

➢ 化学计量点前后，随着 NaOH 不断滴入，HCl 的量逐渐减少，pH 值逐渐增大。当只剩下 0.1%的 HCl，即剩余 0.02mL HCl 时，pH 为 4.30，再继续滴入仅过量 0.02mL NaOH，溶液的 pH 值便从 4.30 急剧升高到 9.70。

因此，0.04mL（大约 1 滴）滴定剂就使溶液 pH 值增加 5 个多 pH 单位。这种在化学计量点附近溶液 pH 值发生急剧变化的现象称为滴定的“pH 值突跃”。换句话说，在计量点附近参数所出现的急剧变化现象就被称为“滴定突跃”。

滴定分析一般要求滴定终点误差不超过±0.1%，故突跃范围常以计量点前后对应量的 0.1%（即–0.1%～+0.1%）为标准，确定相关参数区域。本例中为 pH4.30～9.70，共 5.4 个 pH 单位。

在化学计量点前后相对误差为–0.1%～+0.1%的范围内，溶液 pH 值变化的突跃范围称为“滴定的突跃范围”，在曲线上表现为垂直部分。

突跃范围的意义：滴定中，若选择变色范围在突跃范围内的指示剂，则滴定终点将落在突跃范围内，终点误差自然符合分析要求。

对 0.1000mol/L NaOH 滴定 20.00mL 0.1000mol/L HCl 来说，凡在突跃范围（pH=4.30～9.70）以内能引起变色的指示剂（即指示剂的变色范围全部或一部分落在滴定的突跃范围之内），都可作为该滴定的指示剂，如酚酞（pH=8.0～10.0）、甲基橙（pH=3.1～4.4）和甲基红（pH=4.4～6.2）等。在突跃范围内停止滴定，则测定结果具有足够的准确度。

在强酸强碱滴定中，影响滴定突跃范围大小的唯一因素是滴定剂和被滴定液的浓度。若是浓度相等的强酸强碱相互滴定，其滴定起始浓度减小一个数量级，则滴定突跃缩小两个 pH 单位（如图 13.2 所示）。

➢ 化学计量点以后，如果再继续滴加 NaOH 溶液，pH 值变化由快逐渐变慢，曲线也由倾斜逐渐变为平坦。

滴定过程 pH 值的变化规律：渐变→突变→渐变。

② 强碱（酸）滴定一元弱酸（碱）

这种类型滴定的基本反应为：

$$OH^- + HA \rightleftharpoons H_2O + A^-$$
$$H^+ + B \rightleftharpoons HB^+$$

现以 0.1000mol/L NaOH 溶液滴定 20.00mL，0.1000mol/L HAc 溶液为例，讨论强碱滴定弱酸的情况。已知 HAc 的解离常数 $pK_a = 4.74$。

与前例相同，分四个阶段进行讨论。

a．滴定前（V_b=0）。

$$[H^+] = \sqrt{cK_a} = \sqrt{0.1000 \times 1.8 \times 10^{-5}}\text{mol/L} = 1.35 \times 10^{-3}\text{mol/L}$$

$$pH=2.87$$

b．滴定开始至计量点前（V_a>V_b）。

因 NaOH 的滴入，溶液成为 HAc-NaAc 缓冲体系，其 pH 值可按下式计算：

$$[Ac^-] = \frac{c_a V_b}{V_a + V_b}, \qquad [HAc] = \frac{c_a V_a - c_b V_b}{V_a + V_b}$$

则：

$$pH = pK_a + \lg\frac{[Ac^-]}{[HAc]}$$

若 V_b=19.98mL（−0.1%相对误差）

得

$$pH = 7.74$$

c．化学计量点时。

NaOH 与 HAc 完全反应生成 NaAc，即一元弱碱的溶液。

$$[NaAc] = 0.05000\text{mol/L}$$

则

$$[OH^-] = \sqrt{c_b K_b} = \sqrt{c_b \times \frac{K_w}{K_a}} = 5.3 \times 10^{-6}\text{mol/L}$$

$$pH = 8.72$$

d．化学计量点后。

因 NaOH 滴入过量，抑制了 Ac^-的水解，溶液的酸度决定于过量的 NaOH 用量，其计算方法与强碱滴定强酸相同。

同样，将上述结果列表（见表 13.8），根据表中数据绘制滴定曲线，如图 13.1 中 b 所示。

【讨论】 由图 13.1 中 b 可见，NaOH 滴定 HAc 的滴定曲线具有以下几个特点。

➢ NaOH-HAc 滴定曲线（图 13.1b）起点比 NaOH 滴定 HCl 的滴定曲线（图 13.1a）高 2 个 pH 单位。这是因为 HAc 是弱酸。滴定开始后至约 10%HAc 被滴定之前和 90%HAc 被滴定以后，NaOH-HAc 滴定曲线的斜率比 NaOH-HCl 的大。而在上述范围之间滴定曲线上升缓慢，这是因为滴定开始后有 NaAc 的生成，与溶液中的 HAc 构成缓冲体系，致使溶液 pH 值变化缓慢。接近计量点时，缓冲作用减弱，因此溶液的 pH 变化速度加快。

➢ 在计量点时，由于滴定产物 NaAc 的水解作用，溶液已呈碱性（pH=8.72）。

NaOH 滴定 HAc 滴定曲线的突跃范围（pH=7.72～9.70）较滴定 HCl 的突跃范围小得多，且在碱性范围内，所以只有酚酞、百里酚酞等指示剂才可用于该滴定。显然，突跃范围越大，越有利于指示剂的选择。

表 13.8 用 0.1000mol/L NaOH 溶液分别滴定 20.00mL，0.1000mol/L HCl 溶液和 20.00mL，0.1000mol/L HAc 溶液的 pH 值

加入 NaOH 溶液		pH	
V/mL	α/%	滴定 HCl 溶液	滴定 HAc 溶液
0.00	0.00	1.00	2.87
18.00	90.0	2.28	5.70
19.80	99.0	3.30	6.74
19.98	**99.9**	**4.30**	**7.70**
20.00	**100.0**	**7.00**	**8.72**
20.02	**100.1**	**9.70**	**9.70**
20.20	101.0	10.70	10.70
22.00	110.0	11.70	11.70
40.00	200.0	12.50	12.50

滴定的突跃范围随滴定剂和被滴定物浓度的改变而改变，指示剂的选择也应视具体情况而定。

影响酸碱滴定突跃范围的因素主要有以下两点：

- 酸或碱（被滴定物）的浓度：c 越大，pH 值突跃越大；
- 酸或碱的强度（即 K_a 或 K_b）：K_a 或 K_b 越大，pH 突跃范围越大。

➢ 计量点后为 NaAc 和 NaOH 的混合溶液，由于 Ac^- 的解离受到过量滴定剂 OH^- 的抑制，故滴定曲线的变化趋势与 NaOH 滴定 HCl 溶液时基本相同。

图 13.2 和图 13.3 所示分别为不同浓度 NaOH 滴定 HCl 的滴定曲线以及 NaOH 滴定不同强度酸的滴定曲线。

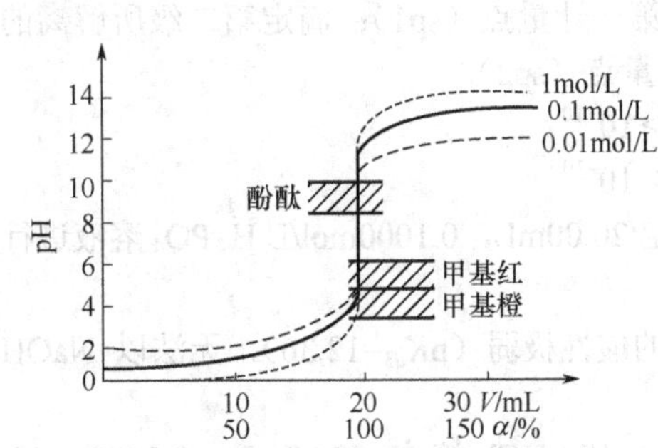

图 13.2 不同浓度 NaOH 溶液滴定 HCl 的滴定曲线

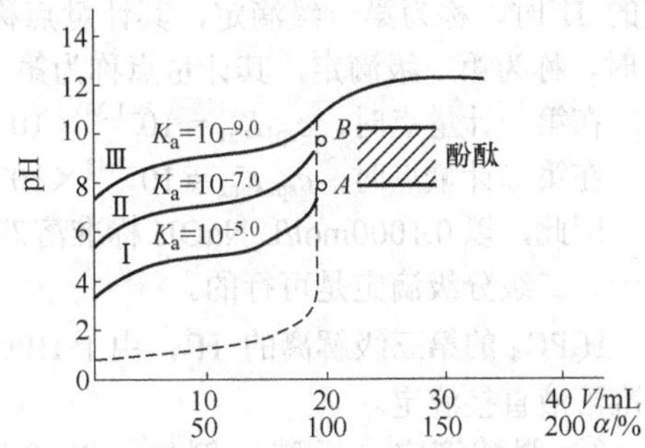

图 13.3 NaOH 滴定不同强度酸的滴定曲线（----为 HCl）

（2）准确滴定一元弱酸（碱）的可行性判据

滴定反应的完全程度是能否准确滴定的首要条件。当浓度一定时，K_a 值越大，突跃范围越大。当浓度为 0.1moL/L，$K_a \leq 10^{-9}$ 时已无明显的突跃。

实践证明，人眼借助指示剂准确判断终点，滴定的 pH 突跃必须在 0.2 单位以上。

在这个条件下，分析结果的相对误差<±0.1%。只有弱酸的 $c_{sp}K_a \geqslant 10^{-8}$ 时才能满足这一要求。

因此，通常视 $c_{sp}K_a \geqslant 10^{-8}$ 作为判断弱酸能否滴定的依据。

需要指出的是，$c_{sp}K_a \geqslant 10^{-8}$ 这条判据并不是绝对的，而是相对的、有条件的。它是在规定终点观测的不确定性为±0.2pH 单位，允许滴定分析误差为±0.1%的前提下确定的。另外，这条判据也并非在任意 c_{sp} 下都能使用，必须满足 $c_{sp} \geqslant 4\times10^{-4}$mol/L，才可使用。

（3）多元酸碱分步滴定的可行性

在多元酸碱或混合酸碱的滴定中，由于被滴定的酸或碱受逐级或分别依次解离的影响，此时仍只沿用一元弱酸碱能否直接准确滴定的判据就欠妥了。而且多元酸碱或混合酸碱一般滴定分析的误差难以小于至±0.1%，如果将其滴定分析的误差放宽到±1%，终点观测的不确定性仍为±0.2pH 单位。当多元酸为二元或三元时，可进行分级滴定的条件为：

$$c_{sp\,(i-1)}K_{a\,(i-1)} \geqslant 10^{-10}$$

K_a 或 K_b 的下标 i 表示为几元酸，i 的取值为 2 或 3。其滴定总量的判据为：

$$c_{spi}K_{ai} \geqslant 10^{-10}\text{（滴定分析误差为±1\%）}$$

或

$$c_{spi}K_{ai} \geqslant 10^{-8}\text{（滴定分析误差为±0. 1\%）}$$

对多元酸的滴定，首先根据 $c_{sp1}K_{a1} \geqslant 10^{-8}$，判断能否对第一级解离 H^+进行准确滴定，然后再看相邻两级 K_a 的比值是否大于 10^4，以此判断第二级解离的 H^+是否对上述滴定产生干扰。

① 多元弱酸的滴定　例如，用 NaOH 标准溶液滴定 H_3PO_4（$K_{a1}=7.6\times10^{-3}$，$K_{a2}=6.3\times10^{-8}$，$K_{a3}=4.4\times10^{-13}$）。

这是一个很特殊的应用案例。在众多的无机或有机多元酸中，只有 H_3PO_4不仅逐级的解离常数相距较大，且其间隔也比较均匀。当以 NaOH 标准溶液滴定其第一级解离的 H^+时，称为第一级滴定，其计量点称为第一计量点（sp1）；滴定第二级所解离的 H^+时，称为第二级滴定，其计量点称为第二计量点（sp2）。

在第一计量点时，$c_{sp1}K_{a1}=10^{-1.30}\times10^{-2.12}>10^{-10}$

在第二计量点时，$c_{sp2}K_{a2}=10^{-1.48}\times10^{-7.20}>10^{-10}$

因此，以 0.1000mol/L NaOH 标准溶液滴定 20.00mL，0.1000mol/L H_3PO_4溶液进行第一、二级分级滴定是可行的。

H_3PO_4 的第三级解离的 H^+，由于 HPO_4^{2-} 的酸性极弱（pK_{a3}=12.36），无法以 NaOH 标准溶液直接滴定。

② 强酸滴定二元碱　例如，以 0.1000mol/L HCl 滴定 25.00mL，0.1000mol/L Na_2CO_3溶液。

Na_2CO_3 的 pK_{b1} = 3.75，pK_{b2}=7.62。由于 K_{b1} / K_{b2} = $10^{3.88}\approx10^4$，勉强可以分别滴定，但确定第二计量点的准确度稍差。

国家标准 GB 1255—2007 规定，无水碳酸钠基准试剂的规格为 Na_2CO_3 的质量分数不得低于 99.95%，选用了以 HCl 标准溶液滴定二元碱 Na_2CO_3 为质量检验的标准方法；且规定了采用溴甲酚绿-甲基红混合指示剂检测滴定终点。

13.4.2　非水滴定简介

以溶剂水为介质进行滴定分析时，会遇到难以准确测定的问题。这些问题主要表现为以下三种情形（以酸碱滴定法为例）：

① $K_a<10^{-7}$ 的弱酸或 $K_b<10^{-7}$ 的弱碱，$cK_a<10^{-8}$ 的弱酸或 $cK_b<10^{-8}$ 的弱碱溶液，一般都无法准确滴定；

② 许多有机酸在水中的溶解度很小，甚至难溶于水，以致滴定在水溶液中无法进行；

③ 强酸（或强碱）的混合溶液在水溶液中不能分别进行滴定。

由此可见，酸碱滴定法在水溶液中的应用有一定的局限性。

非水滴定法又称非水溶液滴定法，是指在水以外的溶剂中进行滴定的方法。它是利用非水溶剂的特点来改变物质的酸碱相对强度。换句话说，就是在水溶液中呈弱酸性或弱碱性的化合物，由于酸碱度太弱，不可能得到滴定的终点。如果选择某些适当的非水溶剂为溶剂使化合物增加相对的酸度成为强酸，或者增加相对的碱度成为强碱，就可以顺利地进行滴定。

使用非水溶剂，可以增大样品的溶解度，同时可增强其酸碱性，在水中不能进行完全的滴定反应可顺利进行，使有机弱酸、弱碱可以得到明显的终点突跃。在水溶液中只能滴定 pK_a（或 pK_b）小于 8 的化合物，而在非水溶液中则可滴定 pK_a（或 pK_b）小于 13 的物质。因此，此法被广泛应用于有机酸碱的测定中。

同时，非水滴定法由于采用了非水溶剂作为滴定反应的介质，使上述问题得以很好的解决，从而扩大了滴定分析法的应用范围。

（1）非水溶剂的类型

根据可释放或接受质子的性质，非水滴定常用的溶剂可分为酸性、碱性、两性及惰性四种，也可混合使用。

滴定酸时多用碱性溶剂，如胺类、酰胺等，滴定用的标准溶液多用甲醇钠的苯-甲醇溶液或碱金属氢氧化物的醇溶液，以百里酚蓝等为指示剂。

滴定弱碱时多用酸性溶剂，如乙酸、乙酸酐等，标准溶液多用高氯酸的冰醋酸溶液，常用甲基紫为指示剂。

① 质子性溶剂　质子性溶剂是指具有较强的授受质子能力的溶剂。

a．酸性溶剂。这类溶剂给出质子的能力比水强，接受质子的能力比水弱，即酸性比水强，碱性比水弱。有机弱碱在酸性溶剂中可显著地增强其相对碱度，主要用于弱碱含量的测定。最常用的酸性溶剂为冰醋酸。

b．碱性溶剂。这类溶剂给出质子的能力比水弱，接受质子的能力比水强，即酸性比水弱，碱性比水强。有机弱酸在碱性溶剂中可显著地增强其相对酸度，主要用于测定弱酸的含量。最常用的碱性溶剂为二甲基甲酰胺。

c．两性溶剂。这类溶剂的酸碱性与水相近，即它们给出和接受质子的能力相当，这类溶剂主要为醇类。主要用于测定酸碱性较强的有机酸或有机碱。兼有酸、碱两种性能，最常用的两性溶剂为甲醇、乙醇。其作用是：中性介质，传递质子。

② 非质子性溶剂　非质子性溶剂即指溶剂分子中无转移性质子的溶剂。

a．惰性溶剂。这一类溶剂既没有给出质子的能力，又没有接受质子的能力，其介电常数通常比较小，在该溶质中物质难以解离，所以称为惰性溶剂。惰性溶剂常与质子溶剂混用，用来溶解、分散、稀释溶质，用于滴定弱酸性物质。

在惰性溶剂中，溶剂分子之间没有质子自递反应发生，质子转移反应只发生在试样和滴定剂之间。最常见的惰性溶剂有苯、甲苯、氯仿等。

b. 偶极亲质子性溶剂（非质子亲质子性溶剂）。这类溶剂分子中无转移性质子，但具有较弱的接受质子的倾向，且具有程度不同形成氢键的能力。如：酮类、酰胺类、腈类、吡啶类。

偶极亲质子性溶剂具微弱碱性和弱的形成氢键的能力，多应用于滴定弱碱性物质。

③ 混合溶剂　混合溶剂是指质子性溶剂与惰性溶剂的混合。

如：冰醋酸-醋酐、冰醋酸-苯——弱碱性物质滴定；苯-甲醇——羧酸类的滴定；二醇类-烃类——溶解有机酸盐、生物碱和高分子化合物。掺入混合溶剂可使样品更加易溶，滴定突跃上升，终点变色敏锐。

（2）均化效应（拉平效应）和区分效应

① 拉平效应　根据质子理论，酸 HB 在水、乙醇、乙酸中的解离平衡分别表示如下：

$$HB + H_2O \rightleftharpoons H_3O^+ + B^-$$

$$HB + CH_3CH_2OH \rightleftharpoons CH_3CH_2OH_2^+ + B^-$$

$$HB + CH_3COOH \rightleftharpoons CH_3COOH_2^+ + B^-$$

由于溶剂接受质子的能力不同，它们接受质子的能力大小依次为：

$$CH_3CH_2OH > H_2O > CH_3COOH$$

因此，酸 HB 在上述溶剂中的酸性强弱依次是：

$$HB(CH_3CH_2OH) > HB(H_2O) > HB(CH_3COOH)$$

同理，$HClO_4$、H_2SO_4、HCl、HNO_3 的酸性强度本身是有差别的，其酸性强度为：$HClO_4 > H_2SO_4 > HCl > HNO_3$。但是在水溶剂中它们的强度却没有显示出差别。

$HClO_4$、H_2SO_4、HCl、HNO_3 在水溶剂中发生如下的全部离解：

$$HClO_4 + H_2O \rightleftharpoons H_3O^+ + ClO_4^-$$

$$H_2SO_4 + 2H_2O \rightleftharpoons 2H_3O^+ + SO_4^{2-}$$

$$HCl + H_2O \rightleftharpoons H_3O^+ + Cl^-$$

$$HNO_3 + H_2O \rightleftharpoons H_3O^+ + NO_3^-$$

由于这四种酸在水溶剂中给出质子的能力都很强，而水的碱性已足够使其充分接受这些酸给出的质子转化为 H_3O^+，因此这些酸的强度在水溶剂中全部被拉平到了 H_3O^+的水平。

这种将各种不同强度的酸拉平到溶剂化质子水平的效应，就是溶剂的拉平效应。这样的溶剂称为拉平溶剂。

碱性溶剂是酸的均化性溶剂；酸性溶剂是碱的均化性溶剂。

水溶剂就是 $HClO_4$、H_2SO_4、HCl 和 HNO_3 的拉平溶剂。所以，通过水溶剂的拉平效应，任何一种酸性比 H_3O^+更强的酸都被拉平到了 H_3O^+的水平。

② 区分效应　能区分不同的酸或碱的强弱的效应称“区分效应”。具有区分效应的溶剂称作“区分性溶剂”。

酸性弱的溶剂对碱起区分效应，碱性弱的溶剂对酸起区分效应。

如果采用 CH_3COOH 作溶剂，H_2SO_4、HCl 和 HNO_3 在 CH_3COOH 中就不是全部离解，而是存在如下解离平衡：

$$H_2SO_4 + 2CH_3COOH \rightleftharpoons 2CH_3COOH_2^+ + SO_4^{2-} \quad pK_a = 8.2$$

$$HCl + CH_3COOH \rightleftharpoons CH_3COOH_2 + Cl^- \quad pK_a = 8.8$$

$$HNO_3 + CH_3COOH \rightleftharpoons CH_3COOH_2^+ + NO_3^- \quad pK_a = 9.4$$

根据 pK_a 值，我们可以看出，在 CH_3COOH 介质中，这些酸的强度就显示出了强弱。这是因为 $CH_3COOH_2^+$ 的酸性比水强，CH_3COOH 碱性比水弱，在这种情况下，这些酸就不能将其质子全部转移给 CH_3COOH，于是呈现出了酸碱性的差异。

这种能够区分酸或碱的强弱的效应称为区分效应（亦称“分辨效应”）。这种溶剂称为分辨溶剂。同理，在水溶剂中最强的碱是 OH^-，其他更强的碱却被拉平到 OH^- 的水平，只有比 OH^- 更弱的碱才能分辨出酸碱性的强弱。

（3）非水溶液酸碱滴定条件的选择

① 溶剂的选择

在非水溶液酸碱滴定中，溶剂的选择非常重要。在选择溶剂时，主要考虑的是溶剂的酸碱性。所选溶剂必须满足以下条件：

a．对试样的溶解度较大，并能提高其酸度或碱度；

b．能溶解滴定生成物和过量的滴定剂；

c．溶剂与样品及滴定剂不发生化学反应；

d．有合适的终点判断方法；

e．易提纯，挥发性低，易回收，使用安全。

在非水溶液滴定中，利用溶剂的均化效应，可以测混合酸碱总量；利用溶剂的区分效应，能够测定混合碱中各组分的含量。

② 滴定剂的选择

a．酸性滴定剂。在非水介质中滴定碱时，常用乙酸作溶剂，采用 $HClO_4$ 的乙酸溶液作滴定剂。滴定过程中生成的高氯酸盐具有较大的溶解度。高氯酸的乙酸溶液采用含 70%的高氯酸的水溶液配制，其中的水分采用加入一定量乙酸酐的方法除去。

b．碱性滴定剂。

在非水介质中滴定酸时，常用惰性溶剂，采用醇钠或醇钾作滴定剂。滴定产物易溶于惰性溶剂。

提示：碱性非水滴定剂在储存和使用时，必须防止吸收水分和 CO_2。

③ 滴定终点的确定　在非水溶液的酸碱滴定中，常用电位法和指示剂法确定滴定终点。

a．电位法。具有颜色的溶液，就可以采用电位法判断终点。

方法是：以玻璃电极为指示电极，饱和甘汞电极为参比电极，通过绘制出滴定曲线来确定滴定终点。

b．指示剂法。酸性溶剂中，常用结晶紫、甲基紫、α-萘酚作指示剂；碱性溶剂中，常用百里酚蓝、偶氮紫、邻硝基苯胺作指示剂。

13.4.3 酸碱滴定法的应用

酸碱滴定法可用于测定各种酸、碱以及能够与酸碱作用的物质，还可以用间接的方法测定一些即非酸又非碱的物质，也可用于非水溶液。所以，酸碱滴定法的应用范围十分广泛。在我国的国家标准和有关部颁标准中，许多化工产品（如烧碱、纯碱、硫酸铵和碳酸氢铵等）、钢铁及某些材料中碳、硫、磷、硅和氮等元素也可采用酸碱滴定法测定其含量，其他如有机合成工业和医药工业中的原料、中间产品及其成品、食品添加剂、水样、石油产品等，凡涉及酸度、碱度等项目的，多数都可以采用简便易行的酸碱滴定法进行。

以下通过一些实际测定案例，介绍酸碱滴定法的应用。

（1）食醋中总酸度的测定❶

HAc 是一种重要的农产加工品，又是合成有机农药的一种重要原料。食醋的主要成分是醋酸（HAc），并含有少量其他弱酸（如乳酸等）。

采用 NaOH 标准滴定溶液滴定相应的酸，在化学计量点时的溶液体系呈弱碱性，故以酚酞作指示剂，滴定到微红色即为终点。根据 NaOH 标准溶液的浓度及用量，计算试样中的总酸含量，结果以乙酸的质量浓度（g/L）表示。

滴定反应如下：

$$NaOH + HAc \rightleftharpoons NaAc + H_2O$$

（2）混合碱的测定

NaOH 俗称烧碱，在生产和存放过程中因吸收 CO_2 而部分生成 Na_2CO_3。因此，混合碱就是指 Na_2CO_3+NaOH 或 Na_2CO_3+$NaHCO_3$ 的混合物。对混合碱中的各组分的测定，通常采用“双指示剂法”和“氯化钡法”两种方法进行。

双指示剂法和氯化钡法均是国际公认的对化工产品烧碱或纯碱进行质量检定的标准分析方法。其中，双指示剂法比较简单，但因其第一计量点酚酞变色不敏锐，此法误差较大。氯化钡法虽多几步操作，但较准确。以下介绍双指示剂法。

所谓双指示剂法就是指在同一份试液中采用两种指示剂，利用其在不同计量点时的颜色变化来确定组分含量的方法。其测定原理如下。

在混合碱的试液中加入酚酞指示剂，用 HCl 标准溶液滴定至溶液红色褪去，为第一计量点，消耗 HCl 标准溶液体积为 V_1。此时试液中所含 NaOH 被完全中和，Na_2CO_3 也被滴定成 $NaHCO_3$，反应如下：

$$\left.\begin{aligned} NaOH + HCl &\rightleftharpoons NaCl + H_2O \\ Na_2CO_3 + HCl &\rightleftharpoons NaCl + NaHCO_3 \end{aligned}\right\} （酚酞，V_1）$$

再加入甲基橙指示剂，继续用 HCl 标准溶液滴定至溶液由黄色变为橙色，为第二计量点，消耗 HCl 标准溶液体积为 V_2。此时 $NaHCO_3$ 被中和成 H_2CO_3，反应如下：

$$NaHCO_3 + HCl \rightleftharpoons NaCl + H_2O + CO_2\uparrow \quad （甲基橙，V_2）$$

根据 V_1 和 V_2 的大小，可以判断出混合碱的组成，并能计算出混合碱中各组分的含量。

❶ 测定方法参见 GB/T 5009.41—2003《食醋卫生标准的分析方法》。

① 若 $V_1>V_2$，试样为 NaOH 和 Na_2CO_3 的混合物。其中，用于中和 NaOH 的 HCl 标准溶液体积为 V_1-V_2；而用于中和 Na_2CO_3 的 HCl 标准溶液体积为 $2V_2$。

$$w_{Na_2CO_3}=\frac{\frac{1}{2}c_{HCl}\times 2V_2\times M_{Na_2CO_3}}{m\times 1000}\times 100\%$$

$$w_{NaOH}=\frac{c_{HCl}\times (V_1-V_2)\times M_{NaOH}}{m\times 1000}\times 100\%$$

② 若 $V_1<V_2$，试样为 Na_2CO_3 和 $NaHCO_3$ 的混合物。其中，用于中和 Na_2CO_3 的 HCl 标准溶液体积为 $2V_1$；而用于中和 $NaHCO_3$ 的 HCl 标准溶液体积则为 V_2-V_1。

$$w_{Na_2CO_3}=\frac{\frac{1}{2}c_{HCl}\times 2V_1\times M_{Na_2CO_3}}{m\times 1000}\times 100\%$$

$$w_{NaHCO_3}=\frac{c_{HCl}\times (V_2-V_1)\times M_{NaHCO_3}}{m\times 1000}\times 100\%$$

（3）硅酸盐中 SiO_2 含量的测定（氟硅酸钾法）[❶]

硅酸盐样品中 SiO_2 含量的测定方法有重量分析法、滴定分析法和分光光度法三种。重量分析法是基准法，准确度高，但费时。分光光度法主要检测样品中微量 SiO_2 含量。生产上用于生产控制的分析方法常采用氟硅酸钾容量法进行。

在过量的 F^- 和 K^+ 存在下的强酸性溶液中，硅酸与氟离子作用，形成 SiF_6^{2-}，并进一步与过量的钾离子作用，生成氟硅酸钾（K_2SiF_6）沉淀。该沉淀在热水中水解，生成等物质的量的 HF，然后以酚酞作指示剂，用 NaOH 标准溶液滴定。根据滴定消耗 NaOH 的体积，计算出样品中二氧化硅的含量。相关反应如下：

$$SiO_3^{2-}+6F^-+6H^+ \rightleftharpoons SiF_6^{2-}+3H_2O$$

$$SiF_6^{2-}+2K^+ \rightleftharpoons K_2SiF_6\downarrow$$

$$K_2SiF_6+3H_2O \rightleftharpoons 2KF+H_2SiO_3+4HF$$

$$HF+NaOH \rightleftharpoons NaF+H_2O$$

提示：

➢ SiO_2 与 NaOH 的计量关系为 1∶4。

➢ 此法由于使用了氟化物，对玻璃容器有较强的腐蚀作用，因此，整个测定过程应在塑料容器中进行。

（4）水泥熟料中游离氧化钙含量的测定[❶]

游离氧化钙是指水泥熟料中没有参加化学反应而是以游离态存在的氧化钙，其水化速度很慢，要在水泥硬化并形成一定强度后才开始水化，由此引起水泥石体积不均匀膨胀、强度下降、开裂甚至崩裂，最终造成水泥安定性不良。

由于氧化钙极易与水反应生成 $Ca(OH)_2$，$Ca(OH)_2$ 的溶解度很小，使 f-CaO（游离氧化钙）的测定困难，故采用一些非水的溶剂（一般为有机溶剂，如冰醋酸、酒精、乙

❶ 参见 GB/T 176—2008《水泥化学分析方法》。

二醇等）进行直接滴定。

国家标准中关于 f-CaO 的测定方法有两种：乙二醇法和甘油酒精法。以下介绍乙二醇法。

【乙二醇法的方法提要】 在加热搅拌下使试样中的游离氧化钙与乙二醇作用生成弱碱性的乙二醇钙，以酚酞为指示剂，用苯甲酸-无水乙醇标准滴定溶液滴定。

13.5 配位滴定法及其应用

配位滴定法是以配位反应为基础的滴定分析方法。作为滴定用的配位剂，目前应用最多的是氨羧类的有机配位剂，并以 EDTA 为主要代表。因此，配位滴定法主要是指用 EDTA 作为标准滴定溶液的滴定分析法，亦称“EDTA 滴定法”。

13.5.1 EDTA 与金属-EDTA 配合物

（1）EDTA 的结构与性质

乙二胺四乙酸：简称“EDTA”，其分子结构如下图所示：

$$\begin{matrix} HOOCH_2C & & & & CH_2COO^- \\ & \overset{H}{\underset{+}{N}} & -CH_2-CH_2- & \overset{H}{\underset{+}{N}} & \\ {}^-OOCH_2C & & & & CH_2COOH \end{matrix}$$

EDTA 的结构中含有两个氨基（$-N<$）和四个羧基（—COOH），通常用 H_4Y 表示。

在水溶液中，EDTA 分子中互为对角的两个羧基上的 H^+会转移到氮原子上，形成双偶极离子。在强酸性溶液中，H_4Y 的两个羧酸根可再接受质子，完全质子化后便形成 H_6Y^{2+}，成为六元酸。其各级解离过程可简写如下：

$$H_6Y^{2+} \underset{0.9}{\overset{pK_{a1}}{\rightleftharpoons}} H_5Y^+ \underset{1.6}{\overset{pK_{a2}}{\rightleftharpoons}} H_4Y \underset{2.07}{\overset{pK_{a3}}{\rightleftharpoons}} H_3Y^- \underset{2.75}{\overset{pK_{a4}}{\rightleftharpoons}} H_2Y^{2-} \underset{6.24}{\overset{pK_{a5}}{\rightleftharpoons}} HY^{3-} \underset{10.34}{\overset{pK_{a6}}{\rightleftharpoons}} Y^{4-}$$

可见，在水溶液中 EDTA 可以 H_6Y^{2+}、H_5Y^+、H_4Y、H_3Y^-、H_2Y^{2-}、HY^{3-}和 Y^{4-}七种型体存在。

在 pH＜1 的强酸性溶液中，EDTA 主要以 H_6Y^{2+}形式存在。

在 pH＞10.26 的碱性溶液中，EDTA 才主要以 Y^{4-}形式存在。

在 EDTA 的这七种型体中，只有 Y^{4-}型体能够与金属离子直接配位！

EDTA 的一般物理化学性质：

① 水中溶解度较小（0.02g/100g H_2O，22℃）；

② 难溶于酸和一般有机试剂，易溶于氨溶液、苛性碱溶液中，生成相应的盐；

③ 乙二胺四乙酸二钠盐（$Na_2H_2Y·2H_2O$）习惯上也称为 EDTA。

$Na_2H_2Y·2H_2O$：白色结晶状粉末，无臭无味，无毒，稳定。易溶于水（11.1g/100g H_2O，22℃），室温下饱和溶液的浓度为 0.3mol/L，pH＝4.7。

（2）金属 EDTA 配合物特点

① 具有广泛的配位性能　EDTA 几乎能与所有的金属离子形成易溶的配合物。

② 配位比简单　EDTA 与金属离子配位基本上均按 1∶1 配位。

③ 稳定性高　EDTA 与金属离子配位多数形成具有五元环或六元环结构的螯合物[❶]。如图 13.4 所示。

④ 水溶性好　配位滴定能在水溶液中进行。

⑤ 配合物颜色要加深　多数金属-EDTA 配合物为无色。这有利于指示剂确定滴定终点。但对于有色金属离子，其 EDTA 配合物的颜色比其简单离子的颜色要深。

例如：CuY^{2-}——深蓝；NiY^{2-}——蓝色；CoY^{2-}——紫红；MnY^{2-}——紫红。

因此，在滴定这些离子时，浓度不宜过大，否则会影响滴定终点的判断。

上述特点表明，EDTA 和金属离子 M 的配位反应能够符合滴定分析对反应的要求。

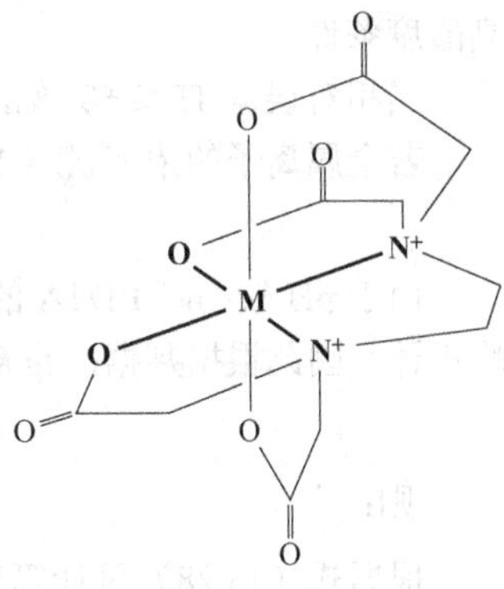

图 13.4　二价金属离子与 EDTA 形成配合物的结构示意

13.5.2　配位滴定原理

（1）单一离子准确滴定的条件

配位滴定中常采用金属指示剂指示滴定终点，由于人眼判断颜色变化的局限性，总有（±0.2～0.5）pM 单位的不确定性，必然造成终点观测误差。即使指示剂的变色点与滴定的化学计量点完全一致，终点误差为零，这种由于终点观测的不确定性造成的终点观测误差依然存在。

若要求将滴定分析误差控制在±0.1%之内，并规定终点观测的不确定性为±0.2 pM 单位，用等浓度的 EDTA 滴定浓度为 c 的金属离子 M，可得到配位滴定中单一金属离子 M 能够被直接滴定的条件为：

$$\lg(c_{\mathrm{M}}^{\mathrm{sp}}K'_{\mathrm{MY}}) \geqslant 6 \tag{13.26}$$

通常将式（13.26）作为判断能否准确进行配位滴定的条件。这个条件不是绝对的，无条件的。如果允许滴定分析的误差不同，则该判据也将有所不同。

（2）配位滴定中的酸度控制与选择

在各种影响配位滴定的因素中，酸度的影响是最重要的。一般来说，如果 pH 太低，EDTA 的酸效应会很严重，将导致滴定的突跃过小，从而无法滴定；而如果 pH 太高，金属离子则可能产生氢氧化物沉淀，也同样使滴定无法进行。因此，pH 条件的控制就成为配位滴定中特别要注意的问题。

在配位滴定中通常以选择适当的缓冲溶液来控制滴定溶液的酸度！

① 最高酸度（pH_{min}）　有可能直接滴定某种金属离子的最大酸性条件，称为滴定该金属离子的最高允许酸度，简称“最高酸度”。

最高酸度（最低 pH）的概念是与直接准确滴定的概念联系在一起的。前已述及，某金属离子 M 只有当其满足 $\lg(c_{\mathrm{M}}^{\mathrm{sp}}K'_{\mathrm{MY}}) \geqslant 6$ 时，才有可能直接准确滴定。如果这时除了 EDTA 的酸效应外，不存在其他的副反应，则可据此判据直接导出滴定该金属离子的最

❶ 螯合物：具有环状（五元环，六元环）结构的配合物。通常以具有五元环或六元环的螯合物最为稳定，且很多螯合物均具有鲜明的颜色。

高酸度条件。

当相对误差 TE≤±0.1%，则准确滴定的条件为：$\lg(c_M^{sp}K'_{MY})\geqslant 6$。

若金属离子的浓度 $c_M^{sp}=1.0\times10^{-2}$mol/L，上述判据可简化为：

$$\lg K'_{MY}\geqslant 8 \tag{13.27}$$

由于 pH 较小时 EDTA 的酸效应是影响滴定的主要因素，M 的水解效应很小，可忽略不计。因此根据判据：$\lg K'_{MY}\geqslant 8$ 即

$$\lg K'_{MY}=\lg K_{MY}-\lg\alpha_{Y(H)}\geqslant 8$$

则：

$$\lg\alpha_{Y(H)}\leqslant\lg K_{MY}-8 \tag{13.28}$$

根据式（13.28）可计算出滴定各种金属离子允许的最大 $\lg\alpha_{Y(H)}$，其所对应的酸度（pH）就是在此条件下滴定金属离子 M 所允许的最高酸度，即 pH_{min}。

例 13.7　试计算以 0.02mol/L EDTA 标准滴定溶液滴定相同浓度的 Zn^{2+}溶液所允许的最低 pH。

解：已知：$\lg K_{ZnY}=16.5$，由式（13.28）得：

$$\lg\alpha_{Y(H)}\leqslant\lg K_{MY}-8=16.5-8=8.5$$

用内插法，查表 13.3 可知，当 $\lg\alpha_{Y(H)}=8.5$ 时，$pH_{min}\approx4.0$。

因此，采用 EDTA 准确滴定 Zn^{2+}的最大允许酸度是 $pH_{min}\geqslant4.0$。

在配位滴定中，了解各种金属离子滴定时的最高允许酸度，对解决实际问题是有一定意义的。根据式（13.28），采用与例 13.7 相同的方法计算滴定各种金属离子所允许的最高酸度（即最低 pH），并将所得最高酸度对其 $\lg K_{MY}$ 作图（或以最低 pH 对最大 $\lg\alpha_{Y(H)}$ 作图）。所得曲线称为“酸效应曲线”（又称“林邦曲线”），见图 13.5。

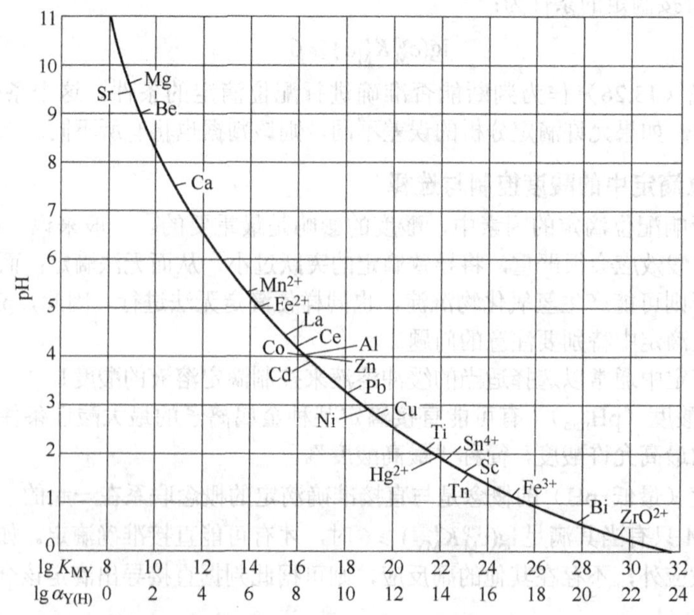

图 13.5　EDTA 的酸效应曲线（$c_M=c_Y=0.01$mol/L，TE =±0.1%）

如图 13.5 所示，图中金属离子位置所对应的 pH，就是准确滴定该金属离子时所允

许的最低 pH。

酸效应曲线的用途：a. 粗略确定各种单一金属离子进行准确滴定所允许的最低 pH；b. 估计各金属离子的滴定酸度；c. 判断出某一酸度下各共存离子相互间的干扰情况。

② 最低酸度（pH_{max}） 在配位滴定中，如果仅从 EDTA 的酸效应的角度考虑，似乎酸性越低，K_{MY}'越大，滴定突跃也越大，对准确滴定就越有利。实际上，对多数金属离子来说，酸性降低到一定水平之后，不仅金属离子本身的水解效应会突出起来，该金属离子的氢氧化物沉淀也会产生。而由此产生的氢氧化物在滴定过程中有时根本不可能再转化为 EDTA 的配合物，或者可以转化但转化率却非常小，毫无疑问，这样都将严重影响滴定的准确度。因此，在这样低的酸性条件下进行配位滴定是不可取的。配位滴定的最低允许酸度的概念便由此提出。

通常把金属离子开始生产氢氧化物沉淀时的 pH 值称为最低酸度。它可以由该金属离子氢氧化物沉淀的溶度积求出。

$$M + n\,OH^- \Longrightarrow M(OH)_n\downarrow$$

$$[OH^-] = \sqrt[n]{\frac{K_{sp}}{c_M}} \tag{13.29}$$

例 13.8 求 EDTA 滴定 0.02mol/L Zn^{2+}的最低酸度[$pK_{Zn(OH)_2}=15.3$]。

解：
$$[OH^-]^2[Zn^{2+}] = K_{sp[Zn(OH)_2]} = 10^{-15.3}$$

则：
$$[OH^-] = \sqrt{\frac{K_{sp[Zn(OH)_2]}}{c_{Zn}}} = \sqrt{\frac{10^{-15.3}}{0.02}} = 10^{-6.8}$$

$$pH = 14-6.8 = 7.2$$

计算结果表明：EDTA 滴定 Zn^{2+}的最低酸度为 pH = 7.2。

需要指出：滴定金属离子的最高酸度和最低酸度都是在一定假设条件下求得的。当条件不同时，其数值将相应发生变化。

（3）配位滴定曲线

在配位滴定中，随着 EDTA 标准滴定溶液的加入，溶液中金属离子 M 的浓度在相应地逐渐减少，其变化与酸碱滴定类似，在化学计量点 pM[1]附近发生突跃。以 pM 值对 EDTA 的加入量（mL）作图，即可得到相应的配位滴定曲线。以此来表示一定条件下，在配位滴定过程中 pM 的变化规律，如图 13.6 所示。

影响配位滴定突跃大小的主要因素：

a. 金属离子 M 的浓度（c_M）：由图 13.6（a）可见，K_{MY}'一定时，c_M越大，滴定曲线的起始点的 pM 越小，滴定的突跃范围就越大。

b. 配合物的条件稳定常数（$\lg K_{MY}'$）：图 13.6（b）还表明，在 M 和 Y 浓度一定的条件下，K_{MY}'越大，则滴定的突跃范围越大。

（4）混合离子选择性滴定的条件

前已述及，当滴定单一金属离子 M 时，只要满足$\lg(c_M^{sp}K_{MY}')\geqslant 6$的条件，就可以进

[1] pM = –lg [M]。

行准确滴定。然而，在实际工作中，经常遇到的情况是多种金属离子共存于同一溶液中，若溶液中有两种或两种以上的金属离子共存，情况就比较复杂。因此，在配位滴定中，判断能否进行分别滴定是极其重要的。

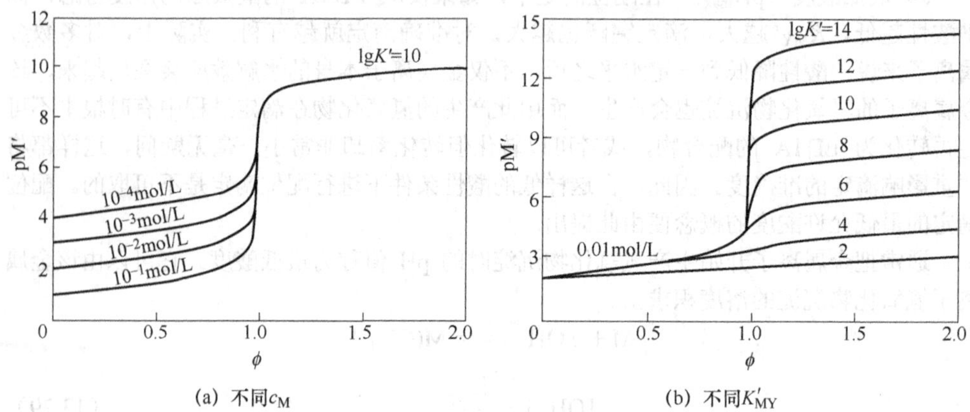

(a) 不同c_M　　(b) 不同K'_{MY}

图 13.6　不同条件下，EDTA 滴定金属离子的一组滴定曲线

若溶液中含有金属离子 M 和 N，它们均可与 EDTA 形成配合物，在一定条件下，拟以 EDTA 标准溶液测定 M 的含量，N 离子是否对 M 离子的测定产生干扰呢？

设金属离子 M、N 在化学计量点的浓度分别为 c_M、c_N，且 $\lg K_{MY} > \lg K_{NY}$，有干扰离子存在时的配位滴定一般允许有≤±0.5%的相对误差，当 $c_M = c_N$ 时，则：

$$\Delta \lg K = \lg K_{MY} - \lg K_{NY} \geqslant 5 \tag{13.30}$$

式（13.30）是配位滴定的分别滴定判断式，它表示滴定体系满足此条件时，只要有合适的指示 M 离子终点的方法，则在 M 离子的适宜酸度范围内，都可以准确滴定 M 离子，而 N 离子不干扰。

在实现直接准确滴定 M 离子之后，是否可实现继续滴定金属离子 N，可再按滴定单一金属离子的一般方法进行判断。

（5）实现选择性滴定的措施

在配位滴定中提高配位滴定选择性的途径，主要是设法降低干扰离子（N）与 EDTA 形成配合物的稳定性，或降低干扰离子的浓度，通常可采用以下几种方法来实现选择性滴定。

① 控制 pH 条件　当溶液中有两种金属离子共存时，若它们与 EDTA 所形成的配合物的稳定性有明显差异时，即满足 $\Delta \lg K = \lg K_{MY} - \lg K_{NY} \geqslant 5$ 时，就可通过控制 pH 的方法在较大酸度条件下先滴定 MY 稳定性大的 M 离子，再在较小的酸度下滴定 N 离子。

例 13.9　某一硅酸盐试样中含有 Fe^{3+}、Al^{3+}、Ca^{2+}和 Mg^{2+}四种金属离子，假定它们的浓度皆为 10^{-2}mol/L，能否用控制酸度的方法分别滴定 Fe^{3+}和 Al^{3+}？

已知：$\lg K_{FeY}$=25.1；$\lg K_{AlY}$ =16.3；$\lg K_{CaY}$ = 10.69；$\lg K_{MgY}$ = 8.70。

解： a．选择滴定 Fe^{3+}的可能性。

$$\Delta \lg K = \lg K_{FeY} - \lg K_{CaY} = 25.1 - 10.69 = 14.4 > 5$$

$$\Delta \lg K = \lg K_{FeY} - \lg K_{MgY} = 25.1 - 8.70 = 16.4 > 5$$

可见，Ca^{2+}、Mg^{2+}不干扰 Fe^{3+}的测定；

$$又\ \Delta \lg K = \lg K_{FeY} - \lg K_{AlY} = 25.1 - 16.3 = 8.8 > 5$$

因此，在 Al^{3+}存在下，可以利用控制酸度的方法选择滴定 Fe^{3+}。

从酸效应曲线可查得测定 Fe^{3+}的 $pH_{min}\approx 1$，考虑到 Fe^{3+}的水解效应，需 pH<2.2，因此测定 Fe^{3+}的 pH 范围应在 1～2.2。据此可选择磺基水杨酸钠作指示剂，用 EDTA 标准滴定溶液准确滴定 Fe^{3+}。滴定 Fe^{3+}后的溶液继续滴定 Al^{3+}。

b．选择滴定 Al^{3+} 的可能性。

因为 Fe^{3+}、Al^{3+}连续滴定，即在滴定完 Fe^{3+}后再滴定 Al^{3+}，所以不考虑 Fe^{3+}的干扰。

那么，Ca^{2+}、Mg^{2+}是否会对 Al^{3+}有干扰呢？由于

$$\Delta \lg K = \lg K_{AlY} - \lg K_{CaY} = 16.3 - 10.70 = 5.6 > 5$$

可见 Ca^{2+}、Mg^{2+}不会造成干扰。故在 Ca^{2+}、Mg^{2+}存在下，可以选择性滴定 Al^{3+}。

滴定 Al^{3+}的 $pH_{min}\approx 4.2$，考虑到 Al^{3+}与 EDTA 的配位速度较慢，故采用返滴定法。即在滴完 Fe^{3+}后的溶液中，加入过量的 EDTA，调整溶液的 pH 在 3.8～4.0，煮沸使 Al^{3+}与 EDTA 配位完全，以 PAN 作指示剂，用 $CuSO_4$ 标准溶液滴定过量的 EDTA，即可测得 Al^{3+}的含量。

控制溶液的 pH 范围是在混合离子溶液中进行选择性滴定的途径之一，滴定的 pH 是综合了滴定适宜的 pH、指示剂的变色，同时考虑了共存离子的存在等情况后确定的，实际滴定时确定的 pH 范围通常要比上述求得的 pH 范围更窄些。

② 利用掩蔽效应 如果被测金属离子 M 和共存离子 N 与滴定剂 EDTA 所形成的配合物的稳定性相差不大，甚至共存离子 N 与 EDTA 所形成的配合物 NY 反而更加稳定，即 M、N 之间不能满足 $\Delta \lg K = \lg K_{MY} - \lg K_{NY} \geqslant 5$ 的条件，这就意味着利用控制酸度的方法不可能消除干扰。在这种情况下，采用掩蔽剂，利用掩蔽效应就是提高配位滴定选择性的又一个重要途径。这种方法的好处在于它既可以消除干扰离子对测定的影响，又可以有效防止干扰离子对指示剂的封闭作用。

掩蔽效应是利用加入某种试剂使之与干扰离子 N 作用，降低 N 与 EDTA 的反应能力，致使其不与 EDTA 或指示剂配位，以消除 N 干扰被测离子 M 滴定的过程。其中起掩蔽作用的试剂称为“掩蔽剂”。

根据掩蔽剂与共存离子所发生反应类型的不同，掩蔽方法可分为配位掩蔽法、沉淀掩蔽法和氧化还原掩蔽法。其中最常用的是配位掩蔽法。

a．配位掩蔽法。此法是一种基于掩蔽剂与干扰离子形成稳定配合物的反应，从而降低干扰离子浓度以消除干扰的方法。

使用配位掩蔽剂时应注意以下几点：

➢ $\lg K_{NL} \gg \lg K_{NY}$。即干扰离子与掩蔽剂形成的配合物应远比它与 EDTA 形成的配合物稳定。且该配合物应为无色或浅色，不影响终点的判断。

➢ 掩蔽剂 L 不与待测离子 M 配位，或 $\lg K_{ML} \ll \lg K_{MY}$。

➢ 掩蔽剂的应用有一定的 pH 范围。且在滴定所要求的 pH 范围内有很强的掩蔽能力。

例如，用 EDTA 测定水泥中的 Ca^{2+}、Mg^{2+}时，Fe^{3+}、Al^{3+}等离子的存在对测定有干扰。因此，可采用三乙醇胺作掩蔽剂。三乙醇胺能与 Fe^{3+}、Al^{3+}等离子形成稳定的配合物，而且不与 Ca^{2+}、Mg^{2+}作用，这样就可以消除 Fe^{3+}、Al^{3+}等离子对滴定 Ca^{2+}、Mg^{2+}的

干扰。常用的配位掩蔽剂见表 13.9。

表 13.9 常用的配位掩蔽剂

名称	掩蔽条件（pH 范围）	可掩蔽的离子	备注
KCN	> 8	Co^{2+}，Ni^{2+}，Cu^{2+}，Zn^{2+}，Hg^{2+}，Cd^{2+}，Ag^{+}，Tl^{+}，铂族元素	
NH_4F	4～6 10	Al^{3+}，Ti^{4+}，Sn^{4+}，Zr^{4+}，W^{6+}等 Al^{3+}，Mg^{2+}，Ca^{2+}，Sr^{2+}，Ba^{2+}及稀土元素	用 NH_4F 比 NaF 好，其优点是加入后溶液的酸度变化不大
三乙醇胺（TEA）	10 11～12	Al^{3+}，Sn^{4+}，Ti^{4+}，Fe^{3+} Fe^{3+}，Al^{3+}及少量 Mn^{2+}	与 KCN 并用，可提高其掩蔽效率
二巯基丙醇	10	Hg^{2+}，Cd^{2+}，Zn^{2+}，Bi^{3+}，Pb^{2+}，Ag^{+}，As^{3+}，Sn^{4+}及少量 Cu^{2+}，Co^{2+}，Ni^{2+}，Fe^{3+}	
铜试剂（DDTC）	10	能与 Cu^{2+}、Hg^{2+}、Pb^{2+}、Cd^{2+}、Bi^{3+}产生沉淀，其中 Cu-DDTC 为褐色，Bi-DDTC 为黄色，故其存在量应分别小于 2mg 和 10mg	
酒石酸	1.2 2 5.5 6～7.5 10	Sb^{3+}，Sn^{4+}，Fe^{5+}及 5mg 以下的 Cu^{2+} Fe^{3+}，Sn^{4+}，Mn^{2+} Fe^{3+}，Al^{3+}，Sn^{4+}，Ca^{2+} Mg^{2+}，Cu^{2+}，Fe^{3+}，Al^{3+}，Mo^{4+}，Sb^{3+}，W^{6+} Al^{3+}，Sn^{4+}	在抗坏血酸存在下使用

b．氧化还原掩蔽法。此法系利用氧化还原反应，变更干扰离子价态，以消除其干扰。

例如，在 pH=1.0 时，用 EDTA 滴定 Bi^{3+}、ZrO^{2+}等离子时，如有 Fe^{3+}存在会干扰测定，则加入抗坏血酸或盐酸羟胺等，将 Fe^{3+}还原为 Fe^{2+}，即可消除干扰。因为 FeY^{2-}的稳定性要比 FeY^{-}的稳定性要小得多（$\lg K_{FeY^{2-}}=14.32$，$\lg K_{FeY^{-}}=25.1$）。

有时某些干扰离子的高价态形式在溶液中以酸根形式存在，它与 EDTA 的配合物的稳定常数要比其低价态形式与 EDTA 的配合物的稳定性小，这样就可预先将低价干扰离子氧化为其高价酸根形式以消除干扰。如 $Cr^{3+} \rightarrow Cr_2O_7^{2-}$，$Mo^{3+} \rightarrow MoO_4^{2-}$ 等。

氧化还原掩蔽法的应用范围比较窄，只限于那些易发生氧化还原反应的金属离子，其氧化型物质或还原型物质均不干扰测定的情况。因此，目前只有少数几种离子可用这种方法来消除干扰。

常用的氧化还原掩蔽剂有：抗坏血酸、盐酸羟胺、联氨、硫脲、半胱氨酸等，其中有些还原剂又同时是配位剂。

c．沉淀掩蔽法。此法是一种基于沉淀反应使干扰离子与加入的掩蔽剂生成沉淀，不需分离，在沉淀存在的条件下直接滴定被测金属离子的掩蔽方法。

例如，水泥化学分析中 Ca^{2+}含量的测定，通常 Ca^{2+}、Mg^{2+}两种离子共存，单独测 Ca^{2+}，Mg^{2+}有干扰，当用 KOH 调 pH>12 时，则 Mg^{2+}生成 $Mg(OH)_2$沉淀，消除了 Mg^{2+}对 Ca^{2+}测定的影响。

沉淀掩蔽法有一定的局限性，沉淀反应不完全，掩蔽效率不高，常常伴有共沉淀现象，影响滴定的准确度。此外，沉淀对指示剂有吸附作用，也影响终点观察。所以，沉淀掩蔽法不是理想方法。常用的沉淀掩蔽剂及其使用范围见表 13.10。

表 13.10　常用的沉淀掩蔽剂及其使用范围

名　称	掩蔽条件（pH 范围）	可掩蔽的离子	待测定离子	指示剂
NH_4F	10	Ca^{2+}，Sr^{2+}，Ba^{2+}，Mg^{2+}，Ti^{4+}，Al^{3+}，稀土	Zn^{2+}，Cd^{2+}，Mn^{2+}（有还原剂存在下）	铬黑 T
NH_4F	10		Cu^{2+}，Co^{2+}，Ni^{2+}	紫脲酸铵
K_2CrO_4	10	Ba^{2+}	Sr^{2+}	Mg－EDTA 铬黑 T
Na_2S 或铜试剂	10	微量重金属	Ca^{2+}，Mg^{2+}	铬黑 T
H_2SO_4	1	Pb^{2+}	Bi^{3+}	二甲酚橙
$K_4[Fe(CN)_6]$	5～6	微量 Zn^{2+}	Pb^{2+}	二甲酚橙

有时，也可加入某种试剂破坏掩蔽，使已被 EDTA 配位或与掩蔽剂配位的金属离子释放出来，这一过程称为“解蔽”。起解蔽作用的试剂称为“解蔽剂”。

③ 利用其他配位剂　EDTA 等氨羧配位剂虽然有与各种金属离子形成配合物的性质，但它们与某种金属离子形成配合物的稳定性是有差异的。因此，通过选用不同的氨羧配位剂作为滴定剂，可以实现对某种金属离子的选择性滴定。

例如，EDTA 与 Ca^{2+}、Mg^{2+} 两种离子形成的配合物的稳定性相差并不大（$\lg K_{CaY}$=10.69，$\lg K_{MgY}$ =8.70）；而 EGTA（乙二醇乙二醚二胺四乙酸）与 Ca^{2+}、Mg^{2+}形成的配合物的稳定性就相差较大（$\lg K_{Ca-EGTA}$ = 11.0，$\lg K_{Mg-EGTA}$ = 5.2），故可在 Ca^{2+}、Mg^{2+}两种离子共存时，用 EGTA 直接滴定 Ca^{2+}。

CyDTA（1,2-环己烷二胺四酸，亦称 DCTA）与金属离子形成的配合物普遍比相应的 EDTA 配合物稳定，但 CyDTA 与金属离子的配位反应速率一般比较慢，然而，它与 Al^{3+}的配位反应速率却比 EDTA 大，因此，采用 CyDTA 直接滴定 Al^{3+}目前已被许多实验室所接受。

此外，还可同时应用两种滴定剂分别对同一种混合金属离子溶液进行滴定，以达到分别测定两种金属离子的目的。

④ 预先分离　在实际工作中如果单独应用以上三种方法均无法实现选择性滴定，也可相互联合使用借以达到选择性滴定的目的。倘若仍难实现选择性滴定，可考虑将干扰离子预先分离从而消除干扰。然后以滴定单一离子的方式进行测定。

13.5.3　配位滴定法的应用

在配位滴定中，采用不同的滴定方式，不但可以扩大配位滴定的应用范围，同时也可以提高配位滴定的选择性。

（1）水硬度的测定[1]

硬度是工业用水的重要指标，如锅炉给水，经常要进行硬度分析，从而为水处理提供依据。测定水硬度，其实就是测定水中 Ca^{2+}、Mg^{2+}的总含量。通常都采用 EDTA 滴定法进行。

【方法提要】 在 pH=10 的溶液中，以铬黑 T 作指示剂，以 EDTA 直接滴定，终点

[1] 参见 GB/T 6909—2008《锅炉用水和冷却水分析方法》。

颜色由酒红色转变为纯蓝色。

（2）硅酸盐物料中氧化铁、氧化铝、氧化钙和氧化镁含量的测定

硅酸盐在地壳中含量占 75%以上，天然的硅酸盐矿物有石英、云母、滑石、长石、白云石等。水泥、玻璃、陶瓷、砖、瓦等称为“人造硅酸盐”。黄土、黏土、沙土等土壤成分也是硅酸盐。在这些硅酸盐物料的组成中除 SiO_2 外，还有 CaO、MgO、Fe_2O_3 以及 Al_2O_3 等组分。这些组成在经过样品处理后，都可采用 EDTA 滴定法进行测定。

① 氧化铁的测定

【方法提要】 用 EDTA 配位滴定铁时，必须避免共存铝离子的干扰，控制 pH = 1.8～2.0，用 EDTA 直接滴定铁，铝基本上不影响测定。为加速铁的配位，溶液应加热至 60℃～70℃之间。

② 氧化铝的测定

【方法提要】 在 pH = 4 时，过量的 EDTA 可定量配位铝。

③ 氧化钙的测定

【方法提要】 预先在酸性溶液中加入适量氟化钾，以抑制硅酸的干扰，然后在 pH13 以上强碱性溶液中，以三乙醇胺为掩蔽剂，用 CMP 为指示剂，以 EDTA 标准溶液滴定。

④ 氧化镁的测定

【方法提要】 在 pH = 10.0 的溶液中，以三乙醇胺、酒石酸钾钠为掩蔽剂，用酸性铬蓝 K-萘酚绿 B 混合指示剂，以 EDTA 标准滴定溶液滴定。

13.6 氧化还原滴定法及其应用

氧化还原滴定法是以氧化还原反应为基础的滴定分析法，也是在滴定分析中应用最广泛的方法之一，能直接或间接测定许多无机物和有机物。

与酸碱反应和配位反应不同，氧化还原反应是在溶液中氧化剂与还原剂之间的电子转移，反应机理比较复杂，除主反应外，经常可能发生各种副反应，使反应物之间不能定量进行反应，而且反应速率一般较慢。这对滴定分析是不利的，有的甚至根本不适合于滴定分析。因此在考虑氧化还原滴定问题时，不仅要从氧化还原平衡角度来考虑反应的可能性，还要从反应速率角度考虑反应的现实性。所以，在氧化还原滴定中必须严格控制反应条件，使之符合滴定分析的基本要求。

在氧化还原滴定法中，可以用作滴定剂的氧化剂或还原剂的种类较多，它们的反应条件又各不相同，所以氧化还原滴定法通常按照所采用的氧化剂或还原剂的种类进一步分类为高锰酸钾法、重铬酸钾法、碘量法等滴定方法。

13.6.1 氧化还原滴定前的预处理

在氧化还原滴定之前，经常要进行一些预先处理，以使待测组分处于所期望的一定价态，然后才能进行滴定。在预处理中，通常是将待测组分氧化为高价态，以便用还原剂滴定，或者是将待测组分还原为低价态，以便用氧化剂来滴定。

例如，在测定铁矿中总铁量时，试样溶解后部分铁以三价形态存在，一般须先用

$SnCl_2$ 将 Fe^{3+}还原成 Fe^{2+}，然后才能用 $K_2Cr_2O_7$ 标准溶液滴定。这种为使反应顺利进行，在滴定前将全部被测组分转变为适宜滴定价态的氧化或还原处理步骤，称为氧化还原的预处理。

① 进行预处理时所用的氧化剂或还原剂必须符合下列条件

a．预氧化或预还原反应必须将被测组分定量地氧化或还原成适宜滴定的价态，且反应速率要快。

b．过剩的氧化剂或还原剂必须易于完全除去。一般采取加热分解、沉淀过滤或其他化学处理方法。例如，过量的$(NH_4)_2S_2O_8$、H_2O_2 可加热分解除去，过量的 $NaBiO_3$ 不溶于水，可过滤除去。

c．氧化还原反应的选择性要好，以避免试样中其他组分的干扰。例如，用重铬酸钾法测定钛铁矿中铁的含量，若用金属锌（$\varphi^{\ominus}_{Zn^{2+}/Zn}=-0.76V$）为预还原剂，则不仅还原 Fe^{3+}，而且也能还原 Ti^{4+}（$\varphi^{\ominus}_{Ti^{4+}/Ti^{3+}}=0.10V$），其分析结果将是铁钛两者的总量。因此要选用 $SnCl_2$（$\varphi^{\ominus}_{Sn^{4+}/Sn^{2+}}=0.14V$）为预还原剂，它只能还原 Fe^{3+}，其选择性比较好。

② 常用的预处理试剂　根据各种氧化剂、还原剂的性质，选择合理的实验步骤，即可达到预处理的目的。表 13.11 所示为几种常用的预处理试剂。

表 13.11　预处理时常用的氧化剂和还原剂

氧 化 剂	用 途	使 用 条 件	过量氧化剂除去方法
$NaBiO_3$	$Mn^{2+}\rightarrow MnO_4^-$ $Cr^{3+}\rightarrow Cr_2O_7^{2-}$	在 HNO_3 溶液中	$NaBiO_3$ 微溶于水，过量的 $NaBiO_3$ 可滤去
$(NH_4)_2S_2O_8$	$Ce^{3+}\rightarrow Ce^{4+}$ $VO^{2+}\rightarrow VO_3^-$ $Cr^{3+}\rightarrow Cr_2O_7^{2-}$	在酸性介质（HNO_3 或 H_2SO_4）中，有催化剂 Ag^+存在	加热煮沸 $S_2O_8^{2-}$
	$Mn^{2+}\rightarrow MnO_4^-$	在 HNO_3 或 H_2SO_4 介质中，并存在 H_3PO_3 以防止析出 MnO（OH）$_2$ 沉淀	
$KMnO_4$	$VO^{2+}\rightarrow VO_3^-$ $Cr^{3+}\rightarrow Cr_2O_4^{2-}$ $Ce^{3+}\rightarrow Ce^{4+}$	冷的酸性溶液中（Cr^{3+}存在） 在碱性介质中 在酸性溶液中（即使存在 F^-或 $H_2P_2O_7^{2-}$ 也可选择性地氧化）	加入 $NaNO_2$ 除去过量的 $KMnO_4$。但为防止 NO_2^- 同时还原 VO_3^-、$Cr_2O_7^{2-}$，可先加入尿素，然后小心滴加 $NaNO_2$ 溶液至 MnO_4^- 红色刚好褪去
H_2O_2	$Cr^{3+}\rightarrow Cr_2O_4^{2-}$ $Co^{2+}\rightarrow Co^{3+}$ $Mn^{2+}\rightarrow Mn^{4+}$	在 2mol/L NaOH 溶液中 在 $NaHCO_3$ 溶液中 在碱性介质中	在碱性溶液中加热煮沸
$HClO_4$	$Cr^{3+}\rightarrow Cr_2O_7^{2-}$ $Co^{2+}\rightarrow Co^{3+}$ $Ce^{3+}\rightarrow Ce^{4+}$	$HClO_4$ 必须加热	放冷且冲稀即失去氧化性，煮沸除去所生成的 Cl_2，浓热的 $HClO_4$ 与有机物将爆炸，若试样含有机物，必须先除有机物
还 原 剂	**用 途**	**使 用 条 件**	**过量还原剂除去方法**
$SnCl_2$	$Fe^{3+}\rightarrow Fe^{2+}$ Mo（Ⅵ）→Mo（Ⅴ） As（Ⅴ）→As（Ⅲ）	在 HCl 溶液中	加入过量 $HgCl_2$ 氧化，或用 $K_2Cr_2O_7^{2-}$ 氧化除去

续表

还原剂	用途	使用条件	过量还原剂除去方法
$TiCl_3$	$Fe^{3+}\rightarrow Fe^{2+}$	在酸性溶液中	水稀释，少量 Ti^{3+}被水中 O_2 氧化（可加 Cu^{2+}催化）
Al	$Fe^{3+}\rightarrow Fe^{2+}$ $Sn^{2+}\rightarrow Sn^{4+}$ $TiO^{2+}\rightarrow Ti^{3+}$	在 HCl 溶液中	
联胺	As（Ⅴ）→As（Ⅲ） Sb（Ⅴ）→Sb（Ⅲ）	冷的酸性溶液中（Cr^{3+}存在）	浓 H_2SO_4 中煮沸

13.6.2　高锰酸钾法

（1）方法原理及特点

高锰酸钾法以 $KMnO_4$ 作滴定剂。$KMnO_4$ 是一种强氧化剂，它的氧化能力与溶液的酸碱性有关。

在强酸性溶液中，$KMnO_4$ 被还原成 Mn^{2+}：

$$MnO_4^- + 8H^+ + 5e^- \rightleftharpoons Mn^{2+} + 4H_2O \qquad \varphi^{\ominus}=1.507V$$

在弱酸性、中性或弱碱性溶液中，$KMnO_4$ 被还原成 MnO_2：

$$MnO_4^- + 2H_2O + 3e^- \rightleftharpoons MnO_2 + 4OH^- \qquad \varphi^{\ominus}=0.595V$$

在强碱性溶液中，MnO_4^- 被还原成 MnO_4^{2-}：

$$MnO_4^- + e^- \rightleftharpoons MnO_4^{2-} \qquad \varphi^{\ominus}=0.56V$$

可见，在应用高锰酸钾法时，可以根据被测物质的性质等具体情况采用不同的 pH。同时也说明，在高锰酸钾法中必须严格控制反应的 pH 条件，以保证滴定反应自始至终按照预期的确定反应式来进行。

在弱酸性、中性或弱碱性溶液中，由于 $KMnO_4$ 被还原成棕色的 MnO_2 沉淀，影响终点的观察，故应用较少。在强碱性溶液中，当 NaOH 浓度大于 2mol/L 时，很多有机物与 $KMnO_4$ 作用。

因此，高锰酸钾法主要是在强酸溶液中使用，所用强酸为 H_2SO_4，而不用 HCl 或 HNO_3，因为 Cl^-也能还原 MnO_4^-，HNO_3 具有氧化性，它可能氧化某些被测物质。

高锰酸钾法的优点是在酸性介质中氧化能力很强，可直接或间接地测定许多无机物和有机物，在滴定时自身可作指示剂。但是 $KMnO_4$ 标准溶液不够稳定，滴定的选择性差。

（2）应用

① H_2O_2 的测定　商品双氧水中的 H_2O_2 含量可采用 $KMnO_4$ 标准溶液直接滴定。

在稀硫酸介质中，H_2O_2 与 $KMnO_4$ 的反应如下：

$$5H_2O_2 + 2MnO_4^- + 6H^+ \rightleftharpoons 2Mn^{2+} + 5O_2 + 8H_2O$$

滴定开始时，反应速率较慢，但当 Mn^{2+}生成后，由于 Mn^{2+}的催化作用，反应速率加快。

需要注意，如果 H_2O_2 中含有机物杂质，则这些有机物也会消耗 $KMnO_4$，导致分析结果偏高。若出现此情况，可改用碘量法或铈量法进行测定。

② 有机物的测定 在强碱溶液中，过量的 $KMnO_4$ 可以定量氧化某些有机物。例如高锰酸钾与甲酸的反应为：

$$HCOO^- + 2MnO_4^- + 3OH^- \longrightarrow CO_3^{2-} + 2MnO_4^{2-} + 2H_2O$$

待反应完成后，将溶液酸化，用还原剂标液（亚铁离子标准滴定溶液）滴定溶液中所有的高价锰，使之还原为 Mn^{2+}，计算消耗的还原剂的物质的量。

采用同样的方法，测定反应前一定量碱性高锰酸钾溶液相当于还原剂的物质的量，根据二者之差即可计算出甲酸的含量。

13.6.3 重铬酸钾法

（1）方法原理与特点

重铬酸钾法以 $K_2Cr_2O_7$ 作滴定剂。

$K_2Cr_2O_7$ 是一种强氧化剂，它只能在酸性条件下应用，其半反应式为：

$$Cr_2O_7^{2-} + 14H^+ + 6e^- \rightleftharpoons 2Cr^{3+} + 7H_2O \qquad \varphi^\ominus = 1.33V$$

虽然 $K_2Cr_2O_7$ 在酸性溶液中的氧化能力不如 $KMnO_4$ 强，应用范围不如 $KMnO_4$ 法广泛。与 $KMnO_4$ 法相比，$K_2Cr_2O_7$ 法具有以下特点。

① 易提纯，含量达 99.99%，在 140℃～150℃干燥至恒重后，可直接配制成标准滴定溶液。

② 非常稳定。在密闭容器中可长期保存，浓度不变。

③ 选择性比 $KMnO_4$ 强。室温下不与 Cl^- 作用（煮沸可以），当 HCl 浓度低于 3mol/L 时可在 HCl 介质中进行滴定。

④ 有机物存在对测定无影响。

⑤ 自身不能作为指示剂，需外加指示剂。常用的指示剂有二苯胺磺酸钠或邻苯氨基苯甲酸。

⑥ 六价铬是致癌物，其废液污染环境，应加以处理，这是该法的最大缺点。

（2）应用

① 铁矿石中全铁含量的测定 重铬酸钾法是测定铁矿石中全铁含量的经典方法。该法的基本原理是：试样用 HCl 加热分解后，先用 $SnCl_2$ 将大部分 Fe^{3+} 还原，以钨酸钠（Na_2WO_4）为指示剂，再用 $TiCl_3$ 溶液将剩余少部分 Fe^{3+} 全部还原成 Fe^{2+}；当 Fe^{3+} 定量还原成 Fe^{2+} 后，稍微过量的 $TiCl_3$ 溶液使 Na_2WO_4 还原为蓝色（钨蓝，即六价钨部分地被还原为五价钨），之后滴加 $K_2Cr_2O_7$ 溶液使钨蓝刚好褪去；在 H_2SO_4-H_3PO_4 混酸介质中，以二苯胺磺酸钠为指示剂，用 $K_2Cr_2O_7$ 标准定溶液滴定至紫色，即为终点。有关反应如下：

$$2Fe^{3+} + SnCl_4^{2-} + 2Cl^- \rightleftharpoons 2Fe^{2+} + SnCl_6^{2-}$$

$$Fe^{3+} + Ti^{3+} + H_2O \rightleftharpoons Fe^{2+} + TiO^{2+} + 2H^+$$

$$6Fe^{2+} + Cr_2O_7^{2-} + 14H^+ \rightleftharpoons 6Fe^{3+} + 2Cr^{3+} + 7H_2O$$

在滴定前加入 H_3PO_4 的目的是生成无色的 $Fe(HPO_4)_2^-$，消除 Fe^{2+}（黄色）的影响，同时降低溶液中 Fe^{3+} 的浓度，从而降低 Fe^{3+}/Fe^{2+} 的电极电位，增大化学计量点的电位突跃，使二苯胺磺酸钠指示剂变色的电位范围较好的落在滴定的突跃范围内，避免指示剂引起的终点误差。

② 化学需氧量（COD）的测定 在一定条件下，采用强氧化剂氧化废水试样（有机物）所消耗氧化剂氧的质量，称为化学需氧量（COD）。化学需氧量是衡量水体被还原性物质污染的主要指标之一，目前是环境监测分析的重要项目。

在酸性条件下以硫酸银为催化剂，加入过量的 $K_2Cr_2O_7$ 标准滴定溶液，当加热煮沸时，$K_2Cr_2O_7$ 能完全氧化废水中的有机物质和其他还原性物质。过量的 $K_2Cr_2O_7$ 以邻二氮杂菲亚铁为指示剂，用硫酸亚铁铵标准溶液回滴。计算出废水试样中还原性物质所消耗的 $K_2Cr_2O_7$ 量，即可换算出水样的化学需氧量。

13.6.4 碘量法

（1）方法原理及特点

碘量法是利用 I_2 的氧化性和 I^- 的还原性来进行滴定的分析方法。

由于固体 I_2 在水中的溶解度很小（0.0013mol/L）且易挥发，所以将 I_2 溶解在 KI 溶液中，在这种情况下，I_2 以 I_3^- 的形式存在于溶液中：

$$I_2 + I^- \rightleftharpoons I_3^-$$

$$I_2 + 2e^- \rightleftharpoons 2I^- \qquad \varphi^\ominus = 0.545V$$

可见，I_2 是较弱的氧化剂，可与较强的还原剂作用，而 I^- 则是中等强度的还原剂，能与许多氧化剂作用。因此，碘量法在实际应用中可分别以直接碘量法和间接碘量法两种方式进行。

碘量法采用淀粉指示剂，灵敏度甚高。因此，碘量法的应用十分广泛。

碘量法的主要误差来源有两种：一是 I_2 易挥发；二是 I^- 易被空气中的 O_2 氧化。应采取的措施见表 13.12。

表 13.12 防止 I_2 挥发及 I^- 氧化应采取的措施

防止 I_2 挥发	防止 I^- 被氧化
● 加入过量的 I^- 使之与 I_2 生成 I_3^-	● 避光。反应应置于暗处进行
● 避免加热，反应要在室温下进行	● pH 值不易太低
● 析出 I_2 的反应应在碘量瓶中进行	● 在间接碘法中，当析出 I_2 的反应完成后，应立即用 $Na_2S_2O_3$ 滴定，滴定速度也应加快

① 直接碘量法（碘滴定法） 直接碘量法是用 I_2 作为滴定剂的方法，故又称碘滴定法。也就是说凡是电极电势小于 $\varphi^\ominus_{I_2/I^-}$ 的还原性物质都能被 I_2 氧化，可用 I_2 标准溶液进行滴定，这种方法称为直接碘量法。

例如，SO_2 用水吸收后，可用 I_2 标准溶液直接滴定，其反应式为：

$$I_2 + SO_2 + 2H_2O \rightleftharpoons 2I^- + SO_4^{2-} + 4H^+$$

由于 I_2 是一种较弱的氧化剂，因此利用直接碘量法可以测定 SO_2、S^{2-}、As_2O_3、$S_2O_3^{2-}$、Sn(Ⅱ)、Sb(Ⅲ)、维生素 C 等强还原剂。

直接碘量法可以在弱酸性或中性条件下进行，而不能在碱性条件下进行，因为当溶液的 pH＞8 时，部分 I_2 会发生歧化反应从而产生测定误差。反应如下：

$$3I_2 + 6OH^- \rightleftharpoons 5I^- + IO_3^- + 3H_2O$$

直接碘量法也不能在酸性条件下进行。因为在此条件下 I^- 易被溶解的 O_2 所氧化。

$$4I^- + O_2 + 4H^+ \rightleftharpoons 2I_2 + 2H_2O$$

同时在强酸性条件下，淀粉指示剂也容易水解和分解。

由于能被碘氧化的物质不多，所以直接碘法的应用较为有限。

② 间接碘量法 I^- 是还原剂，但却不适合作为滴定剂直接滴定氧化性物质，这主要是因为有关的化学反应速率较慢，同时也缺少合适的指示剂。而间接碘量法是将待测的氧化性物质与过量的 I^- 反应，生成与该氧化性物质计量相当的 I_2，再用 $Na_2S_2O_3$ 标准溶液滴定所析出的 I_2，从而间接求出该氧化性物质的含量。

滴定反应为：

$$I_2 + 2S_2O_3^{2-} \rightleftharpoons 2I^- + S_4O_6^{2-}$$

故间接碘量法又称滴定碘法。

例如，铜的测定是将过量的 KI 与 Cu^{2+} 反应，定量析出 I_2，然后用 $Na_2S_2O_3$ 标准溶液滴定，其反应如下：

$$2Cu^{2+} + 4I^- \rightleftharpoons 2CuI + I_2$$

$$I_2 + 2S_2O_3^{2-} \rightleftharpoons 2I^- + S_4O_6^{2-}$$

间接碘量法可用于测定 Cu^{2+}、$KMnO_4$、K_2CrO_4、$K_2Cr_2O_7$、H_2O_2、AsO_4^{3-}、SbO_4^{3-}、ClO_4^-、NO_2^-、IO_3^-、BrO_3^- 等氧化性物质。

间接碘量法在应用过程中必须注意如下三个反应条件。

a．控制溶液的酸度。I_2 和 $S_2O_3^{2-}$ 之间的反应必须在中性或弱酸性溶液中进行。如果在碱性溶液中，I_2 会发生歧化反应，同时部分 $S_2O_3^{2-}$ 会被 I_2 氧化为 SO_4^{2-}，这将影响反应的定量关系。相关反应如下：

$$4I_2 + S_2O_3^{2-} + 10OH^- \rightleftharpoons 8I^- + 2SO_4^{2-} + 5H_2O$$

若在强酸性溶液中，$Na_2S_2O_3$ 溶液会发生分解，其反应为：

$$S_2O_3^{2-} + 2H^+ \rightleftharpoons SO_2\uparrow + S\downarrow + H_2O$$

b．防止碘的挥发和 I^- 被空气中的 O_2 氧化。加入的 KI 必须过量（一般比理论用量大 2 倍～3 倍），增大碘的溶解度，降低 I_2 的挥发性。滴定一般在室温下进行，操作要迅速，不宜过分振荡溶液，以减少 I^- 与空气的接触。酸度较高和阳光直射，都可促进空气中的 O_2 对 I^- 的氧化作用：

$$2I^- + O_2 + 4H^+ \rightleftharpoons I_2 + 2H_2O$$

因此，酸度不宜太高，同时要避免阳光直射，滴定时最好使用带有磨口玻璃塞的碘量瓶。

c．注意淀粉指示剂的使用。应用间接碘量法时，一般要在滴定接近终点前再加入淀粉指示剂。若是加入太早，则大量的 I_2 与淀粉结合生成蓝色物质，而 I_2–淀粉配合物的解离速率较慢，这一部分 I_2 就不易与 $Na_2S_2O_3$ 溶液反应，会导致终点拖后。

（2）应用

① 维生素 C 的测定（碘滴定法） 维生素 C 又称抗坏血酸，分子式为 $C_6H_8O_6$，摩尔质量为 176.12g/mol。由于维生素 C 分子结构中的烯二醇基具有还原性，所以它可以被 I_2 定量氧化为二酮基。

【方法提要】准确称取一定量的维生素 C 试样，用新煮沸并冷却的蒸馏水溶解，用 HAc 酸化，以淀粉为指示剂，迅速用 I_2 标准滴定溶液滴定至终点（呈稳定蓝色）。

维生素 C 的还原性很强，在空气中很容易被氧化，在碱性介质中更容易被氧化，因此在试剂测定中，操作一定要熟练，且在酸化后要立即滴定。

由于蒸馏水中含有溶解氧，所以必须要事先煮沸蒸馏水，否则将使结果偏低。

② 铜含量的测定（滴定碘法） 在弱酸溶液中，Cu^{2+}与过量的 KI 作用，生成 CuI 沉淀，同时析出 I_2，析出的 I_2 可用 $Na_2S_2O_3$ 标准溶液滴定，以淀粉作指示剂。相关反应式如下：

$$2Cu^{2+} + 4I^- \rightleftharpoons 2CuI\downarrow + I_2$$

$$I_2 + 2S_2O_3^{2-} \rightleftharpoons 2I^- + S_4O_6^{2-}$$

Cu^{2+}与I^-的作用是可逆的，任何引起 Cu^{2+}浓度减小或 CuI 溶解度增加的因素均可使反应不完全。加入过量 KI 可使反应趋于完全。这里 KI 既是 Cu^{2+}的还原剂，又是 CuI 的沉淀剂，还是 I_2 的配位剂，防止 I_2 挥发损失。

但是，CuI 沉淀强烈吸附 I_3^-，又会使结果偏低。通常的办法是在临近终点时加入硫氰酸盐，将 CuI 转化成溶解度更小的 CuSCN 沉淀，把吸附的碘释放出来，使反应更完全。即

$$CuI + SCN^- \rightleftharpoons CuSCN + I^-$$

KSCN 应在接近终点时加入，否则 SCN^-会还原大量存在的 I_2，导致测定结果偏低。

13.6.5 其他氧化还原滴定方法

（1）溴酸钾法

溴酸钾法以氧化剂 $KBrO_3$ 为滴定剂，主要用于测定有机物质。

$KBrO_3$ 在酸性溶液中是一个强氧化剂，其半反应式为：

$$BrO_3^- + 6H^+ + 6e^- \rightleftharpoons Br^- + 3H_2O \qquad \varphi^\ominus = 1.44V$$

$KBrO_3$ 易从水溶液中重结晶而提纯，在 180℃烘干后，就可以直接称量配制成 $KBrO_3$ 标准溶液。$KBrO_3$ 溶液的浓度也可以用间接碘法进行标定。一定量的 $KBrO_3$ 在酸性溶液中与过量 KI 反应而析出 I_2：

$$BrO_3^- + 6H^+ + 6I^- \rightleftharpoons Br^- + 3I_2 + 3H_2O$$

然后用 $Na_2S_2O_3$ 标准溶液进行滴定。

利用溴酸钾法可以直接测定一些还原性物质，如 As(Ⅲ)、Sb(Ⅲ)、Fe(Ⅱ)、H_2O_2、N_2H_4、Sn(Ⅱ)等，部分滴定反应如下：

$$BrO_3^- + 3Sb^{3+} + 6H^+ \rightleftharpoons 3Sb^{5+} + Br^- + 3H_2O$$

$$BrO_3^- + 3As^{3+} + 6H^+ \rightleftharpoons 3As^{5+} + Br^- + 3H_2O$$

$$2BrO_3^- + 3N_2H_4 \rightleftharpoons 2Br^- + 3N_2 + 6H_2O$$

用 BrO_3^- 标准溶液滴定时，可以采用甲基橙或甲基红的钠盐水溶液作指示剂，当滴定到达化学计量点之后，稍微过量的 $KBrO_3$ 与 Br^-作用生成 Br_2，指示剂被氧化而破坏，溶液褪色显示到达滴定终点。

但是，在滴定过程中应尽量避免滴定剂的局部过浓，导致滴定终点过早出现。再

者，甲基橙或甲基红在反应中由于指示剂结构被破坏而褪色，必须再滴加少量指示剂进行检验，如果新加入少量指示剂也立即褪色，这说明真正到达滴定终点，如果颜色不褪就应该小心地继续滴定至终点。

（2）铈量法

硫酸高铈 $Ce(SO_4)_2$ 在酸性溶液中是一种强氧化剂，其半反应式为：

$$Ce^{4+} + e^- \rightleftharpoons Ce^{3+} \qquad \varphi^{\ominus}_{Ce^{4+}/Ce^{3+}} = 1.61V$$

Ce^{4+}/Ce^{3+} 电对的电极电位与酸性介质的种类和浓度有关。由于 Ce^{4+} 在 $HClO_4$ 中不形成配合物，所以在 $HClO_4$ 介质中，Ce^{4+}/Ce^{3+} 的电极电位最高，应用也较多。

$Ce(SO_4)_2$ 标准溶液一般都用硫酸铈铵 $Ce(SO_4)_2 \cdot 2(NH_4)_2SO_4 \cdot 2H_2O$ 或硝酸铈铵 $Ce(NO_3)_4 \cdot 2NH_4NO_3$ 直接称量配制而成。它们容易提纯，不必另行标定，但是 Ce^{4+} 极易水解，在配制 Ce^{4+} 溶液和滴定时，都应在强酸溶液中进行，$Ce(SO_4)_2$ 虽呈黄色，但显色不够灵敏，常用邻二氮菲亚铁作指示剂。

$Ce(SO_4)_2$ 的氧化性与 $KMnO_4$ 差不多，凡是 $KMnO_4$ 能测定的物质几乎都能用铈量法测定。

与 $KMnO_4$ 法相比，铈量法具有如下优点：

① $Ce(SO_4)_2$ 标准溶液很稳定，加热到 100℃也不分解；

② 铈的还原反应是单电子反应，没有中间产物形成，反应简单；

③ 可以在 HCl 介质中进行滴定；

④ $Ce(SO_4)_2$ 标准溶液可直接配制而成。

13.7 沉淀滴定法及其应用

沉淀滴定是以沉淀反应为基础的滴定分析方法。尽管形成沉淀的反应很多，但是能够用于滴定分析的沉淀反应却很少。其原因主要是相当多的沉淀反应都不能完全符合滴定对化学反应的基本要求，因而无法用于滴定分析。

在实际工作中，应用最多的是银量法，即以生成银盐沉淀的反应为基础的沉淀滴定法。它的滴定反应可表示为

$$Ag^+ + X^- \rightleftharpoons AgX(s)$$

这里 X^- 可以是 Cl^-、Br^-、I^- 或 SCN^- 等阴离子。因此，本书主要讨论银量法。

在银量法中，根据所采用的指示剂不同，并按照其创立者命名，银量法又分为莫尔（F. Mohr）法、佛尔哈德（J. Volhard）法和法扬斯（K. Fajans）法。

13.7.1 莫尔法

（1）方法原理

以 K_2CrO_4 作指示剂的银量法称为莫尔法。它主要是以 $AgNO_3$ 标准溶液滴定 Cl^-。

在含有 Cl^- 的中性溶液中，以 K_2CrO_4 作指示剂，用 $AgNO_3$ 标准溶液滴定。由于 AgCl 的溶解度比 Ag_2CrO_4 小，根据分步沉淀原理，溶液中首先析出 AgCl 沉淀（K_{sp}=1.8×10^{-10}）而非 Ag_2CrO_4 沉淀（K_{sp} = 2.0×10^{-12}）。因此，在进行莫尔法滴定 Cl^-

时，首先发生滴定反应：

$$Ag^+ + Cl^- \rightleftharpoons AgCl\downarrow（白色）$$

到达化学计量点时，Cl^-已被全部滴定完毕，稍过量的 Ag^+就会与 CrO_4^{2-} 生成 Ag_2CrO_4砖红色沉淀，从而指示终点。终点反应为：

$$2Ag^+ + CrO_4^{2-} \rightleftharpoons Ag_2CrO_4\downarrow（砖红色）$$

（2）滴定条件

指示剂的用量和溶液的酸度是莫尔法使用的关键步骤。

① 指示剂的用量要适量　若指示剂 K_2CrO_4的浓度过高，终点将过早出现，且因溶液颜色过深而影响终点的观察；若 K_2CrO_4 浓度过低，终点将推迟出现，也会影响滴定的准确度。实验证明，控制 K_2CrO_4的浓度 5.0×10^{-3}mol/L 为宜。

② 应控制适宜的酸碱度　莫尔法应当在中性或弱碱性介质中进行。因为在酸性介质中，$CrO_4{}^{2-}$将转化为 $Cr_2O_7^{2-}$，

$$2CrO_4^{2-} + 2H^+ \rightleftharpoons Cr_2O_7^{2-} + H_2O$$

这样就相当于降低了溶液中 $CrO_4{}^{2-}$的浓度，导致终点拖后，甚至难以出现终点。但如果溶液的碱性太强，则有 Ag_2O 沉淀析出。

$$2Ag^+ + 2OH^- \rightleftharpoons Ag_2O\downarrow + H_2O$$

因此，莫尔法的适宜 pH 值范围是 6.5～10.5。

若试液中有铵盐存在，pH 值较大时会有相当数量的 NH_3 生成，它与 Ag^+生成银氨配离子，致使 AgCl 和 Ag_2CrO_4沉淀的溶解度增大，测定的准确度降低。实验证明，控制溶液的酸度在 pH6.5～7.2 范围内滴定，可得到满意的结果。

（3）莫尔法的应用

以 K_2CrO_4 作指示剂，可用 $AgNO_3$ 标准溶液直接滴定 Cl^-或 Br^-。原则上，此法也可用于滴定 I^-及 SCN^-，但由于 AgI 及 AgSCN 沉淀具有强烈的吸附作用，终点变色不明显，误差较大，一般不采用 $AgNO_3$ 标准溶液滴定 I^-及 SCN^-。如果要用此法测定试样中的 Ag^+，则应在试液中加入定量且过量的 NaCl 标准溶液，然后用 $AgNO_3$ 标准溶液反滴定过量的 Cl^-。

凡能与 Ag^+生成微溶性沉淀或络合物的阴离子都干扰测定，如 PO_4^{3-}、AsO_4^{3-}、SO_3^{2-}、S^{2-}、CO_3^{2-}、CrO_4^{2-} 等。大量 Cu^{2+}、Co^{2+}、Ni^{2+}等有色离子会影响终点的观察。Ba^{2+}、Pb^{2+}能与 CrO_4^{2-} 生成 $BaCrO_4$及 $PbCrO_4$沉淀，干扰滴定。Ba^{2+}的干扰可通过加入过量的 Na_2SO_4 消除。Al^{3+}、Fe^{3+}、Bi^{3+}、Sn^{4+}等高价金属离子在中性或弱碱性溶液中发生水解，也会产生干扰。

13.7.2 佛尔哈德法

（1）方法原理

用铁铵矾 $NH_4Fe(SO_4)_2$ 作指示剂的银量法称为佛尔哈德法。在直接滴定法中，它以 NH_4SCN 标准溶液滴定 Ag^+，滴定反应为：

$$SCN^- + Ag^+ \rightleftharpoons AgSCN\downarrow$$

化学计量点时，Ag^+已被全部滴定完毕，稍过量的 SCN^- 就将与指示剂 Fe^{3+} 生成血

红色配合物，从而指示终点。

$$SCN^- + Fe^{3+} \rightleftharpoons FeSCN^{2+}\text{（血红色）}$$

（2）滴定条件

适宜的溶液酸度是本法准确的关键。

① 应在强酸条件下进行　佛尔哈德法的最大优点是滴定在酸性介质中进行，一般酸度大于 0.3mol/L。在此酸度下，许多弱酸根离子如 PO_4^{3-}、AsO_4^{3-}、CrO_4^{2-}、$C_2O_4^{2-}$、CO_3^{2-} 等都不干扰滴定，因而方法的选择性高。但一些强氧化剂、氮的低价氧化物以及铜盐、汞盐等能与 SCN^- 起作用，干扰测定，必须预先除去。

② 滴定时应剧烈摇动　在应用 SCN^- 滴定 Ag^+ 时，生成的 AgSCN 沉淀对溶液中过量的构晶离子 Ag^+ 具有强烈的吸附作用，使得 Ag^+ 的表观浓度降低，这样就有可能会造成终点提前，导致结果偏低。因此，在滴定时必须要剧烈摇动，以使得被 AgSCN 吸附的 Ag^+ 能够及时释放出来。

（3）方法应用

对佛尔哈德法来说，其真正广泛应用的并不是以直接滴定方式测定 Ag^+，而是以返滴定方式测定卤素离子。

用返滴定法测定卤素离子的原理是：在含有卤离子的酸性介质（HNO_3）中，先加入准确过量的 $AgNO_3$ 标准溶液，使得溶液中的卤离子都反应生成卤化银沉淀；然后再加入铁铵矾，以 NH_4SCN 标准溶液返滴定过量的标准 $AgNO_3$。根据所加入的 $AgNO_3$ 总量和所消耗的 NH_4SCN 的量即可求得卤离子的含量。

由于滴定是在 HNO_3 介质中进行，所以本法的选择性较高。但是，由于 AgCl 的溶解度比 AgSCN 大，故到达终点后，过量的 SCN^- 将与 AgCl 发生置换反应，使 AgCl 沉淀转化为溶解度更小的 AgSCN：

$$AgCl\downarrow + SCN^- \rightleftharpoons AgSCN\downarrow + Cl^-$$

所以，当溶液中出现红色之后，随着不断地摇动溶液，红色又逐渐消失，这将会导致终点拖后，甚至得不到稳定终点。

为了避免上述情况发生，通常采取下述措施。

① 将溶液煮沸　其目的是使 AgCl 沉淀凝聚，以减少 AgCl 沉淀对 Ag^+ 的吸附，滤去 AgCl 沉淀，并用稀 HNO_3 洗涤沉淀，洗涤液并入滤液中，然后用 NH_4SCN 标准溶液返滴滤液中过量的 Ag^+。

② 加入有机溶剂　如硝基苯或1,2-二氯乙烷。用力摇动，使 AgCl 沉淀表面覆盖一层有机溶剂，避免沉淀与溶液接触，这就阻止了 SCN^- 与 AgCl 发生转化反应。此法比较简便。

注：硝基苯污染环境！

用返滴定法测定溴化物或碘化物时，由于 AgBr 及 AgI 的溶解度均比 AgSCN 小，不发生上述转化反应。但在测定碘化物时，指示剂必须在加入过量的 $AgNO_3$ 溶液后才能加入，否则 Fe^{3+} 将氧化 I^- 为 I_2，影响分析结果的准确度。

$$2Fe^{3+} + 2I^- \rightleftharpoons 2Fe^{2+} + I_2$$

此外，有机卤化物中的卤素可采用佛尔哈德返滴定法测定。一些重金属硫化物也可以用佛尔哈德法测定，即在硫化物沉淀的悬浮液中加入定量且过量的 $AgNO_3$ 标准溶液，发生沉淀转化反应。例如：

$$CdS+2Ag^+ \rightleftharpoons Ag_2S+Cd^{2+}$$

将沉淀过滤后，再用 NH_4SCN 标准溶液返滴定过量的 Ag^+。从反应的化学计量关系计算该金属硫化物的含量。

13.7.3 法扬斯法

（1）方法原理

用吸附指示剂指示滴定终点的银量法，称为法扬斯法。

吸附指示剂可分为两类：一类是酸性染料，如荧光黄及其衍生物，它们是有机弱酸，解离出指示剂阴离子；另一类是碱性染料，如甲基紫、罗丹明 6G 等，解离出指示剂阳离子。

荧光黄是一种有机弱酸（用 HFl 表示），在溶液中可解离为荧光黄阴离子 Fl^-，呈黄绿色。用荧光黄作为 $AgNO_3$ 滴定 Cl^-的指示剂时，在化学计量点以前，溶液中 Cl^-过量，AgCl 胶粒带负电荷，Fl^-也带负电荷，不被吸附。当达到化学计量点后，AgCl 胶粒带正电荷，会强烈地吸附 Fl^-，沉淀表面呈淡红色，从而指示滴定终点。

如果使用 NaCl 滴定 Ag^+，颜色的变化恰好相反。

（2）滴定条件

① 应尽量使沉淀成为小颗粒沉淀　由于颜色变化发生在沉淀的表面，因此应尽量使沉淀的比表面大一些，即沉淀的颗粒要小一些。通常加入糊精作为保护胶体，防止 AgCl 沉淀过分凝聚。

② 应控制适当的酸碱度　各种吸附指示剂的特性差别很大，对滴定条件，特别是酸度的要求有所不同，适用范围也不相同。例如，荧光黄的 $K_a \approx 10^{-7}$，因此当溶液的 pH<7 时，荧光黄将大部分以 HFl 形式存在，它不被卤化银沉淀所吸附，也无法指示终点。所以用荧光黄作指示剂时，溶液的 pH 应为 7～10。二氯荧光黄的 $K_a \approx 10^{-4}$，适应的范围就大一些，溶液的 pH 可为 4～10。曙红（四溴荧光黄）的 $K_a \approx 10^{-2}$，酸性更强，溶液的 pH 小至 2 时，它仍可以指示终点。

③ 滴定中应避免强光照射　卤化银沉淀对光敏感，易分解析出金属银使沉淀变为灰黑色，影响滴定终点的观察。

④ 指示剂的吸附能力要适当　指示剂的吸附能力过大或过小都不好。例如曙红，它虽然是滴定 Br^-、I^-、SCN^-的良好指示剂，但不适用于滴定 Cl^-，因为 Cl^-的吸附性能较差，在化学计量点前，就有一部分指示剂的阴离子取代 Cl^-而进入到吸附层中，以致无法指示终点。

指示剂的性能如何，最好根据实验结果来确定。卤化银对卤化物和几种吸附指示剂的吸附能力的大小顺序如下：

$$I^- > SCN^- > Br^- > \text{曙红} > Cl^- > \text{荧光黄}$$

第14章 称量分析法

称量分析法是将被测组分以某种形式与试样中的其他组分分离，然后转化为一定的形式，用准确称量的方法确定被测组分含量的分析方法。此法又称重量分析法或质量分析法。

根据被测组分与试样中其他组分分离方法的不同，称量分析法一般分为挥发法、沉淀法和电解法三种。挥发法是利用物质的挥发性，使其以气体形式与其他组分分离；沉淀法是使被测组分以难溶化合物的形式与其他组分分离；电解法则是利用电解原理，使被测金属离子在电极上析出而与其他组分分离。上述三种方法中以沉淀分析法应用最广、最为重要。

由于称量分析法是通过直接称量试样及相关物质的质量来求得分析结果，无须采用基准物质和容量分析仪器，因此，引入误差的机会少，准确度高。常量组分分析的，相对误差为 0.1%～0.2%，所以称量分析法常用于仲裁分析或校准其他方法的准确度。但称量分析操作比较烦琐，耗时较长，满足不了快速分析的要求，不适于生产中的控制分析。同时，对低含量组分的测定，误差较大，不适用于微量和痕量组分分析。

14.1 基础知识

14.1.1 常用术语

(1) 恒重/量

在实际的称量分析工作中，通常认为将沉淀或坩埚反复烘干或灼烧，经冷却后称量，直至两次称量的质量相差不大于 0.2mg，即为恒重。

实际上国家标准中对不同的测定项目有不同的恒重要求。例如 GB/T 6284—2006《化工产品中水分含量测定的通用方法干燥减量法》中规定："恒重即两次连续称量操作其结果之差不大于 0.0003g，取最后一次测量值作为测定结果"。而 GB 3838—2002《地表水环境质量标准》中残渣项目的测定规定："……两次称重相差不超出 0.0005g"。GB/T 212—2008《煤的工业分析方法》中关于水分的测定则规定："进行检查性干燥，每次 30min，直到连续两次干燥煤样的质量减少不超过 0.0010g 或质量增加；在后一种情况下，采用质量增加前一次的质量为计算依据”。

（2）沉淀形式与称量形式

在沉淀重量法中，被测组分与沉淀剂生成的物质称为“沉淀形式”；而沉淀形式经过滤、洗涤、烘干、灼烧后得到的物质组成形式称为沉淀的“称量形式”。

在沉淀重量法中，沉淀形式起着分离作用，而称量形式则承担称量作用。因此，称量分析法对上述二者的要求也不相同。

表 14.1 所示为沉淀重量法对沉淀形式和称量形式的要求。

表 14.1　沉淀重量法对沉淀形式和称量形式的要求

对沉淀形式的要求	对称量形式的要求
① 沉淀的溶解度要小 ——沉淀的溶解损失不能超过分析天平的称量误差	① 化学组成必须与化学式相符 ——这是定量分析计算的基本依据
② 沉淀必须纯净 ——沉淀的纯度是获得准确结果的重要因素之一	② 有足够的稳定性 ——称量时，不易被氧化；干燥、灼烧时不易被分解
③ 沉淀易于过滤和洗涤并易于转化为称量形式 ——这是保证沉淀纯度的一个重要方面	③ 摩尔质量要大 ——旨在减小称量误差，提高分析结果的准确度

（3）烘干和灼烧

烘干和灼烧是为了除去沉淀中的水分和挥发性物质，使沉淀形式转变为纯净、干燥、组成恒定的便于称量的称量形式。烘干和灼烧的温度与时间随着沉淀不同而不同。

以滤纸过滤的沉淀，常置于已恒重的瓷坩埚中进行烘干和灼烧。若沉淀需要加 HF 处理，则改用铂坩埚。

使用玻璃砂芯漏斗过滤的沉淀，应在电热烘箱内烘干。玻璃砂芯漏斗和坩埚及坩埚盖在使用前，均应预先烘干或灼烧至恒重，且温度和时间应与沉淀烘干和灼烧时的温度与时间相同。

（4）沉淀剂

在称量分析法中，使用的沉淀剂有无机沉淀剂和有机沉淀剂。一般来说，无机沉淀剂选择性差、有的沉淀溶解度较大和易引入杂质，须经灼烧才可得到组成恒定的称量形式；有机沉淀剂因溶解度小，选择性高，摩尔质量较大，所得沉淀大多数烘干后即可直接称量，简化了测定手续，因此有机沉淀剂在沉淀重量分析中获得了广泛的应用。

根据对沉淀形式和称量形式的要求，选择沉淀剂时应考虑以下几方面。

① 沉淀剂与被测组分生成的难溶化合物溶解度要小　即得到溶解度小的沉淀形式，保证被测组分沉淀完全。

② 沉淀剂具有较好的选择性　沉淀剂只能和待测组分生成沉淀，而与试液中其他组分不作用。这样既可以简化分析程序，又能够提高分析结果的准确度。

③ 沉淀剂具有挥发性　沉淀剂应易挥发或易灼烧除去，从而减少或避免由于沉淀剂掺入沉淀带来的误差。

④ 沉淀剂本身具有较大的溶解度　沉淀剂本身应具有较大的溶解度，旨在减少沉淀对它的吸附，易得到纯净的沉淀。

（5）陈化

在沉淀重量法中，当沉淀完全后，让初生成的沉淀与母液一起放置一段时间，这个过程称为“陈化”。“陈化”是沉淀重量法中晶形沉淀形成的重要条件之一。

① 陈化过程是小晶粒逐渐溶解，大晶粒不断长大的过程。

因为在同样条件下，小晶粒溶解度比大晶粒大。在同一溶液中，对大晶粒为饱和溶液时，对小晶粒则为不饱和，小晶粒就要溶解，直至达到饱和，此时对大晶粒则为过饱和。因此，溶液中的构晶离子就在大晶粒上沉积。沉积到一定程度后，溶液对大晶粒为饱和溶液时，对小晶粒又变为未饱和，小晶粒又要溶解。如此循环下去，小晶粒逐渐消失，大晶粒不断长大。如图 14.1 所示。

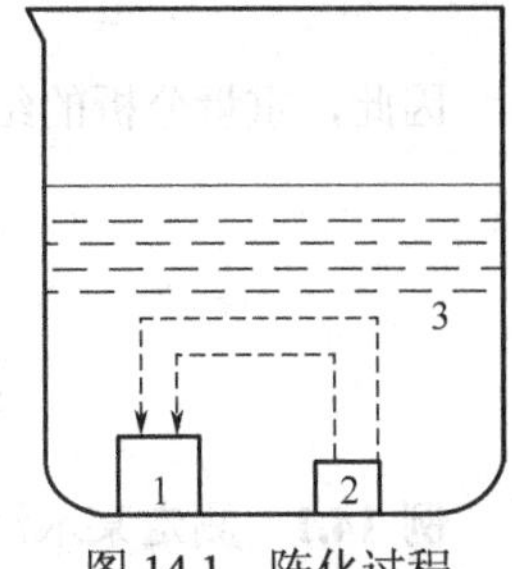

图 14.1　陈化过程

1—大晶粒；2—小晶粒；3—溶液

② 陈化过程又是不纯沉淀转化为较纯净沉淀的过程。

因为晶粒变大后，沉淀吸附杂质量减少；同时，由于小晶粒溶解，原来吸附、吸留的杂质，也重新进入溶液，因而提高了沉淀的纯度。如图 14.2 所示。但是，陈化作用对混晶共沉淀带入的杂质，不能除去；对有后沉淀的沉淀，不仅不能提高纯度，有时反而会降低纯度，此时应注意陈化时间的控制。

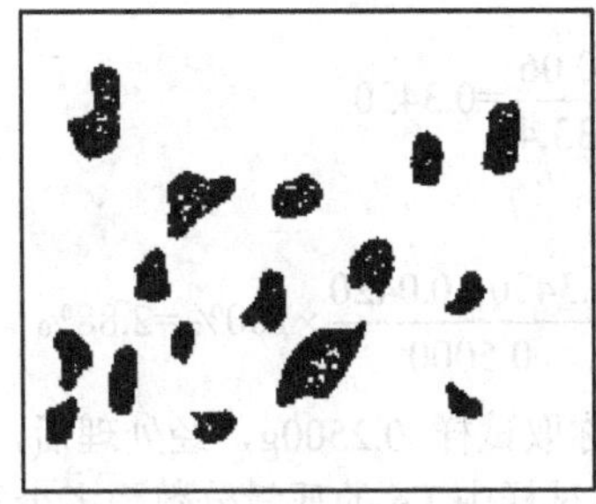
(a) 未陈化

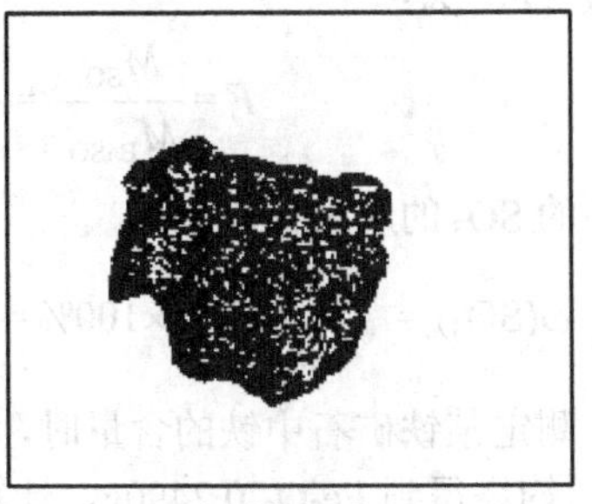
(b) 陈化4d后

图 14.2　$BaSiO_4$ 沉淀的陈化效果

（6）换算因数

换算因数又称“化学因数”，它是被测组分的摩尔质量与称量形式摩尔质量的比值，常用 F 表示。

$$F = \frac{M_{\text{被测组分}}}{M_{\text{称量形式}}} \tag{14.1}$$

在称量分析法中，利用换算因数直接乘以称量形式的质量即可得出被测组分的质量。

提示：在计算换算因数时，分子和分母中所含被测组分的原子数目必须相同。若不同，则应在分子或分母上分别乘以适当的系数，使之相同。

14.1.2　称量分析法中的相关计算

关于称量分析法中分析结果的计算，通常可按下式进行。

$$\omega（被测组分）= \frac{m_{被测组分}}{m_{试样}} \times 100\% \qquad (14.2)$$

由于在称量分析中，最后得到的是沉淀称量形式的质量，因此，若称量形式与被测组分的表示形式一样，则被测组分的质量就等于称量形式的质量，即可按式（14.2）直接进行计算；如果称量形式与被测组分的表示形式不一样，这时就需要利用换算因数（F）将称量形式的质量换算为被测组分的质量。

根据换算因数 F，即可方便地将称量形式的质量换算为被测组分的质量。

$$m_{被测组分} = F \times m_{称量形式}$$

因此，重量分析的结果可表示为：

$$\omega（被测组分）= \frac{m_{被测组分}}{m_{试样}} \times 100\%$$

$$\omega（被测组分）= \frac{F \times m_{称量形式}}{m_{试样}} \times 100\% \qquad (14.3)$$

例 14.1 测定某水泥试样中 SO_3 的含量，称取水泥试样 0.5000g，最后得到 $BaSO_4$ 沉淀的质量为 0.0420g，计算试样中 SO_3 的质量分数。

解：$BaSO_4$ 的摩尔质量为 233.4g/mol；SO_3 的摩尔质量为 80.06g/mol

换算因数（F）为：

$$F = \frac{M_{SO_3}}{M_{BaSO_4}} = \frac{80.06}{233.4} = 0.3430$$

则试样中的 SO_3 的质量分数为：

$$\omega(SO_3) = \frac{F \times m_{BaSO_4}}{m_{试样}} \times 100\% = \frac{0.3430 \times 0.0420}{0.5000} \times 100\% = 2.88\%$$

例 14.2 测定某铁矿石中铁的含量时，称取试样 0.2500g，经处理后，将铁沉淀为 $Fe(OH)_3$，然后灼烧得到 Fe_2O_3 0.2490g，计算试样中 Fe 的质量分数为多少？若以 Fe_3O_4 表示结果，其质量分数为多少？

解：① 计算 Fe 的换算因数

$$F = \frac{2 \times M_{Fe}}{M_{Fe_2O_3}} = \frac{2 \times 55.85}{159.7} = 0.6994$$

则试样中 Fe 的质量分数为：

$$\omega(Fe) = \frac{F \times m_{Fe_2O_3}}{m_{试样}} \times 100\% = \frac{0.6994 \times 0.2490}{0.2500} \times 100\% = 69.66\%$$

② 计算 Fe_3O_4 的换算因数

$$F = \frac{2 \times M_{Fe_3O_4}}{3 \times M_{Fe_2O_3}} = 0.9664$$

Fe_3O_4 的质量分数为：

$$\omega(Fe_3O_4) = \frac{F \times m_{Fe_2O_3}}{m_{试样}} \times 100\% = \frac{0.9664 \times 0.2490}{0.2500} \times 100\% = 96.25\%$$

14.2 挥发重量法的原理与应用

14.2.1 方法原理

挥发重量分析法又称气化法，是利用物质的挥发性质，通过加热或其他方法使试样中某挥发性组分逸出，根据试样质量的减轻计算该组分的含量（间接称量法）；或是利用某种吸收剂吸收挥发出的气体，根据吸收剂质量的增加计算该组分的含量（直接称量法）。

14.2.2 挥发法的应用

挥发重量法常用于物料中水分、挥发分、灰分的测定。利用加热方法使挥发性组分逸出时，要注意控制加热的温度和加热时间。不同组分的测定，加热温度和时间是不同的。

（1）物料中水分的测定

物料水分的测定通常采用间接称量的方法，即根据样品质量的减少，计算水分的含量。煤中水分的测定，黏土等样品中水分的测定以及化学试剂中结晶水的测定，均采用此法进行。

物料中的水分有多种存在状态，包括因空气潮湿附着在物料表面的附着水，符合化合物化学计量关系的结晶水及分子内组成水（如 $NaHCO_3$ 加热分解而生成的水）等。这些水分与物料微粒间的作用力不同，驱除水分的方法不同，所需的温度及加热时间也不相同。

例如 GB/T 5484—2012《石膏化学分析方法》中规定，石膏附着水的测定需在 45℃±3℃的烘箱内烘 60min，而结晶水的测定则在 230℃±5℃的烘箱中加热 60min。

根据物料的成分及分析需要，通过控制加热温度与时间的不同，可以分别测定不同存在状态的水分。但应注意，在某些样品分析中，会将有些水分并入挥发分或烧失量中。

（2）煤中挥发分的测定

物料经高温加热使挥发物质逸出，或高温分解释放出气体。逸出部分占物料的质量分数，称为物料的挥发分。

通常对有机物料称为挥发分，对无机物料称为灼烧损失或烧失量。挥发分、灼烧损失等指标均没有指明具体化学组成，不同物料的挥发分是不同的。

挥发分的测定通常也采用间接称量的方式，即称量加热后残余物的质量，计算方法与物料水分测定相同。

例如煤的挥发分是在隔绝空气的条件下，于 900℃±10℃高温加热 7min，挥发物主要包括苯、甲苯、二甲苯、苯酚等芳香烃物质和氨、萘等几十种化合物。再如，水泥生料烧失量的测定，是在 950℃～1000℃下灼烧 15min～20min，其主要成分为碳酸盐高温分解生成的二氧化碳气体和少量有机物。

（3）灰分的测定

灰分是指有机物料在高温和有氧的条件下灼烧后剩余的不燃烧物质。相应的矿化过程称为“灰化”。例如煤的工业分析中灰分的测定，煤样在815℃±10℃高温下灼烧，水分与挥发性物质以气体形式放出，碳及有机物则氧化生成二氧化碳和水等挥发出来，剩下的各种金属无机盐及氧化物等不可燃烧部分，即为灰分。

测定物料灰分时，样品不同，灼烧条件不同，残留物也各不相同。

例如煤的灰分测定在 815℃±10℃高温下灼烧 60min，植物样品通常在 525℃±25℃高温下灼烧 60min。

因此，在测定灰分时，要严格控制灼烧温度与时间，同时注意灼烧灰化的速度不宜过快，避免物料剧烈燃烧，引起测定误差。

14.3 沉淀重量法

沉淀重量分析法是称量分析法的主要方法。该方法是利用沉淀反应使被测组分以难溶化合物的形式沉淀出来，经过滤、洗涤、烘干或灼烧后，转化为组成一定的物质，然后称其质量，根据称得沉淀的质量计算出被测组分的含量。

14.3.1 沉淀重量法的一般过程

利用沉淀反应进行称量分析时，首先将试样分解制成分析试液，然后在一定条件下加入适当的沉淀剂，使被测组分以适当的“沉淀形式”沉淀出来，沉淀形式经过滤、洗涤、烘干、灼烧后，得到可以用来称量的“称量形式”，再进行称量，最后计算出被测组分的含量。

重量分析法的主要操作过程可表示如下：

14.3.2 影响沉淀溶解度的因素

沉淀重量法要求沉淀形式的溶解度越小越好。沉淀溶解度的大小，从本质上讲，取决于沉淀本身的性质。同时，沉淀的溶解度还受其外部条件的影响，如同离子效应、盐效应、酸效应、配位效应等。此外，温度、溶剂、沉淀的颗粒大小，也对沉淀溶解度有影响。

（1）同离子效应

当沉淀反应达到平衡时，向溶液中加入含有某一构晶离子的试剂或溶液，使沉淀溶解度减小的现象，称为同离子效应。

在实际分析工作中，常通过加入过量的沉淀剂，利用同离子效应使被测组分沉淀完全。但是，并非加入沉淀剂越多越好。沉淀剂过量太多时，还可能引起盐效应、配位效应等，反而使沉淀的溶解度增大。一般来讲，烘干或灼烧易挥发除去的沉淀剂，过量50%～100%；不易挥发除去的沉淀剂，过量 20%～30%为宜。

（2）盐效应

当沉淀反应达到平衡时，强电解质的存在或向溶液中加入其他易溶强电解质，使难溶化合物的溶解度增大的现象，称为盐效应。

例如，测定 Pb^{2+}时，以 Na_2SO_4 为沉淀剂，生成 $PbSO_4$ 沉淀，在不同浓度的 Na_2SO_4 溶液中 $PbSO_4$ 溶解度变化情况如表 14.2 所示。

表 14.2　$PbSO_4$ 在 Na_2SO_4 溶液中的溶解度

Na_2SO_4/（mol/L）	0	0.001	0.01	0.02	0.04	0.100	0.200
$PbSO_4$/（mol/L）	0.15	0.024	0.016	0.014	0.013	0.016	0.019

从表 14.2 可以看出，$PbSO_4$ 的溶解度并非随着 Na_2SO_4 浓度的增大而持续降低，而是降低到一定程度之后，沉淀的溶解度反而增大了。当 Na_2SO_4 浓度小于 0.04mol/L 时，同离子效应占优势，$PbSO_4$ 的溶解度随 Na_2SO_4 浓度的增大而减小；当 Na_2SO_4 浓度大于 0.04mol/L 时，盐效应占优势，所以 $PbSO_4$ 的溶解度随 Na_2SO_4 浓度的增大而增大。这进一步说明过量太多沉淀剂是应避免的。

$PbSO_4$ 的溶解度增大的原因可用离子间力的影响来解释。当溶液中强电解质 Na_2SO_4 浓度增大时，离子间相互作用力增强，阻碍了沉淀离子 Pb^{2+}、SO_4^{2-} 间的运动，从而减少了它们相互碰撞的次数，使形成沉淀反应的速度降低，此时盐效应要比同离子效用显著。因而，总的效果是 $PbSO_4$ 的溶解度增大。

如果在溶液中加入的强电解质是非同离子，只存在盐效应，则盐效应的影响更为显著。例如，AgCl、$BaSO_4$ 在 KNO_3 溶液中的溶解度比在纯水中大，而且溶解度随 KNO_3 浓度增大而增大。

盐效应与同离子效应对沉淀溶解度的影响恰恰相反，因此在沉淀重量法中，除应控制沉淀剂加入量外，还应注意避免引入大量强电解质，使盐效应占主导，沉淀的溶解度增大；如果沉淀的溶解度本身很小，通常可以不考虑盐效应。

（3）酸效应

溶液的酸度对沉淀溶解度的影响称为酸效应。酸效应对沉淀溶解度的影响比较复杂，对不同类型的沉淀，酸度对沉淀溶解度的影响不同。

若沉淀为弱酸盐，如 CaC_2O_4、$BaCO_3$、$MgNH_4PO_4$ 等，酸度增加，沉淀的溶解度增大。因此，生成这些沉淀时，应在较低酸度条件下进行。

若沉淀为难溶酸，如硅酸（$SiO_2 \cdot nH_2O$）、钨酸（$WO_3 \cdot nH_2O$）等沉淀，易溶于碱溶液，酸度增加，沉淀溶解度降低。因此，应在强酸性介质中进行沉淀。

若沉淀为强酸盐，如 AgCl、$BaSO_4$ 等，一般来讲溶液的酸度对沉淀溶解度影响不大。但若酸度过高，硫酸盐的溶解度会随之增大，因为 SO_4^{2-} 会与 H^+结合生成 HSO_4^-，使 SO_4^{2-} 离子浓度降低，沉淀的溶解度增大。

（4）配位效应

进行沉淀反应时，若溶液中存在能与构晶离子形成可溶性配合物的配位剂，则会使沉淀的溶解度增大，甚至完全溶解，这种现象称为配位效应。

配位效应对沉淀溶解度的影响程度，与配位剂的浓度及生成配合物的稳定性有关。配位剂浓度愈大，生成的配合物愈稳定，沉淀的溶解度愈大。

例如，在含有 AgCl 沉淀的溶液中加入氨水，存在如下平衡：

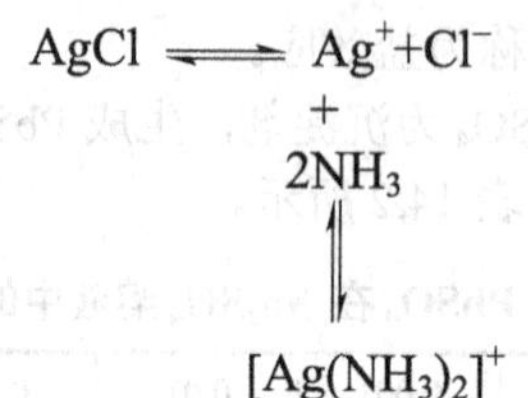

Ag^+与 NH_3 生成$[Ag(NH_3)_2]^+$配离子，使 AgCl 沉淀溶解度增大，且沉淀的溶解度随 NH_3 浓度增大而增大。当 NH_3 浓度足够大时，可使沉淀全部溶解。

沉淀反应中的配位剂主要来自两方面，一是沉淀剂本身就是配位剂，二是另外加入的其他试剂。若沉淀剂本身就是配位剂，此时，体系中既有同离子效应，降低沉淀的溶解度；又有配位效应、盐效应，增大沉淀的溶解度。

在实际分析工作中，应根据具体情况确定哪一种是影响沉淀溶解度的主要因素。一般来说，无配位效应的强酸盐沉淀，主要考虑同离子效应；弱酸盐沉淀主要考虑酸效应；能与配位剂形成稳定的配合物而且溶解度不是太小的沉淀，则应主要考虑配位效应。此外，还应考虑其他因素，如温度、溶剂、沉淀颗粒大小对沉淀溶解度的影响。

（5）其他因素

① 温度的影响　沉淀的溶解反应绝大多数为吸热反应。因此，大多数沉淀的溶解度一般随着温度的升高而增大。但沉淀的性质不同，温度对其溶解度的影响程度也不一样。

在沉淀重量分析法中，对溶解度较大的沉淀，如 CaC_2O_4、$MgNH_4PO_4$ 等，通常在沉淀反应完成后，需将溶液冷却至室温，再进行沉淀过滤、洗涤等操作，以减小温度升高带来溶解度增大的不利影响；对溶解度较小的沉淀，例如大多数的无定形沉淀，温度对其溶解度影响不明显，且温度降低后，沉淀难以过滤、洗涤，因此要趁热过滤，并且用热的洗涤剂洗涤沉淀，这样有利于增大杂质的溶解度，得到纯净的沉淀。

② 溶剂的影响　大多数无机物沉淀在有机溶剂中的溶解度比在水中的小。例如，$PbSO_4$ 沉淀在水中的溶解度为 4.5mg/100mL，而在 30%的乙醇溶液中溶解度则降为 0.23mg/100mL。因此，向水溶液中加入适量与水互溶的有机溶剂，如乙醇、丙酮等等，可显著降低沉淀的溶解度，减小沉淀的溶解损失。

需要指出的是，如采用有机沉淀剂，所得的沉淀在加入有机溶剂后反而使溶解度增大，将增大沉淀的溶解损失。

③ 沉淀颗粒大小的影响　一般来说，对于同一种沉淀，大颗粒沉淀溶解度小，小颗粒沉淀溶解度大。这是因为颗粒小的沉淀比表面积大，有更多的角、边和表面，处于这些位置的离子受到晶体内部的作用力小，更易受到溶剂的作用而进入溶液。

利用这一现象，晶形沉淀在沉淀生成后，沉淀与母液放置一段时间，使小颗粒逐渐溶解，大颗粒不断长大，不仅有利于沉淀的过滤和洗涤，还可减少沉淀对杂质的吸附，使沉淀更加纯净。

14.3.3 沉淀类型与沉淀形成

（1）沉淀类型

沉淀的类型对沉淀的纯净程度及过滤、洗涤等操作都有决定性的影响。按其性质，沉淀可分为晶形沉淀和非晶形沉淀（又称无定形沉淀或胶状沉淀）两大类。

$BaSO_4$ 是典型的晶形沉淀，$Fe_2O_3 \cdot nH_2O$ 是典型的无定形沉淀，AgCl 是一种凝乳状沉淀，按其性质来说，介于二者之间。它们的最大差别是沉淀颗粒的大小不同。

晶形沉淀的颗粒直径比较大，比表面积小，吸附杂质较少，内部颗粒排列整齐、结构紧密，整个沉淀的体积较小，极易沉降于容器的底部，有利于过滤和洗涤。

无定形沉淀颗粒较小，是由许多微小的沉淀颗粒疏松地聚集在一起组成的，沉淀比表面积较大，吸附杂质较多，沉淀颗粒的排列杂乱无章，其中又包含大量数目不定的水分子，体积庞大疏松，难于沉降，不易过滤和洗涤。

在沉淀重量法中，最希望获得颗粒粗大的晶形沉淀。但是生成何种类型的沉淀，首先取决于沉淀的性质，同时也与沉淀形成的条件及形成沉淀后的处理有密切的关系。

（2）沉淀的形成

沉淀的形成过程是一个复杂的过程，目前尚无成熟的理论。一般认为，沉淀的形成过程大致如下：

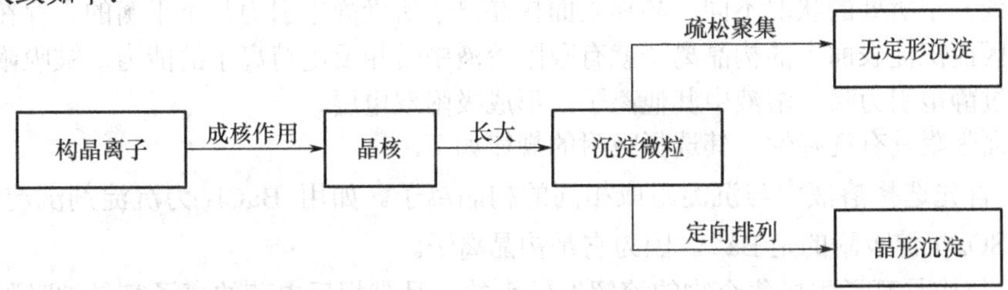

（3）聚集速率和定向速率

聚集速率是指溶液中有关离子浓度的乘积超过其溶度积时，离子聚集形成微小晶核，再进一步聚集成沉淀颗粒的速率。

定向速率是指生成沉淀的离子在晶核上有规则地排列成晶格的速率。

如果聚集速率大于定向速率，则由于生成微小晶核的速率快，离子来不及按顺序排列于晶格内，这时得到的是无定形沉淀。反之，如果定向速率大于聚集速率，离子聚集成晶核的速率慢，生成的晶核少，而且有足够的时间按顺序排列于晶格内，这时得到的沉淀就是晶形沉淀。

定向速率主要与物质的性质有关。通常极性强的化合物一般具有较大的定向速率，易形成晶形沉淀，如 CaC_2O_4、$BaSO_4$、$MgNH_4PO_4$ 等；而极性较弱的化合物，定向速率较小，如 $Fe(OH)_3$、$Al(OH)_3$ 等，一般形成无定形沉淀，且常为胶状沉淀。

聚集速率的大小主要取决于沉淀时溶液的条件，与溶液中构晶离子的相对过饱和度有关。溶液的相对过饱和度越大，聚集速率越大，就越容易形成无定形沉淀；相对过饱和度越小，聚集速率越小，则有利于形成晶形沉淀。

在重量分析中，总是希望得到粗大颗粒的晶形沉淀，因此，可通过控制溶液的条件，如采用较稀溶液和增大沉淀溶解度等措施，降低相对过饱和度，减小聚集速率，使之有利于生成大颗粒晶形沉淀。

14.3.4 沉淀的纯度

重量分析不仅要求沉淀完全，而且要求沉淀纯净。但是，完全纯净的沉淀是没有的。

实验人员可以根据沉淀的有关理论和规律，尽量创造条件，以得到比较纯净的沉淀。

沉淀的纯净与否，首先取决于沉淀的类型，其次取决于沉淀在析出时混入的杂质量，即共沉淀和后沉淀。

（1）共沉淀

当一种沉淀从溶液中析出时，溶液中某些可溶性杂质也同时被沉淀带下来而混入沉淀中，这种现象称为共沉淀现象。共沉淀现象是沉淀重量分析中误差的主要来源之一。

例如，用 $BaCl_2$ 沉淀 SO_4^{2-} 时，若试验溶液中含有少量 Fe^{3+}，则生成的 $BaSO_4$ 沉淀中常混杂有 $Fe_2(SO_4)_3$，沉淀经灼烧后会因含有 Fe_2O_3 而呈棕色，显然这会给分析结果带来正误差。若有大量 Ca^{2+} 存在，则生成 $CaSO_4$ 共沉淀，而使测定结果偏低。

产生共沉淀现象的原因主要有表面吸附、吸留和形成混晶三种。

① 表面吸附　表面吸附是指在沉淀的表面上吸附了杂质。产生这种现象的根本原因是沉淀晶体表面有静电引力。也就是说，沉淀晶体表面的离子或分子与沉淀晶体内部的离子或分子所处的状况不同。晶体表面构晶离子所受静电引力是不平衡的，存在剩余引力，因而沉淀表面上的构晶离子就有吸附溶液中带相反电荷离子的能力，被吸附的离子再通过静电引力吸引溶液中其他离子，形成吸附双电层。

表面吸附具有选择性，其选择吸附的规律如下。

a．首先选择溶液中与沉淀组成相同的构晶离子。如用 $BaCl_2$ 为沉淀剂沉淀 SO_4^{2-} 时，$BaSO_4$ 沉淀吸附的是 Ba^{2+}。因为它是构晶离子。

b．与构晶离子生成化合物的溶解度较小的，且带相反电荷的离子容易被吸附；离子的价数越高越容易被吸附。

c．同量的沉淀，颗粒越小，比表面积越大，与溶液的接触面也越大，吸附的杂质也越多。无定形沉淀的颗粒很小，比表面积特别大，所以表面吸附现象特别严重。

d．由于吸附作用是一个放热过程，因此，溶液温度升高时，吸附杂质的量就会减少。

吸附作用是一个可逆过程。一方面，杂质被沉淀吸附；另一方面，被吸附的离子能够被溶液中某些离子所置换，重新进入溶液。利用这一性质可选择适当的洗涤液，通过洗涤的方法除去沉淀表面的部分杂质离子。

② 吸留　在沉淀过程中，当沉淀剂浓度较大、加入速度较快时，沉淀表面吸附的杂质离子来不及离开，就被新生成的沉淀包藏到沉淀内部，这种共沉淀现象称为吸留，也称为包藏。

由于杂质留在沉淀内部，吸留引入的杂质无法用洗涤的方法除去，但可以通过沉淀陈化或重结晶的方法予以减少。在沉淀过程中，要注意沉淀剂浓度不能太大，沉淀剂加入的速度不要太快，否则沉淀速度过快，易引起吸留。

③ 混晶　当溶液中杂质离子与构晶离子的半径相近，晶体结构相同时，杂质离子将进入晶格中排列，形成混晶。混晶引入的杂质离子不能用洗涤、陈化或重结晶的方法除去，应该在进行沉淀前将这些离子分离除去。

（2）后沉淀

沉淀析出后，在放置过程中某些可溶或微溶的杂质离子在沉淀表面上慢慢沉淀下来的现象，就称为后沉淀（或称继沉淀）。

例如，用$(NH_4)_2C_2O_4$分离 Ca^{2+}和 Mg^{2+}时，由于$K_{sp,MgC_2O_4} > K_{sp,CaC_2O_4}$，当 CaC_2O_4沉淀时，MgC_2O_4不沉淀，但是在 CaC_2O_4 沉淀放置过程中，CaC_2O_4 晶体表面吸附大量的 $C_2O_4^{2-}$，使 CaC_2O_4 沉淀表面附近 $C_2O_4^{2-}$ 的浓度增大，这时$[Mg^{2+}][C_2O_4^{2-}] > K_{sp,MgC_2O_4}$，$MgC_2O_4$沉淀在 CaC_2O_4 表面慢慢析出。

后沉淀现象与共沉淀现象的主要区别如下。

① 后沉淀引入杂质的量随着沉淀在试液中放置时间的增长而增多，而共沉淀量几乎不受放置时间的影响。所以避免或减少后沉淀的主要方法是缩短沉淀与母液共置的时间，沉淀形成后尽快过滤，不能进行陈化。

② 不论杂质是在沉淀之前就存在，还是沉淀形成后加入的，后沉淀引入的杂质的量基本一致。

③ 温度升高，后沉淀现象有时更为严重。

④ 后沉淀引入杂质的程度比共沉淀严重得多。杂质引入的量可能达到与被测组分的量差不多。

（3）提高沉淀纯度的方法和途径

① 选择适当的分析步骤　如先沉淀含量小的组分，再沉淀含量大的组分。

② 选择适当的沉淀剂　如选择有机沉淀剂，以减少共沉淀现象。

③ 改变杂质的存在形式　如沉淀 $BaSO_4$时，将 Fe^{3+}还原为 Fe^{2+}，或者用 EDTA 将它络合，Fe^{3+}的共沉淀量将大为减少。

④ 选择适当的沉淀条件　适当控制溶液酸度、温度以及加入试剂的速度等。

⑤ 适当提高溶液的酸度　对某些沉淀而言，提高溶液酸度的目的在于增大生成共沉淀物质的溶解度，这是减少共沉淀现象的措施之一。

⑥ 设法降低易被吸附的杂质离子的浓度。

⑦ 必要时再沉淀　将第一次得到的沉淀重新溶解后，再进行第二次沉底，这样共沉淀的杂质就大大减少。再沉淀对除去包藏的杂质极为有效。

14.3.5　沉淀条件

（1）晶形沉淀的形成条件

① 在适当稀的溶液中进行沉淀　在适当稀的溶液中进行沉淀，有利于生成大颗粒的晶形沉淀。同时，在稀溶液中，杂质离子的浓度较小，所以共沉淀现象也相应减少，有利于得到纯净的沉淀。但是，对溶解度较大的沉淀，溶液不能太稀，否则沉淀溶解损失较多，影响结果的准确度。

② 在不断搅拌下，缓慢地加入沉淀剂　在搅拌的同时缓慢加入沉淀剂可使沉淀剂有效地分散开，避免出现沉淀剂局部过浓现象，有利于得到大颗粒晶形沉淀。

③ 在热溶液中进行沉淀　在热溶液中进行沉淀，一方面随温度升高，沉淀吸附杂质的量减少，有利于得到纯净的沉淀；另一方面，温度升高，有利于生成大颗粒晶体。但应注意，随温度升高，沉淀溶解度增加，为防止沉淀在热溶液中溶解损失，在沉淀析出完全后，宜将溶液冷却至室温，再进行过滤。

④ 进行陈化　在室温条件下进行陈化所需时间较长，加热和搅拌可以加速陈化进

程，缩短陈化时间，能从数小时缩短至1～2h，甚至几十分钟。

（2）非晶形沉淀的形成条件

非晶形沉淀一般颗粒较小，结构疏松，体积庞大，吸附杂质较多，而且易形成胶体溶液，不易过滤和洗涤。因此，对无定形沉淀来说，主要是设法加速沉淀微粒凝聚，获得结构紧密的沉淀，减少杂质吸附和防止形成胶体溶液。

① 在较浓的溶液中进行沉淀　在浓溶液中进行沉淀，离子水化程度小，得到的沉淀结构比较紧密，表观体积较小，这样的沉淀较易过滤和洗涤。但是在浓溶液中杂质浓度也比较高，沉淀吸附杂质的量也较多。因此，在沉淀完毕后，应立刻加入大量的热水稀释并搅拌，使被吸附的杂质部分转入溶液中。

② 在热溶液中及电解质存在下进行沉淀　在热溶液中进行沉淀可以防止胶体生成，同时可减少杂质的吸附作用。在电解质存在条件下进行沉淀，可促使带电胶体粒子相互凝聚，破坏胶体；同时电解质离子可以取代杂质离子在沉淀表面的吸附位置，提高沉淀的纯度。但应加入易挥发的物质，如NH_4NO_3、NH_4Cl等。

③ 趁热过滤洗涤，不必陈化　无定形沉淀放置后，会逐渐失去水分而聚集得更为紧密，使已吸附的杂质难以洗涤除去。因此，在沉淀完毕后，应趁热过滤和洗涤。

不同的沉淀条件对沉淀纯度的影响见表14.3。

表14.3　沉淀条件对沉淀纯度的影响

沉淀条件	表面吸附	吸留（包藏）	形成混晶	后沉淀
稀溶液	+	+	0	0
慢沉淀	+	+	不定	−
搅拌	+	+	0	0
陈化	+	+	不定	−
加热	+	+	不定	0
洗涤沉淀	+	0	0	0
重结晶	+	+	不定	+

注：+表示提高纯度；−表示降低纯度；0表示影响不大。

14.3.6　沉淀重量法的应用

（1）水泥中三氧化硫含量的测定（硫酸钡沉淀重量法）

$BaSO_4$重量法可以测得Ba^{2+}含量，也可以用于测定SO_4^{2-}的含量。

$BaSO_4$重量法测定水泥中SO_3含量的方法要点：在酸性介质中，用$BaCl_2$溶液沉淀硫酸盐，经过滤、灼烧后，以硫酸钡形式称量，测定结果以SO_3计。

采用$BaSO_4$重量法测定SO_4^{2-}含量的方法还可用于可溶性硫酸盐、磷肥、萃取磷酸及有机物中硫含量等的分析测定。

（2）磷肥中水溶性磷的测定

磷肥中含有多种磷的化合物，其中可溶于水的H_3PO_4及$Ca(H_2PO_4)_2$等成分统称为水溶性磷。通常需要测定水溶性磷的磷肥有过磷酸钙和重过磷酸钙等。

水溶性磷的测定是用水提取磷肥试样中的水溶性磷，然后在酸性溶液中使它与喹啉和钼酸钠形成黄色磷钼酸喹啉沉淀，沉淀经过滤、洗涤后在180℃烘干至恒重。反应式如下：

$$H_3PO_4 + 12\,MoO_4^{2-} + 24H^+ = H_3(PO_4\cdot 12MoO_3)\cdot H_2O + 11H_2O$$

$$H_3(PO_4\cdot 12MoO_3)\cdot H_2O + 3C_9H_7N = (C_9H_7N)_3H_3(PO_4\cdot 12MoO_3)\cdot H_2O\downarrow$$

（3）钢铁中镍的测定

丁二酮肟是测定镍选择性较高的有机沉淀剂。

丁二酮肟分子式为 $C_4H_8O_2N_2$，摩尔质量为 116.2g/mol，是二元弱酸，以 H_2D 表示。在氨性溶液中以 HD^-为主，可与 Ni^{2+}形成溶解度很小的鲜红色沉淀（K_{sp}=2.3×10^{-25}）。

沉淀经过滤、洗涤，在 120 ℃下烘干至恒重，即可获得丁二酮肟镍沉淀的质量。

第 15 章 定量分析中的数理统计

15.1 定量分析中的误差

定量分析的核心是准确的量的概念！无论采用何种分析方法测定物质组分的含量，都离不开测量某些物理量。如测量质量、体积、吸光度等。凡是测量就有误差存在。研究误差的目的是要对自己试验检测所得的数据进行处理，判断其最接近的值是多少，可靠性如何。正确处理分析试验数据，充分利用数据信息，以便得到最接近于真值的最佳结果。

减小测量误差是定量分析工作的重要内容之一。

15.1.1 误差与准确度

理论上，试样中某一组分的含量必有一个客观存在的真实数值，即："真值[1]（μ_i）"。在定量分析中常将以下的值当作真值来处理：

① 纯物质的理论值。

② 各国家标准机构以及相应的国际组织提供的标准物质（或标准参考物质）的证书上给出的数值。

③ 有经验的分析人员采用可靠的方法多次测量的结果的平均值，在确认消除了系统误差的前提下当作真值来处理。

（1）准确度

准确度是指测量值与真值相符合的程度。准确度的高低通常用误差的大小来表示。误差的绝对值越小，结果的准确度就越高；反之，误差的绝对值越大，准确度就越低。

（2）误差

所谓误差，就是指测定值（x_i）与真值（μ_i）之差。误差的大小，可用绝对误差

---

[1] 真值（true value）：指的是在观测的瞬时条件下，质量特性的确切数值。严格地说，任何物质的真实含量都是不知道的。但人们采用各种可靠的分析方法，经过不同实验室，不同人员反复分析，用数理统计的方法，确定各成分相对准确的含量，此值就成为标准值。一般用以代表该组分的真实含量。

（E_a）和相对误差（E_r）来表示。即

$$E_a = x_i - \mu_i \tag{15.1}$$

$$E_r = \frac{E_a}{\mu_i} = \frac{x_i - \mu_i}{\mu_i} \tag{15.2}$$

建立误差概念的意义在于：当已知误差时，测量值扣除误差即为真值，这样就可以对真值进行估算了。

例 15.1 已知分析天平的称量误差（绝对误差）为±0.0001g，那么称量得到质量为 0.2163g 的试样的真实质量可为：

$$\mu_i = x_i - E_a = (0.2163 \pm 0.0001)\text{g}$$

即试样质量的真值在 0.2162g～0.2164g 之间。

例 15.2 分析天平称量两物体的质量各为 1.6380g 和 0.1637g，假定两者的真实质量分别为 1.6381g 和 0.1638g，则两者称量的绝对误差分别为：

$$E_a = (1.6380 - 1.6381)\text{g} = -0.0001\text{g}$$

$$E_a = (0.1637 - 0.1638)\text{g} = -0.0001\text{g}$$

两者称量的相对误差分别为：

$$E_r = \frac{-0.0001}{1.6381} \times 100\% = -0.006\%$$

$$E_r = \frac{-0.0001}{0.1638} \times 100\% = -0.06\%$$

由此可见，绝对误差相等，相对误差并不一定相同，上例中第一个称量结果的相对误差为第二个称量结果相对误差的 1/10。也就是说，同样的绝对误差，当被测定的量较大时，相对误差就比较小，测定的准确度就比较高。因此，用相对误差来表示各种情况下测定结果的准确度和正确性就更为确切些。

绝对误差和相对误差都有正值和负值。正值表示分析结果偏高，负值表示分析结果偏低。

15.1.2 偏差与精密度

（1）精密度

精密度是指在相同条件下，一组平行测量值之间相互接近的程度。换句话说，精密度是指在确定条件下，测量值在中心值（即平均值）附近的分散程度。精密度的高低还常用重复性和再现性表示。

① 重复性（r） 测量结果的重复性是指在相同测量条件下，对同一被测量进行连续多次测量所得结果之间的一致性。

注意：这些条件称为重复性条件。重复性条件包括：相同的测量程序；相同的观测者；在相同条件下使用相同的仪器；相同地点；在短时间内重复测量。重复性可以用测量结果的分散性定量地表示。

② 再现性（R） 测量结果的再现性是指在改变了的测量条件下，同一被测量的测量结果之间的一致性。

注意：在给出再现性时，应有效地说明改变条件的详细情况。改变条件包括：测量原理；测量方法；观测者；测量仪器；参考测量标准；地点；使用条件；时间。测量结果在这里通常理解为已修正结果。

可见，重复性和再现性是相似的概念，二者是对精密度的不同量度。只是涉及相同和不同的工作条件。对于给定的方法，重复性总是优于再现性。

精密度的大小常用偏差表示。偏差小，表示测定结果的重现性好，即每个测定值之间比较接近，精密度高。在实际分析工作中，一般是以精密度来衡量分析结果。

（2）绝对偏差、相对偏差

偏差分为绝对偏差（d_i）和相对偏差（d_r）。其表示方法为：

$$d_i = x_i - \overline{x} \tag{15.3}$$

$$d_r = \frac{|x_i - \overline{x}|}{\overline{x}} \times 100\% \tag{15.4}$$

式中 x_i——个别测定值；

$\overline{x}$——几次测定值的算术平均值。

（3）原始数据的分散程度

原始数据是采集到的未经整理的观测值。原始数据的离散即离中趋势可用以下几种方法表示。

① 平均值 为了获得可靠的分析结果，一般总是在相同条件下对同一样品进行平行测定，然后取平均值。平均值是对数据组具有代表性的表达值。设一组平行测量值为：x_1，x_2，…，x_n。若用平均值表示，则：

$$\overline{x} = \frac{x_1 + x_2 + \cdots + x_n}{n} = \sum_i \frac{x_i}{n} \tag{15.5}$$

通常，平均值是一组平行测量值中出现可能性最大的值，因而是最可信赖、最有代表性的值，它代表这组数据的平均水平和集中趋势，故人们常用平均值来表示分析结果。

② 中位数 一组平行测定的中心值亦可用中位数表示。将一组平行测定的数据按大小顺序排列，在最小值与最大值之间的中间位置上的数据称为“中位数”。当测定数据为奇数时，居中者为中位数；若测定数据为偶数时，则中间数据对的算术平均值即为中位数。

例如以下 9 个数据：

10.10，10.20，10.40，10.46，<u>10.50</u>，10.54，10.60，10.80，10.90

中位数 10.50 与平均值一致。

若在以上数据组中再增加一个数据 12.80，即

10.10，10.20，10.40，10.46，<u>10.50，10.54</u>，10.60，10.80，10.90，**12.80**

则中位数为$\frac{10.50+10.54}{2}=10.52$，而平均值为 10.73。

【讨论】 平均值 10.73 比数据组中相互靠近的三个数据 10.46、10.50 和 10.54

都大得多。可见用中位数 10.52 表示中心值更实际。这是因为在这个数据组中，12.80 是“异常值”。在包含一个异常值的数据组中，使用中位数更有利，异常值对平均值和标准偏差影响很大，但不影响中位数。小的数据组采用中位数比用平均值更好。

平均值虽然能够反映出一组平行测量数据的集中趋势，却不能反映出这组平行测量数据的分散程度，或者说不能反映出测量数据的精密度。

③ 平均偏差（$\bar{d}$）与相对平均偏差（$\bar{d}_r$）

平均偏差即为绝对偏差的平均值：

$$\bar{d} = \frac{|d_1| + |d_2| + \cdots + |d_n|}{n} \tag{15.6}$$

相对平均偏差：

$$\bar{d}_r = \frac{\bar{d}}{\bar{x}} \times 100\% \tag{15.7}$$

从式（15.4）～式（15.6）可以看出，平行测量数据相互越接近，平均偏差或相对平均偏差就越小，说明分析的精密度越高；反之，平行测量数据越分散，平均偏差或相对平均偏差就越大，说明分析的精密度就越低。

④ 标准偏差和相对标准偏差　由于在一系列测定值中，偏差小的总是占多数，这样按总测定次数来计算平均偏差时会使所得的结果偏小，大偏差值将得不到充分的反映。因此在数理统计中，一般不采用平均偏差而广泛采用标准偏差（简称标准差）来衡量数据的精密度。

标准偏差是表征数据变化性最有效的量。

标准偏差（S），又称均方根偏差：

$$S = \sqrt{\frac{\sum_{i=1}^{n} d_i^2}{n-1}} = \sqrt{\frac{\sum_{i=1}^{n} (x_i - \bar{x})^2}{n-1}} \tag{15.8}$$

相对标准偏差（RSD），亦称变异系数（CV）：

$$CV = \frac{S}{\bar{x}} \times 100\% \tag{15.9}$$

由式（15.8）和式（15.9）可知，由于在计算标准偏差时是把单次测量值的偏差 d_i 先平方再加和起来的，因而 S 和 CV 能更灵敏地反映出数据的分散程度。

⑤ 极差（R）　极差又称全距，是指在一组测量数据中，最大值（x_{max}）和最小值（x_{min}）之间的差：

$$R = x_{max} - x_{min} \tag{15.10}$$

R 值越大，表明平行测量值越分散。但由于极差没有充分利用所有平行测量数据，其对测量精密度的判断精确程度较差。

例 15.3　比较下面同一试样的两组平行测量值的精密度

第一组：10.3，9.8，9.6，10.2，10.1，10.4，10.0，9.7，10.2，9.7

第二组：10.0，10.1，9.5，10.2，9.9，9.8，10.5，9.7，10.4，9.9

解：

第一组测量值的处理	第二组测量值的处理
$\overline{x_i}=10.0$	$\overline{x_i}=10.0$
$\overline{d_i}=0.24$	$\overline{d_i}=0.24$
$\overline{d}_{ir}=2.4\%$	$\overline{d}_{ir}=2.4\%$
$S=0.28$	$S=0.31$
$CV=2.8\%$	$CV=3.1\%$

若仅从平均偏差和相对平均偏差来看，两组数据的精密度似乎没有差别，但如果比较标准偏差或变异系数，即可看出 $S_1<S_2$ 且 $CV_1<CV_2$，即第一组数据的精密度要比第二组更好些。可见，标准偏差比平均偏差能更灵敏地反映测量数据的精密度。

15.1.3　准确度与精密度

准确度和精密度是确定一种分析方法质量的最重要的标准。通常首先是计算精密度，因为只有已知随机误差的大小，才能确定系统误差（影响准确度）。对一组平行测定结果的评价，要同时考察其准确度和精密度。

图 15.1 所示为甲、乙、丙、丁四个人分析同一试样中镁含量所得结果（假设其真值为 27.40%）。

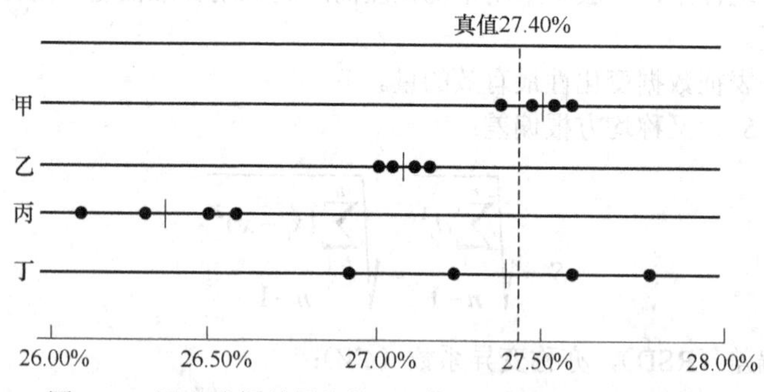

图 15.1　四人分析结果比较（● 单次测量值；｜平均值）

图 15.1 中结果表明，甲的结果的准确度和精密度都好，结果可靠。乙的结果精密度好，但准确度低；丙的准确度和精密度都低；丁的精密度很差，虽然其平均值接近真值，但纯属偶然，这是大的正负误差相互抵消的结果，因而丁的分析结果也是不可靠的。

由此可见，精密度高表示测定条件稳定，但仅仅是保证准确度高的必要条件；精密度低，说明测量结果不可靠，再考虑准确度就没有意义了。因此精密度是保证准确度的必要条件。在确认消除了系统误差的情况下，精密度的高低直接反映测定结果准确度的好坏。

高精密度是获得高准确度的前提或必要条件；准确度高一定要求精密度高，但是精密度高却不一定准确度高。因此，如果一组测量数据的精密度很差，自然就失去了衡量准确度的前提。

综上所述，误差和偏差（准确度和精密度）是两个不同的概念。当有真值或标准值比较时，它们从两个侧面分别反映分析结果的可靠性。对含量未知的试样，仅以测定的精密度难以正确评价测定结果，因此常常同时测定一两个组成接近的标准试样来检查标样测定值的精密度，并对照真值以确定其准确度，从而对试样的分析结果的可靠性做出评价。

15.1.4　定量分析中的测量误差

在定量分析中，根据产生的原因及其性质的不同，一般将误差分为两类：系统误差（或称可测误差）与随机误差（或称不可测误差或偶然误差）。

注：也有人把由于疏忽大意造成的误差划为第三类，称为过失误差也叫粗差，其实是一种错误。它是由操作者的责任心不强、粗心大意、违反操作规程等原因所致，比如：加错试剂、试液溅失或被污染、读错刻度、仪器失灵、记录错误等。这种由于过失造成的错误是应该也完全可以避免的。因此不在本节关于误差的讨论范围内。在测量过程中，一旦发现上述过失的发生，应停止正在进行的测定，重新开始实验。

（1）系统误差[1]

系统误差指的是在重复性条件下，对同一被测量进行无限多次测量所得结果的平均值与被测量的真值之差。系统误差导致测量结果的准确度降低。

系统误差是由某些固定原因造成的（如分析方法、试剂、分析仪器和主观操作等），它总是以相同的大小和正负号重复出现，其大小可以测定出来，也就是说系统误差具有重复性、单向性和可测性等特点。通过校正的方法就能将其消除。

① 系统误差产生的原因

a．方法误差。由测定方法的不完善所造成。如：反应不完全；干扰成分的影响；重量分析中沉淀的溶解损失、共沉淀和后沉淀现象；灼烧沉淀时部分称量形式具有吸湿性；滴定分析中指示剂选择不当、化学计量点与滴定终点不相符合等。

b．试剂误差。由于试剂不纯或蒸馏水、去离子水不合格，含有微量被测组分或对测定有干扰的杂质等所造成的误差。如：测定石英砂中的铁含量时，使用的盐酸中含有铁杂质，就会给测定结果带来误差。

c．仪器误差。由测量仪器本身的缺陷所造成。如：容量器皿刻度不准又未经校正；电子仪器“噪声”过大等。

d．操作误差。又称“主观误差”，是由操作人员主观或习惯上的原因所造成的。如：称取试样时未注意防止试样吸湿，洗涤沉淀时洗涤过分或不充分；观察颜色偏深或偏浅；读取刻度值时，有时偏高或偏低；第二次读数总想与第一次读数重复等。

上述各因素中，方法误差有时不被人们察觉，带来的影响也比较大。因此，在选择方法时应特别注意。

② 消除系统误差的方法　系统误差是可测的，可以采用校正的方法消除。在实际工作中重要的是检查系统误差是否存在，可采用以下方法进行。

a．空白试验。进行空白试验的目的在于检查实验用水、试剂含有的杂质，所用器皿被玷污等所带来的系统误差。空白试验就是除了不加试样外其他试验步骤与正常分析

[1] 如真值一样，系统误差及其原因不能完全获知。对测量仪器而言，其示值的系统误差称偏移（bias）。

完全一样，其测定结果称为“空白值”。将试验分析结果中扣掉空白值即可得以校正。

无论采用哪种检验方法，空白值都不应过大，若空白值太大说明空白试剂不纯。

b．对照试验。进行对照试验的目的是验证某分析方法是否存在系统误差。

采用标准样品进行对照是检验分析方法可靠性和消除方法误差的有效措施。还可以用该方法与标准方法（通常多为国家标准）或公认的经典方法同时测定同一试样，并对测定结果进行显著性检验。

此外，有时为了检验分析人员之间的操作是否存在系统误差，常采用不同的分析人员、不同的实验室用同一种方法对同一样品进行对照试验，将所得结果加以对照比较，即所谓的“内检”和“外检”。

c．回收试验。当对试样的组成不清楚，对照试验也难以检查出系统误差的存在时，可进行回收试验，即在试样中加入已知量的待测组分进行测定，将结果减去未加标准试样的测定结果后，再与加入量对比，看加入的量是否都已得到“回收”，由此可知是否存在系统误差。

d．校正仪器和量器。校准仪器是为了消除仪器误差。在对准确度要求较高的测定进行前，先对所使用的诸如分析天平的砝码质量，移液管、容量瓶和滴定管等计量仪器的体积等进行校正，在测定中采用校正值❶（C）。

例 15.4 称取无水 Na_2CO_3 1.3249g，溶解后稀释至 250mL 容量瓶中，称量后天平零点变至–0.3mg 处，已知容量瓶的校正值为–0.10mL，计算质量和体积的相对误差。

解：① 称量的绝对误差 E_a = –0.3mg，质量的真实值 x_T 为：

$$x_T = x_i - E_a = (1.3249 + 0.0003)\text{g} = 1.3252\text{g}$$

质量的相对误差 E_r 为

$$E_r = \frac{E_a}{x_T} \times 100\% = \frac{-0.0003}{1.3252} \times 100\% = -0.02\%$$

② 体积的校正值 C = –0.10，则体积的绝对误差 E_a 为

$$E_a = -C = 0.10\text{mL}$$

真实体积为

$$x_T = x_i - E_a = (250.00 - 0.10)\text{mL} = 249.90\text{mL}$$

体积的相对误差为

$$E_r = \frac{E_a}{x_T} \times 100\% = \frac{0.10}{249.90} \times 100\% = 0.04\%$$

e．改进分析方法或采用辅助方法校正测定结果。因为分析方法不够完善也会造成系统误差，因此应尽可能找出原因，改进分析方法或进行必要的补救、校正。比如，重量法测定 SiO_2 时，滤液中的微量硅可用分光光度法测定后加进重量法的结果中，由此校正因沉淀不完全所造成的负误差。

（2）随机误差❷

随机误差是指测量结果与在重复性条件下对同一被测量进行无限多次测量所得结果

❶ 在要求较高的分析测定中常对测量值进行校正，将测量值加上一个校正值（C）即为真值。$x + C = \mu$，则 $C = \mu - x = -E_a$。因此，校正值与误差的绝对值相等，而符号相反。

❷ 随机误差等于误差减去系统误差。因为测量只能进行有限次数，故可能确定的只是随机误差的估计值。

的平均值之差。随机误差导致测量结果的再现性下降。

随机误差又称“偶然误差”，它是由一些无法控制的不确定的偶然因素所致。例如：测量时环境温度、湿度、气压以及污染的微小波动等；分析人员对各份试样处理时的微小差别等。这类误差值时大时小，时正时负，难以找到具体的原因，更无法测量它的值。但从多次测量结果的误差来看，仍然符合一定的规律。增加测定次数可以减小随机误差。

随机误差要用数理统计的方法来处理。当测定次数无限多时，则得到随机误差的正态分布曲线（见图 15.2）。

由正态分布曲线可以概括出随机误差分布的规律与特点如下：

a．对称性。大小相近的正误差和负误差出现的概率相等，误差分布曲线是对称的。

b．单峰性。小误差出现的概率大，大误差出现的概率小，很大误差出现的概率非常小。误差分布曲线只有一个峰值。

c．有界性。误差有明显的集中趋势，即实际测量结果总是被限制在一定范围内波动。

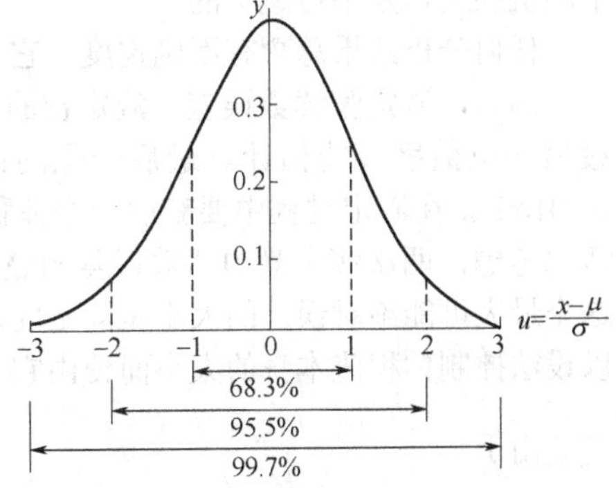

图 15.2　标准正态分布曲线

系统误差与随机误差的概念不同，在分析实践中除了极明显的情况外，常常难以判断和区别。表 15.1 所示为随机误差与系统误差的显著特征比较。

表 15.1　随机误差与系统误差的显著特征比较

随机（或不可测）误差	系统（或可测）误差
● 由操作者、仪器和方法的不确定性造成	● 由操作者、仪器和方法的偏差造成
● 不可消除但可以通过仔细操作而减小	● 原则上可认识且可减小（部分甚至全部）
● 可通过平均值附近的分散度辨认	● 由平均值与真值之间的不一致程度辨认
● 影响结果的精密度	● 影响结果的准确度
● 通过精密度的大小定量（如标准偏差）	● 以平均值与真值之间的差值定量

15.1.5　提高分析结果准确度的途径

准确度在定量分析测定中十分重要，因此在实际分析工作中应设法提高分析结果的准确度，尽可能减少和消除误差。可采取以下措施来实现。

（1）选择适当的分析方法

试样中被测组分的含量情况各不相同，而各种分析方法又具有不同特点，因此必须根据被测组分的相对含量的多少来选择合适的分析方法，以保证测定的准确度。一般说来，化学分析法准确度高，灵敏度低，适用于常量组分分析；仪器分析法灵敏度高，准确度低，适用于微量组分分析。

例如：① 对含铁量为 20.00%的标准样品进行铁含量分析（常量组分分析）。采用化学分析法测定相对误差为±0.1%，测得的铁含量范围为 19.98%～20.02%；而采用仪器分析法测定，其相对误差约为±2%，测得的铁含量范围是 19.6%～20.4%，准确度不满意。② 对含铁量为 0.0200%的标准样品进行铁含量分析（微量组分分析）。采用化学分析法灵敏度低，无法检测；而采用仪器分析法测定相对误差约为±2%，测得的铁含量范围是 0.0196%～0.0204%，准确度可以满足要求。

（2）尽量减小测量误差

任何测量仪器的测量精确度（简称精度）都是有限度的，因此在高精度测量中由此引起的误差是不可避免的。由测量精度的限制而引起的误差又称为测量的不确定性，属于随机误差，是不可避免的。

任何分析结果总含有不确定度，它是系统不确定度和随机不确定度的综合结果。

例如，滴定管读数误差，滴定管的最小刻度为 0.1mL，要求测量精确到 0.01mL，最后一位数字只能估计。最后一位的读数误差在正负一个单位之内，即不确定性为±0.01mL。在滴定过程中要获取一个体积值 V（mL），需要两次读数相减。按最不利的情况考虑，两次滴定管的读数误差相叠加，则所获取的体积值的读数误差为±0.02mL。这个最大可能绝对误差的大小是固定的，是由滴定管本身的精度决定的，无法避免。可以设法控制体积值本身的大小而使由它引起的相对误差在所要求的±0.1%之内。

由于

$$E_r = \frac{E}{V}$$

当相对误差 $E_r = \pm 0.1\%$，绝对误差 $E_a = \pm 0.02\text{mL}$ 时，

$$V = \frac{E_a}{E_r} = \frac{\pm 0.02\text{mL}}{\pm 0.1\%} = 20\text{mL}$$

可见，只要控制滴定时所消耗的滴定剂的总体积不小于 20mL，就可以保证由滴定管读数的不确定性所造成的相对误差在±0.1%之内。

同理，对测量精度为万分之一的分析天平的称量误差，其测量不确定性为±0.1mg。在称量过程中要获取一个质量值 m（mg）需要两次称量值相减，按最不利的情况考虑，两次天平的称量误差相叠加，则所获取的质量值的称量误差为±0.2mg。这个绝对误差的大小也是固定的，是由分析天平自身的精度决定的。

$$m = \frac{E_a}{E_r} = \frac{\pm 0.2\text{mg}}{\pm 0.1\%} = 0.2\text{g}$$

因此，为了保证天平称量不确定性造成的相对误差在±0.1%之内，必须控制所称样品的质量不小于 0.2g。

（3）消除或校正系统误差

① 对照试验　对照试验是检验分析方法和分析过程有无系统误差的有效方法。比如在建立了一种新的分析方法后，这种新方法是否可靠，有无系统误差？这就要做对照试验。对照试验一般有两种做法：一种是用新的分析方法对标准试样进行测定，将测定结果与标准值相对照；另一种是用国家规定的标准或公认成熟可靠的方法与新方法分析同一试样，然后将两个测定结果加以对照。如果对照试样表明存在方法误差，则应选一步查清原因并加以校正。

进行对照试验时，应尽量选择与试样组成相近的标准试样进行对照分析。有时也可

采用不同分析人员、不同实验室用同一方法对同一试样进行对照试验。

对组成不清楚的试样，对照试验难以检查出系统误差的存在，可采用“加入回收试验法”，该法是向试样中加入已知量的待测组分，对常量组分回收率一般为 99%以上，对微量组分的回收率一般为 90%～110%。

标准试样中被测组分的标准值与测定值之间的比值称为“校正系数”K，可用于作为试样测定结果的校正值，因此，被测组分的测定值=试样的测定值×K。

② 空白试验　由试剂、水、实验器皿和环境带入的杂质所引起的系统误差可通过空白试验消除或减少。也就是说，空白试验用于检验和消除试剂误差。空白试验是在不加试样的情况下，按照试样溶液的分析步骤和条件进行分析的实验，其所得结果称为“空白值”。从试样的分析结果扣除空白值，即可得到比较准确的分析结果。

例如，测定试样中的 Cl^-含量时就经常要做空白试验，也就是在实验中用蒸馏水代替试样，而其余条件均与正常测定相同。此时若仍能测得含有 Cl^-，则表明蒸馏水或其他试剂中可能也含有 Cl^-，于是应将此空白值从试样的测定结果中扣除以消除试剂误差的影响。

空白值较大时，应找出原因，加以消除，如对试剂、水、器皿做进一步提纯、处理或更换等。微量分析时，空白试验是必不可少的。

③ 校准仪器　校准仪器是为了消除仪器误差。例如，对天平、砝码、移液管、容量瓶和滴定管等计量仪器，都应定期进行校准。

(4) 适当增加平行测定次数

在系统误差已消除后，增加平行测定次数可以减小随机误差，从而提高测定的准确度。

提示： 过分增加平行测定次数，收益并不很大，相反却需消耗更多的时间和试剂。因此，一般分析实验平行测定 3～4 次已经足够。

综上所述：选择合适的分析方法，尽量减少测量误差，消除或校正系统误差，适当增加平行测定次数、取平均值表示测定结果（减少随机误差），杜绝过失，就可以有效提高分析结果的准确度。

15.1.6　有效数字

在定量分析中，分析结果所表达的不仅仅是试样中待测组分的含量，还反映测量的准确程度。因此，在实验数据的记录和结果的计算中，保留几位数字不是任意的，要根据测量仪器、分析方法的准确度来决定。这就涉及有效数字的概念。

(1) 有效数字的定义

有效数字是在测量与运算中得到的、具有实际意义的数值。也就是说，在构成一个数值的所有数字中，除了最末一位允许是可疑的、不确定的外，其余所有的数字都必须是准确可靠的。其组成：所有确定数字加一位估计数。有效数字的最后一位可疑数字，通常理解为它可能有 ±1 个单位的绝对误差，反映了随机误差。

(2) 有效数字位数的确定

有效数字的位数简称为有效位数，是指包括全部准确数字和一位可疑数字在内的所有数字的位数。记录数据和计算结果时必须根据测定方法和使用仪器的准确度来决定有效数字。

为了正确判断和记录测量数值的有效数字，以下要点必须明确。

① 非零数。所有非零数都是有效数字。

②“0”的多重作用。

a. 位于数字间的“0”均为有效数字。

b. 位于数字前的“0”不是有效数字，因为它仅起到定位作用。

c. 位于数字后的“0”需视具体情况判断：小数点后的“0”为有效数字，整数后的“0”则根据要求而定。

d. 数字首位若大于等于 8，可多算一位有效数字。

e. 对于 pH、p*K*、pM、lg*K* 等对数值，其有效数字位数由小数点后的位数决定。

f. 对于常数，如分数、倍数、分子量等，通常认为其值是准确值，准确值的有效数字是无限的，因此需要几位就算几位。例如：

0.2640	10.56%	4 位有效数字
542	2.30×10^{-6}	3 位有效数字
0.0050	2.2×10^{5}	2 位有效数字
pH 2.00	$\lg K_{CaY}=10.69$	2 位有效数字

提示：有效数字小数点后位数的多少反映测量绝对误差的大小。而有效数字位数的多少则反映测量相对误差的大小。

（3）有效数字的修约规则❶

测量数据的计算结果要按照有效数字的计算规则保留适当位数的数字，因此必须舍弃多余的数字，这一过程称为“数字的修约”。

有效数字位数的修约通常采用“四舍六入五成双，五后非零需进一”的规则。

① 在拟舍弃的数字中，右边第一个数字≤4 时舍弃，右边第一个数字≥6 时进 1。

② 右边一个数字等于 5 时，拟保留的末位数字若为奇数，则舍 5 后进 1；若为偶数（包括 0），则舍 5 后不进位。

③ 5 后有数字，该数字进位。

例如，将以下数字修约为四位有效数字。

$$14.2442 \rightarrow 14.24$$

$$26.4863 \rightarrow 26.49$$

$$15.0250 \rightarrow 15.02$$

$$15.0151 \rightarrow 15.02$$

$$15.0251 \rightarrow 15.03$$

（4）有效数字的运算

不仅由测量直接得到的原始数据的记录要如实反映出测量的精确程度，而且根据原始数据进行计算间接得到的结果，也应该如实反映出测量可能达到的精度。原始数据的测量精度决定计算结果的精度，计算处理本身是无法提高结果的精确程度的。为此，在

❶ 参见 GB/T 8170—2008《数值修约规则与极限数值的表示与判定》。

有效数字的计算中必须遵循一定规则。

① 加减法的运算　几个数相加或相减时，其和或差的小数点后位数应与参加运算的数字中小数点后位数最少的那个数字相同。即运算结果的有效数字的位数决定于这些数字中绝对误差最大者。

例如：0.0121+25.64+1.05782 =?

式中，25.64 的绝对误差为±0.01，是最大者（按最后一位数位可疑数字），故按小数后保留两位所得结果为：

$$0.0121+25.64+1.05782 = 0.01+25.64+1.06 = 26.71$$

② 乘除法运算　几个数相乘或相除时，其积或商的有效数字位数应与参与运算的数字中有效数字位数最少的那个数字相同。即运算结果的有效数字的位数决定于这些数字中相对误差最大者。

例如：0.0121×25.64×1.05782 =?

式中，0.0121 的相对误差最大，其有效数字的位数最少，只有 3 位。故应以它为标准将其他各数修约为三位有效数字，所得计算结果的有效数字也应保留 3 位。

$$0.0121\times25.64\times1.05782 = 0.328$$

15.2　定量分析中的数据处理

用数理统计的方法来处理分析测定所得到的结果，目的是能够将这些结果作一个科学的表达，使人们能够认识到它的精密度、准确度、可信度怎么样。数理统计仅适用于随机误差。

15.2.1　基本术语

① 总体　在统计学中，通常将随机变量 x 取值的全体称为“总体”，

② 样本　从总体中随机抽取一组测量值 x_1，x_2，x_3，…，x_n 称为“样本”（又称子样）。

③ 样本大小（或样本容量）　样本中所含测量值的数目称为样本大小（或样本容量）。

15.2.2　置信度与置信区间

（1）置信度（又称置信水平）

置信度是指人们对所作判断的有把握程度，其实质为某事件出现的概率以 P 表示。也可理解为某一定范围内的测量值（或误差值）出现的概率。

（2）置信区间

置信区间是指在某一置信度下，以测量平均值 $\bar{x}$ 为中心，包括总体平均值μ在内的可靠性范围。

对于少量数据（n<20），根据 t 分布进行统计处理，可得以下表达式：

$$\mu = \bar{x} \pm \frac{ts}{\sqrt{n}}$$

t 值可通过查表求得，见表15.2。

表15.2　t 值表

测定次数（n）	置信度（P）		
	90%	95%	99%
2	6.314	12.706	63.657
3	2.920	4.303	9.925
4	2.353	3.182	5.841
5	2.132	2.776	4.604
6	2.015	2.571	4.032
7	1.943	2.447	3.707
8	1.895	2.365	3.500
9	1.860	2.306	3.355
10	1.833	2.262	3.250
11	1.812	2.228	3.169
20	1.725	2.086	2.846
∞	1.645	1.960	2.576

例 15.5　测定某试样中的镍含量，测得 7 个数据：34.72，34.69，34.75，34.66，34.61，34.63，34.77。计算测量值的平均值、标准偏差以及置信度分别为 95%和 99%时的平均值的置信区间。

解：

$$\bar{x}=\frac{34.72+34.69+34.75+34.66+34.61+34.63+34.77}{7}=34.69$$

$$s=\sqrt{\frac{0.03^2+0^2+0.06^2+0.03^2+0.08^2+0.06^2+0.08^2}{7-1}}=0.06$$

查表，当置信度 $P=95\%$时，$t=2.45$；$P=99\%$时，$t=3.71$。

因此，当 $P=95\%$时，$\mu=\bar{x}\pm\frac{ts}{\sqrt{n}}=34.69\pm\frac{2.45\times0.06}{\sqrt{7}}=34.69\pm0.06$

当 $P=99\%$时，$\mu=\bar{x}\pm\frac{ts}{\sqrt{n}}=34.69\pm\frac{3.71\times0.06}{\sqrt{7}}=34.69\pm0.08$

对平均值的置信区间必须正确理解。对上例 $P=95\%$时平均值的置信区间的正确认识是：通过 7 次测定，有 95%的把握认为该试样中镍的真实值为 34.63%～34.75%。或者理解为：在 34.63%～34.75%区间内包含镍真实值的把握性有 95%。但不能理解为：在 34.63%～34.75%中的某一个数值是镍含量的真值。

置信度越低，同一体系的置信区间就越窄；置信度越高，同一体系的置信区间就越宽，即所估计的区间包括真值的可能性就越大。

在实际工作中，置信度不能定得过高或过低。置信度过高会使置信区间过宽，往往这种判断就失去意义；而置信度过低，其判断的可靠性就不能保证。因此，要确定合适的置信度，要使置信区间的度足够窄而置信度又足够高。

在分析化学中，一般将置信度定在 90%或 95%。

15.2.3　显著性检验

在分析工作中，通常会遇到以下几种情况：① 对标准试样或纯物质进行测定时，所得到的平均值与标准值不完全一致；② 采用两种不同分析方法或不同分析人员对同一试样进行分析时，两组分析结果的平均值有一定差异。这类问题在统计学上属于“假设检验”。这类“差异”是由随机误差引起的，还是由系统误差引起的呢？若是前者则是正常的不可避免的，若是后者则认为它们之间存在显著性差异。

显著性差异的检验方法通常有：t 检验法和 F 检验法。

（1）t 检验法

① 平均值与标准值的比较　为了检查分析数据是否存在较大的系统误差，可对标准试样进行多次分析，再利用 t 检验法比较分析结果的平均值与标准试样的标准值之间是否存在显著性差异。方法步骤如下。

进行 t 检验时，首先按下式计算出 t 值，然后与表 15.2 中相应的 t 值进行比较。

$$t=\frac{|\overline{x}-\mu|}{s}\sqrt{n}$$

若 $t_{计}>t_{表}$，则认为存在显著性差异，否则不存在显著性差异。在分析化学中，通常以置信度为 95%为检验标准，即显著性水平为 5%。

例 15.6　采用某种新方法测定赤铁矿中的 Fe_2O_3 的质量分数，得到下列 7 个分析结果：53.45%，53.47%，53.49%，53.51%，53.52%，53.46%，53.51%。已知赤铁矿中 Fe_2O_3 含量的标准值为 53.50%，采用新方法后，能否引起系统误差（置信度为 95%）？

解： $n=7$，$\overline{x}=53.49\%$，$s=0.028\%$，则

$$t=\frac{|\overline{x}-\mu|}{s}\sqrt{n}=\frac{|53.49\%-53.50\%|}{0.028\%}\times\sqrt{7}=0.9449$$

查表，$P=95\%$，$n=7$ 时，$t_{表}=2.45$。因此，$t_{计}<t_{表}$，故 $\overline{x}$ 与 μ 之间不存在显著性差异。也就是说，采用新方法后，没有引起明显的系统误差。

② 两组平均值的比较　不同分析人员或同一分析人员采用不同方法分析同一试样，所得分析结果的平均值通常是不完全相等的。要判断这两个平均值之间是否有显著性差异，也可采用 t 检验法。方法步骤如下。

设两组分析数据为：

$$n_1,\ s_1,\ \overline{x}_1 \text{ 与 } n_2,\ s_2,\ \overline{x}_2$$

s_1 与 s_2 分别表示第一组和第二组分析数据的精密度。它们之间是否有显著性差异，可以采用后面介绍的 F 检验法进行判断。如果证明它们之间没有显著性差异，则可认为 $s_1\approx s_2$，采用下式求得合并标准偏差 s：

$$s=\sqrt{\frac{\sum(x_{1i}-\overline{x}_1)^2+\sum(x_{2i}-\overline{x}_2)^2}{(n_1-1)+(n_2-1)}}$$

$$s=\sqrt{\frac{s_1^2(n_1-1)+s_2^2(n_2-1)}{(n_1-1)+(n_2-1)}}$$

然后算出 t 值：

$$t=\frac{|\overline{x}_1-\overline{x}_2|}{s}\sqrt{\frac{n_1n_2}{n_1+n_2}}$$

在一定置信度时，查 t 值表（总自由度为 $f=n_1+n_2-2$）。若 $t_{计}>t_{表}$，则两组平均值

存在显著性差异；反之，则不存在显著性差异。

（2）*F*检验法

F 检验法是通过比较两组数据的方差 s^2，以确定它们的精密度是否有显著性差异的方法。统计量 *F* 的定义为两组数据方差的比值，分子为大的方差，分母为小的方差。

$$F=\frac{s_{大}^2}{s_{小}^2}$$

表 15.3　*F* 值表（单边，置信度 0.95）

$f_{小}$ \ $f_{大}$ (F)	2	3	4	5	6	7	8	9	10	∞
2	19.00	19.16	19.25	19.30	19.33	19.36	19.37	19.38	19.39	19.50
3	9.55	9.28	9.12	9.01	8.94	8.88	8.84	8.81	8.78	8.53
4	6.94	6.59	6.39	6.26	6.15	6.09	6.04	6.00	5.96	5.63
5	5.79	5.41	5.19	5.05	4.95	4.88	4.82	4.78	4.74	4.36
6	5.14	4.76	4.53	4.39	4.28	4.21	4.15	4.10	4.06	3.67
7	4.74	4.35	4.12	3.97	3.87	3.79	3.73	3.68	3.63	3.23
8	4.46	4.07	3.84	3.69	3.58	3.50	3.44	3.39	3.34	2.93
9	4.26	3.86	3.63	3.48	3.37	3.29	3.23	3.18	3.13	2.71
10	4.10	3.71	3.48	3.33	3.22	3.14	3.07	3.02	2.97	2.54
∞	3.00	2.60	2.37	2.21	2.10	2.01	1.94	1.88	1.83	1.00

注：$f_{大}$ 为大方差数据的自由度；$f_{小}$ 为小方差数据的自由度。

将计算所得 *F* 值（$F_{计}$值）与表 15.3 中所列 *F* 值（$F_{表}$值）进行比较。若两组数据的精密度相差不大，则 $F\approx1$；若二者间存在显著性差异，则 *F* 值较大。在一定的置信度（置信度 95%）及自由度下，若 $F_{计}>F_{表}$，则认为它们之间存在显著性差异，否则不存在显著性差异。

例 15.7　用两种不同的方法测定水泥熟料中的 CaO 的质量分数，所得结果如下：

第一种/%	65.32	65.35	65.33	65.37	
第二种/%	65.46	65.42	65.43	65.45	65.45

解：$n_1=4$，$\bar{x}_1=65.34\%$，$s_1=0.022\%$；$n_2=5$，$\bar{x}_2=65.44\%$，$s_2=0.017\%$

则
$$F=\frac{s_{大}^2}{s_{小}^2}=\frac{0.022^2}{0.017^2}=1.67$$

查表 15.3，$f_{大}=3$，$f_{小}=4$，$F_{表}=6.59$，可见 $F_{计}<F_{表}$，说明两组数据的标准偏差没有显著性差异。故求得合并标准偏差为

$$s=\sqrt{\frac{\sum(x_{1i}-\bar{x}_1)^2+\sum(x_{2i}-\bar{x}_2)^2}{(n_1-1)+(n_2-1)}}=0.019\%$$

$$t=\frac{|\bar{x}_1-\bar{x}_2|}{s}\sqrt{\frac{n_1n_2}{n_1+n_2}}=\frac{|65.34\%-65.44\%|}{0.019\%}\times\sqrt{\frac{4\times5}{4+5}}=7.85$$

查表，当 $P = 95\%$，$f = n_1+n_2-2 = 4+5-2 = 7$ 时，$t_{表} = 1.90$，可见 $t_{计} > t_{表}$，说明两种分析方法之间存在显著性差异，因此必须找出原因，加以解决。

15.2.4　可疑值的取舍

在一组平行测定的数据中，有时个别数据与其他数据相比差距较大，这样的数据称为可疑值，也叫“极端值”或“离群值”。可疑值的保留或舍弃是分析数据处理中的重要问题。

常用的可疑值检验方法有：$4\overline{d}$ 法、Q 检验法和格鲁布斯（Grubbs）法。

（1）$4\overline{d}$ 法

【方法步骤】

① 求出除去可疑值（x_i）外的其余数据的平均值 $\overline{x}$ 与平均偏差 $\overline{d}$。

② 然后计算可疑值（x_i）与平均值 $\overline{x}$ 的差。

③ 若 $|x_i - \overline{x}| > 4\overline{d}$，则将可疑值舍去；反之，保留。

此方法适用于少量测量数据（4～8 个），方法简单、快速，但有时判断不够准确。

（2）Q 检验法

【方法步骤】

① 将测量值由小到大依次排序。

② 计算极差：$x_{max}-x_{min}$。

③ 计算可疑值（x_i）与相邻值的差：x_i-x_{i-1} 或 x_2-x_1。

④ 计算 Q 值：

$$Q = \frac{x_i - x_{i-1}}{x_{max} - x_{min}} \quad 或 \quad Q = \frac{x_2 - x_1}{x_{max} - x_{min}}$$

⑤ 根据测定次数 n 以及要求的置信度，查 Q 值表，若 $Q_{计} > Q_{表}$，则可疑值（x_i）舍弃；反之，保留。

$Q_{计}$值越大，说明可疑值（x_i）离群越远，$Q_{计}$又称“舍弃商”。

不同置信度下的 Q 值请查阅表 15.4。

表 15.4　Q 值表

测定次数（n）	3	4	5	6	7	8	9	10
$Q_{0.90}$	0.94	0.76	0.64	0.56	0.51	0.47	0.44	0.41
$Q_{0.95}$	0.97	0.83	0.71	0.62	0.57	0.53	0.49	0.47

Q 检验法由于不必计算 $\overline{x}$ 和 s，故使用起来比较方便。Q 值法在统计上有可能保留离群较远的值。置信度常选 90%，如选 95%，会使判断误差更大。

当测定数据较少、测定的精密度也不高时，因 $Q_{计}$值与 $Q_{表}$值相接近而对可疑值的取舍难以判断时，最好补测 1 次～2 次再进行检验。

（3）格鲁布斯（Grubbs）法

【方法步骤】

① 将测量值由小到大排序，x_1，x_2，x_3，…，x_n，其中 x_i 或 x_n 可能是可疑值；

② 计算数据组的平均值（$\bar{x}$）和标准偏差 s；

③ 计算 T 值并比较判断。

$$T=\frac{\bar{x}-x_i}{s} \quad 或 \quad T=\frac{x_n-\bar{x}}{s}$$

④ 查表，若 $T_{计}>T_{表}$，则可疑值 x_i 或 x_n 应舍弃；反之，则保留。

T 值可通过 T 值表查得，见表 15.5。

表 15.5 T 值表

n	显著性水平		
	0.05	0.025	0.01
3	1.15	1.15	1.15
4	1.46	1.48	1.49
5	1.67	1.71	1.75
6	1.82	1.89	1.94
7	1.94	2.02	2.10
8	2.03	2.13	2.22
9	2.11	2.21	2.32
10	2.18	2.29	2.41
11	2.23	2.36	2.48
12	2.29	2.41	2.55
13	2.33	2.46	2.61
14	2.37	2.51	2.66
15	2.41	2.55	2.71
20	2.56	2.78	2.88

例 15.8 某标准溶液的 4 次标定值分别为：0.1014mol/L，0.1012mol/L，0.1025mol/L 和 0.1016mol/L，问其中 0.1025mol/L 数值是否应舍弃？

解： ① 采用 $4\bar{d}$ 法

除掉 0.1025 外的其余 3 个数据的 $\bar{x}=0.1014$，$\bar{d}=0.00013$，$4\bar{d}=0.00052$，则：

$$|0.1014-0.1025|=0.0011>4\bar{d}$$

故可疑值 0.1025 应该舍弃。

② 采用 Q 检验法（置信度 90%）

$$Q_{计}=\frac{0.1025-0.1016}{0.1025-0.1012}=0.69$$

查 Q 值表，$n=4$ 时，$Q_{0.90}=0.76$，因 0.69<0.76（$Q_{计}<Q_{0.90}$），故 0.1025 不应舍弃，而应保留。

③ 采用格鲁布斯（Grubbs）法（置信度 95%）

4 个数据的 $\bar{x}=0.1017$，$s=0.00057$

$$T=\frac{x_n-\bar{x}}{s}=\frac{0.1025-0.1017}{0.00057}=1.40$$

查 T 值表，$n=4$，$P=95\%$时，$T_{表}=1.46$。可见 $T_{计}<T_{表}$，故可疑值 0.1025mol/L 应保留。

【讨论】 同一个例子，Q 检验法、T 检验法与 $4\bar{d}$ 法的结论不同，这表明了不同判断方法的相对性。总之，出现可疑数据时，应着重从技术上查明原因，然后再进行统计检验，切忌任意舍弃。

15.3　定量分析结果的表示

综上所述，如果对测定结果没有相应的误差估计，则该实验结果是毫无价值的。为了进行对比，在符合国家有关规定的前提下，要考虑送样部门的要求，对分析结果进行科学表达。首先要确定被测组分的化学形式，然后再按照确定的形式将测定结果进行换算和表达。

15.3.1　被测组分含量的表示方法

① 以实际存在型体表示　例如，在电解食盐水的分析中常以被测组分在试样中所存在的型体表示。即用 Na^+、Mg^{2+}、SO_4^{2-}、Cl^-等形式表示各种被测离子的含量。

② 以元素形式表示　例如，对金属或合金以及有机物或生物的元素组成分析，常以元素形式如 Fe、Al、Cu、C、S、P 等表示各被测组分的含量。

③ 以氧化物形式表示　例如，矿石或土壤都是些复杂的硅酸盐，由于其具体化学组成难以分辨，故在分析中常以各种氧化物如 K_2O、Na_2O、CaO、SO_3、SiO_2 等形式表示其含量。

④ 以化合物形式表示　例如，对化工产品的规格分析，以及对一些简单无机盐或有机物的分析，分析结果多以其化合物形式表示，如 KNO_3、$NaNO_3$、KCl、乙醇、尿素等。

15.3.2　测定结果的表示方法

① 固体试样　常以质量分数表示。质量分数（w_B）$=\dfrac{m_B}{m_s}$；例如，$w_{NaCl}=15.05\%$。

② 液体试样　除用质量分数表示外，还可用浓度表示。如：物质的量浓度 $c_B=\dfrac{n_B}{V}$。

③ 气体试样　气体试样中的常量或微量组分含量，多以体积分数表示。

此外，各种形式试样中所测定的微量或痕量组分的含量，常以各种浓度形式表示。即可采用μg/g（或 10^{-6}）、ng/g（10^{-9}）和 pg/g（或 10^{-12}）等表示[1]。

15.3.3　分析结果的允许差

为了保证工农业产品的质量或分析方法的准确度，国家对重要工农业产品的质量鉴定或分析方法都制定了相应的“国家标准”（GB），并在国家标准中规定了分析结果的允许差范围。这个范围是分别进行两次测定结果之间的偏差。如果分析结果超出了这个允许差范围，称为“超差”。遇到这种情况，该项分析应该重做。

[1] μg/g(μg/mL)、ng/g(ng/mL)和 pg/g(pg/mL)过去分别以 ppm、ppb 和 ppt 表示。

分析结果的允许差范围一般是根据生产需要和实际的具体情况来确定的。在相关的国家标准中均有具体规定。

15.3.4　分析结果的表示方法

定量分析的目的是得到待测组分的真实含量。为了正确表示分析结果，不仅要表明其数据的大小，还应该反映出测定的准确度、精密度以及为此进行的测定次数。因此，如通过一组测定数据（随机样本）来反映该样本所代表的总体，需要报告出样本的 n、$\bar{x}$、s，无需将数据一一列出。分析测定结果常用的表达方式为 $\bar{x} \pm s$，但同时要给出 n。该计算公式中不仅包含了 n、$\bar{x}$、s 这三个基本数据，还指出了置信度。置信区间越窄，表明 $\bar{x}$ 与真值越接近，置信区间的大小直接与测定的精密度和准确度有关。

此外，还应正确表示分析结果的有效数字，其位数要与测定方法和仪器准确度相一致。

在表示分析结果时，组分含量≥10%时，用四位有效数字；含量为 1%～10%时用三位有效数字。表示误差大小时有效数字常取一位，最多取两位。

附　录

附录 1　国际单位制的基本单位

基本量		SI 基本单位		
名　称	符　号	名　称	符　号	定　义
长　度	l, L	米	m	米（m）是光在真空中（1/299792458）s 时间间隔内所经路径的长度
质　量	m	千克（公斤）	kg	千克（公斤）（kg）是质量单位，等于国际千克原器的质量
时　间	t	秒	s	秒（s）是与铯 133 原子基态的两个超精细能级间跃迁所对应的辐射的 9192631770 个周期的持续时间
电　流	I	安[培]	A	安培（A）是电流的单位。在真空中，截面积可忽略的两根相距 1m 的无限长平行圆直导线内通以等量恒定电流时，若导线间相互作用力在每米长度上为 2×10^{-7}N，则每根导线中的电流为 1A
热力学温度	T	开[尔文]	K	热力学温度单位开尔文（K）是水三相点热力学温度的 1/273.16
物质的量	n	摩[尔]	mol	摩尔（mol）是一系统的物质的量，该系统中所包含的基本单元数与 0.012kg 碳 12 的原子数目相等。使用摩尔时，基本单元应予指明，可以是原子、分子、离子、电子及其他粒子，或是这些粒子的特定组合
发光强度	I,（I_v）	坎[德拉]	cd	坎德拉（cd）是一光源在给定方向上的发光强度，该光源发出频率为 540×10^{12}Hz 的单色辐射，且在此方向上的辐射强度为（1/683）W/sr

附录 2　国际单位制中具有专门名称的导出单位（前两个为辅助单位）

基本量		SI 导出单位		
名　称	符　号	名　称	符　号	单位定义
[平面] 角	α、β、γ、θ、φ	弧度	rad	rad 是两条半径之间的平面角，这两条半径在圆上所截取的弧长与半径相等 1rad=1m/m=1
立体角	Ω	球面度	sr	sr 是一个立体角，其顶点位于球心，而它在球面上所截取的面积等于以球半径为边长的正方形面积 $1sr=1m^2/m^2=1$
频　率	f, ν	赫 [兹]	Hz	Hz 是周期为 1s 的周期现象的频率 $1Hz=1s^{-1}$
力	F	牛 [顿]	N	N 是使质量为 1kg 的物体产生加速度为 $1m/s^2$ 的力 $1N=1kg\cdot m/s^2$
压力，压强 应力	p σ	帕 [斯卡]	Pa	Pa 是 1N 的力均匀而垂直地作用于 $1m^2$ 的面积上所产生的压力 $1Pa=1N/m^2$

续表

基本量		SI 导出单位		
名称	符号	名称	符号	单位定义
能[量][①] 功 热量	E W Q	焦[耳]	J	J 是 1N 的力使其作用点在力的方向上移动 1m 所做的功 1J=1N·m
功率 辐[射能]通量	P Φ	瓦[特]	W	W 是 1s 内产生 1J 能量的功率 1W=1J/s
电荷[量]	Q	库[仑]	C	C 是 1A 恒定电流在 1s 内所传送的电荷量 1C=1A·s
电压 电动势 电位	U, ΔV E V, φ	伏[特]	V	V 是两点间的电位差，在载有 1A 恒定电流导线的这两点间，消耗 1W 的功率 1V=1W/A
电容	C	法[拉]	F	F 是电容器充以 1C 电荷量，电容器两极板间产生 1V 的电位差时，该电容器的电容 1F=1C/V
电阻	R	欧[姆]	Ω	Ω 是导体两点间加上 1V 恒定电压时，在导体内产生 1A 的电流，导体所具有的电阻 1Ω=1V/A
电导	G	西[门子]	S	S 是 1 欧姆的电导 $1S=1\Omega^{-1}$
磁通[量]	Φ	韦[伯]	Wb	Wb 是单匝回路的磁通量，当它在 1s 内均匀地减少到零时，环路内产生 1V 的电动势 1Wb=1V·s
磁通[量]密度； 磁感应强度	B	特[斯拉]	T	T 是 1Wb 的磁通量均匀而垂直地通过 $1m^2$ 面积的磁通量密度 $1T=1Wb/m^2$
电感[②]	M, $L_{1,2}$, L	亨[利]	H	H 是一闭合回路的电感，当此回路中流过的电流以 1A/s 的速率均匀变化时，回路中产生 1V 电动势 1H=1V·s/A
摄氏温度	t, θ	摄氏度	℃	℃是开尔文用于表示摄氏温度的专门名称
光通量	Φ, Φ_v	流[明]	lm	lm 是发光强度为 1cd 均匀点光源在一球面立体角内发射的光通量 1lm=1cd·sr
[光]照度	E, E_v	勒[克斯]	lx	lx 是 1lm 的光通量均匀分布在 $1m^2$ 表面上产生的照度 $1lx=1lm/m^2$
[放射性]活度	A	贝可[勒尔]	Bq	Bq 是每秒发生一次衰变的放射性活度 $1Bq=1s^{-1}$
吸收剂量	D	戈[瑞]	Gy	Gy 是吸收剂量的 SI 单位焦[耳]每千克的专名 1Gy=1J/kg
剂量当量	H	希[沃特]	Sv	Sv 是剂量当量的 SI 单位焦[耳]每千克的专名 1Sv =1J/kg

① 瓦特·小时（W·h），ISO 目前也承认是一个能量单位，但只能用于电能。

② 电感是自感与互感的统称。自感符号为 L，互感符号为 M，$L_{1,2}$。

附录 3　用于构成十进倍数和分数单位的词头

因　数	词头名称		符　号
	英文名	中文名	
10^{24}	yotta	尧 [它]	Y
10^{21}	zetta	泽 [它]	Z
10^{18}	exa	艾 [可萨]	E
10^{15}	peta	拍 [它]	P
10^{12}	tera	太 [拉]	T
10^{9}	giga	吉 [咖]	G
10^{6}	mega	兆	M
10^{3}	kilo	千	k
10^{2}	hecto	百	h
10^{1}	deca	十	da
10^{-1}	deci	分	d
10^{-2}	centi	厘	c
10^{-3}	milli	毫	m
10^{-6}	micro	微	μ
10^{-9}	nano	纳 [诺]	n
10^{-12}	pico	皮 [可]	p
10^{-15}	femto	飞 [母托]	f
10^{-18}	atto	阿 [托]	a
10^{-21}	zepto	仄 [普托]	z
10^{-24}	yocto	幺 [科托]	y

附录 4　定量分析中常用物理量的单位与符号

量的名称	量的符号	单位名称	单位符号	倍数与分数单位
物质的量	n_B	摩[尔]	mol	mmol 等
质量	m	千克	kg	g、mg、μg 等
体积	V	立方米	m^3	L (dm^3)、mL 等
摩尔质量	M_B	千克每摩[尔]	kg/mol	g/mol 等
摩尔体积	V_m	立方米每摩[尔]	m^3/mol	L/mol 等
物质的量的浓度	c_B	摩每立方米	mol/m^3	mol/L 等
质量分数	w_B			
质量浓度	ρ_B	千克每立方米	kg/m^3	g/L、g/mL 等
体积分数	φ_B			
滴定度	$T_{s/x}$，T_s	克每毫升	g/mL	
密度		千克每立方米	kg/m^3	g/mL、g/m^3
相对原子质量	A_r			
相对分子质量	M_r			

附录 5 常用酸碱试剂的密度和浓度

试剂名称	化学式	M_r	密度 ρ/（g/mL）	质量分数 w/%	物质的量浓度 c_B/（mol/L）
浓硫酸	H_2SO_4	98.08	1.84	96	18
浓盐酸	HCl	36.46	1.19	37	12
浓硝酸	HNO_3	63.01	1.42	70	16
浓磷酸	H_3PO_4	98.00	1.69	85	15
冰醋酸	CH_3COOH	60.05	1.05	99	17
高氯酸	$HClO_4$	100.46	1.67	70	12
浓氢氧化钠	NaOH	40.00	1.43	40	14
浓氨水	$NH_3 \cdot H_2O$	35.05	0.90	28	15

附录 6 相对原子质量表

元素		相对原子质量	元素		相对原子质量	元素		相对原子质量	元素		相对原子质量
符号	名称		符号	名称		符号	名称		符号	名称	
Ac	锕	[227]	Er	铒	167.26	Mn	锰	54.93805	Ru	钌	101.07
Ag	银	107.868 2	Es	锿	[254]	Mo	钼	95.94	S	硫	32.066
Al	铝	26.981 54	Eu	铕	151.964	N	氮	14.006 74	Sb	锑	121.760
Am	镅	[243]	F	氟	18.99840	Na	钠	22.989 77	Sc	钪	44.955 91
Ar	氩	39.948	Fe	铁	55.845	Nb	铌	92.906 38	Se	硒.	78.96
As	砷	74.921 60	Fm	镄	[257]	Nd	钕	144.24	Si	硅	28.085 5
At	砹	[210]	Fr	钫	[223]	Ne	氖	20.179 7	Sm	钐	150.36
Au	金	196.966 55	Ga	镓	69.723	Ni	镍	58.693 4	Sn	锡	118.710
B	硼	10.811	Gd	钆	157.25	No	锘	[254]	Sr	锶	87.62
Ba	钡	137.327	Ge	锗	72.61	Np	镎	237.048 2	Ta	钽	180.947 9
Be	铍	9.012 18	H	氢	1.007 94	O	氧	15.999 4	Tb	铽	158.925 34
Bi	铋	208.980 38	He	氦	4.002 60	Os	锇	190.23	Tc	锝	98.906 2
Bk	锫	[247]	Hf	铪	178.49	P	磷	30.973 76	Te	碲	127.60
Br	溴	79.904	Hg	汞	200.59	Pa	镤	231.035 88	Th	钍	232.038 1
C	碳	12.010 7	Ho	钬	164.930 32	Pb	铅	207.2	Ti	钛	47.867
Ca	钙	40.078	I	碘	126.90447	Pd	钯	106.42	Tl	铊	204.383 3
Cd	镉	112.411	In	铟	114.818	Pm	钷	[145]	Tm	铥	168.934 21
Ce	铈	140.116	Ir	铱	192.217	Po	钋	[～210]	U	铀	238.028 9
Cf	锎	[251]	K	钾	39.098 3	Pr	镨	140.907 65	V	钒	50.941 5
Cl	氯	35.452 7	Kr	氪	83.80	Pt	铂	195.078	W	钨	183.84
Cm	锔	[247]	La	镧	138.905 5	Pu	钚	[244]	Xe	氙	131.29
Co	钴	58.933 20	Li	锂	6.941	Ra	镭	226.025 4	Y	钇	88.905 85
Cr	铬	51.996 1	Lr	铹	[257]	Rb	铷	85.467 8	Yb	镱	173.04
Cs	铯	132.905 45	Lu	镥	174.967	Re	铼	186.207	Zn	锌	65.39
Cu	铜	63.546	Md	钔	[256]	Rh	铑	102.905 50	Zr	锆	91.224
Dy	镝	162.50	Mg	镁	24.305 0	Rn	氡	[222]			

附录 7　常见化合物的摩尔质量

化　合　物	摩尔质量/（g/mol）	化　合　物	摩尔质量/（g/mol）
$AgBr$	187.78	$(C_9H_7N)_3H_3(PO_4\cdot 12MoO_3$	2212.74
$AgCl$	143.32	CO_2	44.01
$AgCN$	133.84	Cr_2O_3	151.99
Ag_2CrO_4	331.73	$Cu(C_2H_3O_2)_2\cdot 3Cu(AsO_2)_2$	1013.8
AgI	234.77	CuO	79.54
$AgNO_3$	169.87	Cu_2O	143.09
$AgSCN$	169.95	$CuSCN$	121.62
Al_2O_3	101.96	$CuSO_4$	159.6
$Al_2(SO_4)_3$	342.15	$CuSO_4\cdot 5H_2O$	249.68
As_2O_3	197.84	$FeCl_3$	162.21
As_2O_5	229.84	$FeCl_3\cdot 6H_2O$	270.3
$BaCO_3$	197.35	FeO	71.85
BaC_2O_4	225.36	Fe_2O_3	159.69
$BaCl_2$	208.25	Fe_3O_4	231.54
$BaCl_2\cdot 2H_2O$	244.28	$FeSO_4\cdot H_2O$	169.96
$BaCrO_4$	253.33	$FeSO_4\cdot 7H_2O$	278.01
BaO	153.34	$Fe_2(SO_4)_3$	399.87
$Ba(OH)_2$	171.36	$FeSO_4\cdot(NH_4)_2SO_4\cdot 6H_2O$	392.13
$BaSO_4$	233.4	H_3BO_3	61.83
$CaCO_3$	100.09	HBr	80.91
CaC_2O_4	128.1	$H_2C_4H_4O_6$	150.09
$CaCl_2$	110.99	HCN	27.03
$CaCl_2\cdot H_2O$	129	H_2CO_3	62.03
CaF_2	78.08	$H_2C_2O_4$	90.04
$Ca(NO_3)_2$	164.09	$H_2C_2O_4\cdot 2H_2O$	126.07
CaO	56.08	$HCOOH$	46.03
$Ca(OH)_2$	74.09	HCl	36.46
$CaSO_4$	136.14	$HClO_4$	100.46
$Ca_3(PO_4)_2$	310.18	HF	20.01
CCl_4	153.81	HI	127.91
$Ce(SO_4)_2$	332.24	HNO_2	47.01
$Ce(SO_4)_2\cdot 2(NH_4)_2SO_4\cdot 2H_2O$	632.54	HNO_3	63.01
CH_3COOH	60.05	H_2O	18.02
CH_3OH	32.04	H_2O_2	34.02
CH_3COCH_3	58.08	H_3PO_4	98
C_6H_5COOH	122.12	H_2S	34.08
$C_6H_4\cdot COOH\cdot COOK$	204.23	H_2SO_3	82.08
CH_3COONa	82.03	H_2SO_4	98.08
C_6H_5OH	94.11	$HgCl_2$	271.5
Hg_2Cl_2	472.09	Na_2O	61.98

续表

化合物	摩尔质量/（g/mol）	化合物	摩尔质量/（g/mol）
$KAl(SO_4)_2 \cdot 12H_2O$	474.38	$NaNO_2$	69
$KB(C_6H_5)_4$	358.38	NaI	149.89
KBr	119.01	NaOH	40.01
$KBrO_3$	167.01	Na_3PO_4	163.94
KCN	65.12	Na_2S	78.04
K_2CO_3	138.21	$Na_2S \cdot 9H_2O$	240.18
KCl	74.56	Na_2SO_3	126.04
$KClO_3$	122.55	Na_2SO_4	142.04
$KClO_4$	138.55	$Na_2SO_4 \cdot 10H_2O$	322.2
K_2CrO_4	194.2	$Na_2S_2O_3$	158.1
$K_2Cr_2O_7$	294.19	$Na_2S_2O_3 \cdot 5H_2O$	248.18
$KHC_2O_4 \cdot H_2C_2O_4 \cdot 2H_2O$	254.19	Na_2SiF_6	188.06
$KHC_2O_4 \cdot H_2O$	146.14	NH_3	17.03
KI	166.01	NH_4Cl	53.49
KIO_3	214	$(NH_4)_2C_2O_4 \cdot H_2O$	142.11
$KIO_3 \cdot HIO_3$	389.92	$NH_3 \cdot H_2O$	35.05
$KMnO_4$	158.04	$NH_4Fe(SO_4)_2 \cdot 12H_2O$	482.19
KNO_2	85.1	$(NH_4)_2HPO_4$	132.05
K_2O	92.2	$(NH_4)_3PO_4 \cdot 12MoO_3$	1876.53
KOH	56.11	$(NH_4)_2SO_4$	132.14
KSCN	97.18	$NiC_8H_{14}O_4N_4$	288.93
K_2SO_4	174.26	P_2O_5	141.95
$MgCO_3$	84.32	$PbCrO_4$	323.18
$MgCl_2$	95.21	PbO	223.19
$MgNH_4PO_4$	137.33	PbO_2	239.19
MgO	40.31	Pb_3O_4	685.57
$Mg_2P_2O_7$	222.6	$PbSO_4$	303.25
MnO	70.94	SO_2	64.06
MnO_2	86.94	SO_3	80.06
$Na_2B_4O_7$	201.22	Sb_2O_3	291.5
$Na_2B_4O_7 \cdot 10H_2O$	381.37	SiF_4	104.08
$NaBiO_3$	279.97	SiO_2	60.08
NaBr	102.9	$SnCO_3$	147.63
NaCN	49.01	$SnCl_2$	189.6
Na_2CO_3	105.99	SnO_2	150.69
$Na_2C_2O_4$	134	TiO_2	79.9
NaCl	58.44	WO_3	231.85
$NaHCO_3$	84.01	$ZnCl_2$	136.29
NaH_2PO_4	119.98	ZnO	81.37
Na_2HPO_4	141.96	$Zn_2P_2O_7$	304.7
$Na_2H_2Y \cdot 2H_2O$	372.26	$ZnSO_4$	161.43

附录 8　不同温度下标准滴定溶液的体积补正值

温度/℃	水及0.05mol/L以下的各种水溶液	0.1mol/L及0.2mol/L各种水溶液	盐酸溶液 c（HCl）=0.5mol/L	盐酸溶液 c（HCl）=1mol/L	硫酸溶液 c（½H_2SO_4）=0.5mol/L 氢氧化钠溶液 c（NaOH）=0.5mol/L	硫酸溶液 c（½H_2SO_4）=1mol/L 氢氧化钠溶液 c（NaOH）=1mol/L	碳酸钠溶液 c（½Na_2CO_3）=1mol/L	氢氧化钾-乙醇溶液 c（KOH）=0.1mol/L
5	+1.38	+1.7	+1.9	+2.3	+2.4	+3.6	+3.3	
6	+1.38	+1.7	+1.9	+2.2	–2.3	–3.4	+3.2	
7	+1.36	+1.6	+1.8	+2.2	+2.2	–3.2	–3.0	
8	+1.33	+1.6	+1.8	+2.1	+2.2	+3.0	+2.8	
9	+1.29	+1.5	+1.7	+2.0	+2.1	+2.7	+2.6	
10	+1.23	+1.5	+1.6	+1.9	+2.0	+2.5	+2.4	+10.8
11	+1.17	+1.4	+1.5	–1.8	+1.8	+2.3	+2.2	+9.6
12	+1.10	+1.3	+1.4	+1.6	+1.7	+2.0	+2.0	+8.5
13	+0.99	+1.1	+1.2	+1.4	+1.5	+1.8	+1.8	+7.4
14	+0.88	+1.0	+1.1	+1.2	+1.3	+1.6	+1.5	+6.5
15	+0.77	+0.9	+0.9	+1.0	+1.1	+1.3	+1.3	+5.2
16	+0.64	+0.7	+0.8	+0.8	+0.9	+1.1	+1.1	+4.2
17	+0.50	+0.6	+0.6	+0.6	+0.7	–0.8	+0.8	+3.1
18	+0.34	+0.4	+0.4	+0.4	+0.5	+0.6	+0.6	+2.1
19	+0.18	+0.2	+0.2	+0.2	+0.2	+0.3	+0.3	+1.0
20	0.00	0.00	0.00	0.00	0.00	0.00	0.0	0.0
21	–0.18	–0.2	–0.2	–0.2	–0.2	–0.3	–0.3	–1.1
22	–0.38	–0.4	–0.4	–0.5	–0.5	–0.6	–0.6	–2.2
23	–0.58	–0.6	–0.7	–0.7	–0.8	–0.9	–0.9	–3.3
24	–0.80	–0.9	–0.9	–1.0	–1.0	–1.2	–1.2	–4.2
25	–1.03	–1.1	–1.1	–1.2	–1.3	–1.5	–1.5	–5.3
26	–1.26	–1.4	–1.4	–1.4	–1.5	–1.8	–1.8	–6.4
27	–1.51	–1.7	–1.7	–1.7	–1.8	–2.1	–2.1	–7.5
28	–1.76	–2.0	–2.0	–2.0	–2.1	–2.4	–2.4	–8.5
29	–2.01	–2.3	–2.3	–2.3	–2.4	–2.8	–2.8	–9.6
30	–2.30	–2.5	–2.5	–2.6	–2.8	–3.2	–3.1	–10.6
31	–2.58	–2.7	–2.7	–2.9	–3.1	–3.5		–11.6
32	–2.86	–3.0	–3.0	–3.2	–3.4	–3.9		–12.6
33	–3.04	–3.2	–3.3	–3.5	–3.7	–4.2		–13.7
34	–3.47	–3.7	–3.6	–3.8	–4.1	–4.6		–14.8
35	–3.78	–4.0	–4.0	–4.1	–4.4	–5.0		–16.0
36	–4.10	–4.3	–4.3	–4.4	–4.7	–5.3		–17.0

注 1．本表数值是以 20℃为标准温度以实测法测出的。

2．表中带有“+”、“–”号的数值是以 20℃为分界。室温低于 20℃的补正值为“+”，高于 20℃的补正值均为“–”。

3．本表的用法:如 1L 硫酸溶液[c（½H_2SO_4）=1mol/L]由 25℃换算 20℃时，其体积补正值为–1.5mL，故 40.00mL 换算为 20℃的体积为：

$$V_{20}=\left(40.00-\frac{1.5}{1000}\times 40.00\right)\text{mL}=39.94\text{mL}$$

附录9 常用弱酸、弱碱在水中的解离常数（$I=0, 298.15K$）

弱　酸	分 子 式	K_a	pK_a
砷酸	H_3AsO_4	6.3×10^{-3}（K_{a1}）	2.20
		1.0×10^{-7}（K_{a2}）	7.00
		3.2×10^{-12}（K_{a3}）	11.50
亚砷酸	$HAsO_2$	6.0×10^{-10}	9.22
硼酸	H_3BO_3	5.8×10^{-10}	9.24
焦硼酸	$H_2B_4O_7$	1.0×10^{-4}（K_{a1}）	4.00
		1.0×10^{-9}（K_{a2}）	9.00
碳酸	$H_2CO_3(CO_2+H_2O)$	4.2×10^{-7}（K_{a1}）	6.38
		5.6×10^{-11}（K_{a2}）	10.25
氢氰酸	HCN	6.2×10^{-10}	9.21
铬酸	H_2CrO_4	1.8×10^{-1}（K_{a1}）	0.74
		3.2×10^{-7}（K_{a2}）	6.50
氢氟酸	HF	6.6×10^{-4}	3.18
亚硝酸	HNO_2	5.1×10^{-4}	3.29
过氧化氢	H_2O_2	1.8×10^{-12}	11.75
磷酸	H_3PO_4	7.6×10^{-3}（K_{a1}）	2.12
		6.3×10^{-8}（K_{a2}）	7.20
		4.4×10^{-13}（K_{a3}）	12.36
焦磷酸	$H_4P_2O_7$	3.0×10^{-2}（K_{a1}）	1.52
		4.4×10^{-3}（K_{a2}）	2.36
		2.5×10^{-7}（K_{a3}）	6.60
		5.6×10^{-10}（K_{a4}）	9.25
亚磷酸	H_3PO_3	5.0×10^{-2}（K_{a1}）	1.30
		2.5×10^{-7}（K_{a2}）	6.60
氢硫酸	H_2S	1.3×10^{-7}（K_{a1}）	6.88
		7.1×10^{-15}（K_{a2}）	14.15
硫酸	H_2SO_4	1.0×10^{-2}（K_{a2}）	1.99
亚硫酸	$H_2SO_3(SO_2+H_2O)$	1.3×10^{-2}（K_{a1}）	1.90
		6.3×10^{-8}（K_{a2}）	7.20
硅酸	H_2SiO_3	1.7×10^{-10}（K_{a1}）	9.77
		1.6×10^{-12}（K_{a2}）	11.8
甲酸	$HCOOH$	1.8×10^{-4}	3.74
乙酸	CH_3COOH	1.8×10^{-5}	4.74
一氯乙酸	$CH_2ClCOOH$	1.4×10^{-3}	2.86
二氯乙酸	$CHCl_2COOH$	5.0×10^{-2}	1.30
三氯乙酸	CCl_3COOH	0.23	0.64
氨基乙酸盐	$^{+}NH_3CH_2COOH$	4.5×10^{-3}（K_{a1}）	2.35
	$^{+}NH_3CH_2COO^{-}$	2.5×10^{-10}（K_{a2}）	9.60
乳酸	$CH_3CHOHCOOH$	1.4×10^{-4}	3.86
苯甲酸	C_6H_5COOH	6.2×10^{-5}	4.21
乙二酸	$H_2C_2O_4$	5.9×10^{-2}（K_{a1}）	1.23

续表

弱酸	分子式	K_a	pK_a
乙二酸	$H_2C_2O_4$	6.4×10^{-5}（K_{a2}）	4.19
d-酒石酸	CH(OH)COOH	9.1×10^{-4}（K_{a1}）	3.04
	CH(OH)COOH	4.3×10^{-5}（K_{a2}）	4.37
邻苯二甲酸	$C_6H_4(COOH)_2$	1.1×10^{-3}（K_{a1}）	2.95
		3.9×10^{-6}（K_{a2}）	5.41
柠檬酸	CH_2COOH	7.4×10^{-4}（K_{a1}）	3.13
	C(OH)COOH	1.7×10^{-5}（K_{a2}）	4.76
	CH_2COOH	4.0×10^{-7}（K_{a3}）	6.40
苯酚	C_6H_5OH	1.1×10^{-10}	9.95
乙二胺四乙酸	H_6Y^{2+}	0.13（K_{a1}）	0.9
	H_5Y^{+}	2.51×10^{-2}（K_{a2}）	1.6
	H_4Y	1×10^{-2}（K_{a3}）	2.0
	H_3Y^{-}	2.1×10^{-3}（K_{a4}）	2.67
	H_2Y^{2-}	6.9×10^{-7}（K_{a5}）	6.16
	HY^{3-}	5.5×10^{-11}（K_{a6}）	10.26

弱碱	分子式	K_b	pK_b
氨水	$NH_3\cdot H_2O$	1.8×10^{-5}	4.74
联氨	H_2NNH_2	3.0×10^{-6}（K_{b1}）	5.52
		7.6×10^{-15}（K_{b2}）	14.12
羟胺	NH_2OH	9.1×10^{-9}	8.04
甲胺	CH_3NH_2	4.2×10^{-4}	3.38
乙胺	$C_2H_5NH_2$	5.6×10^{-4}	3.25
二甲胺	$(CH_3)_2NH$	1.2×10^{-4}	3.93
二乙胺	$(C_2H_5)_2NH$	1.3×10^{-3}	2.89
乙醇胺	$HOCH_2CH_2NH_2$	3.2×10^{-5}	4.50
三乙醇胺	$(HOCH_2CH_2)_3N$	5.8×10^{-7}	6.24
六亚甲基四胺	$(CH_2)_6N_4$	1.4×10^{-9}	8.85
乙二胺	$H_2NCH_2CH_2NH_2$	8.5×10^{-5}（K_{b1}）	4.07
		7.1×10^{-8}（K_{b2}）	7.15
苯胺	$C_6H_5NH_2$	4.6×10^{-10}	9.34
吡啶	C_5H_5N	1.7×10^{-9}	8.77

附录 10　标准电极电位（291.15K～298.15K）

半反应	$\varphi^\ominus$/V
F_2(气)$+2H^++2e^-$ ══ $2HF$	3.06
$O_3+2H^++2e^-$ ══ O_2+H_2O	2.07
$S_2O_8^{2-}+2e^-$ ══ $2SO_4^{2-}$	2.01
$H_2O_2+2H^++2e^-$ ══ $2H_2O$	1.77
$MnO_4^-+4H^++3e^-$ ══ MnO_2(固)$+2H_2O$	1.695
PbO_2(固)$+SO_4^{2-}+4H^++2e^-$ ══ $PbSO_4$(固)$+2H_2O$	1.685
$HClO_2+2H^++2e^-$ ══ $HClO+H_2O$	1.64

续表

半反应	$\varphi^{\ominus}$/V
$HClO+H^++e^- = \frac{1}{2}Cl_2+H_2O$	1.63
$Ce^{4+}+e^- = Ce^{3+}$	1.61
$H_5IO_6+H^++2e^- = IO_3^-+3H_2O$	1.60
$HBrO+H^++e^- = \frac{1}{2}Br_2+H_2O$	1.59
$BrO_3^-+6H^++5e^- = \frac{1}{2}Br_2+3H_2O$	1.52
$MnO_4^-+8H^++5e^- = Mn^{2+}+4H_2O$	1.51
Au(Ⅲ)+3e$^-$ ═ Au	1.50
$HClO+H^++2e^- = Cl^-+H_2O$	1.49
$ClO_3^-+6H^++5e^- = \frac{1}{2}Cl_2+3H_2O$	1.47
PbO_2(固)$+4H^++2e^- = Pb^{2+}+2H_2O$	1.455
$HIO+H^++e^- = \frac{1}{2}I_2+H_2O$	1.45
$ClO_3^-+6H^++6e^- = Cl^-+3H_2O$	1.45
$BrO_3^-+6H^++6e^- = Br^-+3H_2O$	1.44
Au(Ⅲ)+2e$^-$ ═ Au(Ⅰ)	1.41
Cl_2(气)$+2e^- = 2Cl^-$	1.359
$ClO_4^-+8H^++7e^- = \frac{1}{2}Cl_2+4H_2O$	1.34
$Cr_2O_7^{2-}+14H^++6e^- = 2Cr^{3+}+7H_2O$	1.33
MnO_2(固)$+4H^++2e^- = Mn^{2+}+2H_2O$	1.23
O_2(气)$+4H^++4e^- = 2H_2O$	1.229
$IO_3^-+6H^++5e^- = \frac{1}{2}I_2+3H_2O$	1.20
$ClO_4^-+2H^++2e^- = ClO_3^-+H_2O$	1.19
Br_2(水)$+2e^- = 2Br^-$	1.087
$NO_2+H^++e^- = HNO_2$	1.07
$Br_3^-+2e^- = 3Br^-$	1.05
$HNO_2+H^++e^- = NO$(气)$+H_2O$	1.00
$VO_2^++2H^++e^- = VO^{2+}+H_2O$	1.00
$HIO+H^++2e^- = I^-+H_2O$	0.99
$NO_3^-+4H^++3e^- = NO+2H_2O$	0.96
$NO_3^-+3H^++2e^- = HNO_2+H_2O$	0.94
$ClO^-+H_2O+2e^- = Cl^-+2OH^-$	0.89
$H_2O_2+2e^- = 2OH^-$	0.88
$Cu^{2+}+I^-+e^- = CuI$(固)	0.86

续表

半 反 应	$\varphi^{\ominus}$/V
$Hg^{2+}+2e^-$ ══ Hg	0.845
$NO_3^-+2H^++e^-$ ══ NO_2+H_2O	0.80
Ag^++e^- ══ Ag	0.7995
$Hg_2^{2+}+2e^-$ ══ $2Hg$	0.793
$Fe^{3+}+e^-$ ══ Fe^{2+}	0.771
$BrO^-+H_2O+2e^-$ ══ Br^-+2OH^-	0.76
O_2(气)$+2H^++2e^-$ ══ H_2O_2	0.682
$AsO_2^-+2H_2O+3e^-$ ══ $As+4OH^-$	0.68
$2HgCl_2+2e^-$ ══ Hg_2Cl_2(固)$+2Cl^-$	0.63
Hg_2SO_4(固)$+2e^-$ ══ $2Hg+SO_4^{2-}$	0.6151
$MnO_4^-+2H_2O+3e^-$ ══ MnO_2+4OH^-	0.588
$MnO_4^-+e^-$ ══ MnO_4^{2-}	0.564
$H_3AsO_4+2H^++2e^-$ ══ $HAsO_2+2H_2O$	0.559
$I_3^-+2e^-$ ══ $3I^-$	0.545
I_2(固)$+2e^-$ ══ $2I^-$	0.5345
Mo(Ⅵ)$+e^-$ ══ Mo(Ⅴ)	0.53
Cu^++e^- ══ Cu	0.52
$4SO_2$(水)$+4H^++6e^-$ ══ $S_4O_6^{2-}+2H_2O$	0.51
$HgCl_4^{2-}+2e^-$ ══ $Hg+4Cl^-$	0.48
$2SO_2$(水)$+2H^++4e^-$ ══ $S_2O_3^{2-}+H_2O$	0.40
$[Fe(CN)_6]^{3-}+e^-$ ══ $[Fe(CN)_6]^{4-}$	0.36
$Cu^{2+}+2e^-$ ══ Cu	0.337
$VO^{2+}+2H^++e^-$ ══ $V^{3+}+H_2O$	0.337
$BiO^++2H^++3e^-$ ══ $Bi+H_2O$	0.32
Hg_2Cl_2(固)$+2e^-$ ══ $2Hg+2Cl^-$	0.268
$HAsO_2+3H^++3e^-$ ══ $As+2H_2O$	0.248
$AgCl$(固)$+e^-$ ══ $Ag+Cl^-$	0.222
$SbO^++2H^++3e^-$ ══ $Sb+H_2O$	0.212
$SO_4^{2-}+4H^++2e^-$ ══ SO_2(水)$+2H_2O$	0.17
$Cu^{2+}+e^-$ ══ Cu^+	0.159
$Sn^{4+}+2e^-$ ══ Sn^{2+}	0.154
$S+2H^++2e^-$ ══ H_2S(气)	0.141
$Hg_2Br_2+2e^-$ ══ $2Hg+2Br^-$	0.1395
$TiO^{2+}+2H^++e^-$ ══ $Ti^{3+}+H_2O$	0.1
$S_4O_6^{2-}+2e^-$ ══ $2S_2O_3^{2-}$	0.08
$AgBr$(固)$+e^-$ ══ $Ag+Br^-$	0.071
$2H^++2e^-$ ══ H_2	0.000
$O_2+H_2O+2e^-$ ══ $HO_2^-+OH^-$	−0.067

续表

半 反 应	$\varphi^\ominus$/V
$TiOCl^+ + 2H^+ + 3Cl^- + e^- \rightleftharpoons TiCl_4^- + H_2O$	–0.09
$Pb^{2+} + 2e^- \rightleftharpoons Pb$	–0.126
$Sn^{2+} + 2e^- \rightleftharpoons Sn$	–0.136
AgI(固)$+ e^- \rightleftharpoons Ag + I^-$	–0.152
$Ni^{2+} + 2e^- \rightleftharpoons Ni$	–0.246
$H_3PO_4 + 2H^+ + 2e^- \rightleftharpoons H_3PO_3 + H_2O$	–0.276
$Co^{2+} + 2e^- \rightleftharpoons Co$	–0.277
$Tl^+ + e^- \rightleftharpoons Tl$	–0.336
$In^{3+} + 3e^- \rightleftharpoons In$	–0.345
$PbSO_4$(固)$+ 2e^- \rightleftharpoons Pb + SO_4^{2-}$	–0.355
$SeO_3^{2-} + 3H_2O + 4e^- \rightleftharpoons Se + 6OH^-$	–0.366
$As + 3H^+ + 3e^- \rightleftharpoons AsH_3$	–0.38
$Se + 2H^+ + 2e^- \rightleftharpoons H_2Se$	–0.40
$Cd^{2+} + 2e^- \rightleftharpoons Cd$	–0.403
$Cr^{3+} + e^- \rightleftharpoons Cr^{2+}$	–0.41
$Fe^{2+} + 2e^- \rightleftharpoons Fe$	–0.440
$S + 2e^- \rightleftharpoons S^{2-}$	–0.48
$2CO_2 + 2H^+ + 2e^- \rightleftharpoons H_2C_2O_4$	–0.49
$H_3PO_3 + 2H^+ + 2e^- \rightleftharpoons H_3PO_2 + H_2O$	–0.50
$Sb + 3H^+ + 3e^- \rightleftharpoons SbH_3$	–0.51
$HPbO_2^- + H_2O + 2e^- \rightleftharpoons Pb + 3OH^-$	–0.54
$Ga^{3+} + 3e^- \rightleftharpoons Ga$	–0.56
$TeO_3^{2-} + 3H_2O + 4e^- \rightleftharpoons Te + 6OH^-$	–0.57
$2SO_3^{2-} + 3H_2O + 4e^- \rightleftharpoons S_2O_3^{2-} + 6OH^-$	–0.58
$SO_3^{2-} + 3H_2O + 4e^- \rightleftharpoons S + 6OH^-$	–0.66
$AsO_4^{3-} + 2H_2O + 2e^- \rightleftharpoons AsO_2^- + 4OH^-$	–0.67
Ag_2S(固)$+ 2e^- \rightleftharpoons 2Ag + S^{2-}$	–0.69
$Zn^{2+} + 2e^- \rightleftharpoons Zn$	–0.763
$2H_2O + 2e^- \rightleftharpoons H_2 + 2OH^-$	–0.828
$Cr^{2+} + 2e^- \rightleftharpoons Cr$	–0.91
$HSnO_2^- + H_2O + 2e^- \rightleftharpoons Sn + 3OH^-$	–0.91
$Se + 2e^- \rightleftharpoons Se^{2-}$	–0.92
$Sn(OH)_6^{2-} + 2e^- \rightleftharpoons HSnO_2^- + H_2O + 3OH^-$	–0.93
$CNO^- + H_2O + 2e^- \rightleftharpoons CN^- + 2OH^-$	–0.97
$Mn^{2+} + 2e^- \rightleftharpoons Mn$	–1.182
$ZnO_2^{2-} + 2H_2O + 2e^- \rightleftharpoons Zn + 4OH^-$	–1.216
$Al^{3+} + 3e^- \rightleftharpoons Al$	–1.66
$H_2AlO_3^- + H_2O + 3e^- \rightleftharpoons Al + 4OH^-$	–2.35
$Mg^{2+} + 2e^- \rightleftharpoons Mg$	–2.37

附录 11　不同温度下常见无机化合物的溶解度（g/100g 水）

化合物 \ 温度	273K	303K	333K	363K	373K
AgBr	—	—	—	—	3.7×10^{-4}
$AgC_2H_3O_2$	0.73	1.23	1.93	—	—
AgCl	—	—	—	—	2.1×10^{-3}
AgCN	—	—	—	—	—
Ag_2CO_3	—	—	—	—	5×10^{-3}
Ag_2CrO_4	1.4×10^{-3}	3.6×10^{-3}	—	—	1.1×10^{-2}
AgI	—	3×10^{-7}	3×10^{-6}	—	—
$AgIO_3$	—	—	1.8×10^{-2}	—	—
$AgNO_2$	0.16	0.51	1.39	—	—
$AgNO_3$	122	265	440	652	733
Ag_2SO_4	0.57	0.89	1.15	1.36	1.41
$AlCl_3$	43.9	46.6	48.1	—	49.0
AlF_3	0.56	0.78	1.1	—	1.72
$Al(NO_3)_3$	60.0	81.8	106	153	160
$Al_2(SO_4)_3$	31.2	40.4	59.2	80.8	89.0
As_2O_3	59.5	69.8	73.0	—	76.7
As_2S_3	—	—	—	—	—
B_2O_3	1.1	—	6.2	—	15.7
$BaCl_2\cdot2H_2O$	31.2	38.1	46.2	55.8	59.4
$BaCO_3$	—	2.4×10^{-3}(297.2)	—	—	6.5×10^{-3}
BaC_2O_4	—	—	—	—	2.28×10^{-2}
$BaCrO_4$	2.0×10^{-4}	4.6×10^{-4}	—	—	—
$Ba(NO_3)_2$	4.95	11.48	20.4	—	34.4
$Ba(OH)_2$	1.67	5.59	20.94	—	—
$BaSO_4$	1.15×10^{-4}	2.85×10^{-4}	—	—	4.13×10^{-4}
$BeSO_4$	37.0	41.4	53.1	—	82.8
Br_2	4.22	3.13	—	—	—
Bi_2S_3	—	—	—	—	—
$CaBr_2\cdot6H_2O$	125	185(307)	278	—	312(378)
$Ca(H_2C_3O_2)_2\cdot2H_2O$	37.4	33.8	32.7	—	—
$CaCl_2\cdot6H_2O$	59.5	100	137	154	159
CaC_2O_4	—	—	—	14×10^{-4}(368)	
CaF_2	1.3×10^{-3}	1.7×10^{-3}(299)	—	—	—
$Ca(HCO_3)_2$	16.15	—	17.50	—	18.40
CaI_2	64.6	69.0	74	—	81
$Ca(IO_3)_2\cdot6H_2O$	0.090	0.38	0.65	0.67	—
$Ca(NO_2)_2\cdot4H_2O$	63.9	104	134	166	178
$Ca(NO_3)_2\cdot4H_2O$	102.0	152	—	—	363
$Ca(OH)_2$	0.189	0.160	0.121	0.086	0.076
$CaSO_4\cdot\frac{1}{2}H_2O$	—	0.29(298)	0.145(338)	—	0.071
$CdCl_2\cdot\frac{5}{2}H_2O$	90	132	—	—	—

续表

化合物 \ 温度	273K	303K	333K	363K	373K
$CdCl_2·H_2O$	—	135	136	—	147
Cl_2*	1.46	0.562	0.324	0.125	0
CO*	0.0044	0.0024	0.0015	0.0006	0
CO_2*	0.3346	0.1257	0.0576	—	0
$CoCl_2$	43.5	59.7	93.8	101	106
$Co(NO_3)_2$	84.0	111	174	300	—
$CoSO_4$	25.50	42.0	55.0	45.3	38.9
$CoSO_4·7H_2O$	44.8	73.0	101	—	—
CrO_3	164.9	—	—	217.5	206.8
CsCl	161.0	197	230	260.0	271
CsOH	—	—	—	—	—
$CuCl_2$	68.6	77.3	96.5	108	120
CuI_2	—	—	—	—	—
$Cu(NO_3)_2$	83.5	156	182	222	247
$CuSO_4·5H_2O$	23.1	37.8	61.8	—	114
$FeCl_2$	49.7	66.7	78.3	92.3	94.9
$FeCl_3·6H_2O$	74.4	106.8	—	—	535.7
$Fe(NO_3)_3·6H_2O$	113	—	266	—	—
$FeSO_4·7H_2O$	28.8	60.0	100.7	68.3	57.8
H_3BO_3	2.67	6.72	14.81	30.38	40.25
HBr*	221.2	—	—	—	130
HCl*	82.3	67.3	56.1	—	—
$H_2C_2O_4$	3.54	14.23	44.32	125	—
HgBr	—	—	—	—	—
$HgBr_2$	0.30	0.66	1.68	—	4.9
Hg_2Cl_2	0.00014	—	—	—	—
$HgCl_2$	3.63	8.34	16.3	—	61.3
I_2	0.014	0.039	0.100	0.315	0.445
KBr	53.5	70.7	85.5	99.2	104.0
$KBrO_3$	3.09	9.64	22.7	—	49.9
$KC_2H_3O_2$	216	283	350	98	—
$K_2C_2O_4$	25.5	39.9	53.2	69.2	75.3
KCl	28.0	37.2	45.8	54.0	56.3
$KClO_3$	3.3	10.1	23.8	46	56.3
$KClO_4$	0.76	2.56	7.3	17.7	22.3
KSCN	177.0	255	372	571	675
K_2CO_3	105	114	127	148	156
K_2CrO_4	56.3	66.7	70.1	74.5	75.6
$K_2Cr_2O_7$	4.7	18.1	45.6	—	80
$K_3Fe(CN)_6$	30.2	53	70	—	91
$K_4Fe(CN)_6$	14.3	35.1	54.8	71.5	74.2
$KHC_4H_4O_6$	0.231	0.762	—	—	—
$KHCO_3$	22.5	39.9	65.6	—	—
$KHSO_4$	36.2	54.3	76.4	—	122
KI	128	153	176	198	208

续表

温度 化合物	273K	303K	333K	363K	373K
KIO_3	4.60	10.03	18.3	—	32.3
$KMnO_4$	2.83	9.03	22.1	—	—
KNO_2	279	320	348	390	410
KNO_3	13.9	45.3	106	203	245
KOH	95.7	126	154	—	178
K_2PtCl_3	0.48	1.00	2.45	4.45	5.03
K_2SO_4	7.4	13.0	18.2	22.9	24.1
$K_2S_2O_3$	1.65	7.75	—	—	—
$K_2SO_4 \cdot Al_2(SO_4)_3$	3.00	8.39	24.80	109.0	—
LiCl	69.2	86.2	98.4	121	128
Li_2CO_3	1.54	1.26	1.01	—	0.72
LiF	—	—	—	—	—
LiOH	11.91	12.70	14.63	—	19.12
Li_3PO_4	—	—	—	—	—
$MgBr_2$	98	104	112	—	125.0
$MgCl_2$	52.9	55.8	61.0	69.5	73.3
MgI_2	120	—	—	—	—
$Mg(NO_3)_2$	62.1	73.5	78.9	106	—
$Mg(OH)_2$	—	—	—	—	0.004
$MgSO_4$	22.0	38.9	54.6	52.9	50.4
$MnCl_2$	63.4	80.8	109	114	115
$Mn(NO_3)_2$	102	206	—	—	—
MnC_2O_4	0.020	0.033	—	—	—
$MnSO_4$	52.9	62.9	53.6	40.9	35.3
NH_4Br	60.5	83.2	108	135	145
NH_4SCN	120	208	346	—	—
$(NH_4)_2C_2O_4$	2.2	6.09	14.0	27.9	34.7
NH_4Cl	29.4	41.4	55.3	71.2	77.3
NH_4ClO_4	12.0	27.7	49.9	—	—
$(NH_4)_2Co(SO_4)_2$	6.0	17.0	33.5	58.0	75.1
$(NH_4)_2CrO_4$	25.0	39.3	59.0	—	—
$(NH_4)_2Cr_2O_7$	18.2	46.5	86	—	156
$(NH_4)_2Cr_2(SO_4)_4$	3.95	18.8	—	—	—
$(NH_4)_2Fe(SO_4)_4$	12.5	—	—	—	—
$(NH_4)_2Fe_2(SO_4)_4$	—	44.15(298)	—	—	—
NH_4HCO_3	11.9	28.4	59.2	170	354
$NH_4H_2PO_4$	22.7	46.4	82.5	—	173
$(NH_4)_2HPO_4$	42.9	75.1	97.2	—	—
NH_4I	155	182	209	—	250
NH_4MgPO_4	0.0231	—	—	—	0.0195
$NH_4MnPO_4 \cdot H_2O$	—	—	—	—	—
NH_4NO_3	118.3	241.8	421.0	740.0	871.0
$(NH_4)_2PtCl_6$	0.289	0.637	1.44	2.61	3.36
$(NH_4)_2SO_4$	70.6	78.0	88.0	—	103
$(NH_4)_2SO_4 \cdot Al_2(SO_4)_3$	2.1	10.9	26.70	—	109.7(368)

续表

化合物 \ 温度	273K	303K	333K	363K	373K
$(NH_4)_2S_2O_8$	58.2	—	—	—	—
$(NH_4)_2SbS_4$	71.2	120	—	—	—
$(NH_4)_2SeO_4$	—	—	—	—	197
NH_4VO_3	—	0.84	2.42	—	—
$NaBr$	80.2	98.4	118	121	121
$Na_2B_4O_7$	1.11	3.86	19.0	41.0	52.5
$NaBrO_3$	24.2	42.6	62.6	—	90.6
$NaC_2H_3O_2$	36.2	54.6	139	161	170
$Na_2C_2O_4$	2.69	3.81	4.93	—	6.50
$NaCl$	35.7	36.1	37.1	38.5	39.2
$NaClO_3$	79.6	105	137	184	204
Na_2CO_3	7.0	39.7	46.0	43.9	—
Na_2CrO_4	31.7	88.0	115	—	126
$Na_2Cr_2O_7$	163.0	198	289	405	415
$Na_2Fe(CN)_6$	11.2	23.8	43.7	—	—
$NaHCO_3$	7.0	11.1	16.0	—	—
NaH_2PO_4	56.5	107	172	234	
Na_2HPO_4	1.88	22.0	82.8	102	104
NaI	159	191	257	—	302
$NaIO_3$	2.48	10.7	19.8	29.5	33.0
$NaNO_2$	73.0	94.9	122	—	180
$NaNO_3$	71.2	87.6	111	—	160
$NaOH$	—	119	174	—	—
Na_3PO_4	4.5	16.3	29.9	68.1	77.0
$Na_4P_2O_7$	3.16	9.95	21.83	—	40.26
Na_2S	9.6	20.5	39.1	65.3	—
$NaSb(OH)_6$	—	—	—	—	0.3
Na_2SO_3	14.4	35.5	32.6	27.9	—
Na_2SO_4	4.9	40.8	45.3	42.7	42.5
$Na_2SO_4 \cdot 7H_2O$	19.5	—	—	—	—
$Na_2S_2O_3 \cdot 5H_2O$	50.2	83.2	—	—	—
$NaVO_3$	—	22.5	33.0		
Na_2WO_4	71.5	—	—	—	—
$NiCO_3$	—	—	—	—	—
$NiCl_2$	53.4	70.6	81.2	—	87.6
$Ni(NO_3)_2$	79.2	105	158	188	—
$NiSO_4 \cdot 7H_2O$	26.2	43.4	—	—	—
$Pb(C_2H_3O_2)_2$	19.8	69.8	—	—	—
$PbCl_2$	0.67	1.20	1.94	2.88	3.20
PbI_2	0.044	0.090	0.193	—	0.42
$Pb(NO_3)_2$	37.5	63.4	91.6	—	133
$PbSO_4$	0.0028	0.0049	—	—	—
$SbCl_3$	602	1087	—	—	—
Sb_2S_3	—	—	—	—	—
$SnCl_2$	83.9	—	—	—	—

续表

化合物 \ 温度	273K	303K	333K	363K	373K
$SnSO_4$	—	—	—	—	18
$Sr(C_2H_3O_2)_2$	37.0	39.5	36.8	39.2	36.4
SrC_2O_4	0.0033	0.0057	—	—	—
$SrCl_2$	43.5	58.7	81.8	—	101
$Sr(NO_2)_2$	52.7	72	97	134	139
$Sr(NO_3)_2$	39.5	88.7	93.4	98.4	—
$SrSO_4$	0.0113	0.0138	0.0131	0.0115	—
$SrCrO_4$	—	—	—	—	—
$Zn(NO_3)_2$	98	138	—	—	—
$ZnSO_4$	41.6	61.3	75.4	—	60.5

注：表中括号内数据指温度（K）；*：表示在压力 1.013×10^3Pa 下。

附录 12　难溶电解质的溶度积（I=0，291.15K～298.15K）

化合物	溶度积
卤化物	
AgBr	5.0×10^{-13}
AgCl	1.8×10^{-10}
AgI	9.3×10^{-17}
BaF_2	1.0×10^{-6}
CaF_2	2.7×10^{-11}
CuBr	5.3×10^{-9}
CuCl	1.2×10^{-6}
CuI	1.1×10^{-12}
Hg_2Cl_2	1.3×10^{-18}
Hg_2I_2	4.5×10^{-14}
AgCl	1.8×10^{-10}
$PbCl_2$	1.6×10^{-5}
PbF_2	2.7×10^{-8}
PbI_2	7.1×10^{-9}
SrF_2	2.5×10^{-9}
$PbCl_2$	1.6×10^{-5}
碳酸盐	
Ag_2CO_3	8.1×10^{-12}
$BaCO_3$	5.1×10^{-9}
$CaCO_3$	2.8×10^{-9}
$CdCO_3$	5.2×10^{-12}
$CuCO_3$	1.4×10^{-10}
$FeCO_3$	3.2×10^{-11}
Hg_2CO_3	8.9×10^{-17}
$MnCO_3$	1.8×10^{-11}
$NiCO_3$	6.6×10^{-9}
$PbCO_3$	7.4×10^{-14}
$SrCO_3$	1.1×10^{-10}
铬酸盐和重铬酸盐	
Ag_2CrO_4	1.1×10^{-12}
$Ag_2Cr_2O_7$	2.0×10^{-7}
$BaCrO_4$	1.2×10^{-10}
$CuCrO_4$	3.6×10^{-6}
Hg_2CrO_4	2.0×10^{-9}
$PbCrO_4$	2.8×10^{-13}
$SrCrO_4$	2.2×10^{-5}
氢氧化物	
$Al(OH)_3$(无定形)	1.3×10^{-33}
$Be(OH)_2$(无定形)	1.6×10^{-22}
$Ca(OH)_2$	5.5×10^{-6}
$Cd(OH)_2$	5.9×10^{-15}
$Co(OH)_2$(粉红色)	4.0×10^{-15}
$Co(OH)_2$(蓝色)	1.6×10^{-14}
$Co(OH)_3$	1.6×10^{-44}
$Cr(OH)_2$	2×10^{-16}
$Cr(OH)_3$	6.3×10^{-31}
$Cu(OH)_2$	2.2×10^{-20}
$Fe(OH)_2$	8.0×10^{-16}
$Fe(OH)_3$	3.8×10^{-38}
$Mg(OH)_2$	1.8×10^{-11}
$Mn(OH)_2$	1.9×10^{-13}
$Ni(OH)_2$(新制备)	2.0×10^{-15}
$Pb(OH)_2$	1.2×10^{-15}
$Sn(OH)_2$	1.4×10^{-28}
$Sr(OH)_2$	9×10^{-4}
$Zn(OH)_2$	1.2×10^{-17}
乙二酸盐	
$Ag_2C_2O_4$	3.4×10^{-11}
BaC_2O_4	1.6×10^{-7}
$CaC_2O_4\cdot H_2O$	2.5×10^{-9}
CuC_2O_4	2.3×10^{-8}
$FeC_2O_4\cdot 2H_2O$	3.2×10^{-7}
$Hg_2C_2O_4$	2×10^{-13}
$MnC_2O_4\cdot 2H_2O$	1.1×10^{-15}
PbC_2O_4	4.8×10^{-10}
硫酸盐	
Ag_2SO_4	1.4×10^{-5}
$BaSO_4$	1.1×10^{-10}
$CaSO_4$	9.1×10^{-6}
Hg_2SO_4	7.4×10^{-7}
$PbSO_4$	1.6×10^{-8}
$SrSO_4$	3.2×10^{-7}
硫化物	
Ag_2S	6.3×10^{-50}
CdS	8.0×10^{-27}
CoS(α 型)	4.0×10^{-21}
CoS(β 型)	2.0×10^{-25}
Cu_2S	2.5×10^{-48}
CuS	6.3×10^{-36}
FeS	6.3×10^{-18}

续表

化合物	溶度积	化合物	溶度积	化合物	溶度积
HgS(黑色)	1.6×10^{-52}	$CaHPO_4$	1×10^{-7}	$AgBrO_3$	5.3×10^{-5}
HgS(红色)	4×10^{-53}	$Ca_3(PO_4)_2$	2.0×10^{-29}	$AgIO_3$	3.0×10^{-8}
MnS(晶形)	2.5×10^{-13}	$MgNH_4PO_4$	2.5×10^{-13}	$Cu_2[Fe(CN)_6]$	1.3×10^{-16}
NiS	1.07×10^{-24}	$Mg_3(PO_4)_2$	1.04×10^{-24}	$KHC_4H_4O_6$	3×10^{-4}
PbS	1.1×10^{-28}	$Pb_3(PO_4)_2$	8.0×10^{-43}	Al(8-羟基喹啉)$_3$	1.0×10^{-29}
SnS	1×10^{-25}	$Zn_3(PO_4)_2$	9.0×10^{-33}	$K_2Na[Co(NO_2)_6]\cdot H_2O$	2.2×10^{-11}
ZnS	2.5×10^{-22}	其他盐		$Na(NH_4)_2[Co(NO_2)_6]$	4×10^{-12}
磷酸盐		$[Ag^+][Ag(CN)_2^-]$	7.2×10^{-11}	Ni(丁二酮肟)$_2$	2×10^{-24}
Ag_3PO_4	1.4×10^{-16}	$Cu_2[Fe(CN)_6]$	1.3×10^{-16}	Mg(8-羟基喹啉)$_2$	4×10^{-16}
$AlPO_4$	6.3×10^{-10}	CuSCN	4.8×10^{-15}	Zn(8-羟基喹啉)$_2$	5×10^{-25}

附录 13　常用普通缓冲溶液的制备方法

缓冲溶液	pH	制备方法
HAc-NaAc	3.0	0.8g $NaAc\cdot3H_2O$ 溶于水，加 5.4mL 冰醋酸，稀释至 1L
	4.0	54.4g $NaAc\cdot3H_2O$ 溶于水，加 92mL 冰醋酸，稀释至 1L
	4.5	164g $NaAc\cdot3H_2O$ 溶于水，加 84mL 冰醋酸，稀释至 1L
	5.0	100g $NaAc\cdot3H_2O$ 溶于水，加 23.5mL 冰醋酸，稀释至 1L
	5.5	100g $NaAc\cdot3H_2O$ 溶于水，加 9.0mL 冰醋酸，稀释至 1L
	6.0	100g $NaAc\cdot3H_2O$ 溶于水，加 5.7mL 冰醋酸，稀释至 1L
$HAc-NH_4Ac$	4～5	38.5g $NH_4Ac\cdot3H_2O$ 溶于水，加 28.6mL 冰醋酸，稀释至 1L
	6.5	59.8g $NH_4Ac\cdot3H_2O$ 溶于水，加 1.4mL 冰醋酸，稀释至 1L
NH_4Ac	7.0	154g $NH_4Ac\cdot3H_2O$ 溶于水，稀释至 1L
NH_3-NH_4Cl	7.5	120g NH_4Cl 溶于水，加 2.8mL $NH_3\cdot H_2O$，稀释至 1L
	8.0	100g NH_4Cl 溶于水，加 7.0mL $NH_3\cdot H_2O$，稀释至 1L
	8.5	80g NH_4Cl 溶于水，加 17.6mL $NH_3\cdot H_2O$，稀释至 1L
	9.0	70g NH_4Cl 溶于水，加 48mL $NH_3\cdot H_2O$，稀释至 1L
	9.5	60g NH_4Cl 溶于水，加 130mL $NH_3\cdot H_2O$，稀释至 1L
	10	54g NH_4Cl 溶于水，加 350mL $NH_3\cdot H_2O$，稀释至 1L
	11	6g NH_4Cl 溶于水，加 414mL$NH_3\cdot H_2O$，稀释至 1L
六亚甲基四胺	5.4	400g 六亚甲基四胺$(CH_2)_6N_4$溶于 1000mL 水，加 HCl 100mL，混匀

附录 14　常用标准缓冲溶液的制备

标准缓冲溶液	pH 值（20℃）	（1）pH 标准缓冲溶液（pH 工作基准试剂，超纯水）	（2）pH 测定用缓冲溶液（GR，AR 级试剂，三级水）
草酸盐	1.680	12.61g 于(57±2)℃烘至质量恒定的四草酸钾，溶于水，在(20±5)℃时稀释至 1000mL b_B = 0.0500mol/L	12.71g 试剂，溶于无二氧化碳的水中，稀释至 1000mL c_B = 0.0500mol/L
酒石酸盐	3.559（25℃）	6g～10g 研细的酒石酸氢钾，于 2000mL 锥形瓶中，加 1000mL 水，在(25±1)℃恒温并摇动 2h 以上。倾出清液，饱和溶液	在 25℃时用无二氧化碳的水溶解试剂，并剧烈振摇，吸取清液使用饱和溶液

续表

标准缓冲溶液	pH 值（20℃）	（1）pH 标准缓冲溶液（pH 工作基准试剂，超纯水）	（2）pH 测定用缓冲溶液（GR，AR 级试剂，三级水）
苯二甲酸盐	4.003	10.12g 于(110±5)℃烘至质量恒定的邻苯二甲酸氢钾，溶于水，在(20±5)℃稀释至 1000mL b_B = 0.0500mol/L	10.21g 于 110℃干燥 1h 的试剂，溶于无二氧化碳的水中，稀释至 1000mL c_B = 0.0500mol/L
磷酸盐	6.854	3.388g 于(115±5)℃烘至质量恒定的 KH_2PO_4；或 3.533g 于(115±5)℃烘至质量恒定的 Na_2HPO_4，溶于水，在(20±5)℃时，稀释至 1000mL $b(KH_2PO_4)$= 0.0250 mol/kg $b(Na_2HPO_4)$ = 0.0250 mol/kg	3.40g KH_2PO_4 或 3.55g Na_2HPO_4，溶于无二氧化碳的水中，稀释至 1000mL。两种试剂均需在(120±10)℃干燥 2h $c(KH_2PO_4)$= 0.0250mol/L $c(Na_2HPO_4)$= 0.0250mol/L
硼酸盐	9.182	3.80g 用饱和氯化钠与蔗糖在干燥器中干燥至质量恒定的四硼酸钠，溶于无 CO_2 的超纯水中，在(20±5)℃时，稀释至 1000mL，盖紧瓶塞，可保存 2～3d b_B = 0.0100 mol/kg	3.81g 试剂溶于无二氧化碳的水，稀释至 1000mL。储存时应防止空气进入 c_B = 0.0100mol/L
氢氧化钙	12.460	2g～3g 研细的氢氧化钙，置于 1000mL 聚乙烯瓶中，加入无二氧化碳的超纯水，盖紧瓶塞，在(25±1)℃恒温槽中摇动 3h，迅速减压过滤。清液储于聚乙烯瓶中（装满）。盖紧瓶塞。发现有混浊，需重新配制饱和溶液	于 25℃时用无二氧化碳的水制备氢氧化钙的饱和溶液。存放时要防止空气进入，发现有混浊，应重配 $c[Ca(OH)_2] \approx 0.02$mol/L

参 考 文 献

[1] 陈艾霞主编．分析化学实验与实训．北京：化学工业出版社，2009.

[2] 冷士良主编．精细化工实验技术．第 2 版．北京：化学工业出版社，2005.

[3] 马全红主编．分析化学实验．南京：南京大学出版社，2009.

[4] 郑燕龙，潘子昂编．实验室玻璃仪器手册．北京：化学工业出版社，2007.

[5] 湖南大学主编．分析技术基础．北京：中国纺织出版社，2008.

[6] 中山大学等编．无机化学实验．第 3 版．北京：高等教育出版社，2000.

[7] KellnerR 等编．分析化学．李克安，金钦汉等译．北京：北京大学出版社，2001.

[8] 林树昌，胡乃非，曾永淮编．分析化学：化学分析部分．第 2 版．北京：高等教育出版社，2004.

[9] 邹明珠，许宏鼎，苏星光，田媛编著．化学分析教程．北京：高等教育出版社，2008.

[10] 武汉大学等编．分析化学．第 5 版．北京：高等教育出版社，2006.

[11] 孟凡昌，潘祖亭编．分析化学核心教程．北京：科学出版社，2005.

[12] 迪安 J A.主编．分析化学手册．常文保等译．北京：科学出版社，2003.

[13] 魏琴主编．无机与分析化学教程．北京：科学出版社，2010.

[14] 谢天俊编．简明定量分析化学．广州：华南理工大学出版社，2003.

[15] 北京师范大学，华中师范大学等编．化学实验基础．北京：高等教育出版社，2004.

[16] 魏琴，盛永丽主编．无机及分析化学实验．北京：科学出版社，2008.

[17] 北京大学化学系分析化学教学组编．基础分析化学实验．第 2 版．北京：北京大学出版社，1998.

[18] 刘天煦主编．化验员基础知识问答．第 2 版．北京：化学工业出版社，2009.

[19] 张铁恒主编．化验工作实用手册．北京：化学工业出版社，2003.

[20] 马腾文主编．分析技术与操作（Ⅰ）（Ⅱ）．北京：化学工业出版社，2005.

[21] 中国建筑材料检验认证中心，国家水泥质量监督检验中心编著．水泥实验室工作手册．北京：中国建材工业出版社，2009.

[22] 国家环境保护总局，《水和废水监测分析方法》编委会编．水和废水监测分析方法．第 4 版．北京：中国环境科学出版社，2002.

[23] 刘珍主编．化验员读本．第 4 版．北京：化学工业出版社，2004.

[24] 国家认证认可监督管理委员会编．实验室资质认定工作指南．第 2 版．北京：中国计量出版社，2011.

[25] 张小康主编．化学分析基础操作．第 2 版．北京：化工出版社，2006.